CB071329

Citologia Clínica do Trato Genital Feminino

Thieme Revinter

Citologia Clínica do Trato Genital Feminino

Segunda Edição

Jacinto da Costa Silva Neto, PhD
Professor-Associado do Departamento de Histologia e Embriologia na Universidade Federal de Pernambuco (UFPE)
Pós-Doutorado em Oncologia pela McGill University, Department of Oncology/Faculty of Medicine/Division of Cancer Epidemiology – Quebec, Canadá
Doutorado em Ciências/Subárea: Pesquisas Laboratoriais em Saúde Pública pela CCD/USP
Mestrado em Biofísica Celular com Especialização em Citopatologia pela Universidade Federal de Pernambuco (UFPE)
Professor e Coordenador do Curso de Especialização em Citologia Clínica da UFPE
Docente de Programas de Pós-Graduação (Mestrado e Doutorado) na UFPE
Coordenador do Setor de Citologia Clínica do Laboratório Central do Centro de Biociências da UFPE e do LPCM (Laboratório de Pesquisas Citológicas e Moleculares)
Líder do Grupo de Pesquisas em Doenças Crônico-Degenerativas-CNPq/UFPE

Thieme
Rio de Janeiro • Stuttgart • New York • Delhi

**Dados Internacionais de
Catalogação na Publicação (CIP)**

N469c

Neto, Jacinto Costa Silva
 Citologia Clínica do Trato Genital Feminino/Jacinto da Costa Silva Neto – 2. Ed. – Rio de Janeiro – RJ: Thieme Revinter Publicações, 2020.

 192 p.; il; 21 x 28 cm.
 Inclui Índice Remissivo e Bibliografia
 ISBN   978-85-5465-253-1
 eISBN 978-85-5465-253-8

 1. Aparelho Genital Feminino. 2. Citologia. I. Título.

CDD: 571.6
CDU: 576:618

Contato com o autor:
jacinto.costa@ufpe.br

© 2020 Thieme
Todos os direitos reservados.
Rua do Matoso, 170, Tijuca
20270-135, Rio de Janeiro – RJ, Brasil
http://www.ThiemeRevinter.com.br

Thieme Medical Publishers
http://www.thieme.com

Capa: Thieme Revinter Publicações Ltda.

Impresso no Brasil por BMF Gráfica e Editora Ltda.
5 4 3 2 1
ISBN 978-85-5465-253-1

Também disponível como eBook:
eISBN 978-85-5465-254-8

Nota: O conhecimento médico está em constante evolução. À medida que a pesquisa e a experiência clínica ampliam o nosso saber, pode ser necessário alterar os métodos de tratamento e medicação. Os autores e editores deste material consultaram fontes tidas como confiáveis, a fim de fornecer informações completas e de acordo com os padrões aceitos no momento da publicação. No entanto, em vista da possibilidade de erro humano por parte dos autores, dos editores ou da casa editorial que traz à luz este trabalho, ou ainda de alterações no conhecimento médico, nem os autores, nem os editores, nem a casa editorial, nem qualquer outra parte que se tenha envolvido na elaboração deste material garantem que as informações aqui contidas sejam totalmente precisas ou completas; tampouco se responsabilizam por quaisquer erros ou omissões ou pelos resultados obtidos em consequência do uso de tais informações. É aconselhável que os leitores confirmem em outras fontes as informações aqui contidas. Sugere-se, por exemplo, que verifiquem a bula de cada medicamento que pretendam administrar, a fim de certificar-se de que as informações contidas nesta publicação são precisas e de que não houve mudanças na dose recomendada ou nas contraindicações. Esta recomendação é especialmente importante no caso de medicamentos novos ou pouco utilizados. Alguns dos nomes de produtos, patentes e design a que nos referimos neste livro são, na verdade, marcas registradas ou nomes protegidos pela legislação referente à propriedade intelectual, ainda que nem sempre o texto faça menção específica a esse fato. Portanto, a ocorrência de um nome sem a designação de sua propriedade não deve ser interpretada como uma indicação, por parte da editora, de que ele se encontra em domínio público.

Todos os direitos reservados. Nenhuma parte desta publicação poderá ser reproduzida ou transmitida por nenhum meio, impresso, eletrônico ou mecânico, incluindo fotocópia, gravação ou qualquer outro tipo de sistema de armazenamento e transmissão de informação, sem prévia autorização por escrito.

*Dedico à minha família e alunos,
sem eles não seria professor.*

AGRADECIMENTOS GERAIS

A International Agency for Research on Cancer – Organização Mundial de Saúde por conceder permissão para reproduzir algumas fotos que constam nesta obra.
Ao Dr. Eduardo Franco pela sua atenção à minha pessoa, bem como por prefaciar esta obra.
A Giwellington Silva Albuquerque pela sua ajuda na confecção de algumas fotos.

APRESENTAÇÃO DA PRIMEIRA EDIÇÃO

O uso da citologia como rotina clínica tornou-se peça fundamental na detecção precoce das lesões, infecções, avaliação pós-cirúrgica e acompanhamento terapêutico. Esta metodologia ganhou notoriedade por ser rápida, ter baixo custo e, em alguns casos, poder evitar a biópsia.

A citologia do trato genital feminino privilegia-se da indolência dos tumores do colo uterino, em sua grande maioria oriundos da infecção por HPV, oncogênicos, que necessitam de tempo para evoluir até a invasão, favorecendo o emprego da metodologia no rastreamento das lesões cervicais, detectando-as precocemente. Este tipo de citologia pode ser realizado periodicamente e complementado por técnicas moleculares e imunocitoquímicas.

Apesar das vantagens, a citologia cervical apresenta limitações quanto à subjetividade na interpretação; quase sempre é necessária a confirmação pela histologia; quando há suspeita de invasão, necessita-se da presença da diátese tumoral; as amostras contendo arranjos celulares podem sofrer modificações em decorrência dos processos de coleta e armazenamento, e as metástases podem confundir o diagnóstico. Todavia, a citologia é um excelente método de triagem e detecção de lesões ou doenças assintomáticas na fase insuspeita e com alto grau de sensibilidade e especificidade; a natureza da doença suspeita pode ser confirmada sem trauma, e o curso da doença ou a sua resposta à terapia podem ser monitorados de maneira simples.

Com a chegada de métodos refinados de biologia molecular e a vacina contra HPV, os programas de rastreio ao câncer de colo uterino, implementados em vários países do mundo, estão avaliando como tais metodologias deverão ser implementadas, visando dispor às mulheres maior proteção contra o desenvolvimento de lesões invasivas, bem como diminuir os custos com a periodicidade dos exames. Atualmente, verifica-se que estes intervalos podem ser aumentados quando a citologia é acompanhada de técnicas moleculares, mas torna a citologia indispensável como metodologia de escolha para o rastreamento do câncer de colo uterino.

Portanto, o combate ao câncer de colo uterino depende de um programa de rastreamento bem planejado com ampla cobertura em que as mulheres possam ter acesso ao exame de Papanicolaou, e possam ser tratadas e acompanhadas criteriosamente; do contrário, não adiantará a implementação de técnicas sofisticadas e onerosas.

APRESENTAÇÃO DA SEGUNDA EDIÇÃO

A citologia clínica ou citopatologia cervical é uma ferramenta prática, eficiente e imprescindível na medicina. Por ela é possível detectar precocemente lesões e evitar sua evolução até o estágio avançado, ou seja, o câncer. Essa consequência consagrou a técnica e vem ajudando a salvar milhões de vidas em todo mundo.

Desde o seu aperfeiçoamento pelo Dr. George N. Papanicolaou, a citologia não parou de evoluir tecnicamente e se consagrar como um método eficiente, prático e de custo relativamente baixo. Esses motivos levaram à sua implementação em larga escala nos programas de rastreio, e, consequentemente, nos países onde foram aplicadas adequadamente as regras para a execução de um programa de rastreio, os resultados foram excelentes. Reduções significativas da mortalidade por câncer de colo uterino foram constatadas, inclusive, em alguns países, a doença deixou de fazer parte das neoplasias mais frequentes.

A evolução do conhecimento e das técnicas moleculares trouxe para junto da citologia o papilomavírus humano (HPV). Sabe-se que a infecção e persistência deste vírus é condição necessária para o desenvolvimento do câncer cervical. Esse novo conhecimento agora associado à citologia resultou em mais uma ferramenta para aprimorar os programas de rastreio, visando à prevenção e à detecção precoce. Essas duas técnicas agora estão juntas em alguns programas, tornando-os mais robustos e eficientes, aumentando seu valor preditivo e os intervalos entre coletas. Países que recomendavam a periodicidade do exame citológico a cada três anos agora podem aumentar esse intervalo e investir ainda mais em uma taxa de cobertura ainda maior.

Mas, em matéria de evolução de conhecimento sobre o câncer de colo uterino e sua relação com o HPV, um grande passo dado foi compreender os mecanismos que envolvem a infecção do HPV e sua carcinogênese. Graças aos estudos do eminente Dr. Harald zur Haussen, médico e pesquisador alemão, ganhador do prêmio Nobel de fisiologia e medicina de 2008, passamos a entender esse modelo, possibilitando o desenvolvimento de mais uma "arma" de combate ao câncer cervical: a vacina para HPV. As vacinas bi ou quadrivalentes chegam gerando polêmicas e resistência; vários eram os argumentos de não usá-las; diziam: é perigosa, todos os testes não foram realizados, provoca convulsões, autismo etc. Além disso, há as questões sociais e religiosas, as quais afirmavam que estaríamos incentivando a promiscuidade. Bem, o histórico das vacinas tem muito disso, até se constatar que muito do que se fala são apenas especulações sem base científica: palavras jogadas ao vento e absorvidas pelo público leigo. Não podemos negar que já tivemos problemas com vacinas durante seu desenvolvimento, nem afirmar que a vacina vai erradicar o câncer de cervical, mas há muita "fofoca" sobre o tema.

As vacinas têm somado as linhas de frente no combate ao câncer de colo uterino. Mesmo de espectro limitado em relação à imunização para determinado número de vírus HPV de alto risco, os resultados são animadores. As campanhas agora contam com três "armas": citologia, biologia molecular para HPV e vacina.

Outra "arma" em jogo, e não menos importante, é a troca de informações entre os profissionais e estudantes da área. Tenho percebido que os meios de comunicação rápida, associados aos bons *smartphones* e suas câmeras de excelente resolução, têm facilitado a troca de informação principalmente de fotos. Grupos e mais grupos são formados, e fotos são compartilhadas, gerando excelentes discussões que resultam no aperfeiçoamento do método e dos envolvidos. Além disso, vejo que o número de artigos técnicos, livros, cursos e eventos vem aumentando, resultado do maior número de profissionais e disseminação e acúmulo de conhecimento. Entretanto, além dos profissionais, o "paciente" é o maior beneficiado.

Diante desse cenário e de toda essa evolução técnica, bem como da minha jornada de ensino na graduação, pós-graduação e pesquisa científica, trago nesta segunda edição mais informações que possibilitam facilitar o entendimento de certos pontos e a melhoria dos critérios citomorfológicos. Adicionalmente, pensei que seria interessante trabalhar a leitura, visando a colaborar com quem está começando e precisa de toda a base para isso, mas sem negligenciar os que já atuam na área e precisam de informações mais complexas e de atualização. Por fim, espero que essa edição contribua no seu aprimoramento profissional e seja um livro para constante consulta, ficando sempre ao lado do microscópio. Agradeço a sua atenção, e desejo uma boa leitura, bons estudos e muito sucesso!

Prof. Jacinto da Costa Silva Neto

PREFÁCIO

Poucas e preciosas são as histórias de sucesso dentro da cancerologia. Inegavelmente, é na prevenção do câncer onde elas são mais comuns. O mais antigo teste presuntivo do câncer, ainda em uso e com importância indiscutível, é a citologia do Papanicolaou. Seu uso em programas de prevenção do câncer de colo uterino, desde os anos 60 e 70, foi responsável pela redução substancial da incidência desta neoplasia maligna em países que a adotaram em escala nacional. Agora que conhecemos melhor a gênese dessa doença, podemos avaliar a enormidade do benefício advindo da implementação da citologia num momento crucial da história do século XX. O câncer de colo de útero é causado pelo vírus do papiloma humano (HPV), um agente infeccioso transmitido sexualmente. Com as mudanças sociais e comportamentais daquelas duas décadas, estaríamos hoje enfrentando uma pandemia dessa neoplasia, se não fosse a feliz coincidência de que a citologia cervical passou a ser parte do arsenal de prevenção, exatamente, na mesma época.

E é, novamente, na prevenção das neoplasias do trato genital feminino que somos brindados com novos avanços: vacinas que previnem eficazmente infecções pelo HPV e novas tecnologias complementares à citologia, como a automação com meio líquido e o uso de marcadores moleculares. Como estratégia de saúde pública, a vacinação contra o HPV trará benefícios que irão muito além da prevenção do câncer do colo uterino. Podemos esperar também uma redução marcante na incidência de neoplasias malignas de vulva e vagina e de outros tipos de câncer associados ao HPV. Ao todo, pouco mais de 5% da carga de morbidade mundial atribuída ao câncer é representada por neoplasias causadas por este vírus.

A obra do Dr. Jacinto da Costa Silva Neto chega aos especialistas da prevenção oncológica na hora certa. Apesar dos recentes avanços indicados acima, ainda há muito a se percorrer. No Brasil, o câncer de colo de útero representa mais que 8% dos mais de 200.000 casos novos anuais de neoplasias no sexo feminino, somente superado pelos cânceres da mama e colorretal. Embora o Brasil tenha investido muitíssimo nas campanhas de controle do câncer de colo, essa doença ainda é uma das neoplasias malignas mais comuns no país, particularmente, nas regiões mais carentes. Mas não é somente pela incidência do câncer que se avalia a importância dessa patologia. Para cada caso de câncer cervicouterino que escapou da oportunidade de detecção precoce na fase pré-invasiva, existem de 50 a 100 casos de lesões pré-cancerosas que exigem a atenção primária via rastreamento oportunista, diagnóstico, tratamento e seguimento, atividades abordadas diretamente por este livro. Adicionando-se a esses casos de neoplasias cervicais o equivalente de lesões de corpo uterino, vulva, vagina e ovário, verifica-se que mais de 15% de toda a incidência por câncer nas mulheres brasileiras são do trato genital feminino.

Citologia Clínica do Trato Genital Feminino cobre, de forma detalhada e competente, todos os aspectos técnicos da complexa arte e ciência da citologia, mantendo excelente equilíbrio entre abrangência e profundidade de cada área. Para alguns dos capítulos, o Dr. Jacinto contou com a contribuição de outros eminentes especialistas, os quais escreveram com autoridade sobre temas diversos, como colposcopia, importância do HPV e controle de qualidade em citologia. O livro termina com uma coleção de casos clínicos amplamente documentados. Ele é acessível na linguagem àqueles que se iniciam na carreira, sem faltar sofisticação técnica aos especialistas.

A comunidade científica brasileira tem tido uma presença atuante nos avanços tecnológicos da prevenção do câncer cervicouterino e outras doenças causadas pelo HPV. Neste sentido, este livro está à altura dessa atuação. Eu felicito o Dr. Jacinto e seus colaboradores pela publicação de obra tão necessária à cancerologia brasileira. É meu profundo desejo que este importante livro sirva de inspiração para aqueles que estão entrando na carreira. Eles encontrarão na leitura muitos aspectos interessantes da rica história dessa disciplina, enquanto são brindados com o embasamento técnico essencial para o exercício da profissão. *Citologia Clínica do Trato Genital Feminino* é uma importante contribuição ao arsenal científico brasileiro no combate a importantes doenças das mulheres brasileiras.

Montreal, 26 de dezembro de 2019

Eduardo L. Franco,
MPH, DrPH, PhD (Hon.), OC, FRSC, FCAHS
Professor Catedrático e Titular
Chefe do Departamento de Oncologia
Diretor, Divisão de Epidemiologia do Câncer
McGill University
Montreal, Canadá

COLABORADORES

ALANNE RAYSSA DA SILVA MELO
Capítulo 7: **Papilomavírus Humano (HPV) e o Câncer Cervical**
Graduada em Licenciatura e Bacharelado em Ciências Biológicas pela Universidade Estadual da Paraíba (UEPB)
Mestrado em Biologias Celular e Molecular pela Universidade Federal da Paraíba (UFPB)
Doutoranda em Genética pela Universidade Federal de Pernambuco (UFPE)
Doutorado Sanduíche no Exterior (Programa PDSE – CAPES) no Istituto Nazionale Tumori Regina Elena, Itália
Experiência nas áreas de: Micropropagação *in vitro*; Genéticas Humana e Médica (com Ênfase em Polimorfismos Genéticos e Epigenética) e Biotecnologia Aplicada à Saúde Humana (com Ênfase em Desenvolvimento Pré-Clínico de Produtos Bioativos – vacina de DNA)
Ganhadora do Prêmio Jovem Geneticista, em 2014 – 1º Lugar Nível Mestrado, ENGENE – Encontro de Genética do Nordeste

DANIELA ETLINGER COLONELLI
Capítulo 13: **Controle de Qualidade em Citopatologia**
Biomédica pela Universidade de Mogi das Cruzes
Aprimoramento em Citologia Oncótica pelo Instituto Adolfo Lutz
Mestre em Ciências, com Ênfase em Pesquisas Laboratoriais Aplicadas à Saúde Pública pelo Programa de Pós-Graduação em Ciências da Coordenadoria de Controle de Doenças e Secretaria de Estado da Saúde, SP
Pesquisadora Científica do Instituto Adolfo Lutz – Centro de Patologia.

IVI GONÇALVES SOARES SANTOS SERRA
Capítulo 12: **Noções Básicas de Colposcopia para o Citologista**
Mestrado em Biologia Parasitária pela Universidade Federal de Sergipe (UFS)
Título de Especialista em Patologias do Trato Genital Inferior e Colposcopia pela ABPTGIC
Professora-Assistente I de Ginecologia da Universidade Tiradentes
Médica Ginecologista do Hospital Universitário UFS/EBSERH
Responsável pelo Ambulatório de Patologias do Trato Genital Inferior e Colposcopia e Secretaria Municipal de Saúde de Aracaju, SE
Responsável pelo Ambulatório de Patologias do Trato Genital Inferior e Colposcopia
Ginecologista da CEMISE em Aracaju, SE

MARCO ANTONIO ZONTA
Capítulo 10: **Metodologias para Preparo de Amostrar para Análise de Citologia Cervicovaginal**
Graduado em Biomedicina
Especialização em Patologia Clínica pela Escola Paulista de Medicina
Especialização em Citologia Oncótica pelo Hospital do Servidor Público Estadual Francisco Morato de Oliveira
Mestrado em Análises Clínicas/Citopatologia pela Universidade Santo Amaro
Doutorado em Doenças Infecciosas e Parasitárias pela Universidade Federal de São Paulo (UNIFESP)
Pós-Doutorando da Disciplina de Infectologia da UNIFESP
Diretor – Laboratório IN CITO – Citologia Diagnóstica Ltda.
Pesquisador Colaborador da Disciplina de Infectologia da UNIFESP
Líder do Grupo de Pesquisa: "Papilomavírus Humano e Doenças Sexualmente Transmissíveis em Múltiplos Sítios Corpóreos" (Unisa)
Projetos de Pesquisa e Desenvolvimento Relacionados a Políticas Públicas de Saúde e Medicina Populacional e Neoplasias
Membro da European Federation of Cytology Socieites
Membro Efetivo da Comissão de Residência Multiprofissional do MEC
Membro do Novacyt – Conseil Scientifique – Paris, France
Presidente da Associação Brasileira de Biomedicina e Citologia Diagnóstica

VALDIERY SILVA DE ARAÚJO
Capítulo 14: **Discussão de Casos Clínicos**
Farmacêutico
Bioquímico pela Universidade do Rio Grande do Norte (UFRN)
Especialista em Citopatologia Clínica pela Universidade Potiguar (UnP)
Especialista em Análises Clínicas e Mestrando pelo Programa de Pós-graduação em Ciências Biológicas da UFRN
Presidente da Comissão Assessora de Citologia Clínica do CRF/RN
Suplente do Conselho Fiscal da Sociedade Brasileira de Análises Clínicas do RN
Professor de Pós-Graduações e Palestrante
Fundador do Citologia Descomplicada

AGRADECIMENTOS PELAS FOTOS CEDIDAS

ANDRÉ FERNANDO ZATTAR
Farmacêutico-Bioquímico
Especialista em Análises Clínicas e Citologia pela Universidade Federal de Santa Catarina (UFSC)
Citologista Responsável do Laboratório Gimenes e Labcenter em Curitiba, PR
Citologista de Apoio do Laboratório – CAPI – Centro de Anomia Patológica e Imuno-Histoquímica em Joinville, SC

GUSTAVO SABIONI GIARETT
Biomédico pela Universidade Paulista (UNIP)
Pós-Graduação em Citologia Oncótica (IPESSP-SP)
Citopatologista do Laboratório de Patologia de Birigui

ROQUE GALHARDO FILHO
Médico-Patologista com Residência pela Faculdade de Ciências Médicas da Santa Casa de São Paulo
Títulos de Especialista em Patologia, Citopatologia e Medicina Legal
Patologista Responsável pelo Laboratório de Patologia de Birigui

SUMÁRIO

1 PEQUENO GLOSSÁRIO DE TERMOS ESSENCIAIS 1
Jacinto da Costa Silva Neto

2 BREVE HISTÓRICO 3
Jacinto da Costa Silva Neto

3 CARACTERÍSTICAS BÁSICAS ANATÔMICAS E CITOLÓGICAS DO TRATO GENITAL FEMININO 7
Jacinto da Costa Silva Neto

Vulva 7
Vagina 7
Tubas Uterinas 10
Ovários 10
Útero 10
Células Encontradas na Citologia Cervicovaginal 11

4 COLETA, FIXAÇÃO E COLORAÇÃO 21
Jacinto da Costa Silva Neto

Coleta 21
Fixação 23
Coloração 23
Indicações para a Realização do Exame de Papanicolaou 25
Programas de Rastreio e Procedimentos para Detecção 26

5 CITOLOGIA FISIOLÓGICA 29
Jacinto da Costa Silva Neto

Atrofia 33
Gravidez 35
Pós-Parto 35
Lactação 35
Deficiência de Ácido Fólico 35
Indicações da Avaliação Hormonal pela Citologia 35

6 INFECÇÃO E INFLAMAÇÃO 37
Jacinto da Costa Silva Neto

Papel da Citologia nas Inflamações 37
Sinais Citológicos na Inflamação – Reatividade 37
Reparo Típico ou Regeneração 38
Exsudato Inflamatório 38
Hiperqueratose 42
Paraqueratose 42
Flora Vaginal Normal, Agentes Infecciosos e Inflamatórios 42
Alterações Iatrogênicas ou Reativas Associadas à Radiação 53
Alterações Reativas em Células Glandulares Endocervicais 54
Metaplasia Tubária 55
Hiperplasia Microglandular Endocervical 55
Adenose Vaginal (Células Glandulares na Pós-Histerectomia) 55

7 PAPILOMAVÍRUS HUMANO (HPV) E O CÂNCER CERVICAL ... 57
Alanne Raysa da Silva Melo • Jacinto da Costa Silva Neto

Estrutura Viral ... 58
Esquema da Infecção ... 59
Mecanismo de Expressão dos Oncogenes Virais Durante a Transformação Maligna da Célula ... 60
HPV e Lesões Cervicovaginais ... 60
Fatores de Risco para o Desenvolvimento do Câncer Cervical ... 61
Importância da Infecção por HPV nos Homens ... 61
Métodos de Detecção do HPV ... 62
Impacto das Vacinas Profiláticas na Prevenção Contra o Câncer Cervical ... 63
Vacinas Terapêuticas ... 65

8 LESÕES INTRAEPITELIAIS ESCAMOSAS (LIE) ... 67
Jacinto da Costa Silva Neto

Considerações Gerais ... 67
Lesões Escamosas Atípicas (ASC-US e ASC-H) ... 68
Lesões Intraepiteliais Escamosas ... 72
Lesões Glandulares Não Invasivas ... 79

9 LESÕES INVASIVAS ... 87
Jacinto da Costa Silva Neto

Microinvasão – Histopatologia ... 87
Lesões Invasivas Escamosas ... 87
Lesões Glandulares Invasivas ... 93
Considerações Finais ... 98

10 METODOLOGIAS PARA PREPARO DE AMOSTRAS PARA ANÁLISE DE CITOLOGIA CERVICOVAGINAL ... 99
Marco Antonio Zonta

Coleta em Meio Líquido ... 99
Procedimento de Coleta de Material Cervicovaginal ... 100
Representação Celular ... 100
Preparo de Amostras Celulares por Meio da Técnica Manual ... 100
Plataforma CellPreserv® ... 101
Plataforma Cito Spin – GynoPrep® ... 101
Plataforma SurePath™ ... 102
Leitura Automatizada – Focal Point™ Slide Profiler e Focal Point™ GS Imaging System ... 103
Plataforma ThinPrep™ ... 103
Critérios Celulares Valorizados nas Análises Automatizadas ... 104
Considerações Gerais ... 105
Agradecimentos ... 106

11 MONTAGEM DE LAUDOS ... 107
Jacinto da Costa Silva Neto

Sistema Bethesda para Relato de Citologia Cervical ... 107
Sugestão para Formatação de Laudos/Relatórios Citológicos Cervicovaginais ... 108
Exemplos de Laudos ... 109

12 NOÇÕES BÁSICAS DE COLPOSCOPIA PARA O CITOLOGISTA ... 111
Ivi Gonçalves Soares Santos Serra

Equipamento – Colposcópio ... 111
Indicações para Colposcopia ... 111
Instrumentais e Reagentes ... 112
Procedimento ... 114
Terminologia Colposcópica ... 116

13 CONTROLE DE QUALIDADE EM CITOPATOLOGIA 119
Daniela Etlinger Colonelli

Exame Citopatológico 119
Fase Pré-Analítica 120
Fase Analítica 122
Fase Pós-Analítica 123
Vamos Praticar? 127

14 DISCUSSÃO DE CASOS CLÍNICOS 129
Valdiery Silva de Araújo

Caso Clínico 1 130
Caso Clínico 2 132
Caso Clínico 3 134
Caso Clínico 4 136
Caso Clínico 5 138
Caso Clínico 6 140
Caso Clínico 7 142
Caso Clínico 8 144
Caso Clínico 9 146
Caso Clínico 10 148
Caso Clínico 11 150
Caso Clínico 12 152
Caso Clínico 13 154
Caso Clínico 14 156

BIBLIOGRAFIA 159
ÍNDICE REMISSIVO 167

Citologia Clínica do Trato Genital Feminino

Thieme Revinter

PEQUENO GLOSSÁRIO DE TERMOS ESSENCIAIS

Jacinto da Costa Silva Neto

Acantose: espessamento do epitélio, resultante de reações hiperplásicas do epitélio escamoso.

Acidofilia: afinidade por corantes ácidos, coloração em tons de vermelho a róseo (Papanicolaou).

Adenose vaginal: desenvolvimento de tecido glandular (células glandulares endocervicais ou da tuba uterina) ectópico na vagina. Observado em mulheres histerectomizadas e pode ocorrer como uma anormalidade congênita decorrente da exposição do feto ao dietilestilbestrol no útero.

Amenorreia: ausência de menstruação, classificada em primária: mulheres que nunca menstruaram, ou secundária: quando cessa menstruação.

Amorfo: sem forma ou fora da forma padrão.

Anaplasia: ausência de diferenciação celular em células tumorais.

Anfofilia: sinônimo de metacromasia. Coloração acidófila e basófila em uma mesma célula-citoplasma (Papanicolaou).

Anisocariose: variação no tamanho nuclear.

Anisocitose: variação no tamanho celular.

Apoptose: morte celular programada de origem fisiológica.

Atipia: alterações na morfologia celular normal, pode ser benigna ou maligna.

Atrofia: ausência de amadurecimento do extrato epitelial, sendo composto apenas por células escamosas profundas (basais e parabasais).

Bacilos de Döderlein: bactérias do tipo bacilo, pertencentes à flora vaginal normal, conhecidas também por lactobacilos.

Basofilia: afinidade por corantes básicos. Coloração em tons de púrpura a azul.

Binucleação: presença de dois núcleos em uma mesma célula.

Blue blobs: células de citoplasma basofílico do tipo parabasais degeneradas, redondas e núcleos picnóticos observados na atrofia (Papanicolaou).

Cariólise: alteração degenerativa caracterizada por homogeneização da cromatina com lise subsequente do núcleo.

Cariomegalia: alteração reativa, caracterizada por aumento exagerado do núcleo.

Cariopcnose (picnose): alteração degenerativa com encolhimento do núcleo, cromatina condensada, muitas vezes caracterizada por núcleo puntiforme.

Cariorrexe: alteração degenerativa, caracterizada por fragmentação da cromatina em partículas.

Célula navicular: variante da célula escamosa intermediária com bordas citoplasmáticas, observada durante períodos com níveis altos de progesterona, por exemplo: gravidez e fase luteínica do clico ovariano.

Células deciduais: células estromais, presentes em ameaças de aborto, em aborto incompleto ou gravidez ectópica.

Células gigantes multinucleadas: são histiócitos com vários núcleos, podendo chegar a 100 ou mais.

Células trofoblásticas: classificadas em dois tipos: sinciotrofoblastos e citotrofoblastos.

Cianofilia: células com citoplasma corados em tons de azul ou violeta (Papanicolaou).

Citólise: rompimento da membrana citoplasmática das células escamosas intermediárias geralmente ocasionado por bacilos de Döderlein.

Clue cells: células escamosas cobertas por *Gardnerella vaginalis*.

Coilócito: grande cavidade irregular perinuclear em células superficiais e intermediárias. Núcleos hipercromáticos, membrana irregular, citoplasma denso e eventual binucleação. Efeito citopático do HPV.

Conização: excisão cirúrgica de um cone incompleto de tecido do colo uterino.

Corpos de psammoma: calcificação laminada em tumores papilares ovarianos, endodalpigiose, hiperplasia mesotelial etc.

Cromatina: conteúdo nuclear composto principalmente de histonas, proteínas não histonas e DNA. Em células na interfase pode ser uniforme ou irregular, fina ou grosseira, filamentosa ou granular conforme a atividade nuclear. Na mitose se condensa e agrega-se, formando os cromossomas.

Cromocentros: resultantes da condensação regional da cromatina diferindo do nucléolo por serem compostos primariamente de DNA. Variam de tamanho e número e são mais frequentes em células benignas (normais e displásicas) do que em tumores malignos.

Diferenciação: especialização morfofuncional da célula.

Discariose: termo empregado por Papanicolaou para designar alterações nucleares associadas às displasias.

Disgenesia: estruturas de desenvolvimento normal, porém histológica e anatomicamente anormais.

Displasia: alterações intraepiteliais escamosas não carcinomatosas.

Disqueratótico: células superficiais eosinofílicas, frequentemente observadas nas infecções por HPV dispostas em agrupamentos tridimensionais com núcleos picnóticos.

Disqueratose: queratinização celular abaixo da camada granular; prematura.

Ectopia: corresponde à inversão do epitélio colunar sobre a ectocérvice, quando a fina camada de células glandulares endocervicais se estende além do canal endocervical.

Emperipolese: presença de uma célula intacta dentro do citoplasma de outra célula. É incomum e pode ser fisiológico ou patológico. Está relacionado com a peripolose, que é a ligação de uma célula à outra.

Endometriose: presença de tecido endometrial ectópico no colo uterino. Pode aparecer depois de uma biópsia e procedimentos cirúrgicos.

Eosinofilia: afinidade por corante ácido do tipo *Orange* corando-se em tons de laranja (Papanicolaou).

Erosão: destruição localizada ou parcial do epitélio.

Escamas anucleadas: também conhecidas como células fantasmas, citoplasma poligonal eosinofílico. Ausência de núcleos, mas com a cavidade da antiga ocupação nuclear.

Eucromatina: regiões nucleares (cromatina) pouco coradas.

Exodus: histiócitos, epitélio endometrial, agrupamento estromal representando um esfregaço menstrual (comum entre 6-10 dias do ciclo menstrual).

Fagocitose: presença de partículas, fragmentos ou células em outra célula.

Halo perinuclear: vacúolo envolto do núcleo de bordas regulares observadas, por exemplo, em estados inflamatórios, tricomoníase.

Hemossiderina: resíduo do conteúdo hemático.

Heterocromatina: regiões do núcleo (cromatina) densamente coradas.

Hipercromasia: aumento da intensidade de coloração do núcleo (basofilia).

Hiperplasia microglandular: desenvolve-se na endocérvice decorrente de terapia hormonal, anticonceptivos orais e gravidez.

Hiperplasia: aumento do número de células.

Hiperqueratose: queratinização do epitélio escamoso na cérvice uterina com o aparecimento de células superficiais queratinizadas e escamas anucleadas (núcleo fantasma).

Hipertrofia: aumento no tamanho celular.

Índice de maturação: contagem relativa dos tipos de células escamosas para cada 100 células contadas em percentual.

Menarca: primeira menstruação.

Menometrorragia: combinação entre menorragia e metrorragia.

Menorragia: sangramento excessivo durante a menstruação.

Metaplasia tubária (metaplasia de células ciliadas): processo metaplásico da endocérvice formado por epitélio glandular ciliado mais comum em mulheres acima de 35 anos; mimetiza neoplasia glandular, principalmente, adenocarcinoma *in situ*.

Metaplasia: transformação de uma célula em outro tipo de célula madura.

Metrorragia: sangramento excessivo entre as menstruações.

Necrose: morte do tecido por destruição dos componentes celulares.

Neoplasia anaplásica (indiferenciada): a incapacidade de diferenciação celular inviabiliza identificar a célula de origem em observações morfológicas.

Neoplasia bem diferenciada: os constituintes celulares são intimamente semelhantes ao tecido de origem.

Neoplasia benigna: quando o tumor apresenta contornos bem definidos e crescimento localizado, ou seja, com ausência de ruptura da membrana basal ou invasão de tecidos adjacentes.

Neoplasia *in situ*: lesão não invasiva, sem comprometimento da membrana basal e consequentemente invasão do estroma.

Neoplasia maligna: quando o tumor apresenta contornos irregulares, e as células neoplásicas crescem sobre os tecidos adjacentes, ocasionando sua destruição.

Neoplasia pouco diferenciada: as células tumorais apresentam uma ligeira semelhança com o tecido de origem.

Neoplasia: alteração permanente no padrão normal de crescimento celular, sem controle e autonomia.

Núcleo vesicular: cromatina uniformemente delicada e com maior precipitação próxima à membrana nuclear.

Nucléolo: composto principalmente de RNA, é uma estrutura intranuclear geralmente redonda ou oval e central. Pode variar em tamanho, forma, número e posição, conforme o tipo celular. Nos tumores malignos são irregulares em tamanho, localização e forma. Quando destacados, indicam aumento na síntese de proteínas e a ausência de diminuição, o que pode ser observado no carcinoma escamoso queratinizante.

Orangeofilia: afinidade pelo corante *Orange* (tons da cor laranja). O mesmo que eosinofilia (Papanicolaou).

Paraqueratose: miniatura de célula escamosa superficial com pequeno núcleo picnótico e citoplasma eosinofílico.

Pérola córnea (escamosa): estrutura concêntrica de células queratinizadas resultantes de uma aglomeração de células escamosas.

Pleomorfismo celular: variação da forma celular.

Policromasia: variação de cor no citoplasma, semelhante à metacromasia e anfofilia, diferindo destas duas por possuir mais de dois tons de coloração.

Pseudocoilocitose: halo perinuclear que pode ser resultante do glicogênio ou inflamação, mimetizando o coilócito do HPV.

Pseudoparaqueratose: células escamosas imaturas com citoplasma redondo eosinofílico e núcleo picnótico, mimetizando a paraqueratose. Encontrado em epitélios atróficos.

Puberdade: substituição da mucosa vaginal atrófica em mulheres jovens para epitélio maduro. Em meninas varia dos 12 aos 15 anos.

Sarcoma: grupo heterogêneo de tumores de origem mesodérmica, como: leiomioma, rabdomiossarcoma, sarcoma estromal e tumores mesodérmicos mistos.

Sincício: arranjo celular irregular com bordas celulares indefinidas.

Teste de Schiler (iodo): termo utilizado na colposcopia para procedimento à base de iodo diluído, aplicado ao epitélio cervicovaginal que evidencia o déficit de glicogênio do tecido. Teste positivo (reativo) é proporcional à quantidade de glicogênio que as células contêm.

Ulceração: destruição total de uma área do epitélio.

Vacúolos: espaços redondos bem delimitados intracitoplasmáticos e intranucleares.

Vaginite atrófica: atrofia com inflamação.

Vaginite: inflamação na região vaginal decorrente de agentes químicos, físicos e de microrganismos.

Vaginose: alteração da flora vaginal decorrente da exacerbação da *Gardnerella vaginalis,* provocando corrimento amarelo-acinzentado, com odor e sem inflamação.

BREVE HISTÓRICO

CAPÍTULO 2

Jacinto da Costa Silva Neto

O histórico da citologia se relaciona com o advento da microscopia. Antes esse universo escondia "segredos" necessários ao esclarecimento das patologias que acometiam os organismos vivos, principalmente os mais complexos, como o homem.

Cita-se que desde a Grécia antiga, aproximadamente 721 a 705 anos antes de Cristo já se utilizavam "lentes" para aumentar a capacidade de visão e por isso atribui-se a essa época o início da "microscopia". O nome "microscópio" foi originalmente implantado por membros da "Academia de Lince", uma sociedade científica pertencente a Galileu. Na verdade, o que poderíamos chamar inicialmente de microscópio composto (duas lentes em um tubo, uma bicôncava voltada para a observação ocular, e outra biconvexa voltada para o objeto) seria uma adaptação do microscópio de Galileu que foi desenvolvido e comercializado por Hans e Zacarias Janssen (1590) em Middleburg, Holanda. A partir daí o microscópio foi ganhando definição óptica, sistema de iluminação e engrenagens que dotavam o aparelho de firmeza, amplitude e melhor definição para as análises microscópicas.

De forma bem resumida, segue a cronologia de alguns fatos importantes nas citologias geral e clínica.

- *Marcello Malpighi (1628-1694):* considerado por suas observações como o fundador da anatomia microscópica e da histologia. Foi o descobridor do sistema capilar sanguíneo.
- *Robert Hooke (1635-1703):* introduziu o termo *cell* (célula) em sua obra denominada "Micrografia". Inventor do microscópio composto (lentes múltiplas).
- *Antoine Von Leeuwenhoek (1632-1723):* contribuiu com o melhoramento do microscópio (combinação de lentes para atingir o aumento de 275 vezes) e da biologia celular, onde descreveu a estrutura celular dos vegetais chamando as células de "glóbulos". Foi o primeiro a descrever fibras musculares, bactérias, protozoários e o fluxo de sangue nos capilares sanguíneos dos peixes.
- *Felipe Fontana (1780):* descreveu a existência do núcleo nas células.
- *Robert Brown (1773-1858):* fez a primeira descrição do núcleo de células vegetais (orquídeas).
- *Max Schultze (1861):* definiu a célula como um protoplasma dotado de propriedades da vida onde se encontra o núcleo.
- *Alfred François Donné (1801-1878):* em 1837, publicou *Nature of Mucus*, em que descreve primeiramente o *Trichomonas vaginalis* nas secreções vaginais. Foi o promotor da microscopia médica na França, ensinou a muitos discípulos por toda a Europa. Seu trabalho culminou com seu atlas (vários tipos de células, inclusive vaginais). Também foi o inventor do microscópio fotoelétrico.
- *Johannes Peter Müller (1801-1858):* fisiologista alemão considerado o verdadeiro iniciador da citologia clínica, em 1838, publicou em Berlim-Alemanha sua monografia intitulada *On the nature and structural characteristics of cancer and those morbio growths Which May be confounded with it*. Uma análise sistemática das características microscópicas benignas e malignas dos tumores humanos, afirmando que as células estavam livres, separadas umas das outras. Também diferenciou os carcinomas dos sarcomas.
- *Félix Archimedes Pouchet (1800-1872):* foi o primeiro a fazer o estudo microscópico da secreção vaginal em diferentes fases do ciclo menstrual. Entretanto, não correlacionou o predomínio das células escamosas intermediárias e superficiais de acordo com o ciclo menstrual, porém, este foi o primeiro passo para a implantação da citologia hormonal.
- *Mathias Jakob Schleiden (1804-1881):* publicou, em 1849, *Principles of Scientific Botany*. Juntamente com Theodor Schwann fundaram a "teoria celular", ou seja, a célula como a unidade fundamental de todos os seres vivos.
- *Theodor Schwann (1810-1882):* em 1839, publicou sua monografia extrapolando os conceitos de Schleiden sobre os tecidos animais em sua monografia: *Microscopical Researcher Into the Accordance in the Structure and Growth of Animal and Plants*.
- *Friedrich Gustav Jakob Henle (1809-1885):* contribuiu com a concepção celular do organismo e descreveu minuciosamente vários achados anatomopatológicos. Descobridor da alça e dos túbulos de Henle (rins).
- *Julius Vogel*: em 1843, Gottingen foi o primeiro a fazer diagnósticos em que cem anos depois seriam conhecidos como citologia exfoliativa. Dois deles foram de grande relevância: um abscesso do pescoço (provavelmente um carcinoma escamoso de uma cavidade oral-mandíbula), outro de um tumor ulcerado de mama (lesão inflamatória benigna).
- *Gottlied Gluge (1812-1898):* em 1843, desenvolveu um atlas denominado *Atlas of Pathological Histology*, descrevendo as células de um câncer de útero.
- *Bennet:* em 1849, foi o primeiro a analisar e descrever uma amostra de líquido ascítico de uma mulher com câncer de ovário.
- *Rudolph Ludwig Karl Virchow (1821–1902):* em 1855, influenciado pelos trabalhos de Johannes Müller, desenvolveu o conceito *Cellular Pathology* – Sua Crença: *Omnis cellula e cellula*, ou seja, todas as células são derivadas de outras células, e as doenças são essencialmente doenças das células.

É considerado pai da patologia moderna. Virchow, juntamente com Reinhardt, fundou, em Berlim (1847), os Arquivos de Patologia, Fisiologia e Medicina Clínica. Foi discípulo de Müller e declarou que seu mérito foi demonstrar que os tumores malignos estavam relacionados fisiologicamente entre si.

- *Lambl:* em 1856, detecta células do câncer de bexiga em uma amostra de urina.
- *Karl Thiersch (1822-1895):* em 1865, propôs que carcinomas da pele fossem derivações epiteliais. Ele demonstrou as origens epiteliais do câncer, que o colocou em oposição à doutrina de Rudolf Virchow que acreditava ser carcinoma proveniente do tecido conjuntivo.
- *Richardson:* em 1871, suspeitou clinicamente de carcinoma cervical e recomendou uma avaliação citológica (Estados Unidos).
- *1880:* época da introdução do diagnóstico por tecidos (biópsias), melhorias nos processos de fixação e a criação do micrótomo para o recorte das peças anatômicas incluídas em parafina.
- *Karl Friedlander (1847-1887):* em 1882, identificou a bactéria *Klebsiella pneumoniae* em pulmões de cadáveres que morreram de pneumonia. Em 1886, recomendou utilizar pequenos pedaços de tecidos para análise em caso de dúvidas o que hoje se conhece por biópsias.
- *Bahrenberg:* em 1896 – introduz a técnica denominada *block cell* para a análise citológica de líquidos.
- *Shottlander e Kermauner:* em 1912, foram os primeiros a descrever as anomalias epiteliais não invasoras adjacentes ao carcinoma de células escamosas do colo uterino.
- *James Ewing:* em 1920, foi um dos fundadores da American School of Pathology of Neoplastic Disease. Ele achava que a biópsia poderia contribuir para a disseminação do câncer e desencorajou seu uso indiscriminado. Entretanto, um jovem cirurgião, chamado Hayes Martin, juntamente com outro, Edward, desenvolveram e aperfeiçoaram a técnica citologia por aspiração de tumores.
- *Hans Hinselmann:* em 1925, na Alemanha, inventa o colposcópio e Schiller, em 1933, a prova do lugol para o exame do colo uterino.
- *Aurel Babes (1886-1961):* patologista romeno que publicou muitos artigos e livros nas línguas romena e francesa, entre eles *The pathogenesis of pellagra*, *Textbook of Pathology* juntamente com Victor Babes; *Anatomia Patológica Generala* (1929); coautor de *Endocrinologia Galndelor Salivare* (1957); *The importance of the ovaries in cancer of the uterine cervix* (1934). Em 23 de janeiro de 1927, introduz a ideia do diagnóstico do câncer cervical pelo esfregaço vaginal para Sociedade Romena de Ginecologia, em Bucareste. Publicou seu trabalho em 11 de abril de 1928 no jornal francês *Presse Médicale* sob o título *Diagnostic du Cancer du Col Utèrin Par Les Frotis*, onde analisou 20 biópsias de casos de carcinoma escamoso invasivo de cérvice corados por Giemsa. Em razão da demora da tradução para o inglês, realizado pelo Dr. L.E. Douglass, 30 anos depois, seu reconhecimento junto à comunidade científica foi prejudicado. Seu trabalho enfatizava o conceito de pré-invasão e carcinoma invasivo; pela primeira vez foram descritos os critérios citológicos de malignidade em detalhes; graus de anormalidades nas lesões benignas, concluindo que anormalidades celulares do câncer podem ser detectadas em biópsias, bem como em esfregaços vaginais (Fig. 2-1).

Fig. 2-1. Aurel Babes. (Fonte: Tasca *et al.*, 2002.)

- *Odorico Viana:* em 1928, contribuiu com a citologia descrevendo seus achados, utilizando os métodos publicados por Aurel Babes em um pequeno grupo de pacientes.
- *Broders A.C.:* em 1932, foi quem primeiro sugeriu o uso do termo carcinoma *in situ* que representava a condição em que as células malignas e suas descendentes encontram-se no local ocupado pelas suas ancestrais antes que estas sofressem transformação maligna, e não migraram além da membrana basal.
- *George Nicolas Papanicolaou (1883–1962):* nasceu em uma pequena cidade litorânea da Grécia, Kimi, ilha de Evia. Sua família era formada por três irmãos, sendo ele o mais jovem, seu pai chegou inclusive a ser prefeito de Kimi (Fig. 2-2).

Completou seus estudos escolares na cidade de Atenas e cursou Medicina na Universidade de Atenas, graduando-se, em 1904. Posteriormente resolveu imigrar para a Alemanha, onde conseguiu um trabalho como gerente de um Zoológico, aproveitando também para fazer seu doutorado pela Universidade de Munique (Instituto Herting de Biologia Experimental), em 1919.

Voltou à Grécia para servir no corpo médico do exército na guerra e nessa época, entre 1912 e 1913, imigrou, juntamente com a esposa, para os Estados Unidos, onde obteve uma posição de Biologista-pesquisador do Departamento de Anatomia da Universidade de Cornell, Nova York (Fig. 2-3).

Papanicolaou estudou exaustivamente o ciclo menstrual, porém, em meio ao estudo, recebeu mulheres com câncer cervical e começou a acumular exemplos de células cancerosas dos esfregaços vaginais que posteriormente serviriam de estudo para publicação: *New Cancer Diagnosis* apresentado no *Third Race Betterment Conference in Battle Creek*, Michigan, em janeiro 1928, método semelhante ao do Dr. Aurel Babes.

Fig. 2-2. Casa onde morou Dr. George N. Papanicolaou – Kymi, 13 de maio de 1883.

Mesmo sem causar impacto em Battle Creek, Papanicolaou continuou trabalhando e influenciando pesquisadores como Joseph Hinsey que, em 1930, guiado pelos estudos de Papanicolaou sobre diagnósticos de câncer do colo uterino pelo esfregaço vaginal, em colaboração com o ginecologista Herbert F. Traut (1894-1963), apresentou duas publicações iniciando a era da citopatologia moderna: Em 1941, *The Diagnostic Value of Vaginal Smears in Carcinoma of the Uterus* e, em 1943, a monografia: *Diagnosis of uterine Cancer by the Vaginal Smear*, com excelentes desenhos coloridos de células esfoliadas e tecidos (Fig. 2-4).

- *Joe V. Meigs:* em 1945, confirma aos ginecologistas americanos o método citológico no diagnóstico de câncer cervical, incluindo a fase *in situ*, como uma ferramenta de suma importância. Meigs, auxiliado por uma zoóloga treinada com técnicas médicas, estabeleceu o laboratório de citopatologia no Hospital Geral de Massachusettes. Publicou um livro de morfologia de células cancerígenas esfoliadas: *The cytologic Diagnosis of Cancer* mostrando, inclusive, efeitos da radiação.
- *Mestwerdt G.:* em 1946, introduz o termo microcarcinoma.
- *J. Ernest Ayre:* ginecologista canadense de Montreal, em 1947, implanta o uso da espátula de madeira de sua criação para obtenção de amostras do colo uterino, bem como descreveu alterações que posteriormente foram relacionadas com o HPV.
- *Lebert:* patologista suíço, contemporâneo Alfred François Donné e Pouchet (1813-1878), em 1945, publica seu extraordinário atlas com figuras, desenhos coloridos de espécies patológicas diversas e *imprints* de um carcinoma cervical.
- *James W. Reagan (1918-1987):* em 1953, com colaboradores da *Case Westen Reserve University, Cleveland*-Ohio, consolidou o método aplicando as técnicas laboratoriais e demonstrando a acuracidade, e suas bases foram aceitas pelos patologistas. Em 1958, cria o termo displasia.

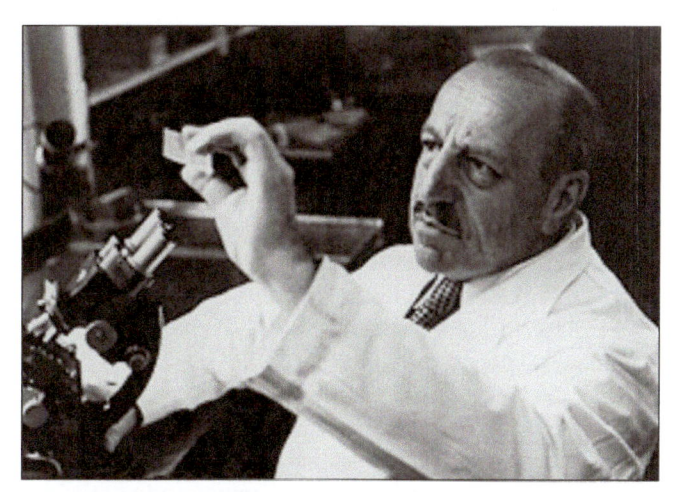

Fig. 2-3. Dr. George Nicolas Papanicolaou (1883-1962).

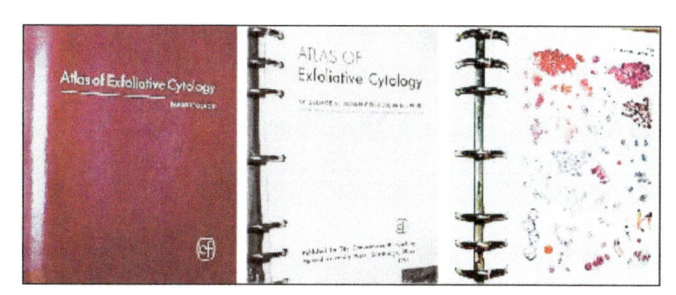

Fig. 2-4. Atlas do Dr. George Nicolas Papanicolaou (Publicado em 1954).

- *Leopold G. Koss:* em 1956, cria o termo "coilócito" e produz duas publicações que foram fundamentais para consolidação da citologia: Ensaio na *Acta Cytologica* – 1957, e quatro anos depois, em 1961, *Diagnostic cytology and its histopathologic bases.*
- *Zuher M. Naib:* em 1961, descreve células com inclusões intranucleares, que posteriormente seriam conhecidas como de origem do vírus Herpes tipo II.
- *Richart:* em 1967, nos Estados Unidos, cria a terminologia "neoplasia intraepitelial cervical – NIC" como uma continuidade da doença pré-invasiva.
- *Alexander Meisels:* médico emérito da Universidade Laval do Quebec, Canadá, publica, em 1976, um artigo evidenciando a presença de um grande halo perinuclear em células escamosas e núcleos atípicos como sendo um efeito citopático do HPV.
- *Harald zür Hausen:* médico alemão, prêmio Nobel de fisiologia e medicina de 2008, entre 1983 e 1984, descobriu que os HPV-16 e 18 estavam presentes no câncer do colo uterino, possibilitando desenvolver metodologias de detecção específica para o DNA do HPV. Também descreveu que alguns tipos de HPV causam o câncer de colo uterino, desencadeando a busca pelas vacinas.

Em 1988, o Instituto Nacional do Câncer dos Estados Unidos, em Bethesda, patrocinou um encontro de especialistas em ginecologia, patologia e citologia ginecológica para promoção de uma terminologia diagnóstica uniformizada para citologia cervicovaginal, denominada "Sistema Bethesda", criando a denominação "Lesão Escamosa Intraepitelial" (LEI), diferenciando em alto e baixo graus. Posteriormente, em 1991 e 2001, são realizadas reuniões para avaliar o impacto na prática clínica e promoção das modificações, por exemplo: adequação da amostra, categorização geral e alguns diagnósticos descritivos.

CARACTERÍSTICAS BÁSICAS ANATÔMICAS E CITOLÓGICAS DO TRATO GENITAL FEMININO

CAPÍTULO 3

Jacinto da Costa Silva Neto

O trato genital feminino é composto por vulva, vagina, útero (cérvice e corpo), duas tubas e ovários (direito e esquerdo) e os tecidos que o compõem são do tipo epitelial escamoso, estratificado, queratinizado ou não glandular (Fig. 3-1).

VULVA

É a porção mais externa do trato genital feminino. Composta do monte de vênus, grandes e pequenos lábios, clitóris e hímen. Em cada lado do vestíbulo encontram-se as glândulas de Bartholin.

Na mulher em idade pós-puberdade, os grandes lábios são cobertos por pelos pubianos. Mais internamente, outra prega cutâneo-mucosa envolve a abertura da vagina – os pequenos lábios – que protegem a abertura da uretra e da vagina (Fig. 3-2).

O hímen é formado por uma membrana que separa o vestíbulo da vagina nas virgens. O clitóris, formado por tecido esponjoso erétil, e o meato uretral estão localizados acima do vestíbulo.

VAGINA

Consiste em canal fibromuscular que se estende da abertura vaginal à cérvice localizada posteriormente à bexiga e anterior ao reto. No vestíbulo da vagina, encontram-se dois orifícios: urinário (uretra) e o orifício genital (vagina). Na parte interna da vagina a porção inicial do útero (cérvice) é uma região pericervical, denominada de fórnice da vagina, que constitui os fórnices vaginais anterior, posterior e laterais, que são de diferentes profundidades. A parede vaginal não apresenta glândula, sendo formada por três camadas: adventícia, muscular e mucosa.

Formada pelo epitélio escamoso estratificado não queratinizado, a mucosa vaginal pode conter uma pequena quantidade de querato-hialina, porém não ocorre queratinização intensa com transformação das células em placas de queratina. Sua superfície interna é lubrificada por muco e transudato que atravessa diretamente a mucosa.

O pH vaginal se mantém por causa da atividade dos Lactobacilos (bacilos de Döderlein), bactérias comensais que

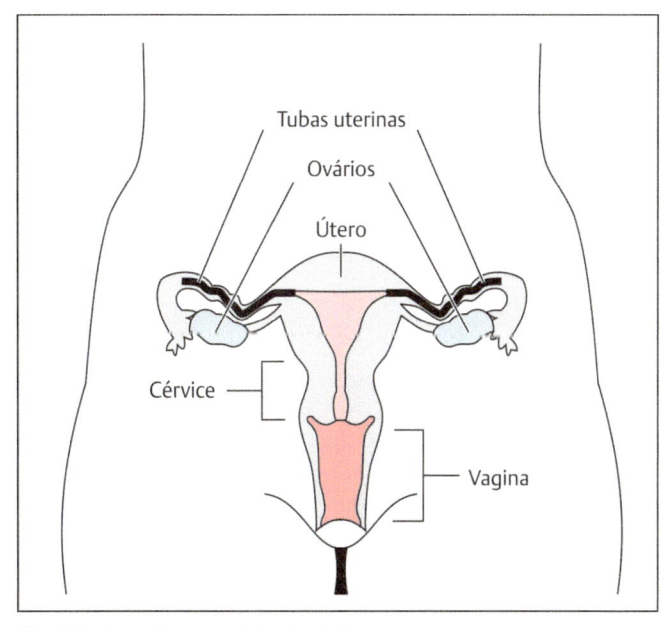

Fig. 3-1. Aparelho reprodutor feminino.

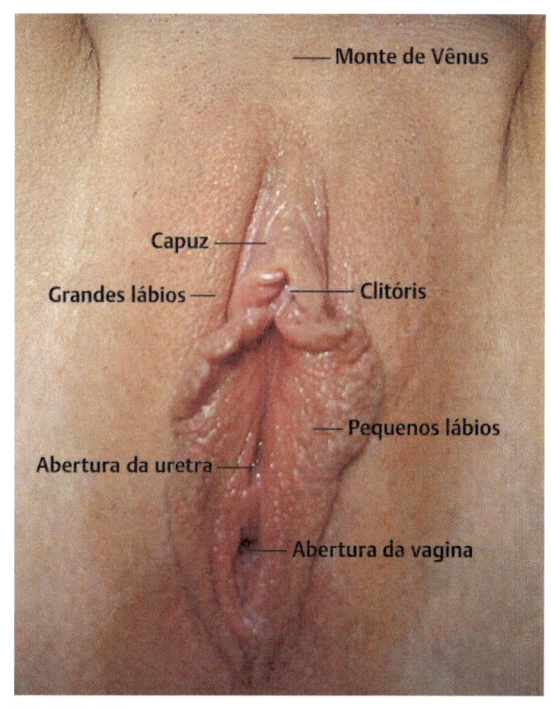

Fig. 3-2. Vulva.

consomem glicogênio existente no citoplasma das células escamosos intermediárias e por sua vez produzem ácido láctico, acidificando levemente o pH vaginal, contribuindo como uma barreira de proteção contra alguns microrganismos patogênicos, por exemplo, os bacilos Gram-negativos (*Echirichia coli, Klebisiela* etc.).

O pH vaginal varia em função da idade. Em recém-nascidos e durante a idade fértil é ácido (pH 4,5-5,5), enquanto na adolescência e após a menopausa vai de neutro a levemente alcalino (pH 7,0). A manutenção do meio considerado normal na vagina depende dos níveis de estrógenos, pH ácido e da presença de lactobacilos.

O epitélio escamoso da cérvice e vagina é dividido em quatro camadas:

1. *Camada basal:* composta de uma ou duas camadas de células arredondadas e se localizam sobre a lâmina basal, onde é possível observar mitoses. Essa região é responsável pela reposição celular do epitélio e o faz em aproximadamente quatro dias.
2. *Camada parabasal:* constituída de 3 a 4 camadas de células escamosas redondas, com maior tamanho que a célula basal e núcleo menor e com raras mitoses (Fig. 3-3).
3. *Camada intermediária:* composta de células em estágios de maturação no sentido da superfície com tendência ao formato poligonal, núcleos redondos, cromatina granular e citoplasma basofílico, mas pode corar-se em amarelo por Papanicolaou em razão da presença de glicogênio. A transição das células parabasais para intermediárias pode fornecer variações quanto ao formato do citoplasma (de redondo a policonal) e de núcleo (tamanho e cromatina). Ver Figs. 3-4 a 3-6.
4. *Camada superficial:* consiste em seis a oito camadas de células escamosas superficiais grandes poligonais, eosinofílicas com núcleo picnótico e grânulos querato-hialinos. Passível de queratinização (Figs. 3-7 e 3-8).

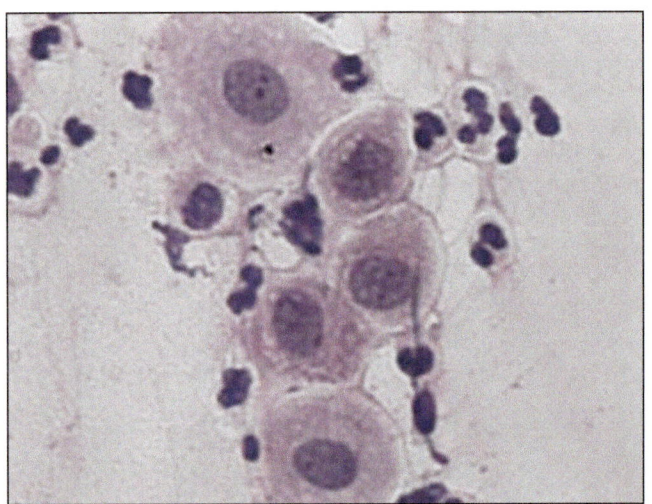

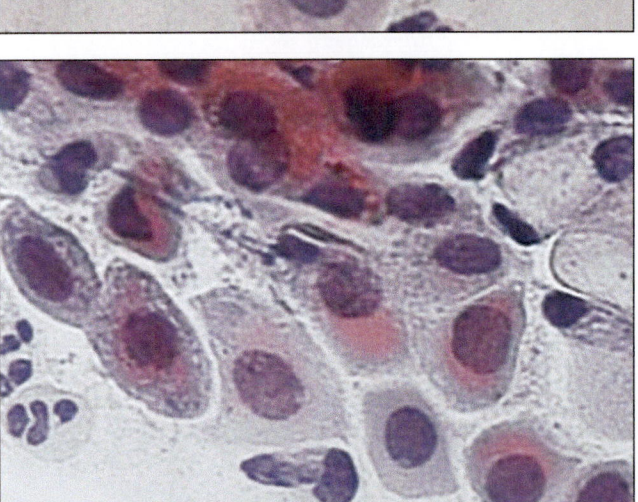

Fig. 3-3. Células da camada profunda: células basais e parabasais (Papanicolaou).

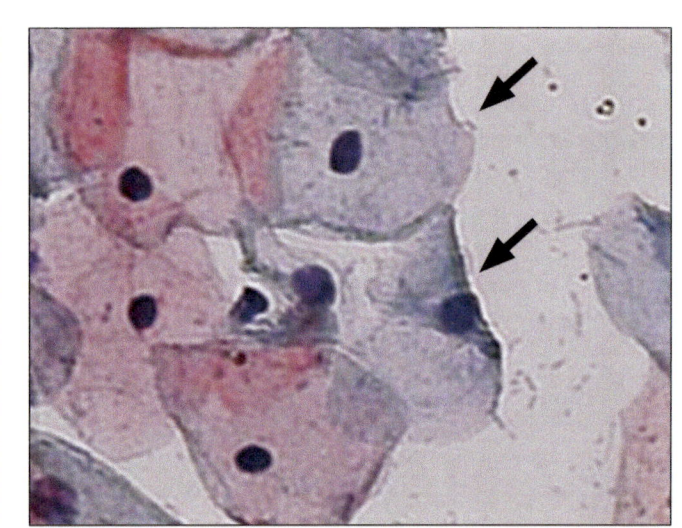

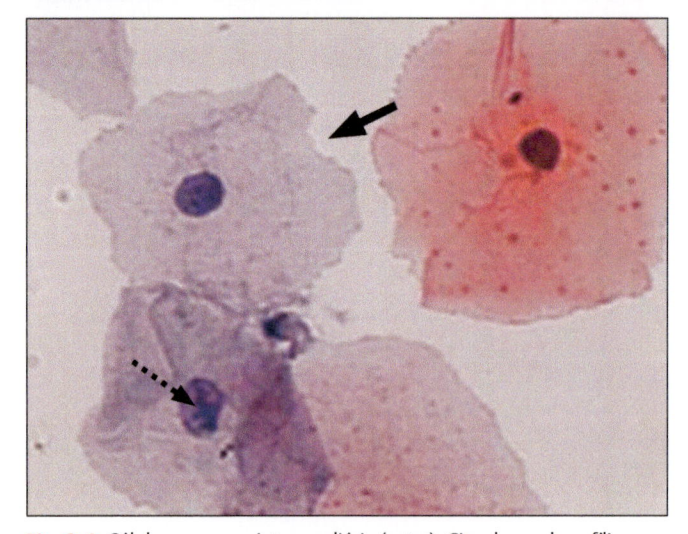

Fig. 3-4. Célula escamosa intermediária (*setas*). Citoplasma basofílico e núcleo com precipitação equatorial (*seta pontilhada*) (Papanicolaou – 400×).

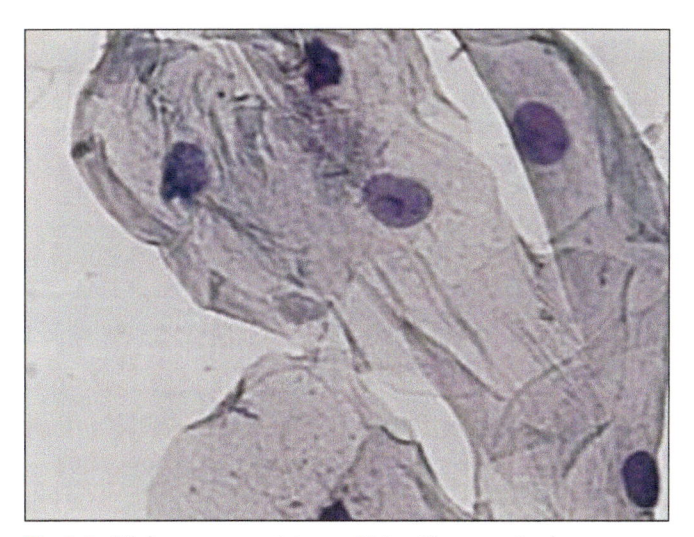

CARACTERÍSTICAS BÁSICAS ANATÔMICAS E CITOLÓGICAS DO TRATO GENITAL FEMININO

Fig. 3-5. Células escamosas intermediárias. Observar citoplasma translúcido (Papanicolaou).

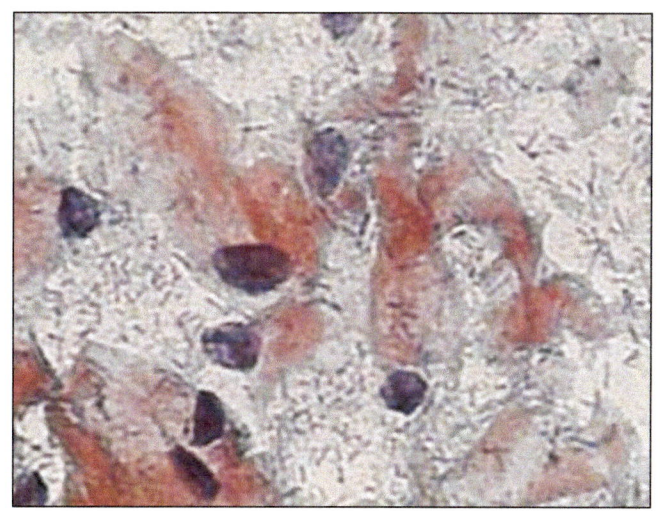

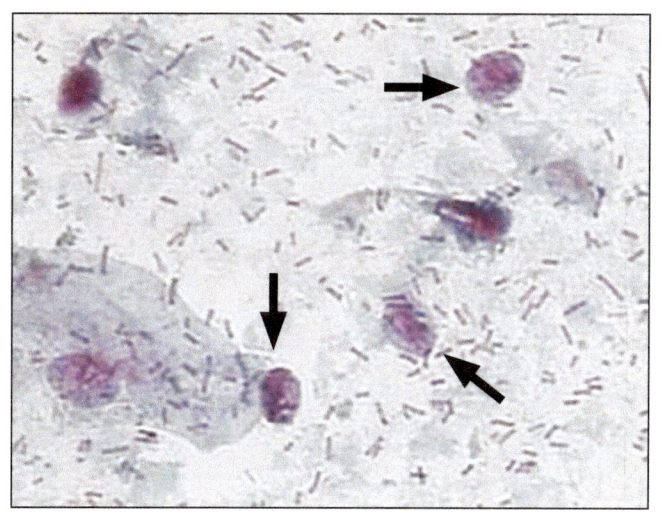

Fig. 3-6. Citólise com numerosos Lactobacilos lisando células escamosas intermediárias. Presença de núcleos desnudos oriundos da citólise (*setas*) (Papanicolaou).

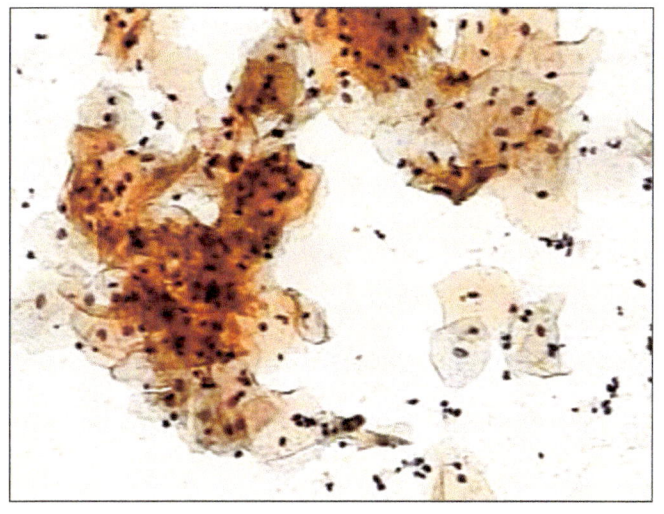

Fig. 3-7. Células escamosas superficiais. Citoplasmas eosinofílicos e núcleos picnóticos (Papanicolaou – 50×).

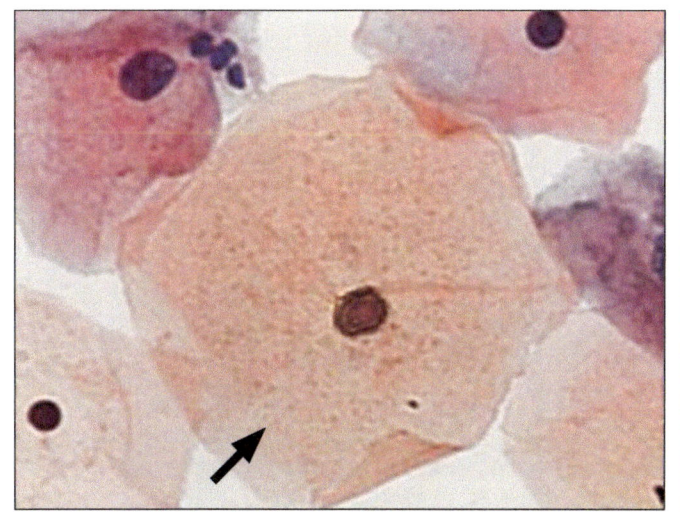

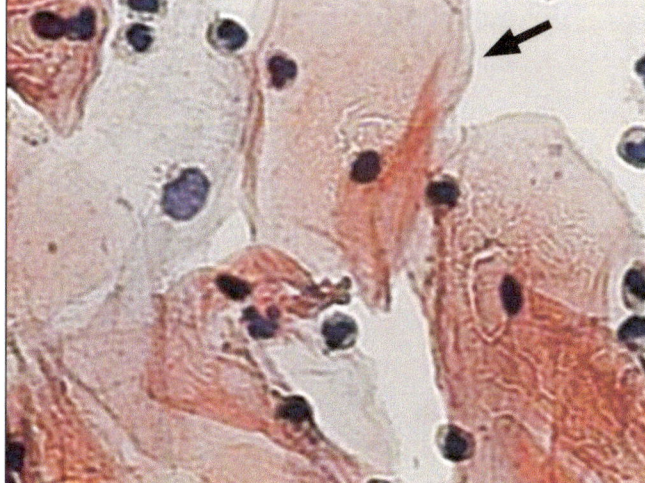

Fig. 3-8. Célula escamosa superficial. Citoplasma eosinofílico e núcleo picnótico (*setas*) (Papanicolaou – 400×).

TUBAS UTERINAS

São dois canais que ligam os ovários ao útero conhecidos também como "trompas de falópio" em razão do seu descobridor, Gabriele Fallopio, um anatomista do século XVI.

As tubas uterinas podem medir, aproximadamente, 7 a 14 cm de comprimento e 5 mm de diâmetro e apresentam uma porção intramural (dentro dos muros do músculo do útero), uma parte estreitada, o istmo, uma ampola e um infundíbulo em formato de franja que são as fímbrias. As paredes das tubas uterinas são compostas por células glandulares secretoras ou ciliadas que impulsionam o óvulo vindo do ovário em direção ao útero. As células ciliadas desenvolvem um movimento no mesmo sentido para liberação de muco e proteção da tuba, as células secretoras produzem uma secreção que capacita o espermatozoide.

OVÁRIOS

Medindo aproximadamente 4 × 2 × 1 cm cada, os ovários são as glândulas sexuais femininas em formas oval e aplanada lembrando uma amêndoa. Apresentam uma região medular rica em vasos e a cortical, onde se localizam os folículos. Sua região medular contém numerosos vasos sanguíneos e regular quantidade de tecido conjuntivo frouxo, e a cortical, onde predominam os folículos ovarianos, contendo os ovócitos.

Os hormônios LH (hormônio luteinizante) e FSH (hormônio folículo estimulante) atuam sobre o ovócito, proporcionando a ovulação. Os ovários produzem hormônios do tipo estrógenos e progesterona.

ÚTERO

Com dimensões aproximadas entre 3 a 5 cm de comprimento por 2,5 cm de diâmetro, o útero é dividido esquematicamente em corpo, cérvice e endocérvice (Fig. 3-9).

De dentro pra fora encontra-se o endométrio recobrindo a cavidade uterina e constituído de células glandulares ciliadas e secretoras, formando o epitélio colunar simples (Fig. 3-10).

Em seguida o estroma e a camada muscular espessa de músculo liso, denominado miométrio. Envolvendo o miométrio encontra-se a camada externa delgada serosa, composta de mesotélio e tecido conjuntivo, denominada "serosa".

Durante o ciclo menstrual o útero responde aos estímulos hormonais, na primeira fase (estrogênica) preparando-se para receber o óvulo fertilizado, do contrário, quando na ausência de fecundação, o epitélio descama, sangra e é desprezado na menstruação.

O colo uterino (ectocérvice) é composto de epitélio escamoso estratificado não queratinizado (Fig. 3-11), que encontra o epitélio glandular (uma camada de células glandulares altas mucossecretoras) vindo da endocérvice (canal endocervical), esse encontro dos epitélios é denominado de junção escamocolunar (JEC). A JEC pode variar conforme idade, em adoslecentes, adultos jovens, e, em algumas condições, o epitélio endocervical é observado na superfície da ectocérvice (ectópia). Na menopausa posiciona-se dentro do canal cervical.

A abertura do tecido glandular sob o epitélio metaplásico escamoso que recobre as criptas das glândulas endocervicais pode obstruí-lo, acumulando mucina e ocasionando o surgimento dos cistos de Naboth (glândulas mucosas), visualizados no exame ginecológico por uma dilatação cística esbranquiçada (Capítulo 12). Essas estruturas podem aparecer isoladamente ou em grupos e são mais frequentes em mulheres na idade reprodutiva, destacadamente nas multíparas.

A região compreendida entre a JEC original e funcional e denominada zona de transformação (ZT), mais bem visualizada pela colposcopia, aparece como uma área que vai do canal endocervical até os orifícios glandulares e os cistos de Naboth mais distantes. A ZT é revestida por epitélio escamoso metaplásico, região que epidemiologicamente encontra-se grande maioria das lesões precursoras do câncer cervical.

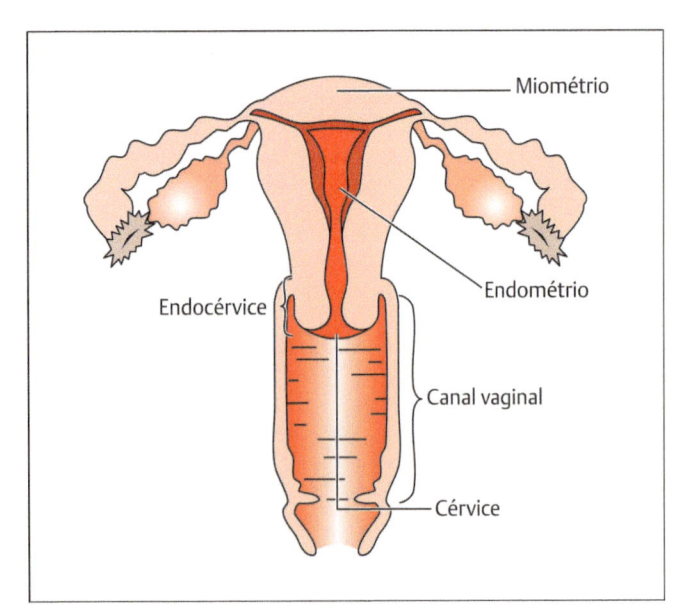

Fig. 3-9. Canal vaginal, útero, tubas e ovários.

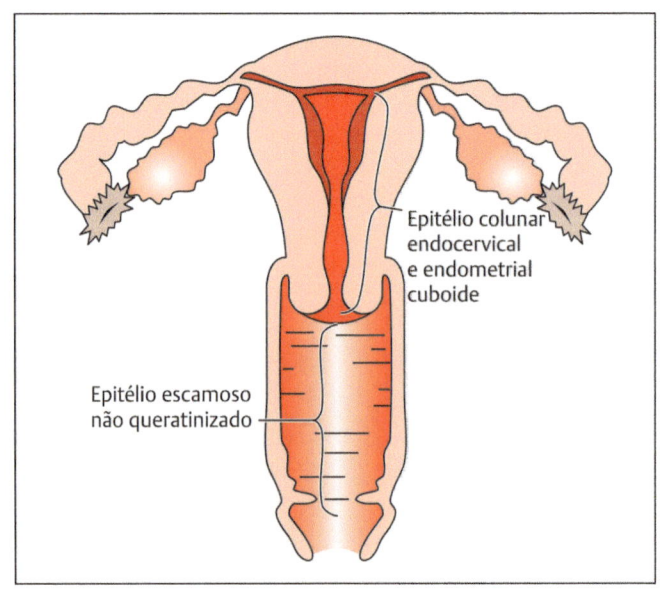

Fig. 3-10. Localização dos epitélios de revestimento: cúbico/colunar e escamoso.

CÉLULAS ENCONTRADAS NA CITOLOGIA CERVICOVAGINAL

Células Escamosas Superficiais

São as maiores células normais encontradas em esfregaços cervicais (Figs. 3-4, 3-7 e 3-8). Estão localizadas na camada mais superficial do epitélio vaginal e representa o último estágio de maturação (Quadro 3-1). São predominantes na pré-ovulação e ovulação, em terapias estrogênicas e tumores ovarianos funcionantes. Na porção mais externa da camada epitelial escamosa, encontram-se células anucleadas (células fantasmas) com formato de célula escamosa superficial, porém, com ausência nuclear. Normalmente são raras e se mostram bem preservadas.

Células Escamosas Intermediárias

Constituem uma multicamada epitelial escamosa mais espessa. Sua presença é comum nos esfregaços cervicovaginais principalmente em resposta ao estímulo adrenocortical e progestagênico (fase pós-ovulatória, gravidez ou na menopausa). Suas características estão sumarizadas no Quadro 3-1 e representadas nas Figuras 3-4 e 3-5.

Também é possível observar, na coloração por Papanicolaou, uma tonalidade amarelada na região mais central do

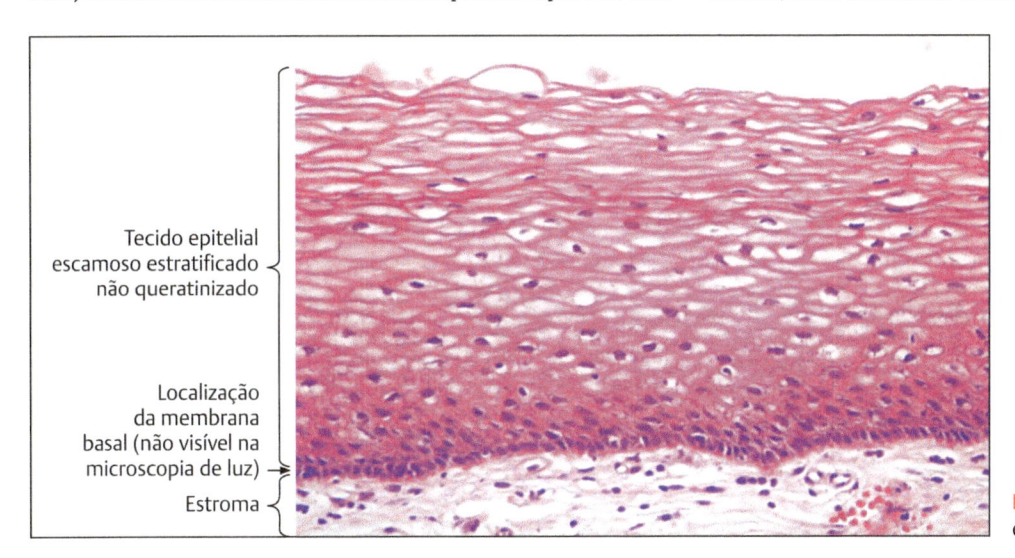

Fig. 3-11. Corte histológico – ectocérvice normal (HE).

Quadro 3-1. Principais Características das Células Escamosas em Esfregaços Citológicos por Papanicolaou

Células escamosas	Basal	Parabasal	Intermediária	Superficial
Células	Monocamada em 90%	Isoladas em 60%	Isoladas em 80%	Isoladas em 80%
Forma	Redonda	Redonda ou oval	De oval a poligonal conforme a maturação	Exclusivamente poligonal
Tamanho	8-10 μ	15-25 μ	30-60 μ	40-60 μ
Área do citoplasma em μm²	100	300	1.500	1.500
Citoplasma	Escasso. Denso, basofílico e opaco	Moderado. Denso, basofílico e opaco	Abundante. Basofílico e translúcido com dobras	Abundante. Cianofílico ou eosinofílico, translúcido e com bordas nítidas
Citoplasma-vacuolização	Não	Ocasional	Ocasional	Não
Núcleo	Vesicular, redondo	Vesicular, redondo ou oval	Vesicular, redondo ou oval	Picnótico
Área do núcleo em μm²	40	50	35	20
Tamanho do núcleo	7-9 μ	< 10 μ	8-10 μ	5-7 μ
Multinucleação	Raro	Pouco	Pouco	Raro
Nucléolo	Não	Ocasionalmente e proeminente	Pequeno	Não
Cromatina	Grosseira	Granular fina	Granular fina. Pode apresentar uma precipitação equatorial	Picnótica
Mitose	Presente	Eventuais	Ausente	Ausente
Grânulos querato-hialinos	Ausente	Ausente	Eventuais	Frequentes
Relação núcleo/citoplasma	8:10	5:10	2:10	1:10

citoplasma, indicativo de concentração de glicogênio, um polímero de glicose que serve de suporte alimentar aos bacilos de Döderlein (Lactobacilos) que, ao consumirem, provocam a citólise, marcada por núcleos desnudos e fragmentos de citoplasma (Fig. 3-6).

Células Escamosas da Camada Profunda: Basais e Parabasais

A presença de células profundas em esfregaços cervicovaginais de mulheres normais é rara, exceto nos casos de atrofia ou condições anormais.

As células basais são responsáveis pela renovação contínua das células epiteliais. São as mais profundas células da camada epitelial estratificada com efetiva atividade mitótica. Suas características estão representadas no Quadro 3-1.

As células parabasais são maiores que as células basais e com rara atividade mitótica. É comum sua presença na falta de maturação do epitélio em mulheres pós-menopausada, nas deficiências de estrógeno, na lactação, na pré-puberdade e pós-tratamento com radiação (Quadro 3-1 e Fig. 3-3).

Para avaliar a maturidade celular, além da forma, considera-se também a densidade citoplasmática, isto é, quanto maior sua densidade, mais jovem será a célula, em condições normais. Outra característica é a afinidade tintorial, a basofilia em esfregaços normais está associada a células mais jovens, enquanto a eosinofilia correlaciona-se com células maduras, como as células escamosas superficiais.

Células Glandulares Endocervicais

Exceto na menstruação são as células glandulares mais frequentes nos esfregaços cervicovaginais, principalmente quando a coleta é realizada com escova endocervical (*cytobrush*). Formam o epitélio cilíndrico endocervical (endocérvice) e se classificam em células ciliadas e secretórias ou produtoras de muco (mucíparas) (Fig. 3-12).

A consistência e quantidade do muco secretado variam conforme a fase hormonal, espesso durante a maioria do ciclo menstrual e mais fino na ovulação, permitindo melhor acesso aos espermatozoides. Durante a gravidez a secreção aumenta, bem como em algumas inflamações e irritações. Na atrofia o muco diminui consideravelmente, tornando-se espesso e escasso.

As células glandulares podem ser visualizadas em esfregaços citológicos cervicais em arranjos de forma paliçada ou em "favo de mel" (Fig. 3-13 – características no Quadro 3-2).

Células Glandulares Endometriais e Estromais

Incomuns em esfregaços cervicovaginais normais, exceto no período menstrual ou logo após (primeiros 12 dias do ciclo menstrual). Quando presente em mulheres menopausadas ou acima de 45 anos de idade, deve ser informado por causa do risco patológico.

São condições favoráveis ao seu aparecimento: o uso do DIU, terapia hormonal, período menstrual, gravidez, pós-parto, sangramentos disfuncionais, endometrite crônica, endometriose, endocervicite crônica e aguda, recente

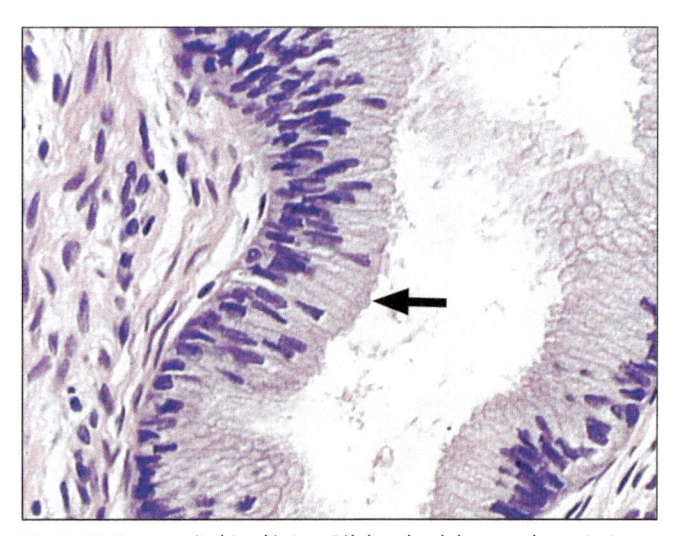

Fig. 3-12. Preparação histológica. Células glandulares endocervicais em "paliçada" (*seta*) (HE).

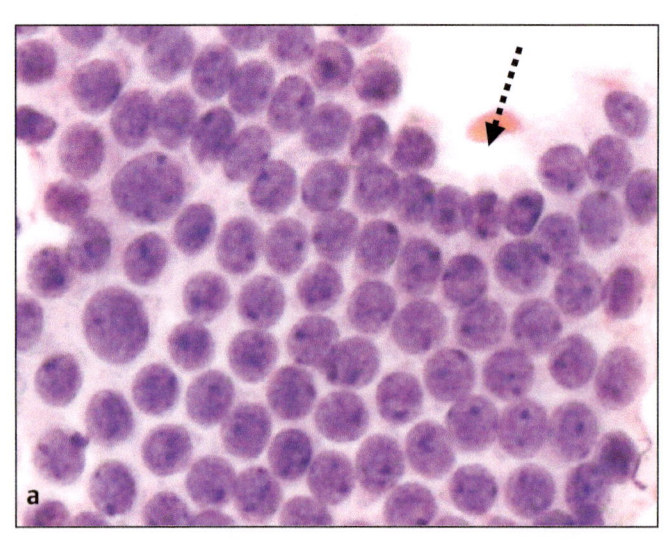

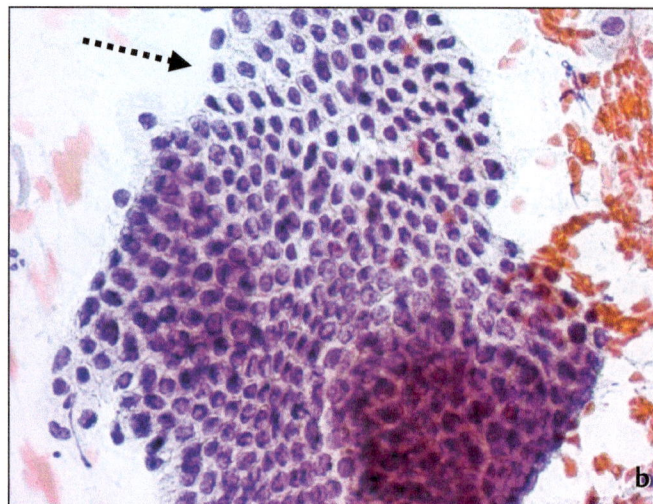

Fig. 3-13. Células glandulares endocervicais. (**a**, **b**) Arranjo celular em "colmeia" (*seta pontilhada*). *(Continua.)*

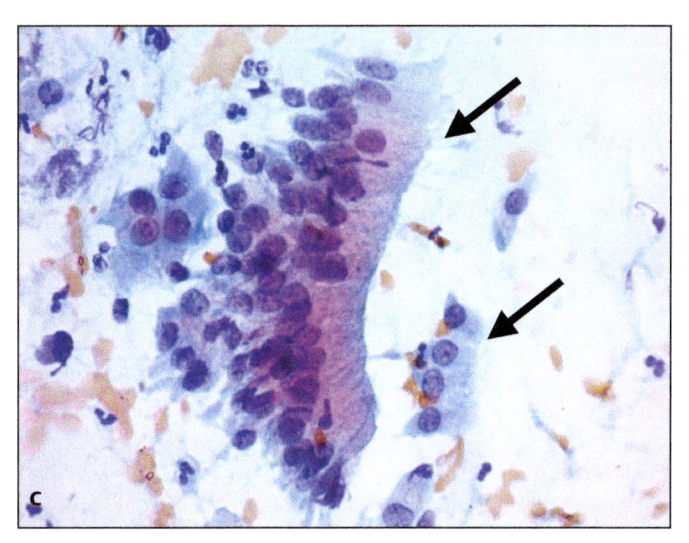

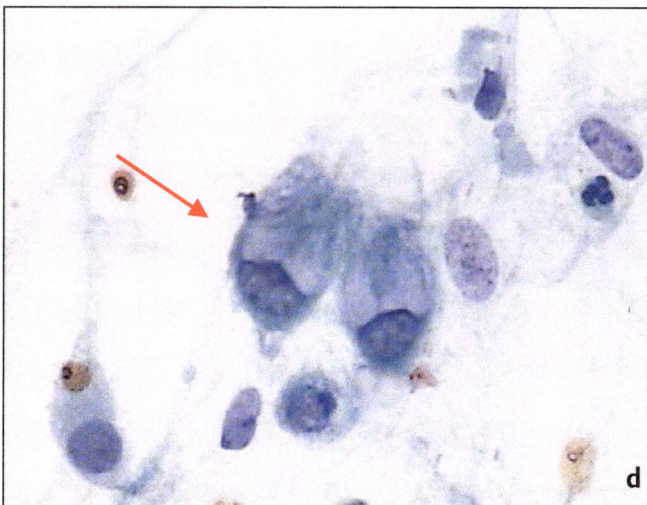

CARACTERÍSTICAS BÁSICAS ANATÔMICAS E CITOLÓGICAS DO TRATO GENITAL FEMININO

Fig. 3-13. *(Cont.)* (c) Células dispostas em "paliçada" (*seta preta*). (d) Células mucíparas. Observar a deformidade do núcleo em razão do acúmulo de mucina (*seta vermelha*) (Papanicolaou).

Quadro 3-2. Resumo das Principais Características das Células Glandulares e de Reserva em Esfregaços Citológicos Cervicovaginais

Células	Endocervicais Ciliadas	Endocervicais Mucíparas	Endometriais	Reserva
Células	Em paliçada ou em "favo de mel". Cílios corados em róseo	Isoladas ou agrupadas	Aparência se modifica com a fase do ciclo menstrual. Agrupamentos tridimensionais	Pequenas, redondas e sobrepostas
Forma	Cilíndricas ou piramidais	Redondas a triangulares	Cuboidais a redondas	Redondas a ovais, ocasionalmente triangulares
Tamanho	10-25 μ	15-60 μ	8-12 μ	8-20 μ, menores que as parabasais
Área do citoplasma em μm²	200	300 a 350	175	200
Citoplasma	Basofílico, abundante, delicado, vacuolizado. Semitranslúcido com bordas distintas	Basofílico, muito delicado, vacúolos grandes, bordas frequentemente indistintas	Basofílico, escasso. Eventuais vacúolos e cílios. Delicado, transparente e com bordas distintas	Basofílico, escasso ou ausente. Vacúolos
Cílios	Raros	Ausente	Raros	Ausente
Núcleo	9-20 μ. Redondo ou oval. Pode variar de tamanho, conforme estágio de maturação	9-10 μ. Alongado ou oval. Excêntrico na base	8-10 μ. Redondo, pequeno, geralmente único, hipercromático	7-12 μ. Redondo ou oval. hipercromático
Nucléolo	Raro. Pequeno, central e proeminente	Proeminente. Esférico. Varia de tamanho. Próximo à membrana	Eventual. Pequeno, proeminente	Pequeno ou cromocentros
Cromatina	Fina	Granular grosseira. Eventual picnose	Granular grosseira. Homogênea	Moderadamente granular
Multinucleação	Raro. Discreto amoldamento	Frequente	Raro	Raro
Relação núcleo/citoplasma	3:10	2:10	8:10	5:10

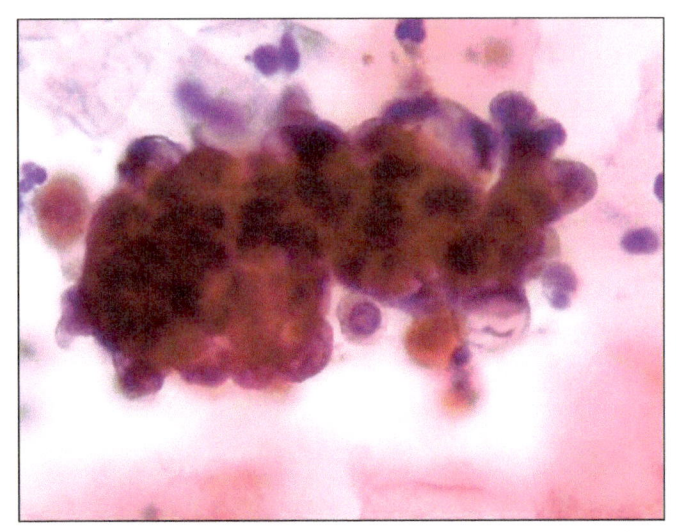

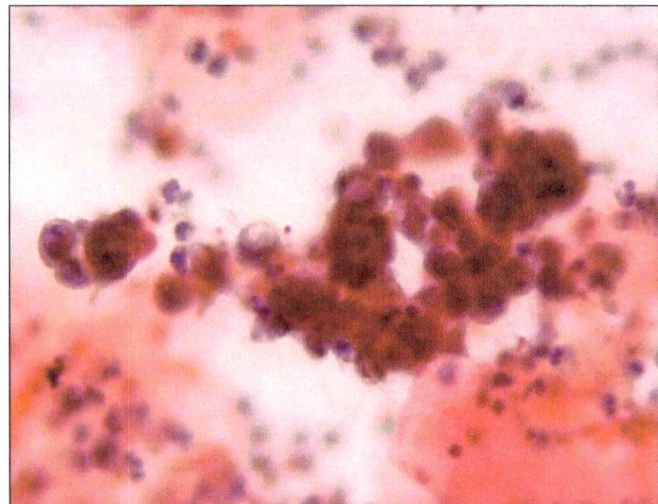

Fig. 3-14. Células endometriais normais presentes no final do período menstrual. São menores que as células endocervicais aparecem agrupadas e bem coesas. Alta relação núcleo/citoplasma, às vezes com presença de vacúolos. Lembrar que a presença dessas células em mulheres na pós-menopausa ou acima de 45 anos deve ser destacada no laudo (Papanicolaou).

procedimento endometrial, pólipo endometrial, leiomioma submucoso, hiperplasia endometrial, carcinoma endometrial.

Estas células variam com a fase do ciclo menstrual e o nível de preservação. Se bem preservadas aparecem agrupadas em arranjos tridimensionais e bem coesos (ver características no Quadro 3-2 e Fig. 3-14). Essas células podem ser confundidas com: pequenos histiócitos; carcinoma pobremente diferenciado de células pequenas; cervicite folicular; núcleos nus observados na atrofia; células azuis e pequenas observadas no tratamento com tamoxifeno; células endocervicais atróficas e pérolas escamosas.

- *Êxodo:* O termo representa endométrio menstrual presente em esfregaços citológicos por agrupamentos celulares de células glandulares na periferia e estromais ao centro. Pode ser observado entre do 6º ao 10º dia do ciclo menstrual, porém, após o 12º dia as células endometriais presentes podem indicar sinais patológicos (Fig. 3-15).

Células Endometriais do Segmento Uterino Inferior

A presença de grandes agrupamentos tubulares, compostos de células endometriais de núcleos hipercromáticos e com limites bem definidos, pode ser encontrada em amostras coletadas diretamente do segmento uterino inferior. Esses agrupamentos apresentam sobreposição celular e podem aparecer também em tamanhos variados, acompanhados de material estromal (células alongadas, sobreposição e nuclear). As células são colunares, com núcleos de forma arredondada a oval, cromatina regular moderadamente espessa. Os nucléolos não estão destacados, e figuras de mitoses são comuns, bem como as células ciliadas e capilares (Fig. 3-16).

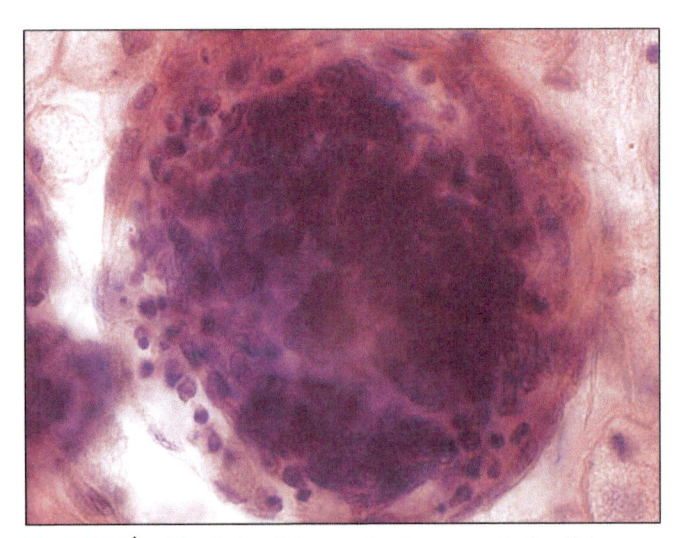

Fig. 3-15. "*Êxodo*" – Endométrio menstrual – composto de células glandulares (na periferia) e estromais (no centro) (Papanicolaou).

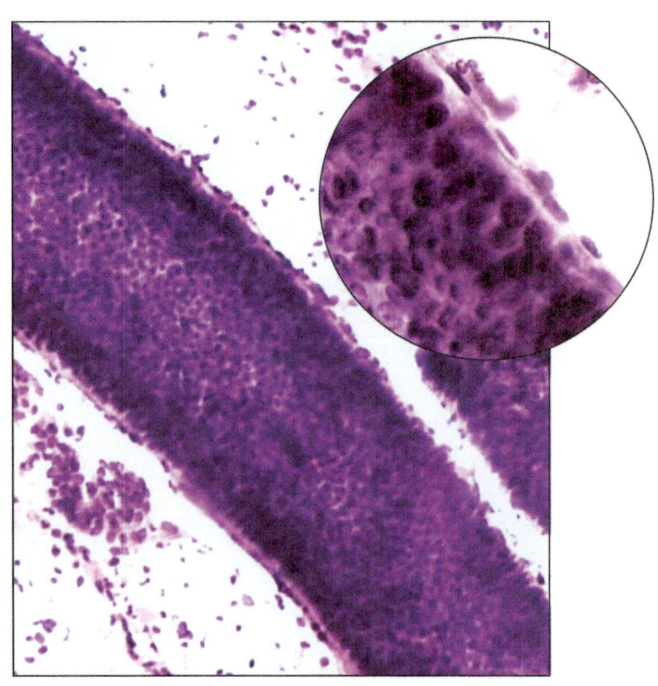

Fig. 3-16. Seguimento uterino inferior. Agrupamento formado por células endometriais com bordas bem delimitadas e células dispostas ordenadamente, ou seja em "paliçada" (Papanicolaou).

Células de Reserva

São responsáveis pela manutenção do epitélio e estão localizadas na região compreendida entre a membrana basal e células glandulares. São difíceis de presenciá-las em esfregaços cervicovaginais. Por serem multipotentes, possuem capacidade de transformar-se em células colunares ou escamosas e, quando estimuladas, podem multiplicar-se, ocasionando a hiperplasia das células de reserva. Estudos utilizando imuno-histoquímica com citoqueratinas indicam que são similares às células basais (características no Quadro 3-2).

Podem ser confundidas com histiócitos, carcinoma neuroendócrino de pequenas células e células endometriais. Aparecem com frequência nos tratamentos com tamoxifeno.

Células em Metaplasia Escamosa

A metaplasia é um fenômeno fisiológico e pode tornar-se mais evidente em determinados estados patológicos com lesão tecidual epitelial. Quando fisiológico constitui a mudança do epitélio glandular mucíparo da endocérvice e zona de transformação para o epitélio escamoso. As células em metaplasia se originam das células de reserva, quando a modificação celular é completa, denomina-se metaplasia escamosa "matura", enquanto na modificação incompleta "imatura". São características citológicas:

- *Forma:* células metaplásicas imaturas apresentam projeções citoplasmáticas, denominadas pontes intercelulares, por isso são denominadas de células "aracniformes", sua área celular média é de 318 μm², e as maduras, 640 μm². Na metaplasia escamosa maturada, as células apresentam citoplasma delimitado com resquícios de projeções.
- Citoplasma: denso com eventuais vacúolos.
- Núcleo redondo com cromatina fina, homogênea e de pequeno nucléolo. A área média varia de 50 a 60 μm².
- Presença de cromocentros.

Apesar de a metaplasia ser um fenômeno fisiológico, ela pode aparecer destacadamente nos processos inflamatórios, alterações reativas e hormonais. Portanto, quando sua presença estiver destacada deve ser relatada em laudo.

Um problema para os citologistas iniciantes é a semelhança com as células parabasais e, para diferenciá-las, deve-se observar a presença de nucléolos e resquícios das pontes citoplasmáticas. A presença das células em metaplasia indica representação da zona de transformação, contribuindo com os indicadores de qualidade na coleta (Fig. 3-17).

Células Deciduais

As células raras, verificadas em casos de abortos e em mulheres grávidas. São eosinofílicas, poligonais, pouco maiores que as células basais. Núcleos ativos, com grânulos grosseiros de cromatina ou, algumas vezes, vesiculares, centrais e únicos.

Células Trofoblásticas

É possível encontrá-las nos esfregaços cervicovaginais quando no aborto incompleto, indicando descolamento de placenta ou placenta prévia. São células multinucleadas com núcleos muito ativos, vacuolados, espessa membrana nuclear e citoplasma escasso. Geralmente aparecem acompanhadas de muco denso e muitos leucócitos e eritrócitos bem conservados ou hemolisados.

Lâmina Basal e Membrana Basal

A lâmina basal localiza-se abaixo do epitélio escamoso, tem espessura média de 50 a 80 nm e é formada por colágeno tipo IV, glicoproteína laminina e proteoglicanos, porém invisível na microscopia óptica. Abaixo da lâmina, verificam-se fibras reticulares, proteínas e glicoproteínas visíveis à microscopia óptica. Esse conjunto forma a membrana basal que separa o epitélio escamoso do estroma subjacente (Fig. 3-11).

Convencionou-se chamar de polo basal a porção em contato com a lâmina basal e polo apical a porção que está na direção oposta, e tais coordenadas são referências para marcar a polaridade celular muito utilizada como parâmetro de normalidade.

Componentes Não Epiteliais

Hemácias

Também conhecidas por eritrócitos são células anucleadas, redondas, bicôncavas, diâmetro aproximado de 7,2 μm por 2,1 μm de espessura, e em Papanicolaou coram-se em laranja (eosinofílicos). Em esfregaços normais aparecem preservadas ou agrupadas (formação em *rouleau*). Quando bem preservadas podem indicar ato traumático da coleta. Na maioria das vezes não representa alterações (Fig. 3-18).

Leucócitos

Observados comumente em esfregaços cervicovaginais com origem principal na endocérvice. São abundantes em doenças inflamatórias, principalmente em sua fase aguda. Apresentam tamanho de 10 μ, quase que 50% maior que uma hemácia e classificam-se em polimorfonucleares (neutrófilos, eosinófilos e basófilos) e mononucleares (linfócitos e monócitos). São importantes para a citologia os neutrófilos que apresentam formato redondo, núcleos lobulados e basofílicos; os eosinófilos, redondos, núcleos bilobulados e basofílicos com grânulos eosinofílicos em seu citoplasma. Os linfócitos que apresentam núcleo único e citoplasma escasso basofílico sem grânulos, geralmente presente em cervicites crônicas, foliculite linfoide e alguns casos de cervicite folicular crônica. Seus nucléolos proeminentes e quando há variação de tamanho podem sugerir malignidade (Fig. 3-19).

Plasmócitos

São células anti-inflamatórias que se originam na diferenciação dos linfócitos B que chegam até os tecidos conjuntivos pelo sangue. Aparecem em infecções bacterianas e inflamações crônicas, frequentemente estão misturados a linfócitos nas cervicovaginites crônicas. Tem a capacidade de produzir anticorpos contra substâncias e organismos estranhos que casualmente invadam o tecido conjuntivo. É uma célula agranulocítica com aspecto redondo ou oval, discreta variação de tamanho (8-12 μ) e citoplasmas basofílicos. Núcleo excêntrico, redondo ou oval, cromatina distribuída em grupos semelhantes a uma "roda de carroça".

Macrófagos

São células derivadas da mesma célula precursora dos monócitos (sangue) e de células endoteliais com funções fagocíticas capazes de destruir microrganismos; função apresentadora de

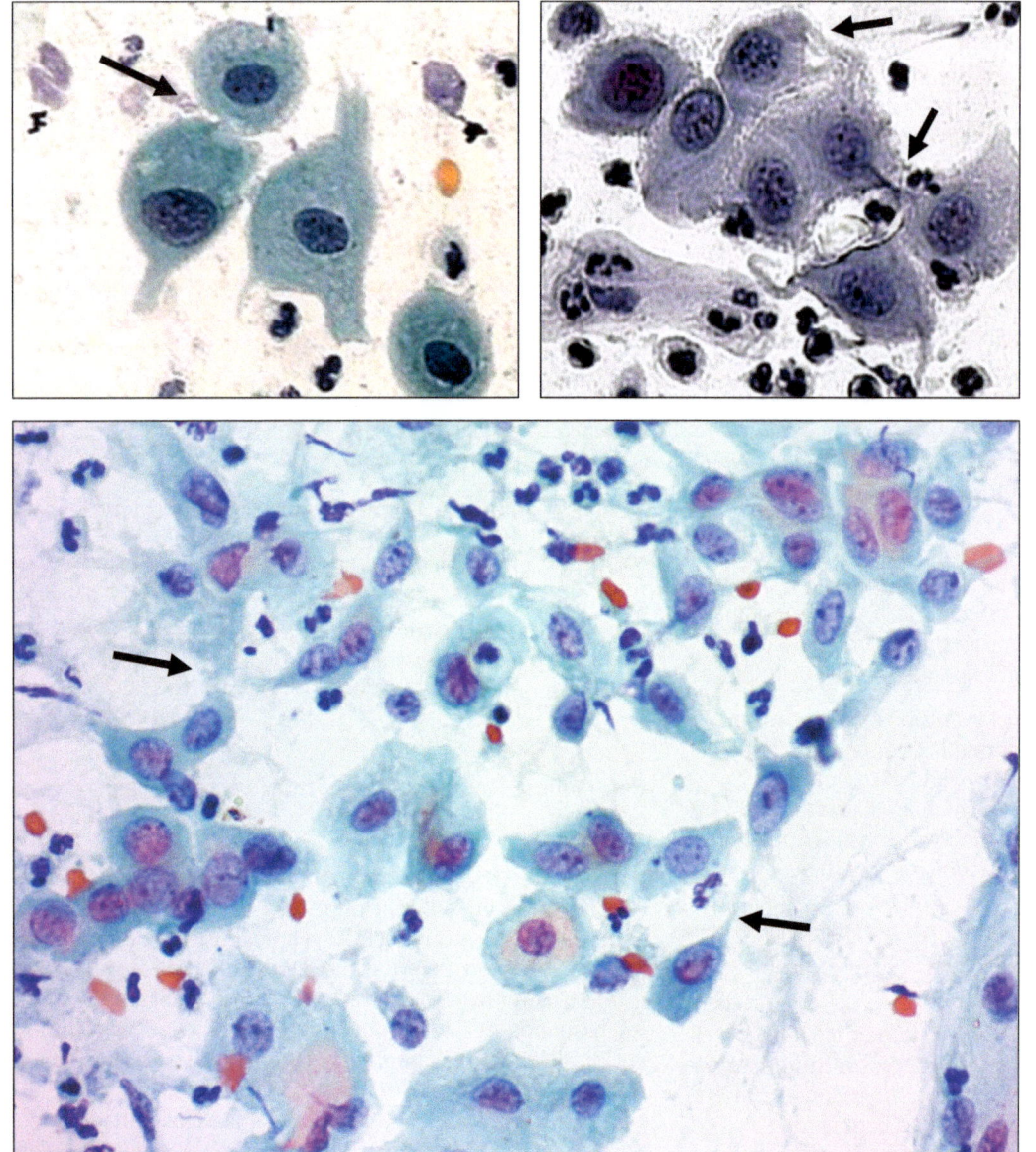

Fig. 3-17. Células em metaplasia escamosa imatura. Verificar as "pontes intercelulares", ou seja, prolongamentos citoplasmáticos, característica das células em metaplasia escamosa (*setas*) (Papanicolaou).

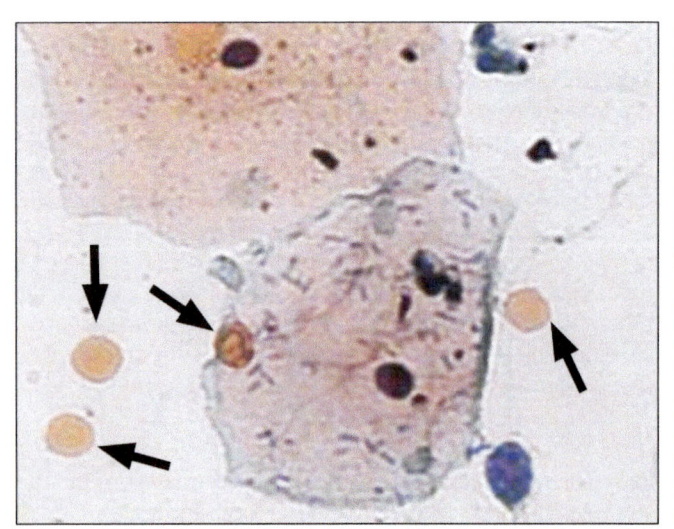

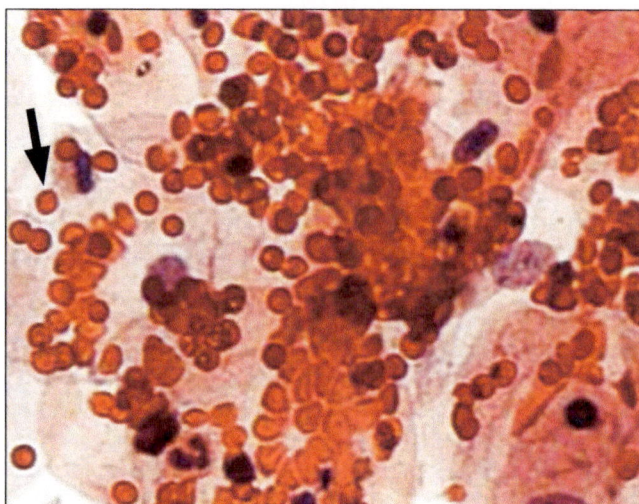

Fig. 3-18. Hemácias (eritrócitos) bem preservadas e coradas em tons de laranja (*setas*) (Papanicolaou).

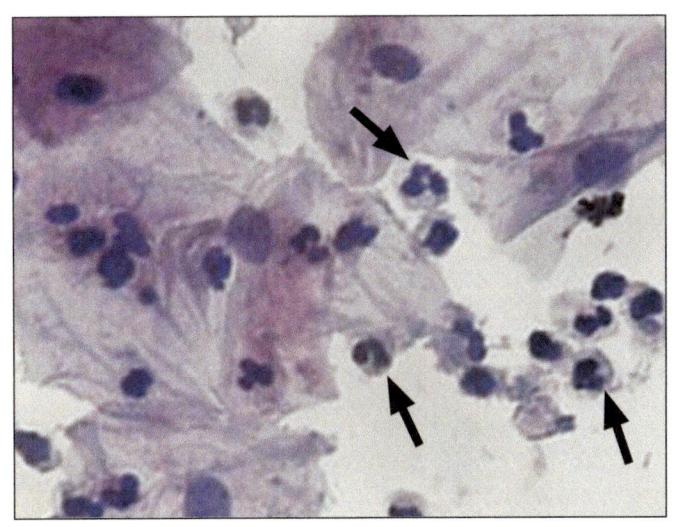

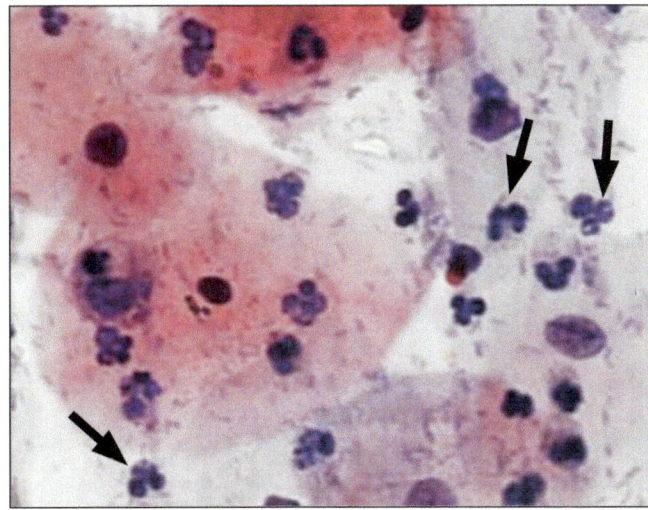

CARACTERÍSTICAS BÁSICAS ANATÔMICAS E CITOLÓGICAS DO TRATO GENITAL FEMININO

Fig. 3-19. Leucócitos polimorfonucleares, redondos e núcleos multilobulados (*setas*) (Papanicolaou).

antígenos; e participam dos processos de involução fisiológica de alguns órgãos, como, o útero no pós-parto. Os macrófagos fixos são também chamados de histiócitos.

O núcleo do macrófago é ovoide ou reniforme com cromatina condensada, citoplasma acidófilo e quando fagocitam hemácias ou grânulos de hemossiderina, aparecem, entre 3 a 4 dias após a hemorragia, pigmentos citoplasmáticos e por isso são denominados siderófagos.

Histiócito

É um macrófago inativo, característico de lesões crônicas e podem aparecer em sua forma grande (15 a 25 μ) ou pequena (10 a 15 μ) com núcleo excêntrico, em forma de rim, cromatina fina e uniformemente granular com vários cromocentros e citoplasma cianofílico espumosos, sem margens celulares nítidas. A presença de pequenos micronucléolos redondos indica atividade metabólica. Podem mimetizar HSIL ou células epiteliais endometriais (Fig. 3-20).

Histiócito Gigante Multinucleado

São fagócitos de bactérias, leucócitos, eritrócitos e fragmentos celulares. Multinucleados (até 100 núcleos de tamanho uniforme e não amoldados), cromatina fina e uniformemente granular com cromocentros e micronucléolos ocasionais. Seu tamanho oscila entre 15 e 120 μ. Estão presentes principalmente na pós-menopausa, radioterapia, aborto, tuberculose infecciosa e DIU (Fig. 3-21).

Para diferenciar das células epiteliais considerar que os histiócitos não se agrupam ou quando isso acontece não há amoldamento citoplasmático e nuclear, seus limites citoplasmáticos são distintos. Os núcleos não variam de tamanho, porém outras células fagocitadas podem confundir o citologista.

Fibroblasto

É uma célula do tecido conjuntivo (estroma) e tem como função a síntese alguns componentes da matriz extracelular.

Observado quando na presença de diátese tumoral. São células alongadas, fusiformes, citoplasma cianofílico, núcleo alongado e pequeno e com membrana lisa (Fig. 3-22), carac-

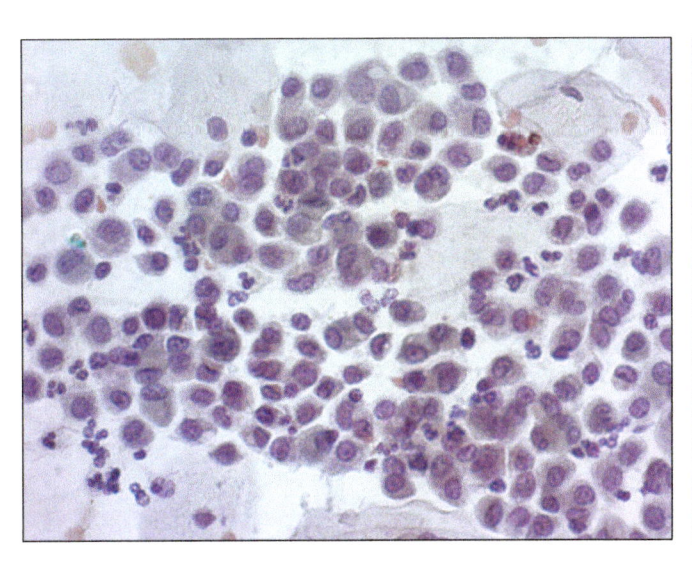

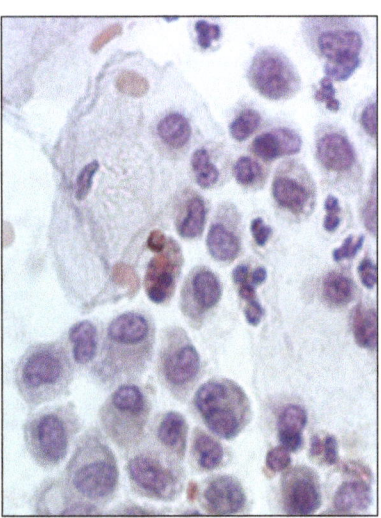

Fig. 3-20. Histiócitos. Variando em tamanho, citoplasma cianofílico, às vezes, com vacúolos, núcleos excêntricos e alguns em forma de "rim" (Papanicolaou).

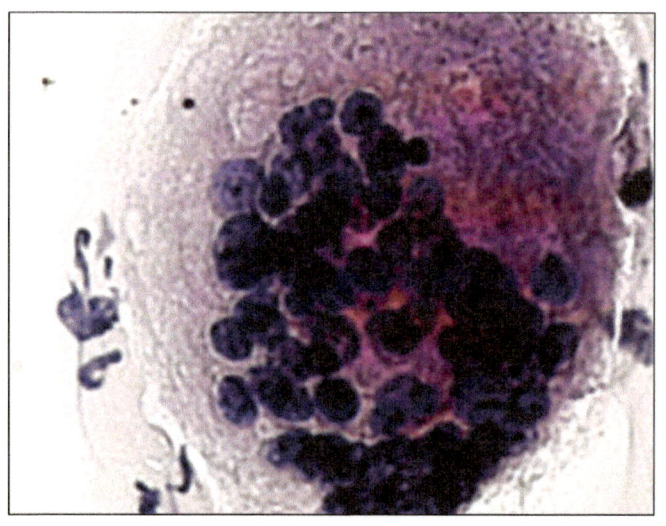

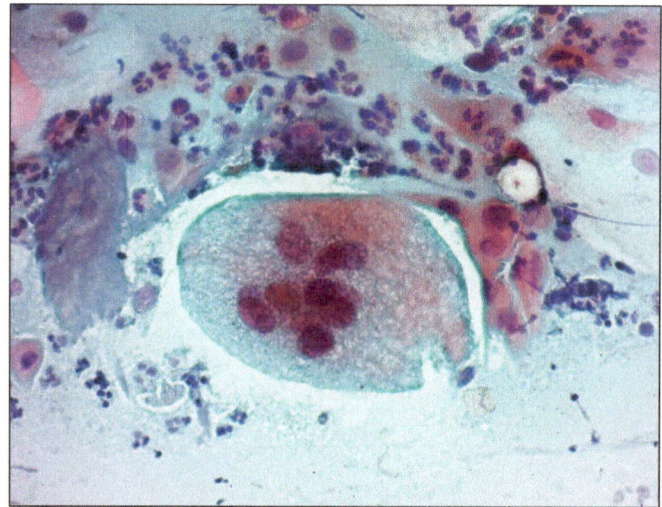

Fig. 3-21. Histiócitos gigantes multinucleados. Observar seu citoplasma "espumoso", multinucleação, onde os núcleos apresentam semelhanças (Papanicolaou).

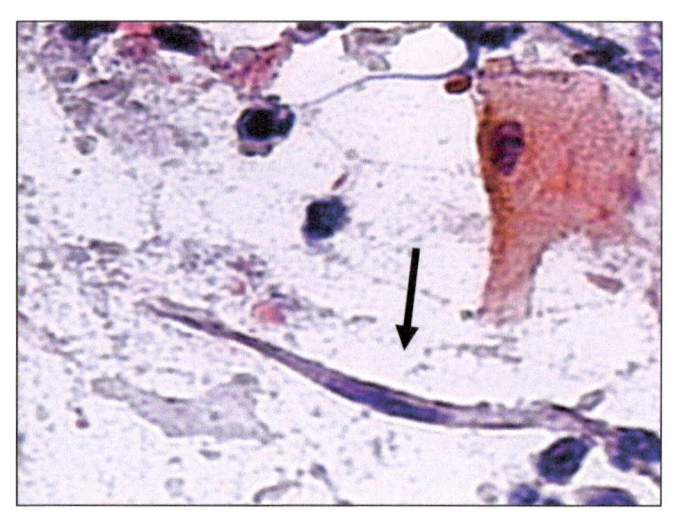

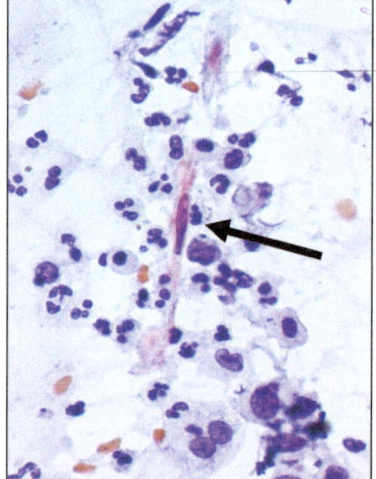

Fig. 3-22. Fibroblasto. Visualizado com mais frequência em diátese tumoral (Papanicolaou).

terística que ajuda a diferenciar de células do carcinoma escamoso queratinizante.

Fibroblastos são células ativas e por isso são maiores e com mais citoplasma, enquanto a que está quiescente é denominada de fibrócito, uma célula mais fina, com pouco citoplasma visível.

Células de Músculo Liso

São células alongadas, muito raras em esfregaços cervicovaginais, exceto em casos de raspagem de uma lesão ulcerada cervicovaginal, fibroma, pólipo e abortos.

Artefatos e Contaminantes
Espermatozoides

Estrutura morfologicamente formada por cabeça e cauda, porém nos esfregaços cervicovaginais é mais frequente a presença da cabeça sem calda corando-se basofilicamente. Mesmo após 4 a 5 dias após a relação sexual é possível encontrá-los nos esfregaços e podem ser confundidos com núcleos soltos de polimorfonucleares, leveduras de *Candida* e *Trichomonas*. Exceto em laudos para confirmação de estupro o espermatozoide não deve ser relatado pelo citologista (Fig. 3-23).

Lubrificantes

Material amorfo e que se cora em azul utilizado muitas vezes desnecessariamente em espéculo para coleta citológica. Também é possível observar resíduos de cremes de usos tópico e cosméticos.

Fungos

Com formato alongado, filamentosos, redondos ou ovais dispostos isoladamente ou agrupados. Coram-se em tons de marrom a escuro. Exemplos: *Aspergillus, Chaetomium* sp. e *Alternaria* (Fig. 3-24).

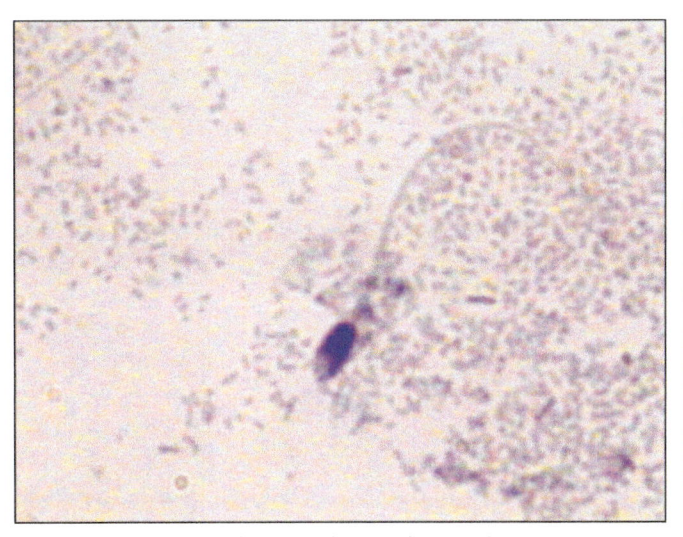

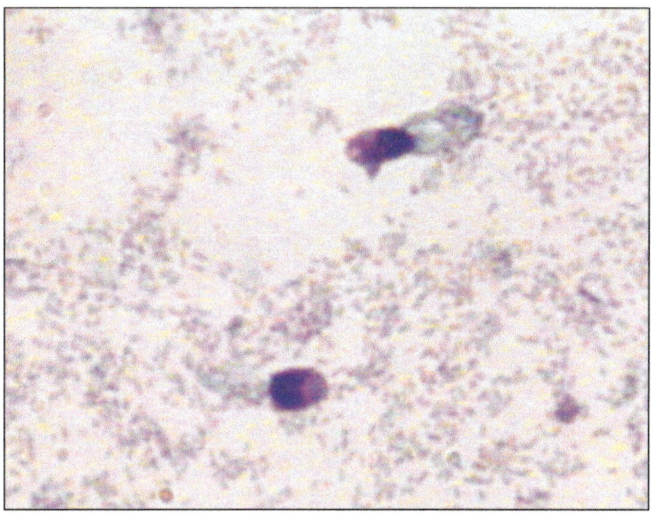

CARACTERÍSTICAS BÁSICAS ANATÔMICAS E CITOLÓGICAS DO TRATO GENITAL FEMININO 19

Fig. 3-23. Espermatozoides. Além de sua cabeça piriforme com aparência em forma de pera, uma das maneiras de reconhecer, mesmo quando a cauda não está visível, é pela dupla intensidade de coloração da cabeça (Papanicolaou).

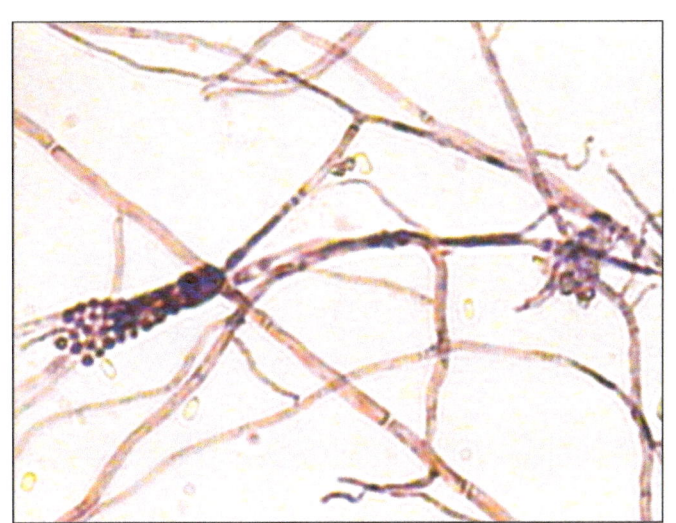

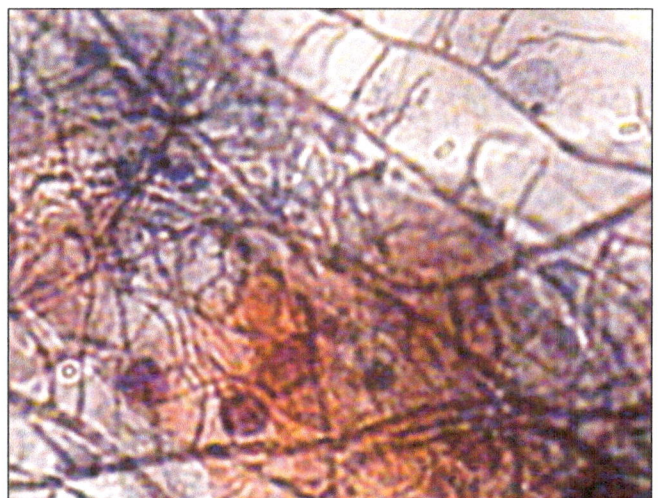

Fig. 3-24. Fungos contaminantes (Papanicolaou).

Talco
Vistos em grânulos, cora-se em púrpura e tem aparência semitransparente semelhantes a cristais.

Pólen
Muito variável em forma e tamanho, dependendo da espécie.

Ovos de Enterobius vermicularis
Parasita intestinal que provoca pruridos perianal e perineal. Seus ovos coram-se em amarelo a marrom, apresentam dupla camada e conteúdo interno.

Amebas, giárdias, corpos de *Psammoma*, cristais de hematoidina, fibras de algodão, cristais de hematoxilina (Fig. 3-25), insetos, larvas etc.

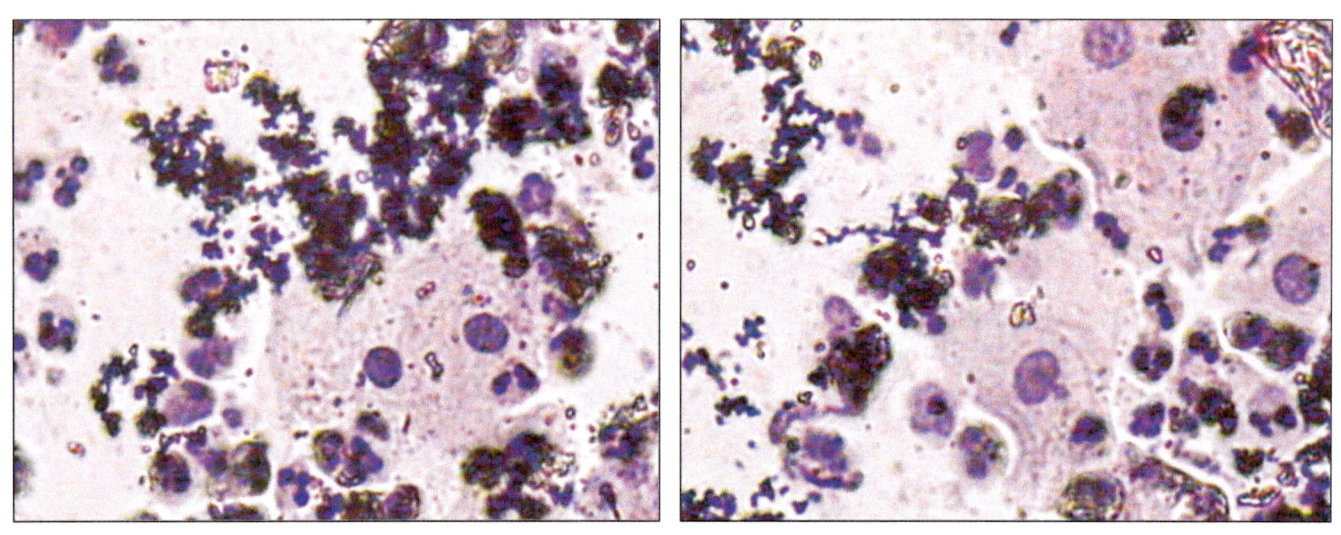

Fig. 3-25. Cristais de hematoxilina (Papanicolaou).

COLETA, FIXAÇÃO E COLORAÇÃO

CAPÍTULO 4

Jacinto da Costa Silva Neto

COLETA

A fase pré-analítica corresponde à etapa que vai da coleta até a montagem da lâmina, passando pela fixação e coloração. É nessa fase que acontecem falhas com consequências importantes na leitura e interpretação.

No passado a coleta para a avaliação cervicovaginal não era realizada com os materiais atuais, espátulas e escovas endocervicais. Papanicolaou usou nos seus primeiros trabalhos pipetas de Pasteur de vidro para coletar secreções com células esfoliadas e é por isso que a citologia inicialmente foi chamada de "esfoliativa". Atualmente a coleta é realizada por raspagem da mucosa com espátula de Ayres e escova endocervical (*cytobrush*), além do uso do espéculo para visualizar o colo uterino (Fig. 4-1).

A coleta deverá ser direcionada para ectocérvice (colo uterino e canal endocervical, não colher material do fórnice posterior, local onde se depositam restos celulares (Fig. 4-2).

A espátula de madeira, utilizada na coleta cervicovaginal, foi desenvolvida por Ernest Ayres em 1947, um médico ginecologista canadense. É um utensílio que apresenta em ambas as extremidades circunvoluções, um lado para se adequar à ectocérvice e adentrar suavemente a endocérvice, e outro para coleta de paredes vaginais (Fig. 4-3). No ato da coleta deve-se introduzir o braço alongado da espátula no canal endocervical, visando obter material do canal (células glandulares), cuidando para que a parte côncava do instrumento se aplique na mucosa da ectocérvice, e com isso atinja a JEC. Suavemente deve-se executar um giro de 360° completo para captura do maior exemplar de células dessa região que é a principal área de desenvolvimento das neoplasias.

Mesmo sabendo que essa área é relativamente suscetível a hemorragias, é necessário realizar uma rotação completa com a espátula, tentando não traumatizar a mucosa, pois logo após a coleta com a espátula deverá seguir com escova endocervical, complementando a amostragem (Fig. 4-3).

A coleta com escova endocervical é rápida e simples. Atualmente existem vários modelos que inclusive exercem o papel da espátula de Ayres dispensando-a (Fig. 4-4). Tais escovas apresentam um prolongamento para coleta de células endocervicais, bem como é seguida de cerdas laterais que ficam em contato com a ectocérvice, capturando células daquela região. Isto facilita a coleta, principalmente em ocasiões propícias a hemorragia, como também diminui o tempo de execução. Nas citologias em base líquida a coleta é realizada exclusivamente com a escovinha adaptada que se desconecta da haste e é arquivada junto à solução preservadora, aproveitando todo o material coletado que poderá ser processado mais de uma vez para elaborar novas lâminas ou realizar testes de biologia molecular sem a necessidade de nova coleta.

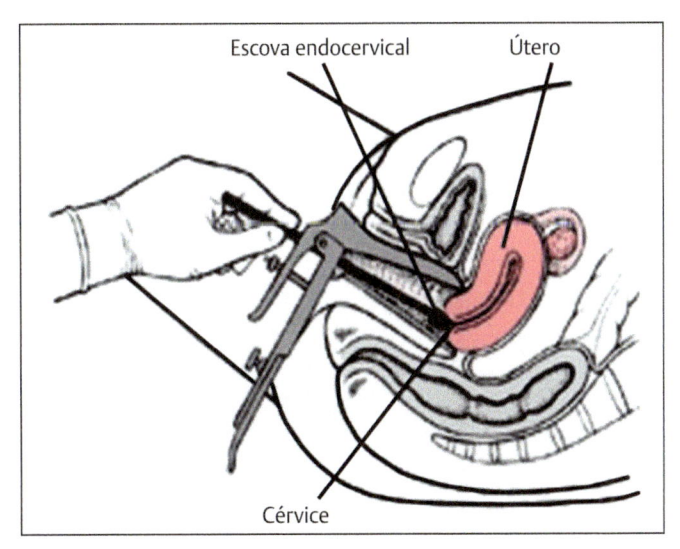

Fig. 4-1. Coleta de amostra citológica (Papanicolaou). Uso de espéculo, espátula de Ayre e escova endocervical.

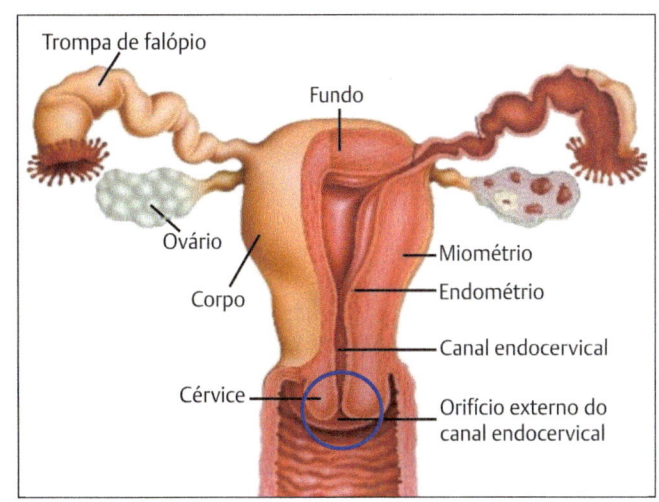

Fig. 4-2. Representação do útero e anexos e o local onde deve ser realizada a coleta (*círculo azul*).

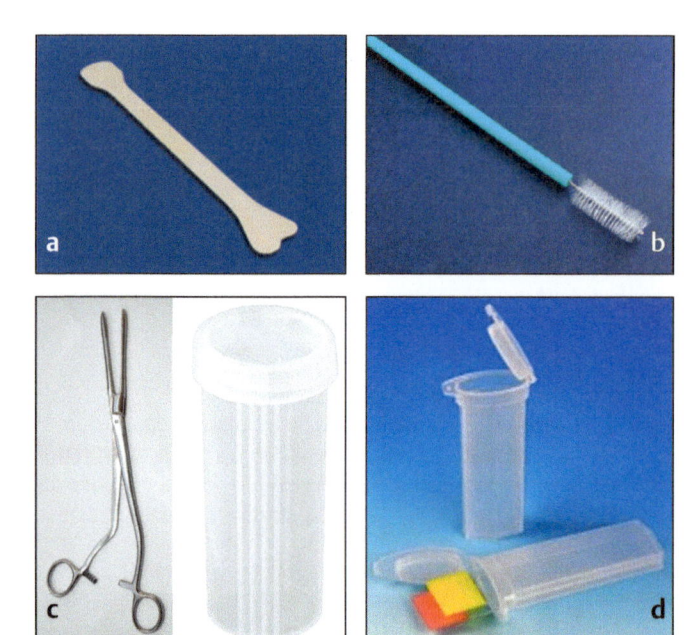

Fig. 4-3. Material de coleta para citologia cervical. (**a**) Espátula de Ayre (madeira); (**b**) escova endocervical; (**c**) pinça de Cheron e (**d**) tipos porta-lâminas plástico.

Questionário de Coleta

Visando contribuir com a análise das amostras citológicas cervicais, segue um modelo de um questionário de coleta que deverá ser aplicado antes de iniciar a coleta.

Informações Básicas
Data da coleta:

Nome completo:

Idade:

DUM (data da última menstruação):

Solicitante:

Informações Complementares
Data da última citologia e local de realização:

Número de filhos:

Uso de anticonceptivos/Hormônios – Qual:

Histerectomia/Queimagem/Biópsia – Tempo:

Queixas:

Informações da Coleta pelo Coletador
Secreção: ( ) Muco normal ( ) Corrimento – Cor:

Alterações estruturais visíveis nas paredes vaginais, cérvice ou endocérvice

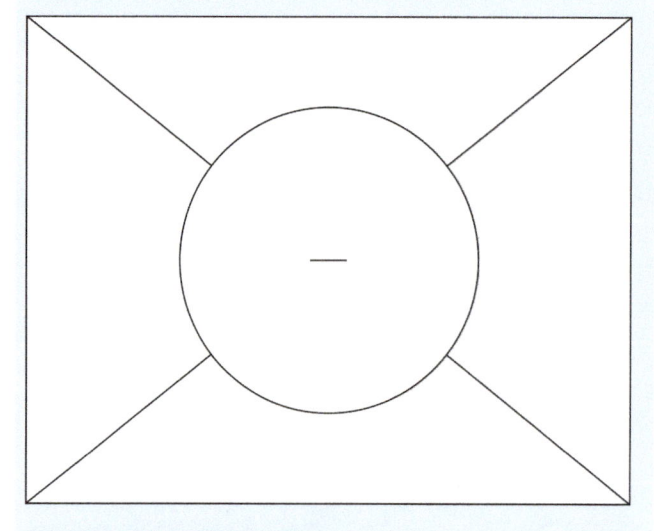

Desenhar as alterações.

Observações:

As perguntas podem ser diretas e adaptáveis, o modelo é apenas uma sugestão.

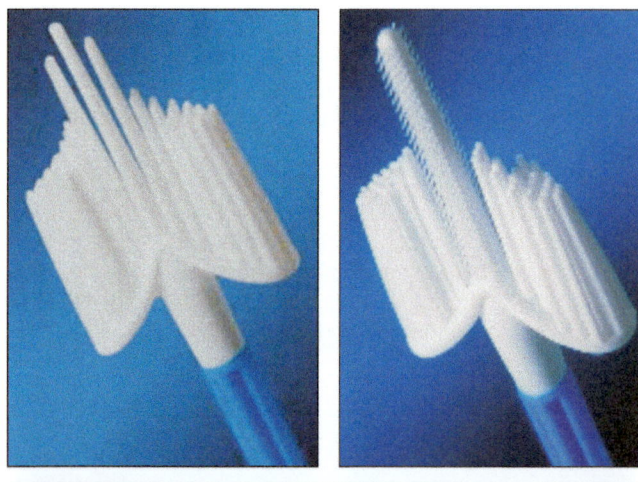

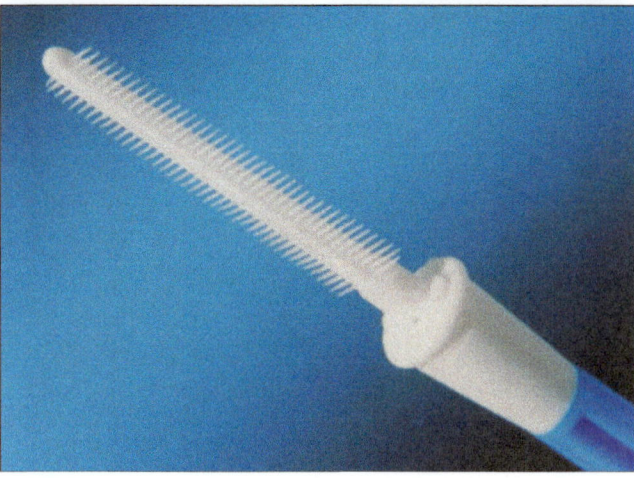

Fig. 4-4. Tipos de escovas para coletas ectocervicais e endocervicais. Utilizadas em *kits* de coleta em meio líquido.

Materiais Necessários para Coleta

- Sala de coleta bem iluminada arejada com banheiro e biombo para troca de roupa.
- Mesa ginecológica com suporte para as pernas.
- Foco de luz direcionável, preferencial fria, de LED.
- Espéculos descartáveis de tamanhos pequeno, médio e grande.
- Espátula de Ayre, escovinha citológica.
- Lâminas de vidro com ponta fosca.
- Fixador (álcool etílico absoluto ou 95% ou aerossol – a definir pelo citologista).
- Porta-lâminas e etiquetas para identificação (Fig. 4-3d).
- Pinça de Cheron (Fig. 4-3c) e gaze para remoção, quando necessária, de exsudato inflamatório ou secreções.

Na coleta com escovas tradicionais, com cerdas laterais, deve-se introduzi-la até a metade no canal endocervical e rotacionar em 180 graus.

Em se tratando da citologia convencional, o material coletado deverá ser imediatamente depositado sobre uma lâmina de microscopia devidamente limpa uniforme e suavemente, evitando-se circunvoluções que podem resultar em sobreposição celular e consequente dificuldade de leitura. O procedimento deverá ser executado e seguir com rapidez para a fase de fixação, evitando o dessecamento (quando o material seca antes de fixar), motivo de amostras insatisfatórias, alterações tintoriais e possíveis erros na análise.

A disposição da amostra poderá ser feita em duas lâminas de microscopia: uma para espátula e outra para escova endocervical ou apenas em uma única lâmina dividindo a área para cada tipo de material, aproveitando ao máximo o espaço disponível. A presença dos materiais em uma mesma lâmina, apesar de agilizar a leitura, poderá contribuir com o dessecamento por causa do tempo gasto entre uma coleta e outra.

FIXAÇÃO

O processo de fixação visa preservar o estado morfológico das células e para isso deve ser realizado imediatamente após a coleta da amostra para evitar a dissecção e consequente deformidade celular e alteração das suas afinidades tintoriais.

A fixação pode ser feita com álcool etanol ou metanol absoluto, álcool e éter, conforme indica a técnica de Papanicolaou, porém sugere-se não utilizar substâncias tóxicas ou voláteis.

Na citologia em base líquida o fixador é a própria solução de armazenamento, enquanto na citologia convencional o mais utilizado é aerossol (*spray*) à base de álcool (etanol ou isopropílico) que desnatura as proteínas e os ácidos nucleicos, tornando-os insolúveis e estáveis, e uma solução de plástico, como o polietilenoglicol, que, ao secar, protege as células, tornando-a facilmente transportável em caixinhas de papel ou plástico. A remoção do polietilenoglicol é feita passando a amostra pelo álcool etílico absoluto antes do processo de coloração.

No ato da fixação da amostra a lâmina deverá ser completamente coberta pela substância fixadora, evitando áreas de má fixação. Não se deve utilizar o jato de *spray* muito próximo à lâmina em razão da possibilidade de deslocar o material de origem. O tempo mínimo de fixação é de, aproximadamente, 15 minutos. Decorrida a fixação a lâmina poderá seguir para coloração ou ficar arquivada por dias em temperatura ambiente em local seco e com pouca luz, evitando o desenvolvimento de microrganismos, como fungos.

COLORAÇÃO

A coloração de escolha para citologia cervicovaginal é a preconizada por Papanicolaou que ao longo dos tempos sofreu pequenas modificações. Também é possível utilizar outros métodos, dependendo do objetivo do estudo: May-Grunwald-Giemsa (MGG), leishman, hematoxilina-eosina (HE), coloração rápida (Panóptica – *Diff-Quick*) entre outros.

A coloração de Papanicolaou baseia-se em três corantes: hematoxilina, EA e *Orange*, cada um com atuações distintas:

1. *Hematoxilina:* é um composto que se obtém da planta leguminosa *Haematoxylum campechianum*, (vulgarmente conhecida por "Pau Campeche"). É um produto natural que ao ser oxidado resulta numa substância de cor azul-púrpura escura, denominada hemateína. A primeira aplicação biológica bem-sucedida da hematoxilina foi descrita por Bohmer, em 1865. Posteriormente sua formulação inicial foi modificada e apareceram derivações. Entre elas as mais conhecidas são as de Harris, Gill, Mayer e Weigert. A hematoxilina é responsável pela coloração do núcleo por oxidação, realizado pelo mercúrio que se transforma em hemateína. A hematoxilina reage com os **ácidos nucleicos**, cora o núcleo em púrpura, após mordaçagem pelo alume de potassa. Alguns corantes são isentos de mercúrio, e seu agente oxidante é o iodato de sódio, não ocasionando poluição ambiental, por exemplo, hematoxilina de Gill.

Composição da Hematoxilina de Harris (1 litro)	
Cristais de hematoxilina	5 gramas
Sulfato de alumínio e amônio	100 gramas
Álcool etílico a 95%	50 mL
Óxido de mercúrio vermelho	2,5 gramas
Água destilada	1 litro

Composição da Hematoxilina de Gill (1 litro)	
Cristais de hematoxilina	3,0 gramas
Iodato de sódio	0,2 gramas
Sulfato de alumínio	17,6 gramas
Etilenoglicol	250 mL
Ácido acético glacial p.a.	20 mL
Água destilada	1 litro

2. *Orange G6 (OG-6):* corante ácido, com dois grupos sulfônicos, muito utilizado em histologia e citologia, apresenta afinidade por **componentes básicos do citoplasma e queratina**. Na bateria de coloração de Papanicolaou, combinado a outros corantes amarelos em solução alcoólica, é responsável por colorir eritrócitos (método tricrômico).

3. *EA-36 e EA-65:* são soluções corantes tricrômicas (três colorações), tendo como componentes corantes o verde

luz amarelado, o pardo Bismarck e a eosina amarelada (Y), acrescido de ácido fosfotúngstico, o carbonato de lítio, dissolvidos em etanol a 95%. Esses corantes apresentam formulações semelhantes, apenas variando a concentração de verde luz amarelada, no corante EA-65, a concentração de verde luz amarelada é mais intensa do que no corante EA-36. A solução EA-50 está em desuso, comumente se usa apenas os corantes EA-36 ou EA-65.

Composições dos Corantes EA Conforme sua Graduação (1 litro)			
	EA-36	EA-50	EA-65
Verde luz amarelado (g)	2,25	0,450	1,125
Pardo Bismarck (g)	0,50	0,500	0,500
Eosina amarelada (Y) (g)	2,25	2,250	2,250
Ácido fosfotúngstico (g)	2,00	2,00	2,000
Carbonato de lítio (mg)	5,0	5,0	5,0
Etanol a 95% (litro)	1	1	1

Recomenda-se primeiro dissolver os três corantes em partes: pardo de Bismark em 100 mL de etanol, o verde luz amarelado em 450 mL de etanol, e a eosina Y em outros 450 mL de etanol. Misturar as três substâncias, conforme variação, adicionar o ácido fosfotúngstico e o carbonato de lítio. Completar com o etanol até um litro e filtrar.

Técnica de Coloração de Papanicolaou Original	
1. Álcool etílico absoluto	1 minuto
2. Água destilada	1 minuto
3. Hematoxilina de Harris	1-3 minutos
4. Água destilada	1 minuto
5. Álcool acidificado (1% de ácido clorídrico em etanol a 95%)	Cerca de 1 minuto
6. Água corrente	5 minutos
7. Álcool etílico a 70%	Imergir
8. Álcool etílico a 95%	Imergir
9. Álcool etílico absoluto	Imergir
10. Orange G	2 minutos
11. Álcool etílico absoluto	2 minutos
12. EA-65	3 minutos
13. Álcool etílico a 95%	3 banhos consecutivos
14. Álcool absoluto	3 banhos consecutivos
15. Xilol (Xileno)	3 banhos consecutivos

Método de Papanicolaou Adaptado	
1. Álcool etílico absoluto	1 minuto
2. Água destilada	1 minuto
3. Hematoxilina de Harris ou Gill	1-3 minutos
4. Água destilada	1 minuto
5. Álcool etílico a 70%	1 minuto
6. Álcool etílico a 95%	Imergir
9. Álcool etílico absoluto	Imergir
10. Orange G6	2 minutos
11. Álcool etílico a 95%	5 mergulhos
12. Álcool etílico a 95%	5 mergulhos
12. EA 36 ou 65	3 minutos
13. Álcool etílico a 95%	3 mergulhos
14. Álcool absoluto	3 mergulhos
15. Xilol (Xileno) – 3 banhos consecutivos	1 minuto
14. Álcool absoluto	3 mergulhos
15. Xilol (Xileno) – 3 banhos consecutivos	1 minuto

Os tempos para os corantes podem variar conforme o fabricante e tempo de uso. O ajuste deve ser feito com lâminas extras (sobras) antes da coloração definitiva como medida de precaução ou por amostras da mucosa oral.

Depois de corada e seca, montar com bálsamo sintético ou resinas sintéticas (Entelan da Merck ou Permount Mounting Medium) entre a lâmina e lamínula (22 × 50). Não é aconselhável utilizar verniz, pois o tempo torna-o amarelado e cristalizado.

Além dos cuidados com os corantes relativos à cristalização da hematoxilina, evitar incidência de luz sobre os mesmos, vaporização dos álcoois, prazos de validade e os níveis na bateria de coloração. Por exemplo, níveis baixos podem prejudicar a coloração completa da lâmina (Figura 4-5).

Qualidade e Adequabilidade da Coleta

Deve ser considerado satisfatório o esfregaço que apresentar representação de componentes da JEC, ou seja, células epiteliais escamosas e glandulares. A presença de células em metaplasia escamosa é eventual e poderá ser mais um indicativo de qualidade. Entretanto, células glandulares não podem ser consideradas como critério incontornável para a leitura do esfregaço, mas sua ausência deverá ser relatada no laudo.

Outro critério de qualidade do esfregaço é a "celularidade" – quantidade de células presentes. Recomenda-se para citologia convencional aproximadamente um mínimo de 8.000 a 12.000 células epiteliais escamosas bem preservadas e bem visualizadas, incluindo as células em metaplasia.

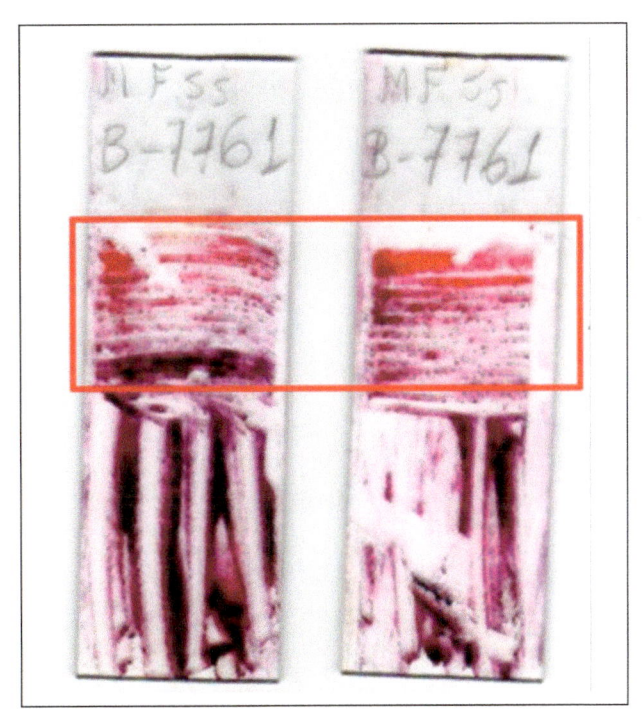

Fig. 4-5. Lâminas submetidas à coloração de Papanicolaou, mas os níveis dos corantes não imergiram suficientemente as lâminas. Observe que na parte superior onde foi depositado o material colhido pela escovinha cervical está mais claro. Também é possível observar que há muito material espalhado na lâmina, e isto é causa de sobreposição celular, dificultando a análise do citologista.

Obviamente os citologistas não irão contar células, mas deve-se considerar como adequada a visualização dos campos com números celulares relativamente consistentes para uma leitura adequada. Já na citologia em meio líquido consideram-se pelo menos 5.000 células escamosas bem visualizadas e preservadas até 20.000.

O Sistema Bethesda recomenda:

- Na citologia convencional por campo, focado na objetiva 4×:
  - Até 75 células, a amostra é considerada insatisfatória.
  - Aproximadamente 150 células, atende o mínimo necessário.
  - Aproximadamente 500 células, em um mínimo de 16 campos com celularidade similar (ou maior) é considerada adequada.
  - Aproximadamente 1.000 células em um mínimo de 8 campos com celularidade similar (ou maior) ou 1.400 células com, no mínimo, seis campos similares são consideradas adequadas.

A coleta em algumas fases do ciclo ovulatório deve ser evitada, é o caso das mulheres nas fases: a) pós-ovulatória (16° ao 28°), onde a citólise intensa poderá prejudicar a análise das características citológicas, principalmente citoplasmáticas;

b) na fase menstrual onde o excesso de sangue prejudicará a fixação, coloração e, consequentemente, a leitura.

Nas mulheres menopausadas a coleta pode vir acompanhada de hemorragia, e os esfregaços geralmente apresentam celularidade escassa, nesses casos recomenda-se nova coleta sob o estímulo hormonal para que haja maturação do epitélio. Caso seja imprescindível a realização da coleta, sugere-se fazê-la umedecendo a região com gaze embebida em solução fisiológica. A colocação do espéculo quando na mucosa ressecada pela atrofia também provocará pequenos sangramentos, o que deve ser relatado no questionário de coleta. Em alguns casos lubrifica-se o espéculo com um pouco de vaselina líquida, mas isto poderá comprometer a fixação e coloração, caso se misture ao material coletado.

Inicialmente o Sistema Bethesda sugeria a classificação das amostras em três categorias: "Satisfatória", "Satisfatória, mas limitada por..." e "Insatisfatória". Em 2001, o sistema aboliu a opção "Satisfatória, mas limitada por...". Para esfregaços considerados "Satisfatório para avaliação" é necessário descrever os tipos celulares e principalmente observar a presença ou não de componentes da ZT (zona de transformação), porém, mesmo na ausência de tais componentes é possível considerar "Satisfatório" mas informar da ausência de células glandulares ou metaplásicas.

Nas amostras "Insatisfatórias", sejam elas processadas ou não, deve-se indicar o motivo:

- *Amostras não processadas*: descrever, por exemplo, se a lâmina veio quebrada, não identificada etc.
- *Amostras processadas*: descrever, por exemplo, dessecamento, esfregaço hemorrágico, abundante exsudato inflamatório, fungos contaminantes, escassez celular, amostra muito espessa (muita sobreposição celular) etc. (Figs. 4-6 e 4-7).

Mesmo nas amostras "Insatisfatórias", mas que forem processadas, indica-se, quando possível, informar a presença de microrganismos, atipias celulares e a presença de células endometriais em mulheres com mais de 45 anos de idade. São informações importantes para fins clínicos, terapêuticos iniciais e formas investigativas complementares, como: cultura de secreção vaginal, exame direto, biópsia dirigida etc.

É consenso considerar um esfregaço representativo do conjunto da mucosa cervical quando há pelo menos dois dos três elementos do epitélio cervicovaginal: células escamosas, glandulares e metaplásicas.

INDICAÇÕES PARA A REALIZAÇÃO DO EXAME DE PAPANICOLAOU

Estudos e programas de rastreamento governamentais realizados em todo o mundo comprovaram a eficiência do método da citologia do trato genital feminino (Papanicolaou) e a consequente redução da incidência de câncer cervical. Esta correlação é direta quando se estabelecem e seguem critérios

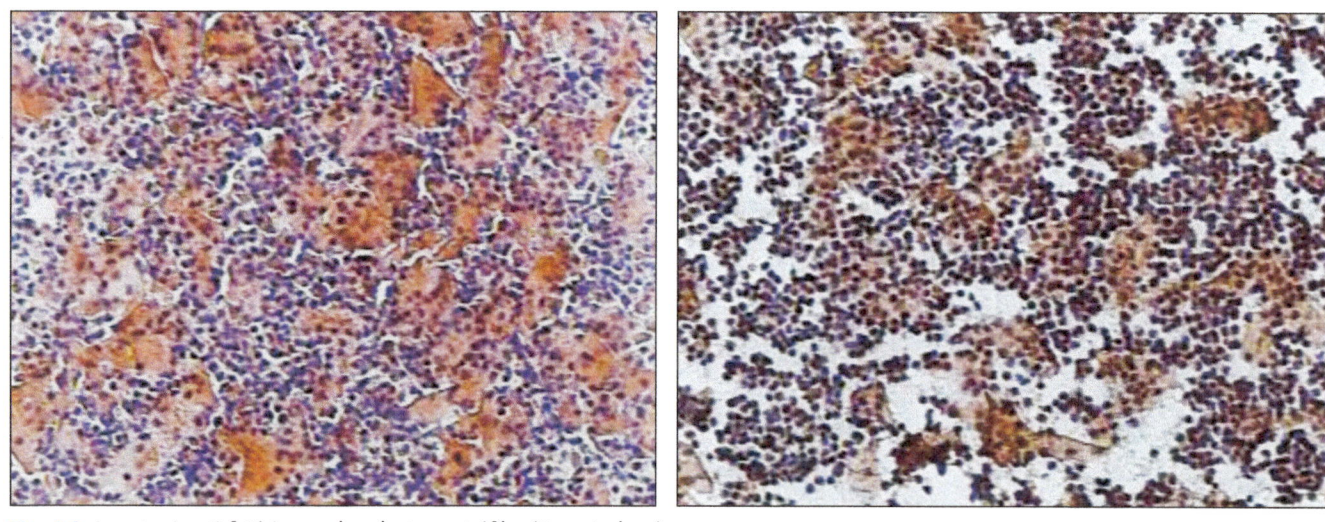

Fig. 4-6. Amostra insatisfatória por abundante neutrófilos (Papanicolaou).

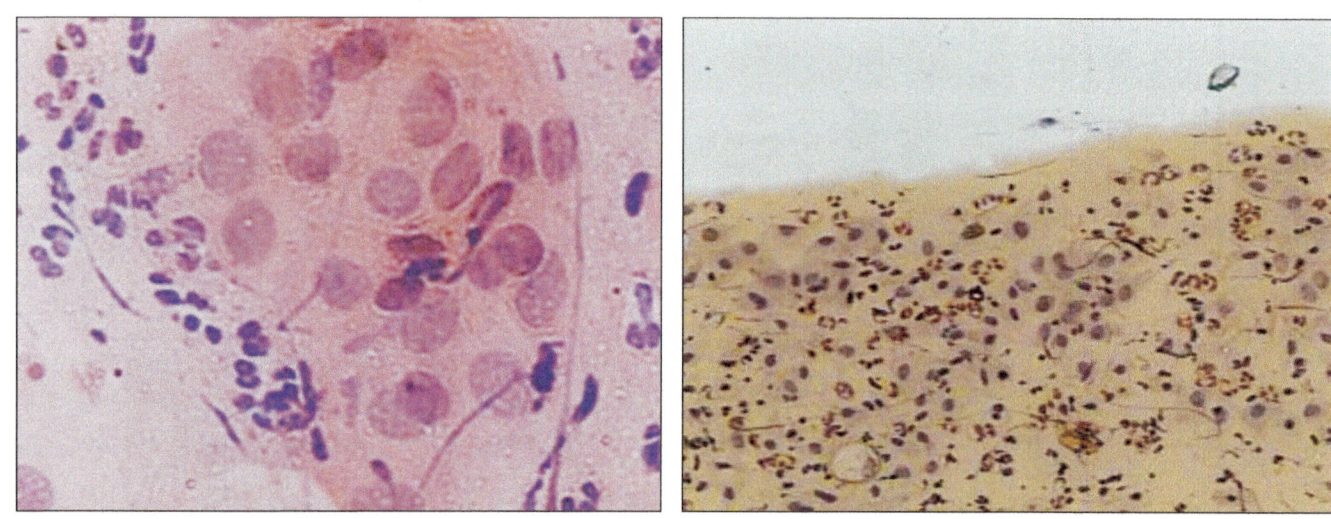

Fig. 4-7. Amostra insatisfatória por dessecamento. Observar que não é possível verificar o conteúdo da cromatina, nem os limites citoplasmáticos. Neste caso a amostra foi processada, mas não foi possível ser avaliada (Papanicolaou).

de rastreamento. Tais afirmações são resultados de análises sobre os programas de rastreamento implantados em meados da década de 1940, principalmente nos países nórdicos.

A indicação consensual para realização do exame citológico (Papanicolaou) é que toda mulher com vida sexual ativa ou idade a partir de 21 anos deve submeter-se ao exame. Depois do primeiro exame, no ano seguinte, realizar o segundo exame para confirmar o primeiro e, sendo ambos negativos, o exame de ser repetido somente a cada 3 anos, a critério do ginecologista, isto para exames onde apenas a citologia foi empregada. Quando a biologia molecular (teste para HPV) complementa a análise, a frequência poderá ainda aumentar por causa do valor preditivo negativo ou positivo que essa metodologia pode conferir. Discute-se que ao agrupar os dois métodos a frequência pode atingir de 7 a 8 anos, o que ainda deverá ser confirmado por mais estudos.

PROGRAMAS DE RASTREIO E PROCEDIMENTOS PARA DETECÇÃO

A citologia tem recebido suporte de várias técnicas auxiliares, principalmente moleculares, e discute-se qual seria a melhor metodologia que poderia ser utilizada em grandes programas de rastreio, que poderiam elevar o valor preditivo positivo e negativo, bem como, ampliar a periodicidade do exame.

Mesmo com possibilidade de se ampliar a periodicidade do exame citológico decorrente dos testes moleculares, discute-se ainda se ambas as técnicas devem ser utilizadas conjuntamente ou a triagem deve ser feita primeiramente pelo teste molecular.

Impasses continuam a existir para que os programas de rastreio possam ampliar sua taxa de cobertura e possam diminuir custos. Alguns estudos já demonstraram que triagem por teste de HPV, seja detecção e genotipagem ou avaliação da expressão das oncoproteínas e E6, E7 e p16, não é suficiente para detectar a lesão formada, ou seja, pode ser positiva, mas a paciente não apresentar lesão. Essa discussão tem-se ampliado, e os dados acumulados têm demonstrado que o uso concomitante das técnicas é a melhor opção, no entanto, os custos se elevam.

Critérios restritivos também foram sendo adicionados aos programas de rastreio e podem depender do país. Alguns limitam o acesso ao exame para mulheres com menos de 21 e acima de 65 anos. Em relação ao teste para HPV tentam criar faixas para evitar custos desnecessários em mulheres mais jovens que podem ser positivas para HPV de alto risco, mas que dificilmente apresentarão lesões, por exemplo. Discute-se também que nas mulheres histerectomizadas com histórico de Papanicolaou negativo não há necessidade de continuar participando do rastreamento. Portanto, há um dinamismos nos programas, conforme dados são colhidos, metodologias são adicionadas e por isso não cabe neste livro a discussão do que é mais atual, adequado e aplicável, entretanto, sendo de interesse do leitor, aconselho buscar maiores informações no site do INCA (Instituto Nacional do Câncer/Ministério da Saúde do Brasil), órgão regulamentador do programa brasileiro, bem como a *American Cancer Society for Colposcopy and Cervical Pathology,* que discutem e desenvolvem algoritmos para rastreio e manejo pós-Papanicolaou, denominados *Consensus Guidelines.* Vários são os órgãos governamentais que tratam do assunto e podem ter programas de rastreio distintos.

CITOLOGIA FISIOLÓGICA

Jacinto da Costa Silva Neto

As variações hormonais existentes no decorrer da vida da mulher influenciam o epitélio do trato genital feminino, seja de origem fisiológica ou não, por exemplo, durante a vida fértil (ciclo ovulatório); na gestação; na lactação até a chegada da menopausa, com queda dos níveis estrogênicos, resultando em um epitélio atrófico; na terapia hormonal; no uso de determinados medicamentos etc. Para o citologista é importante reconhecer todas as respostas citológicas destes períodos, pois são motivo de muitos questionamentos e falhas.

Normalmente o ciclo menstrual tem 28 dias de duração, considerando o primeiro dia quando se inicia o sangramento, que deverá durar, aproximadamente, 4 dias. Após essa fase, aproximadamente até o 13º dia, considera-se a fase proliferativa, culminando com a ovulação no 14º dia. Após a ovulação inicia-se a fase secretória, que termina no 28º dia, com o início da menstruação e, então, o ciclo recomeça.

Da infância até a primeira menstruação (menarca) não há ciclos ovulatórios e, consequentemente, menstruação, mesmo assim, haverá uma produção baixa de estrogênios e progesterona. Com a chegada dos estímulos hipotalâmicos sob a glândula hipófise será liberado o hormônio foliculoestimulante (FSH) que atuará sobre o folículo primordial no ovário e elevará os níveis estrogênicos. Esse sinal estimula a proliferação do endométrio e a maturação da mucosa vaginal e é denominado fase folicular do ciclo.

O aumento nos níveis de estrógeno faz com que a hipófise comece a liberar o hormônio luteinizante (LH) para que ele atue sobre o folículo maduro, resultando na liberação do ovo, período denominado de ovulação, aproximadamente no 14º dia do ciclo, com o pico de produção estrogênica. Porém, com o contínuo aumento do LH e a ruptura do folículo há o desenvolvimento do corpo lúteo, que ajudará a manter elevados os níveis de progesterona. A fase secretória do ciclo torna o endométrio pronto para a implantação do ovo fertilizado (o blastocisto). Como mecanismo retroalimentativo, o nível de progesterona inibe, na hipófise e no hipotálamo, a secreção de LH e, consequentemente, há a involução do corpo lúteo. Caso não haja fecundação, a progesterona diminuirá a nível insuficiente para manter a integridade do endométrio até que parte da mucosa comece a descamar e ocorra a menstruação, iniciando novo ciclo.

Caso houvesse fecundação, o corpo lúteo continuaria produzindo progesterona até o desenvolvimento da placenta, que quase assumirá essa função no terceiro mês de gestação.

As respostas às variações hormonais observadas no esfregaço citológico podem ser relatadas em laudo na forma de padrão de trofismo, mesmo que não esteja em questão a avaliação hormonal sistêmica. As características hormonais do esfregaço são importantes nos acompanhamentos da terapia hormonal, na fertilização assistida, na avaliação da função ovariana, no distúrbio menstrual etc.

Para realização da avaliação hormonal pela citologia é necessário que constem no inquérito de pré-coleta informações do tipo: idade, DUM (data da última menstruação), uso de medicação crônica, procedimentos cirúrgicos submetidos, principalmente ooforectomia ou histerectomia, tratamento com rádio ou quimioterapia, inflamação e o tempo decorrido desde o fim do tratamento para o agente infeccioso etc. Não se deve considerar amostra mal fixada e amostra com inflamação ou lesões pré-malignas ou invasivas para esta avaliação.

A execução da coleta exige que a paciente não apresente inflamação ou qualquer anormalidade, e não poderá estar fazendo uso de terapia hormonal ou no período pós-cirurgia imediato. É necessária uma mucosa vaginal saudável, pois a avaliação trabalhará com essa mucosa e não com a cervical. A amostra deve ser representada apenas por células escamosas, portanto, colhidas do terço superior do canal vaginal pelo menos três amostras em períodos diferentes. Esfregaços com amostras do fórnice posterior (fundo de saco) devem ser evitados por indicarem ação extrema da atividade hormonal ou perda, diminuindo a precisão da avaliação da atividade gonodal.

Os resultados da avaliação citológica hormonal devem representar o *status* de maturação do epitélio e podem ser expressos em forma de índice, por exemplo, de maturação, que descreve o percentual das células escamosas por 100 células contadas denominado PIS (P = parabasais, I = intermediárias e S = superficiais) (Quadro 5-1).

Quadro 5-1. Índices Referenciais de Maturação Celular Conforme as Fases Etárias e Ciclo Evolutivo

Fases	P.I.S.
Nascimento	0:95:0
Infância	100:0:0
Adolescente	10:90:0
Pré-menarca	0:70:30
Atrofia	70:30:0 ou 30:70:0
Ciclo Menstrual	
Pré-ovulação	0:20:80
Ovulação	0:40:60
Pós-ovulação	0:80:20
Gravidez	0:95:5
Pós-parto imediato	100:0:0
Pós-parto tardio	30:40:30

P.I.S.: P = Células parabasais; I = Células intermediárias; S = Células superficiais.

Além do índice de maturação, outros são utilizados, como: índice cariopicnótico, de cornificação, eosinofílico etc.

O estrógeno tem efeito mitogênico, o que induz o amadurecimento do epitélio, quando em níveis normais, resultando na presença de células predominantemente superficiais – padrão hipertrófico (Fig. 5-1), enquanto, na fase progestogênica o predomínio será de células intermediárias – padrão hipotrófico (Fig. 5-2), quando na segunda fase do ciclo menstrual e mais acentuadamente na gestação, em graus variados na atrofia e nas alterações do tipo Arias-Stella, que ocorrem nas células endocervicais em razão do uso continuado de progesterona. Quando as gônadas diminuem ou param sua atividade, o epitélio torna-se imaturo e é representado por células profundas do tipo parabasais.

O normotrofismo acontece quando só há presença de células maduras poligonais variando discretamente entre o predomínio de células superficiais e intermediárias nos esfregaços (Fig. 5-3), porém, conforme o ciclo menstrual e a idade da mulher, verificam-se achados citológicos característicos:

- Nos primeiros dias após o nascimento, o epitélio do recém-nascido mostra-se maturo em virtude da influência dos hormônios produzidos pela mãe, que atravessam a placenta e ganham a circulação fetal.
- Na infância predomina o padrão atrófico. Após um intervalo aproximado de uma semana os níveis de hormônios circulantes da mãe diminuem e a implantação da atrofia se estabelece e só terminará na puberdade.
- Na puberdade, meses antes de acontecer a menarca, ou seja, a primeira menstruação, o epitélio vaginal começa a mudar com a implantação da maturação em decorrência do aumento da produção de estrógeno, transformando os esfregaços ricos em células parabasais por células intermediárias e superficiais.
- Na fase reprodutiva, com a implantação dos ciclos ovulatórios, algumas características são próprias de cada fase que estão sumarizadas nas Figuras 5-4 e 5-5 e Quadros 5-2 e 5-3.

Os ciclos anovulatórios podem ser detectados pela ausência de sinais de atividades da progesterona durante a segunda metade do ciclo e, por isso, propõem-se coletas dos dias 22 a 24 do ciclo.

Pílulas contraceptivas compostas de substâncias tipo estrógeno e progesterona associadas tornam os esfregaços semelhantes aos da fase secretória.

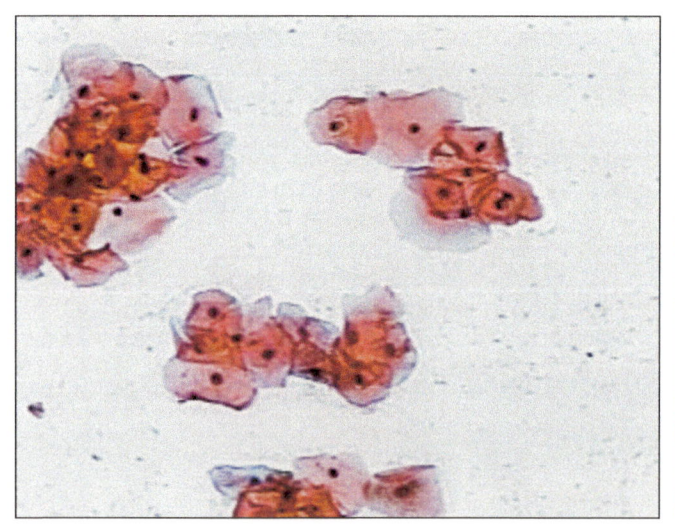

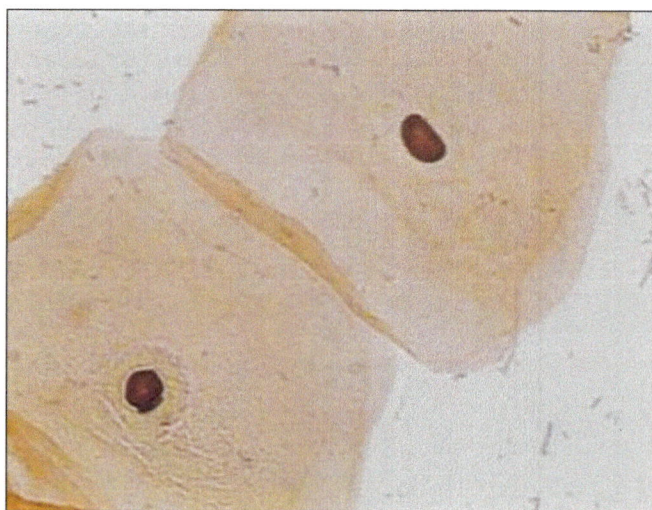

Fig. 5-1. Esfregaço com características hipertróficas. Predomínio de células escamosas superficiais (Papanicolaou).

CITOLOGIA FISIOLÓGICA

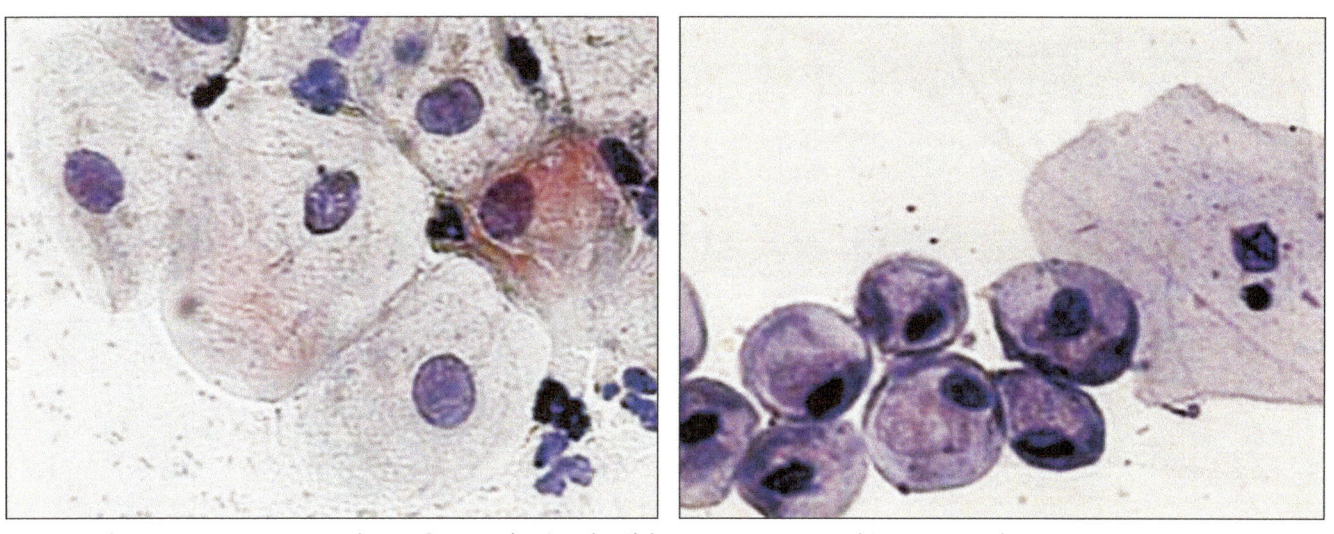

Fig. 5-2. Esfregaço com características hipotróficas. Predomínio de células escamosas intermediárias (Papanicolaou).

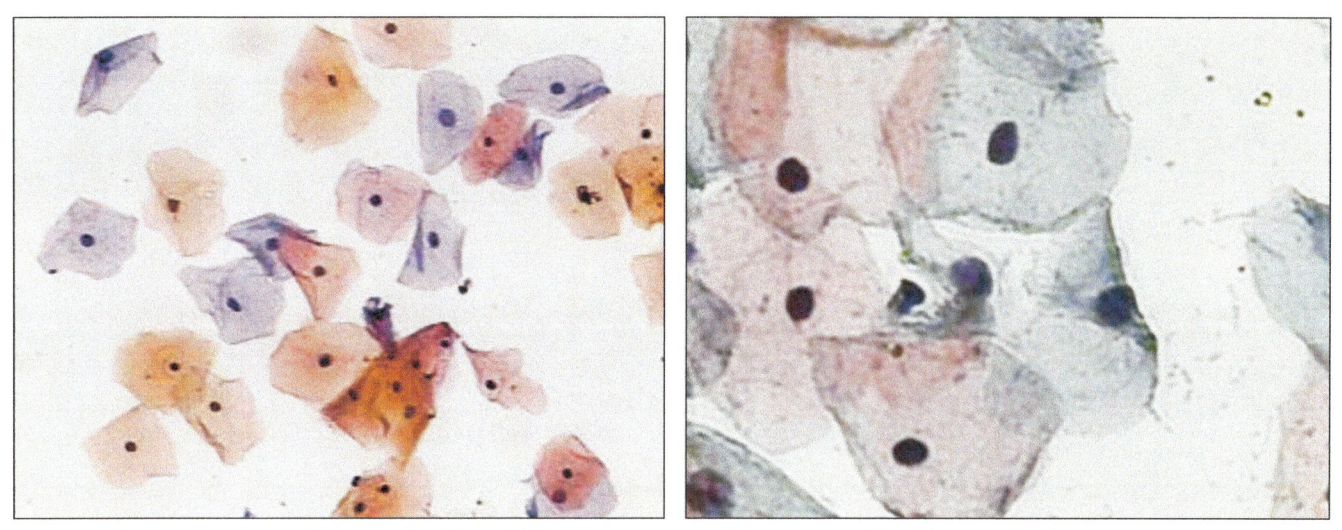

Fig. 5-3. Esfregaço com características normotróficas. Células escamosas superficiais e intermediárias (Papanicolaou).

Ciclo ovulatório

Primeiro sangramento — Dia 0
4º dia — Fase menstrual
14º dia ovulação
26º dia
28º dia — Fase pré-menstrual

Fase proliferativa – 10 dias
Fase secretória ou luteínica – 14 dias

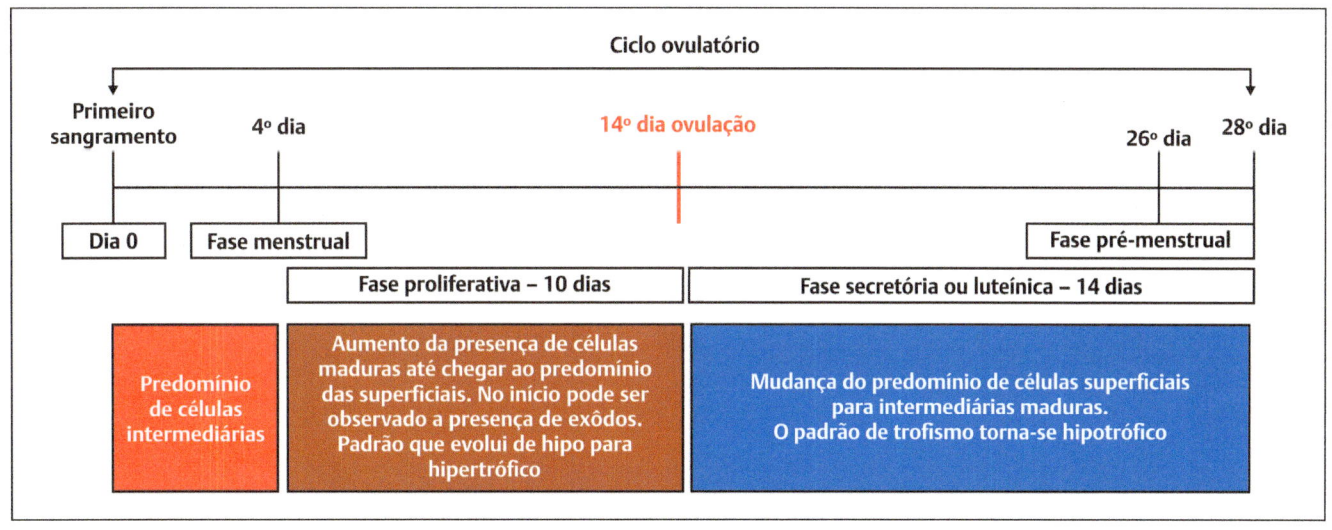

- **Predomínio de células intermediárias**
- **Aumento da presença de células maduras até chegar ao predomínio das superficiais. No início pode ser observado a presença de exôdos. Padrão que evolui de hipo para hipertrófico**
- **Mudança do predomínio de células superficiais para intermediárias maduras. O padrão de trofismo torna-se hipotrófico**

Fig. 5-4. Resumo do ciclo ovariano, suas características tróficas e predomínio celular.

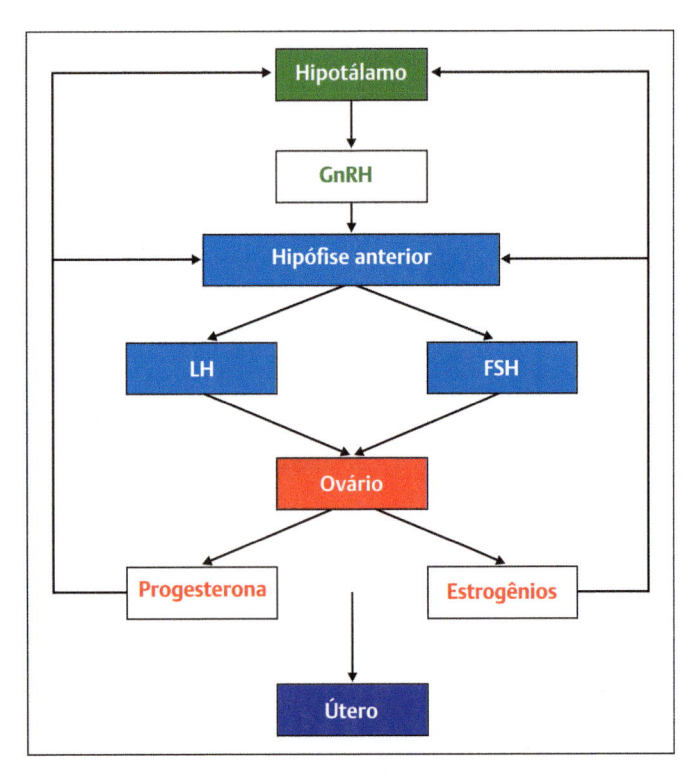

Fig. 5-5. Resumo do estímulo hipotalâmico (GnRH – hormônio liberador de gonadotrofina) sobre a hipófise anterior ou adeno-hipófise que, por sua vez, libera LH e FSH em seu alvo, o ovário, e este, por sua vez, libera progesterona e estrogênios.

Quadro 5-2. Fases do Ciclo Menstrual: Fase Menstrual *Versus* Fase Proliferativa

	Início ou fase menstrual (0º ao 4º dia do ciclo)	Fase proliferativa (5º ao 10º dia do ciclo)
Características	Primeiro dia de sangramento é o primeiro dia do ciclo menstrual	Início com o final do sangramento
Células superficiais	Incomum	Aumentando em número
Células intermediárias	Predomínio de células intermediárias eventualmente agrupadas e bordas citoplasmáticas dobradas	Início com predomínio de células intermediárias isoladas com citoplasma ligeiramente enrugado ou em pequenos agrupamentos
Células profundas	Incomum	Incomum
Células glandulares endocervicais	Em agrupamentos compactos	Com citoplasma basofílico, núcleo central e redondo
Células glandulares endometriais	Semelhante a pequenos histiócitos	Em agrupamentos compactos (*êxodos*) (Fig. 5-6)
Hemácias	Numerosas	Diminuindo em número
Leucócitos	Vários	Diminuindo em número
Histiócitos	Vários	Diminuindo em número
Debris celular	Principalmente no final da fase	Diminuindo
Bacilos de Döderlein	Presença escassa	Diminuindo em número
Muco	Abundante	Diminuindo. Com o uso de anticonceptivos orais torna-se viscoso e opaco

CITOLOGIA FISIOLÓGICA

Quadro 5-3. Fases do Ciclo Menstrual: Fase Ovulatória *Versus* Pós-Ovulatória

	Fase ovulatória (11º ao 15º dia do ciclo)	Fase pós-ovulatória ou secretória (16º ao 28º dia do ciclo)
Características	Esfregaço limpo. Nesta fase há um pico na concentração de estrogênio (hormônio mitogênico)	Esfregaço sujo, rico em bacilos de Döderlein e citólise
Células superficiais	Predominante. Isoladas, planas com núcleos picnóticos	Diminuição das células superficiais. Formação de agrupamentos de células superficiais e intermediárias
Células intermediárias	Presente	Predominante com dobras citoplasmáticas e presença de glicogênio no citoplasma
Células profundas	Ausente	Ausente
Células glandulares endocervicais	Presente	Presente
Células glandulares endometriais	Ausente	Ausente
Hemácias	Raras	Raras
Leucócitos	Raros	Ressurgimento
Histiócitos	Raros	Ressurgimento
***Debris* celular**	Ausente	Ausente
Bacilos de Döderlein	Escassos bacilos de Döderlein densos e extremamente pequenos	Aumentando em número, alongados. Citólise das células intermediárias com núcleos desnudos
Muco	Escasso	Ressurgimento do muco. Espesso. O uso de anticonceptivos orais produz hiperplasia do epitélio glandular com aumento do muco cervical claro e viscoso

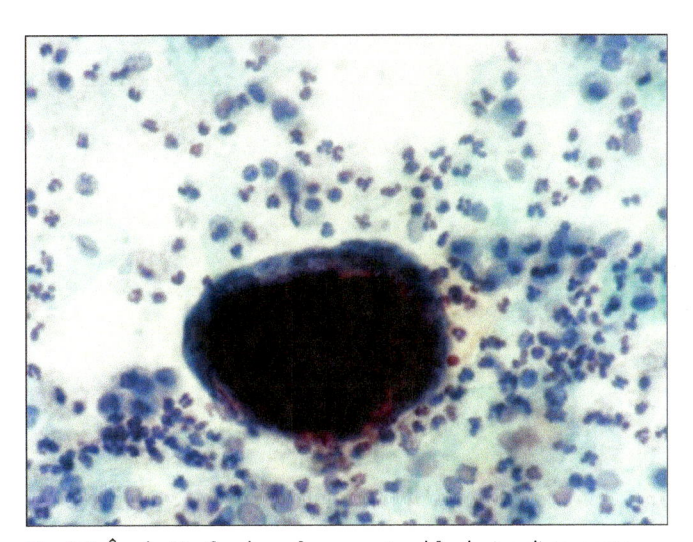

Fig. 5-6. Êxodo. Verificado na fase menstrual final e imediatamente após. As bordas são compostas de células endometriais bem delimitadas e o centro por material estromal.

ATROFIA

Os esfregaços de padrão atrófico podem ser observados na infância, adolescência, pós-parto, lactação, menopausa, disgenesia ovariana e síndrome de Turner, disfunção hipofisária, ooforectomia bilateral, radiação ou quimioterapia.

Com a chegada na menopausa ou cessação da menstruação, há uma progressiva diminuição de células escamosas maduras (intermediárias e superficiais) e aumento das células escamosas profundas (basais e parabasais) nos esfregaços cervicovaginais, bem como diminuição dos bacilos de Döderlein e desenvolvimento de uma flora cocobacilar anaeróbica facultativa. A menopausa se implanta gradativamente e por isso os padrões de maturação são variados entre a menopausa inicial até chegar a menopausa avançada.

Principais alterações citológicas:

- Presença de células profundas (basais e parabasais) dispostas isoladamente ou pequenos agrupamentos em monocamadas.
- Acentuada diminuição da relação núcleo/citoplasma.
- Células parabasais degeneradas com citoplasma basofílico conhecidas como *Blue Blobs*.
- Células pequenas e com citoplasma eosinofílico e núcleos picnóticos denominadas de pseudoparaqueratose.
- Fundo do esfregaço granular, *debris* inflamatório, muco escasso e espesso.

A atrofia também pode provocar um quadro inflamatório denominado de "vaginite atrófica" marcada por excesso de células pseudoparaqueratóticas, exsudato inflamatório e alterações reativas inflamatórias (Figs. 5-7 a 5-9).

O uso de digitálicos pode alterar o padrão de trofismo, levando a um esfregaço do tipo estrogênico, principalmente se o uso for continuado por dois anos ou mais.

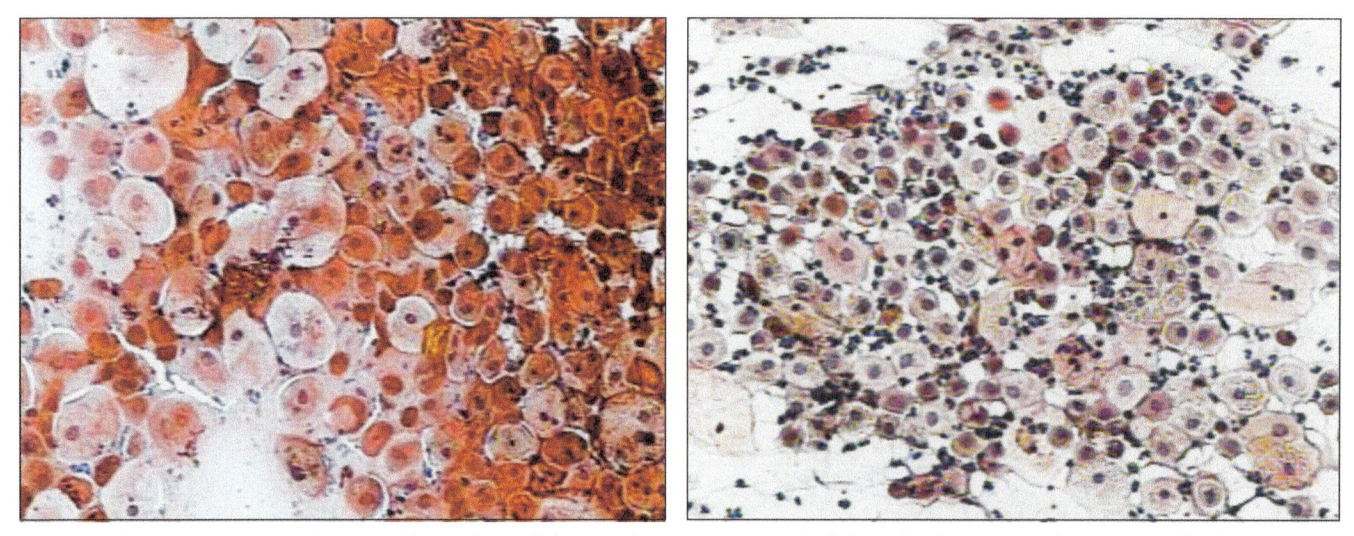

Fig. 5-7. Esfregaço com características atróficas. Várias células pseudoparaqueratóticas (células redondas com citoplasma eosinofílico/orangeofílico e núcleo picnótico) (Papanicolaou).

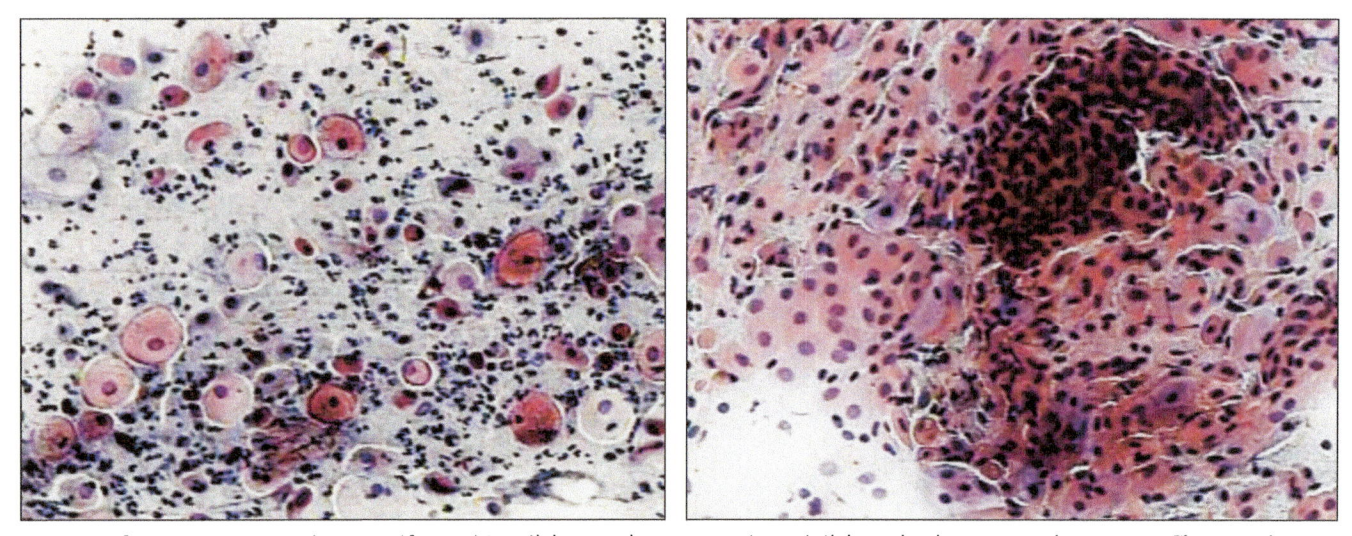

Fig. 5-8. Esfregaço com características atróficas. Várias células pseudoparaqueratóticas (células redondas com citoplasma eosinofílico e núcleo picnótico) e detritos celulares. À esquerda um microfragmento (Papanicolaou).

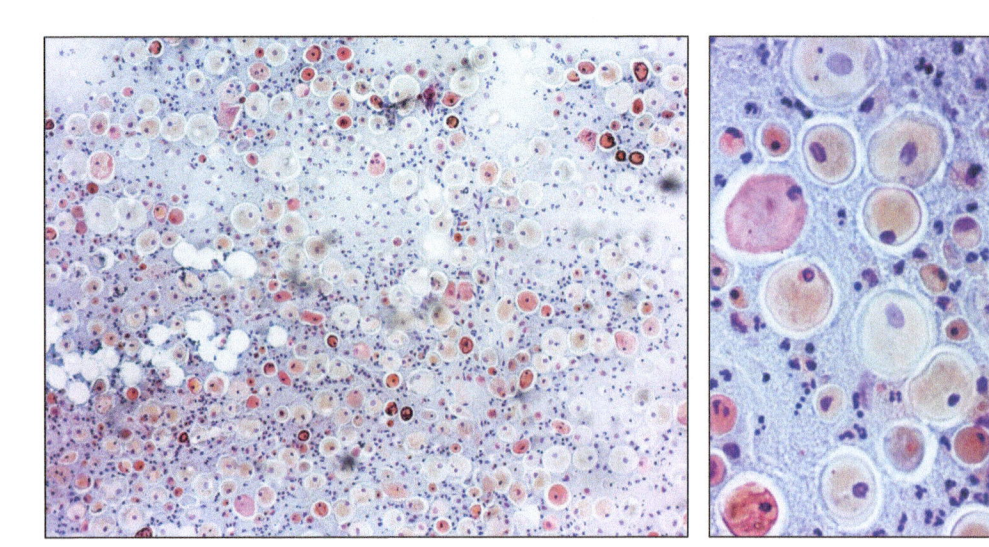

Fig. 5-9. Atrofia. Em amplitudes diferentes (100× e 400×). Notar células profundas pseudoqueratinizadas ou variando em tons de laranja. Essa variação e a distensão em algumas células (variação de tamanho) está influenciado pela fixação. Para comprovar basta observar o núcleo fosco.

GRAVIDEZ

Com a gravidez os ciclos menstruais cessarão e o esfregaço cervicovaginal reproduzirá a atividade da secreção de gonadotrofina coriônica pela placenta, progesterona e estrógeno pelos ovários. Os esfregaços são caracterizados por:

- Raras células superficiais.
- Aglomerado de células intermediárias naviculares (com dobras citoplasmáticas).
- Células deciduais isoladas ou agrupadas.
- Flora lactobacilar com citólise.
- Havendo deficiência de ácido fólico, resultará em aumentando do tamanho celular e núcleo. Ocasional binucleação. Neutrófilos multilobulados com aproximadamente 7 lobos.

Na reação Arias–Stella – em células endometriais e endocervicais, as características são: células grandes, núcleos grandes hipercromáticos e multilobulação. Nucléolo proeminente.

Em razão do aumento do estímulo hormonal durante a gravidez, alterações morfológicas nas células endometriais estromais estão presentes. Essa reação denominada decidual é observada no pós-parto, pós-aborto e podem indicar reação decidual ectópica ou pólipo endocervical, caracterizado pela presença de células deciduais. As células trofoblásticas raramente são encontradas na gravidez normal.

PÓS-PARTO

Fase em que o padrão de esfregaço é atrófico com predomínio de células profundas, raras células intermediárias com pouco glicogênio, mas esse padrão pode variar.

LACTAÇÃO

Na lactação é frequente encontrar esfregaços hipotróficos e atróficos em 85% das mulheres em virtude dos altos níveis de prolactina, inclusive com células pseudoparaqueratóticas, além de vários polimorfonucleares e predomínio de células escamosas parabasais, entretanto, essas características também podem variar entre as mulheres.

DEFICIÊNCIA DE ÁCIDO FÓLICO

A deficiência de ácido fólico na anemia megaloblástica é encontrada, principalmente, em mulheres na pós-menopausa e gestantes. O quadro citológico compreende:

- Células escamosas e endocervicais aumentadas em tamanho.
- Bi ou multinucleação.
- Amoldamento nuclear.
- Citoplasma discretamente vacuolizado e policromasia.

INDICAÇÕES DA AVALIAÇÃO HORMONAL PELA CITOLOGIA

Com a introdução das metodologias específicas para as dosagens hormonais e os diagnósticos por imagem, a citologia hormonal diminuiu sua demanda; entretanto, continua sendo utilizada para avaliação da função ovariana, principalmente no período fértil, na menopausa e pós-menopausa, depois da histerectomia, nos distúrbios menstruais, determinação da ovulação, distúrbios hormonais por placentas, ovários e outros órgãos. Na gestação, em tumores e acompanhamento das terapias hormonais fertilização assistida.

INFECÇÃO E INFLAMAÇÃO

Jacinto da Costa Silva Neto

A inflamação ou processo inflamatório é uma resposta complexa que se desenvolve em detrimento a agentes agressores teciduais. Como resposta há a formação de capilares, ativação e migração celular (leucócitos, macrófagos, plasmócitos) para o local da inflamação e reações tópicas e sistêmicas. Podem ocorrer modificações de estrutura dos epitélios do tipo: hiperplasia, metaplasia, fenômenos de reparação e alterações morfológicas variadas, algumas são comuns a todas as inflamações, outras representam modificações específicas do agente e, na citologia, às vezes, é possível detectar o agente causal.

Os principais sintomas da inflamação do trato genital que levam a paciente ao consultório médico são pruridos e leucorreias. Sua suscetibilidade pode variar com a idade e localização anatômica, gravidez, traumas teciduais (erosão, ulceração, relação sexual, prolapso uterino, DIU, duchas vaginais, abortos), imunodepressão (AIDS, transplantados). É classificada como aguda, quando na presença de exsudato rico em leucócitos polimorfonucleares, ou crônica, com a presença de leucócitos polimorfonucleares, linfócitos, células plasmáticas e histiócitos.

Ao nível tecidual as respostas podem ser representadas por aumento da maturação celular (leucoplasia), alterações proliferativas, como hiperplasia das células basais (biópsias cervicais) e transformações (metaplasia e epidermização). Há também fenômenos de reparação, como, destruição celular, proliferação fibroblástica, formação de neocapilares, leucócitos polimorfonucleares, linfócitos, macrófagos mono ou multinucleados (granuloma de reparação).

PAPEL DA CITOLOGIA NAS INFLAMAÇÕES

A citologia pode reconhecer as lesões inflamatórias, avaliar a intensidade da reação, evolução e, quando possível, determinar o agente etiológico. As inflamações detêm grande parte da rotina de um serviço de citologia clínica cervical, e suas etiologias são diversas, podendo ou não evoluir para lesões mais significativas. Quase todas as inflamações produzem alterações celulares que são detectadas nas células esfoliadas, como erosão ou ulceração.

SINAIS CITOLÓGICOS NA INFLAMAÇÃO – REATIVIDADE

Reatividade na citologia clínica representa alterações celulares de natureza benigna, associadas à inflamação, radiação, dispositivo intrauterino (DIU) ou outras causas inespecíficas.

Nos processos inflamatórios nem sempre é possível constatar todas as alterações citológicas em uma mesma amostra, o importante é o citologista verificar o conjunto das alterações presentes e as comparar com a normalidade celular discernindo se há ou não inflamação, mesmo na ausência do agente causal e, quando necessário, informar se a paciente deverá ser investigada por outra metodologia. Em alguns casos é possível observar ausência da resposta inflamatória e presença de agente inflamatório, mesmo assim deve ser descrito no laudo citológico, porque o sistema imunológico poderá reagir de forma incomum à presença de um agente infeccioso. As características da inflamação estão sumarizadas no Quadro 6-1.

Quadro 6-1. Características Citomorfológicas da Inflamação *Versus* Reparo Típico

	Inflamação	Reparo
Celularidade	Moderada à alta	Alta
Disposição celular	Células dispostas isoladamente ou em pequenos folhetos planos	Agrupamento plano, grande, contendo células imaturas. Rara presença de células isoladas. Os agrupamentos apresentam arranjo regular, polaridade conservada, geralmente sem sobreposição
Citoplasma	Bem delimitado, policromático, às vezes, vacuolizado, halo perinuclear, mas sem espessamento periférico	Abundante, cianofílico ou policromático e vacuolado. Bordas celulares bem definidas. Halo perinuclear
Núcleo	Aumentado, sem sobreposição e com destaque para as células endocervicais. Bi ou multinucleação. Contornos lisos. Hipercromáticos e, às vezes, vesiculados e hipocromáticos	Núcleo aumentado e redondo com membrana delgada, bi ou multinucleação, cariorrexe, cariólise, cariopicnose. Pode apresentar alterações leves no contorno

(Continua.)

Quadro 6-1. *(Cont.)* Características Citomorfológicas da Inflamação *Versus* Reparo Típico

	Inflamação	Reparo
Cromatina	Fina e homogênea. Ausência de mitoses	Cromatina fina com ocasionais mitoses. Nas células endocervicais a cromatina pode-se apresentar mais granular, espessa
Nucléolos	Nucléolos únicos ou múltiplos destacados	Nucléolos únicos ou múltiplos e proeminentes. Macronucléolos (uma das características mais importantes)
Relação núcleo/citoplasma	Aumento da relação núcleo/citoplasma	Baixa relação núcleo/citoplasma
Células inflamatórias	Vários a numerosos leucócitos	Presença de leucócitos
Observações	Diversas origens: agentes químicos, físicos, microrganismos etc.	Pode mimetizar lesões neoplásicas, por exemplo, carcinoma escamoso não queratinizado

REPARO TÍPICO OU REGENERAÇÃO

Quando o epitélio escamoso sofre lesão, seja por inflamação, biópsia ou procedimentos clínicos, o processo de regeneração se estabelece visando a reparação do tecido danificado, esse processo é denominado de "reparo". Suas características citomorfológicas estão apresentadas no Quadro 6-1.

Uma maneira de facilitar o entendimento da presença de reparo no esfregaço é a adoção de um questionário de coleta bem elaborado ou informações clínicas obtidas pelo médico responsável e postas na solicitação da coleta citológica e até mesmo informações de colposcopia prévias.

No reparo típico é possível encontrar qualquer uma das alterações descritas na inflamação, no entanto, as células ocorrem em planos de uma única camada com limites citoplasmáticos distintos (em comparação ao aspecto sincicial de algumas lesões de alto grau e tumores), com preservação da polaridade nuclear e figuras mitóticas típicas. Não encontramos geralmente células isoladas com alterações nucleares. O citologista deverá estar atento ao padrão do reparo (reparo típico), pois as alterações podem mimetizar lesões neoplásicas. Verificar as Figuras 6-1 a 6-9 representando alterações reativas inflamatórias e reparo típico.

EXSUDATO INFLAMATÓRIO

Na citologia cervical devemos observar as respostas de reatividade nas alterações celulares do epitélio, porém, a presença do exsudato inflamatório complementa a análise em casos de amostra inflamatória. Este material é composto por leucócitos (principalmente neutrófilos e linfócitos), hemácias (hemossiderina), histiócitos, macrófagos, *debris* celular e material proteico (Fig. 6-8).

O *debris* celular ou restos celulares podem aparecer acompanhados dos componentes do exsudato inflamatório, dificultando a visualização dos sinais citomorfológicos em razão do obscurecimento. Para minimizar essa interferência preconiza-se uma nova coleta com a remoção de seu excesso pelo uso de gaze e pinça ginecológica (pinça de Cheron) passando suavemente sobre as superfícies da cérvice ou do fórnice posterior, quando na presença excessiva de secreção. Após sua remoção, realiza-se a coleta normalmente.

Em algumas pacientes idosas e imunossuprimidas, por exemplo, o exsudato inflamatório pode não estar evidente, provocando desconfiança no citologista sobre o verdadeiro quadro inflamatório, portanto, devem-se considerar as características citomorfológicas em primeiro lugar, seguido da presença ou não do agente inflamatório e presença de leucócitos e hemácias. Nos casos das infecções por *Mycoplasma* urogenitais, por exemplo, não é possível visualizar o agente pela microscopia óptica, nem sinais citomorfológicos, apenas um quadro inflamatório inespecífico que, em concordância com o aspecto geralmente amarelado da secreção, poderá indicar a suposta infecção, e o citologista deverá sugerir a pesquisa pela bacteriologia.

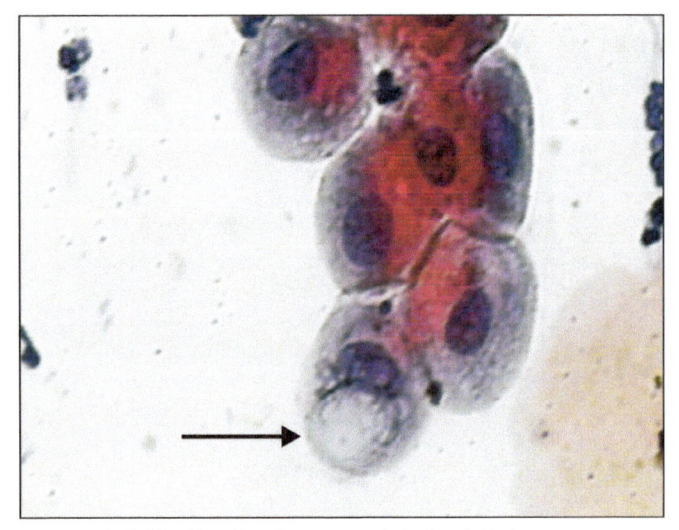

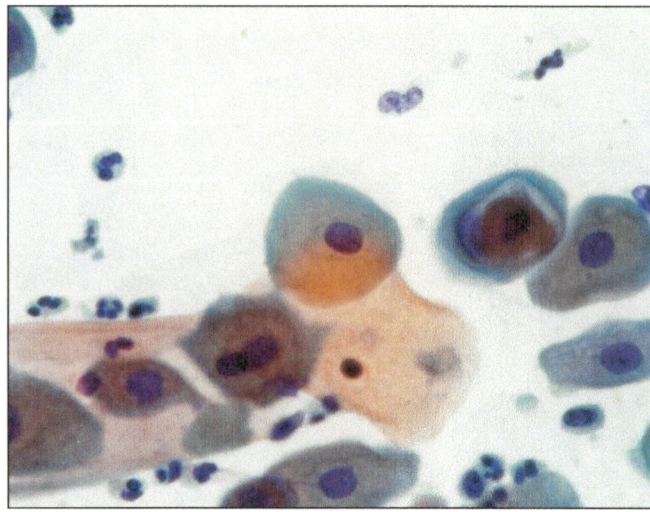

Fig. 6-1. Anfofilia, binucleação e um vacúolo (*seta*). Podem aparecer nos casos de reatividade, mas indicam degeneração (Papanicolaou).

INFECÇÃO E INFLAMAÇÃO

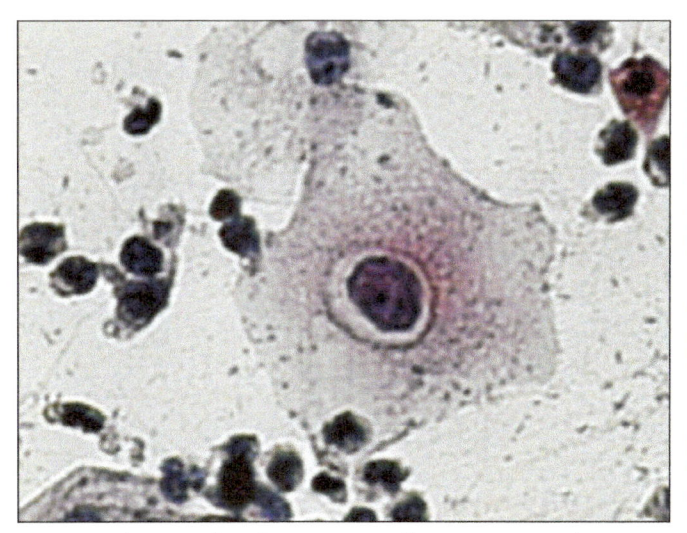

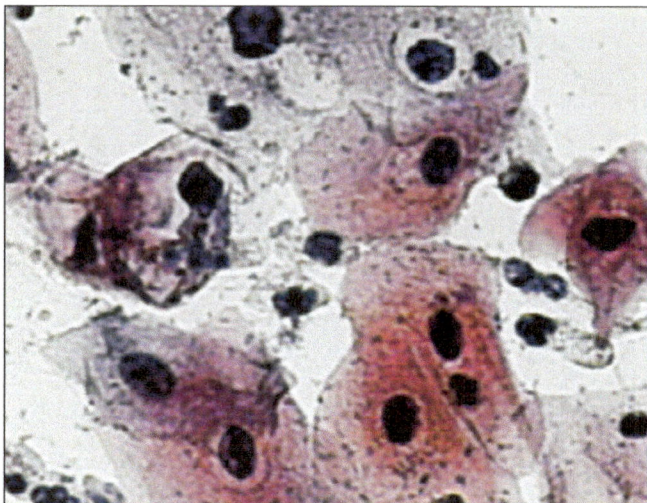

Fig. 6-2. Halo perinuclear, frequente em inflamações, principalmente por *Trichomonas* (Papanicolaou).

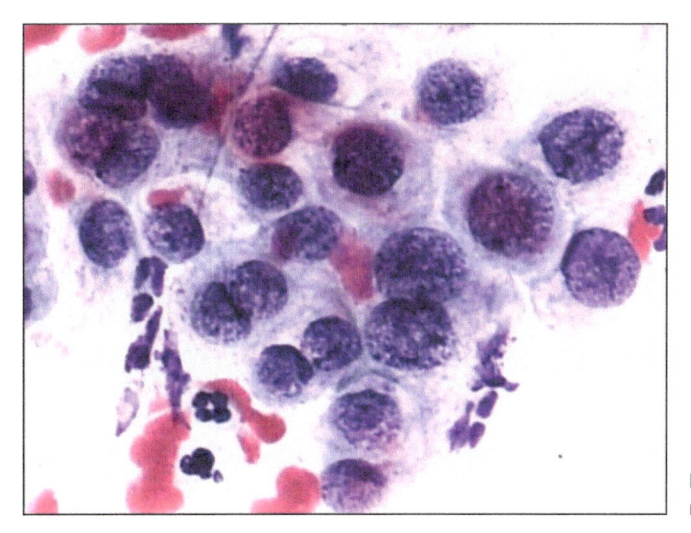

Fig. 6-3. Núcleos aumentados em volume com cromatina granular moderadamente grosseira, mas bem distribuída (Papanicolaou).

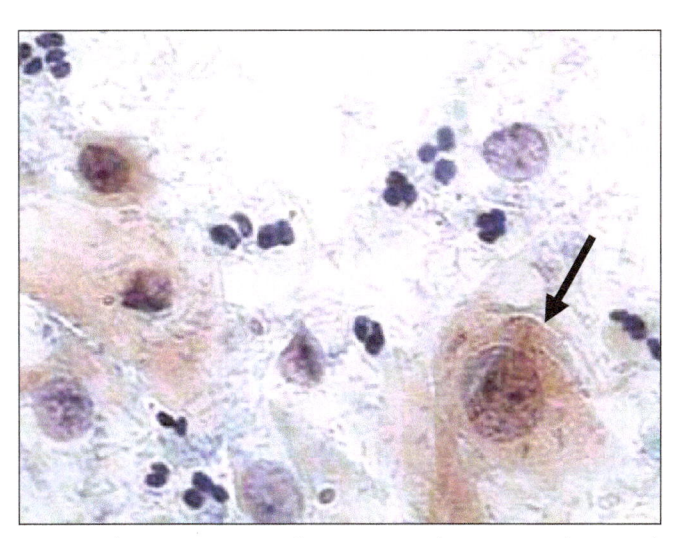

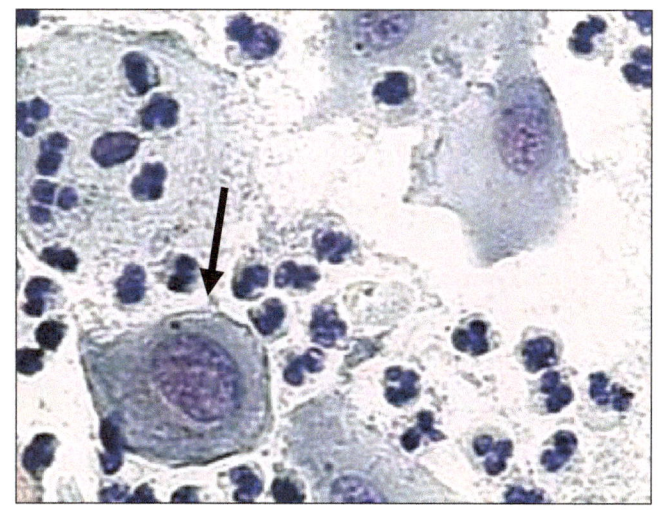

Fig. 6-4. Alterações reativas inflamatórias. Núcleos aumentados em volume. Variação do tamanho nuclear (anisonucleose) com presença de nucléolos destacados (Papanicolaou). (Continua.)

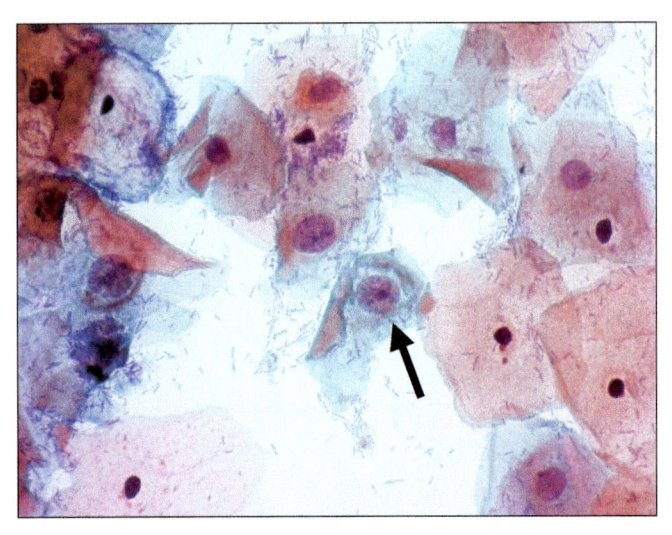

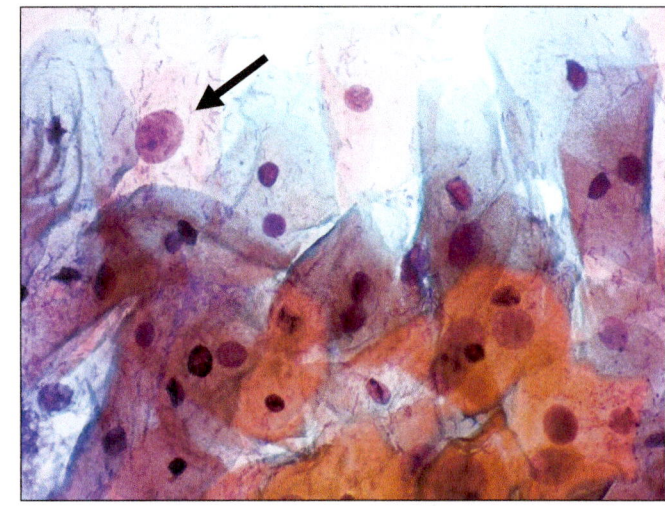

Fig. 6-4. *(Cont.)*

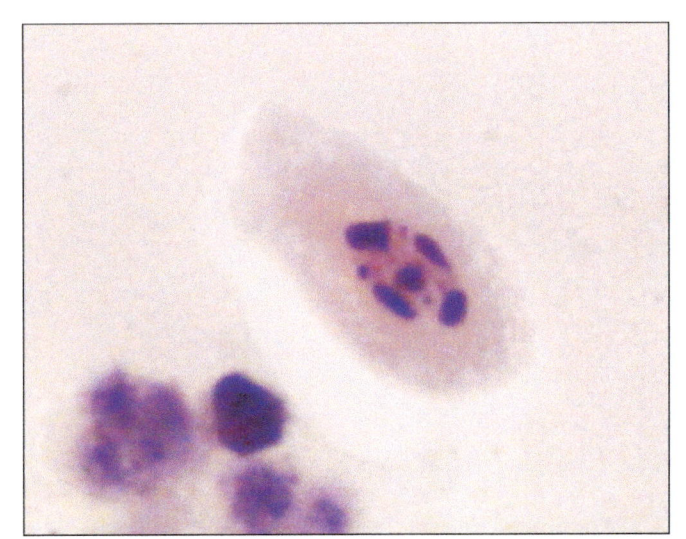

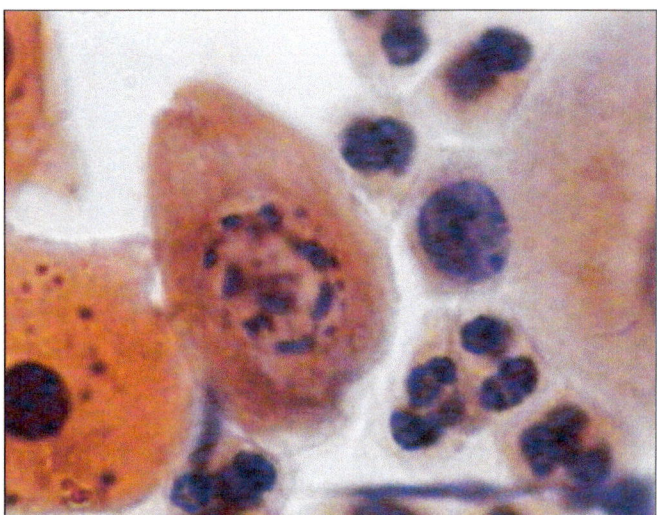

Fig. 6-5. Alterações degenerativas frequentes nos casos de reatividade: cariorrexe (núcleos fragmentados) (Papanicolaou).

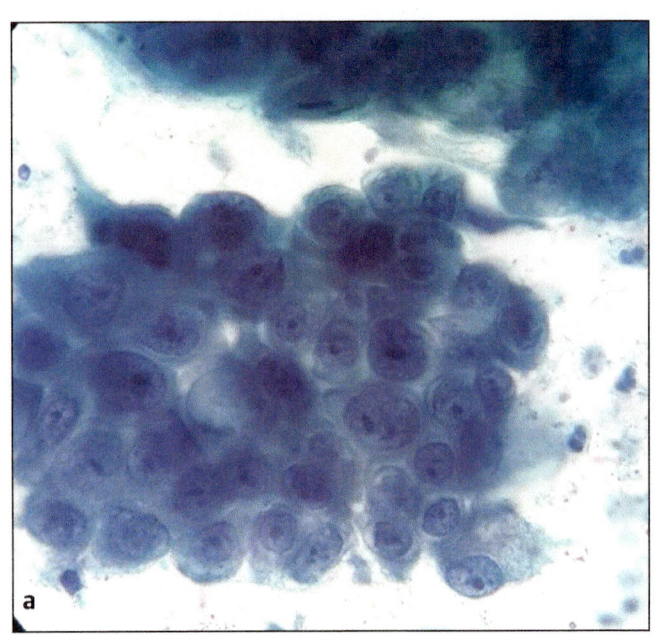

Fig. 6-6. Reparo típico. (**a**) Agrupamento plano formado por células de núcleos com discreta alteração de contorno, vesiculado e com macronucléolos em citologia convencional. (**b**) O agrupamento com algumas células soltas devido ao método de preparação em base líquida. Verificar também o citoplasma denso (Papanicolaou). (Continua.)

INFECÇÃO E INFLAMAÇÃO 41

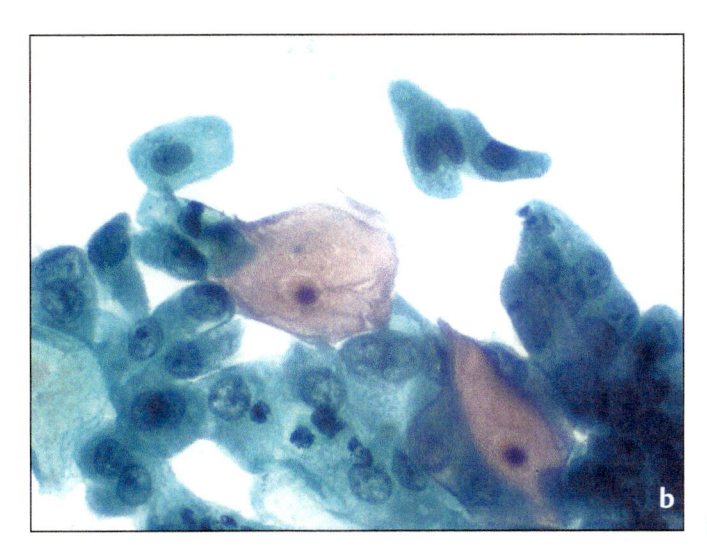

Fig. 6-6. (Cont.)

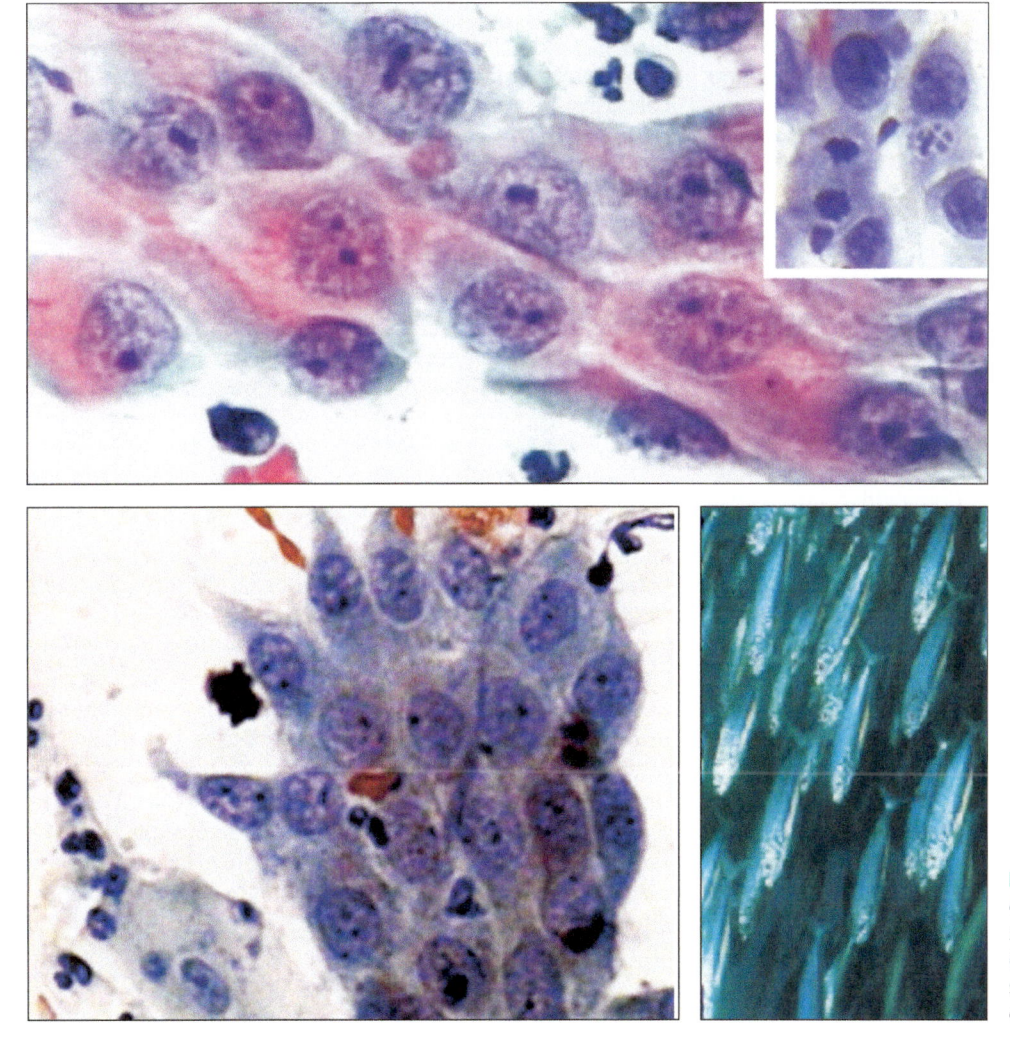

Fig. 6-7. Reparo típico. Células dispostas em agrupamentos semelhantes a um "cardume" (preservação de polaridade). Imagem superior com recorte de mitose e cariorrexe (Papanicolaou).

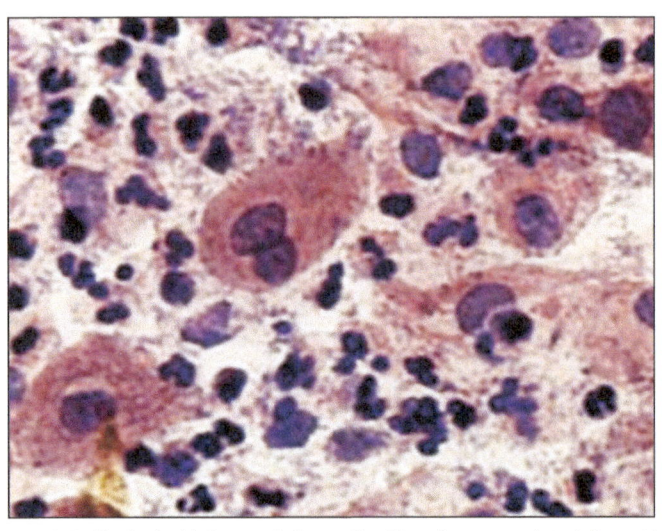

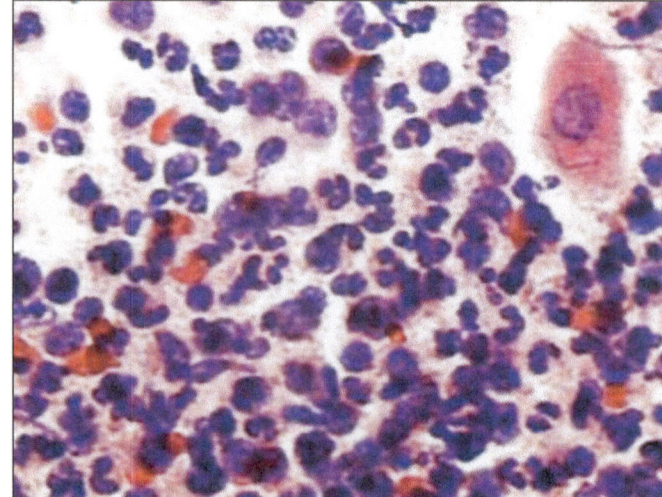

Fig. 6-8. Sinais citológicos na Inflamação. Abundante exsudato inflamatório, constituído por vários polimorfonucleares e detritos celulares (*debris* celular) (Papanicolaou).

Na ausência do agente inflamatório e presença de sinais citomorfológicos de inflamação, deve-se relatar em laudo "presença de alterações inflamatórias inespecíficas".

HIPERQUERATOSE

A queratinização do epitélio da cérvice é denominada hiperceratose, marcada pelo surgimento de placas brancas, denominadas leucoplásicas ou áreas de queratinização, mais bem visualizadas pela colposcopia após o uso do ácido acético diluído. É caracterizada pela presença de células anucleadas do tipo superficiais eosinofílicas e tem como causa a irritação crônica (Fig. 6-9).

Atenção deve ser dada quando na presença das células anucleadas, pois poderá indicar que a coleta foi realizada da parte mais distal da vagina ou próximo à vulva. Portanto, a presença das células anucleadas só deve ser mencionada se aparecer em quantidade considerável e quando, no ato da coleta, for verificada área de queratinização geralmente associada à HSIL.

PARAQUERATOSE

Também causada por irritação crônica, é caracterizada pela presença de células escamosas dispostas isoladamente ou agrupadas com núcleo pequeno, uniforme, picnótico, central e citoplasma eosinofílico (Fig. 6-10). Sua presença está destacada em pacientes com história de displasia (SIL), o que sugere maior atenção e acompanhamento.

FLORA VAGINAL NORMAL, AGENTES INFECCIOSOS E INFLAMATÓRIOS

Além das agressões causadas por fatores químicos e físicos, alguns microrganismos podem colonizar a microbiota vaginal, como bactérias, vírus, fungos e protozoários. O termo "vaginite" identifica as inflamações por agentes diversos.

A flora vaginal normal é composta por bactérias aeróbicas e anaeróbicas facultativas comensais, como lactobacilos, *peptococcos, peptostresptococos* e fungos. Sendo predominantemente formada pela presença dos bacilos de Döderlein (lactobacilos) (Fig. 6-11), responsáveis pela manutenção do pH intravaginal levemente ácido, criando uma barreira de proteção contra o desenvolvimento das infecções microbianas. Entretanto, esta flora poderá sofrer modificações, conforme o decorrer do ciclo ovariano, bem como nos processos de declínio imunológico.

Os bacilos de Döderlein são bactérias Gram-positivas, espessas, com bordas arredondadas e variam de tamanho. Coram-se sempre em tons de púrpura no Papanicolaou e geralmente estão associados ao processo de citólise pelo consumo do glicogênio existente no citoplasma das células intermediárias, convertendo-o em ácido láctico e, consequentemente, envolvidos na manutenção do pH vaginal (aproximadamente pH 3,9 a 4,2). A citólise é marcada pela presença de fragmentos citoplasmáticos e núcleos desnudos (Fig. 6-12) e destaca-se

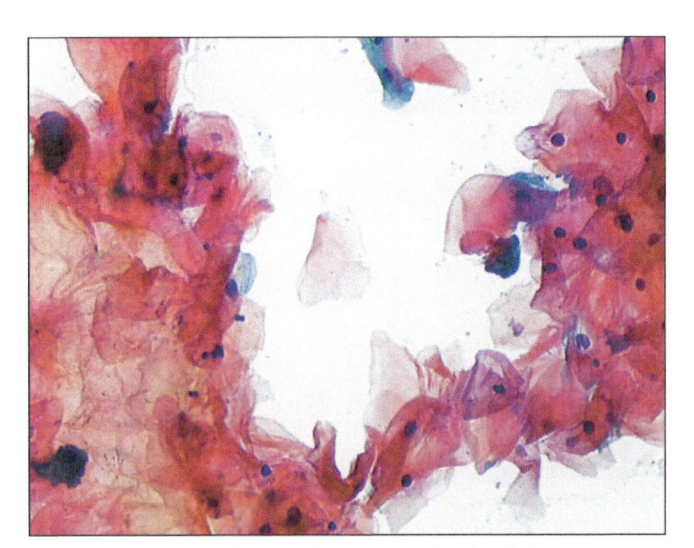

Fig. 6-9. Esfregaço endocervical com agregados de células escamosas anucleadas: hiperceratose (Papanicolaou). (Fonte: Frappart L, Fontanière B, Lucas E, Sankaranarayanan R. Histopathology and cytopathology of the uterine cervix – Atlas Digital. IARC, Lyon, 2004. Disponível em: http://screening.iarc.fr/atlashisto.php?lang=1)

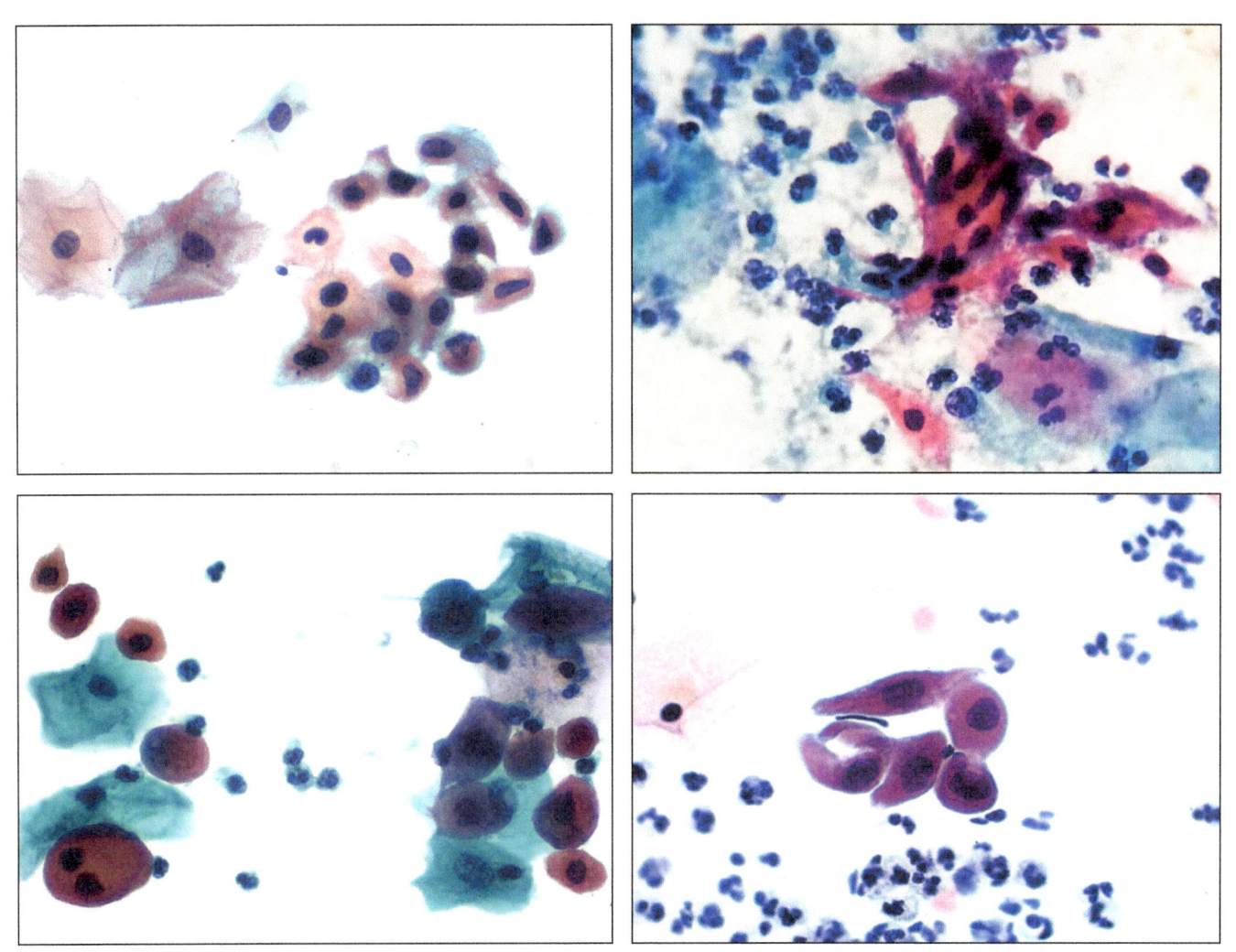

Fig. 6-10. Paraqueratose caracterizada por células com citoplasmas queratinizado e núcleo condensado ou tendência à picnose. Atenção, porque a paraqueratose é mais frequente em amostras de lesões intraepiteliais e invasão (carcinoma de células escamosas queratinizado) (Papanicolaou).

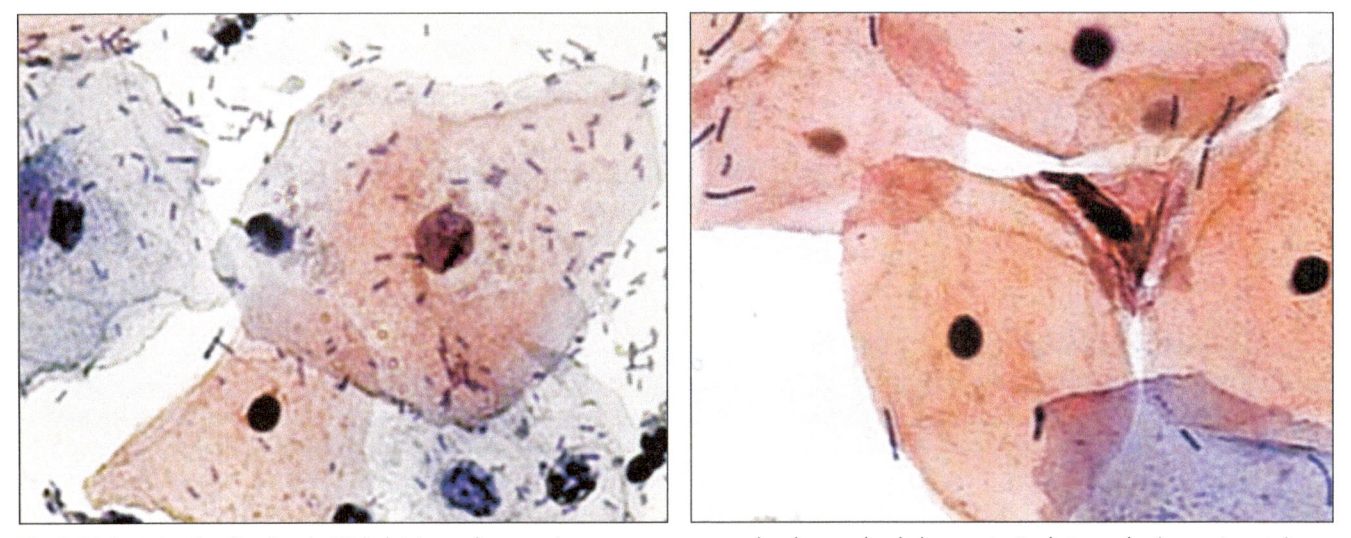

Fig. 6-11. Lactobacilos (bacilos de Döderlein) corados em púrpura, espessos, com bordas arredondadas e variação de tamanho (comprimento), característica que ajuda na diferenciação com os bacilos infectantes (Papanicolaou).

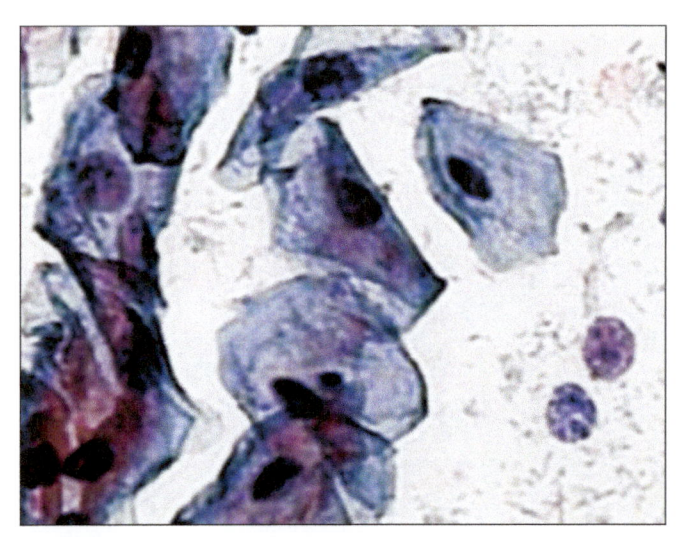

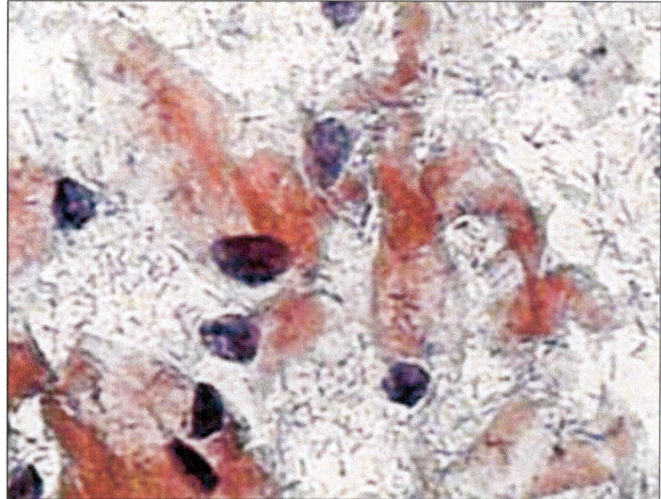

Fig. 6-12. Lactobacilos (bacilos de Döderlein) em processo de citólise marcada por vários núcleos desnudos e restos de citoplasmas ao fundo do esfregaço (Papanicolaou).

na segunda fase do ciclo menstrual (fase progestagênica) e na gravidez, época onde acontece intensa atividade progestagênica, e a disponibilidade de células intermediárias fica maior. Na citólise o esfregaço é composto de fundo limpo o que diferencia da autólise, em que a destruição do citoplasma por outros agentes vem acompanhada de numerosos agentes inflamatórios. A manutenção do pH levemente ácido dificulta o desenvolvimento das infecções bacterianas, principalmente do tipo Gram-negativas que se exacerbam em pH alcalino, provocando infecções e inflamações.

A intensa citólise deve ser comunicada em laudo, porque poderá produzir um corrimento esbranquiçado que, ao decorrer do ciclo menstrual, desaparecerá, não sendo necessárias medidas terapêuticas, salvo em alguns casos com a exacerbação da flora e consequente abundância de secreção (vaginose citolítica), conduzindo a administração de um agente neutralizador do pH vaginal.

Aproximadamente um terço dos esfregaços apresenta a flora composta por bacilos de Döderlein e cocos. Estes microrganismos não podem ser identificados precisamente com a citologia, porém, quando vistos, devem ser citados. Alguns cocos podem provocar morte do recém-nascido. Essa flora "mista" pode ser encontrada mesmo na ausência de um quadro de inflamação. Para uma melhor avaliação da morfologia da flora, recomenda-se o uso da lente objetiva de imersão (100×), mas somente o exame microbiológico (cultura) poderá identificar o microrganismo.

Gardnerella vaginalis (Desvio de Flora Sugestivo de Vaginose Bacteriana)

É uma bactéria Gram-variável, de morfologia cocobacilar, caráter anaeróbico que poderá estar associado a outras bactérias do tipo *Prevotella* sp., *Bacteroides* sp., *Mobiluncus* sp., *Peptostreptococcus* entre outros. Afeta milhões de mulheres, aproximadamente 35% das que procuram clínicas de doenças sexualmente transmissíveis (DST) e, no mínimo, 5 a 15% das que procuram atendimento ginecológico de rotina. Essa bactéria adere à superfície das células escamosas formando uma granulação cianofílica, conhecida como "células-alvo" (*clue cells*) (Fig. 6-13). Sua presença em excesso modifica a flora vaginal normal, elevando o pH.

Em alguns casos é possível encontrar ausência de lactobacilos e raros polimorfonucleares. A infecção foi descrita pela primeira vez por Gadner e Dukes, em 1955, na maioria das vezes, é assintomática ou aparece em forma de corrimento vaginal amarelo opalescente, homogêneo e com odor. O teste do hidróxido de potássio (KOH) a 10% é uma forma de detecção, onde ao colocar uma gota da solução em contato com a secreção produzirá odor de peixe podre, em decorrência da produção de amina que desprende.

Mobilluncus

É um bacilo anaeróbico, Gram-negativo ou variável, móvel, com extremidades afiladas e que muitas vezes aparece na companhia da *Gardnerella vaginalis* e se diferem por serem mais compridos, de tamanho homogêneo e levemente curvos. Para diferenciação sugere-se o uso da lente objetiva de imersão (100×). Pode ser resistente ao metronidazol, muito utilizado no tratamento da vaginose, e sensível à ampicilina ou à amoxacilina (Fig. 6-14).

Mycoplasma e Ureaplasma

Embora não seja possível identificá-los pela microscopia óptica, é importante o citologista ter conhecimento destes microrganismos. Cerca de 15 a 95% das mulheres sexualmente ativas são portadoras de *Mycoplasma* urogenitais. São causadores de infecções urinárias, doença inflamatória pélvica, infecções puerperais, aborto habitual e esterilidade por alteração dos espermatozoides.

Pertencem à família de pequenas bactérias, são os menores microrganismos de vida livre (0,2 a 0,7 µm), sem parede celular, portanto, não visíveis pela coloração de Gram. Aproximadamente um em seis adultos sexualmente ativos porta o *Mycoplasma hominis* e aproximadamente mais da metade *Ureaplasma urealyticum*.

Para o diagnóstico de sua infecção faz-se necessário cultura em meios especiais. Na citologia, quando na presença de alterações celulares e abundante exsudato inflamatório sem a

INFECÇÃO E INFLAMAÇÃO

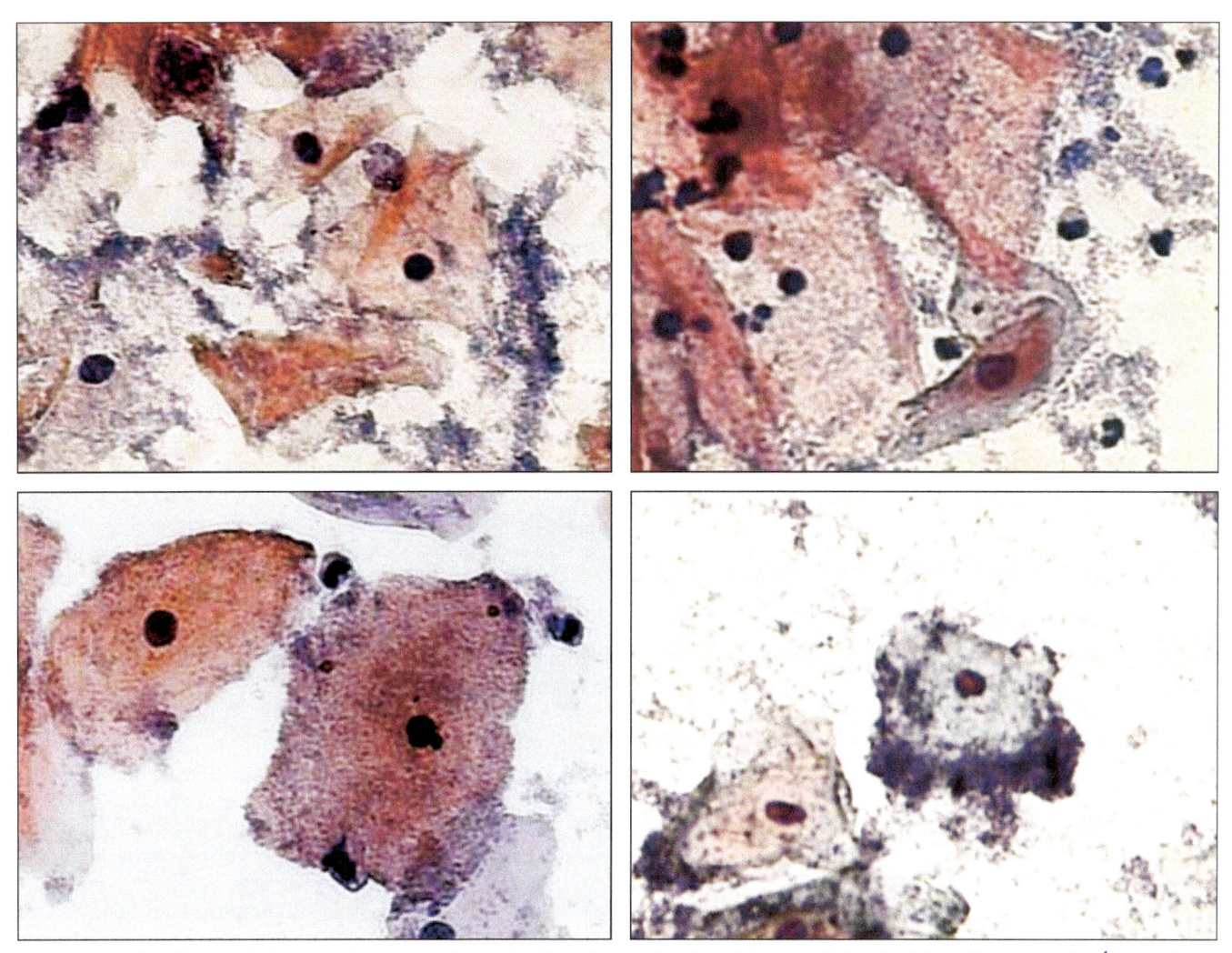

Fig. 6-13. *Gardnerella vaginalis* (vaginose). "Nuvens" de cocobacilos sobre a as bordas celulares – células-alvo (*clue cell*) ou entre elas. É possível encontrar também toda a superfície das células tomadas pelos microrganismos (Papanicolaou).

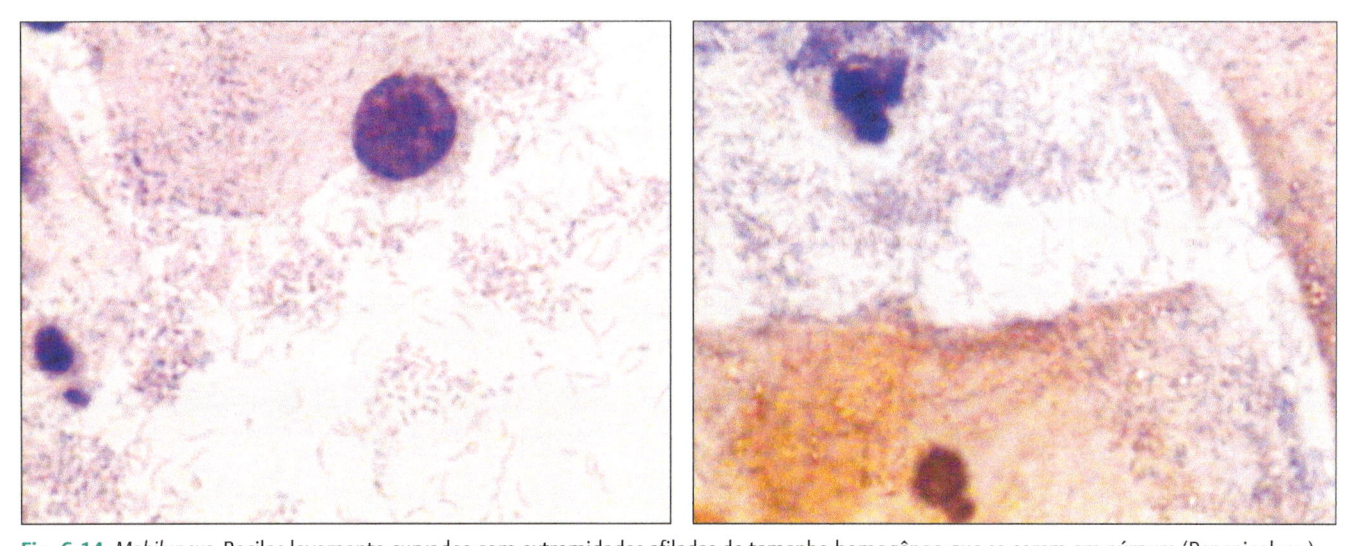

Fig. 6-14. *Mobiluncus*. Bacilos levemente curvados com extremidades afiladas de tamanho homogêneo que se coram em púrpura (Papanicolaou).

presença de um agente causal, é interessante sugerir pesquisa para *Mycoplasma* urogenitais, bem como para *Chlamydia trachomatis*. Caso de vaginite com identificação apenas da Gardnerella, é possível que a infecção possa estar presente, sugere-se pesquisa para *Mycoplasma urogenitais*.

Cocos Gram-Positivos

Entre os cocos Gram-positivos destacam-se os *Peptococcus*, e *Peptostreptococcus* são cocos Gram-positivos anaeróbios obrigatórios e pertencem à flora normal da boca e do trato respiratório superior, do intestino e da vagina. Portanto, só devem ser relatados quando predominantes na microbiota vaginal. De uma forma geral, os cocos patogênicos desenvolvem-se melhor em pH alcalino, 30% deles são do tipo estreptococos (Fig. 6-15).

Cocos Gram-Negativos

Os gonococos, representados pela *Neisseria gonorrhoeae*, são responsáveis por abundante exsudato inflamatório (purulento) ou, em alguns casos, podem ser assintomáticos. Podem desenvolver cervicite, bartolinite, abscesso tubo-ovariano ou peritonite. Nas parturientes infectadas o recém-nascido pode desenvolver conjuntivite, podendo levar à cegueira. É considerada uma IST.

São cocos Gram-negativos, ovalados ou "riniformes" (formato de rim), dispostos frequentemente aos pares. São frágeis e fastidiosos, não resistem à desidratação e são aeróbios.

Nos esfregaços cervicais observam-se numerosos polimorfonucleares, alguns com diplococos intracitoplasmáticos, porém, a confirmação deverá ser feita com o exame bacterioscópico e cultivo em meio específico.

Chlamydia Trachomatis

São classificadas como bactérias porque apresentam tanto DNA como RNA, mas também mostram características de vírus por crescer intracelularmente. São Gram-negativas, extremamente pequenas e responsáveis pelo tracoma, conjuntivites, linfogranulomatose venérea (moléstia de Nicolas Favre), colpites, uretrites e salpingites. É possível que a portadora desenvolva esterilidade. A infecção também pode ser assintomática em mais de 70% dos casos.

Apesar de serem intracitoplasmáticas apresentam parede celular sem peptidoglicano, não conseguem sintetizar ATP, não apresentam enzimas oxidativas, como as flavoproteínas e os citocromos e não conseguem se replicar extracelularmente. O ciclo de vida é de aproximadamente 35 horas. O diagnóstico deve ser feito por cultura, metodologias imunológicas: anticorpos monoclonais e enzima-imunoensaio extraído das células o antígeno e metodologias moleculares, como a PCR.

O Sistema Bethesda não recomenda o diagnóstico de *Chlamydia* pela citologia, apesar dos evidentes sinais visíveis na maioria dos casos, que são caracterizados pela presença de células em metaplasia escamosa e glandulares com inclusões intracitoplasmáticas do tipo vacúolo redondo e bem delimitado, contendo em seu interior largas inclusões eosinofílicas (Fig. 6-16).

No trato genital feminino a *Chlamydia* tem preferência pela região da junção escamocolunar (JEC), geralmente acompanha infiltrado constituído por numerosos polimorfonucleares e células metaplásicas infectadas com grande tamanho, aumento do volume nuclear, multinucleação, hipercromasia e hipertrofia nuclear.

ACTINOMYCES SP.

São bactérias Gram-positivas, filamentosas, ramificadas, anaeróbicas, muito comuns em mulheres que fazem uso de DIU. As infecções de sua participação são geralmente assintomáticas, benignas, mas podem levar à formação de abscessos pélvicos responsáveis por esterilidade.

Estruturalmente mostram-se compostos por aglomerados densos e arredondados de filamentos dispostos em todos os sentidos irregularmente (corpo lanoso) e que se coram em azul, marrom ou violeta semelhante a um novelo de algodão. Acompanha vários polimorfonucleares neutrófilos, macrófagos e raros histiócitos gigantes (Fig. 6-17).

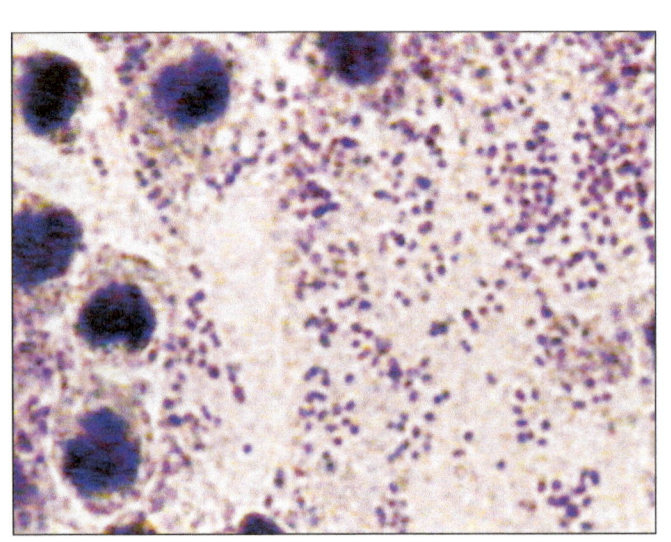

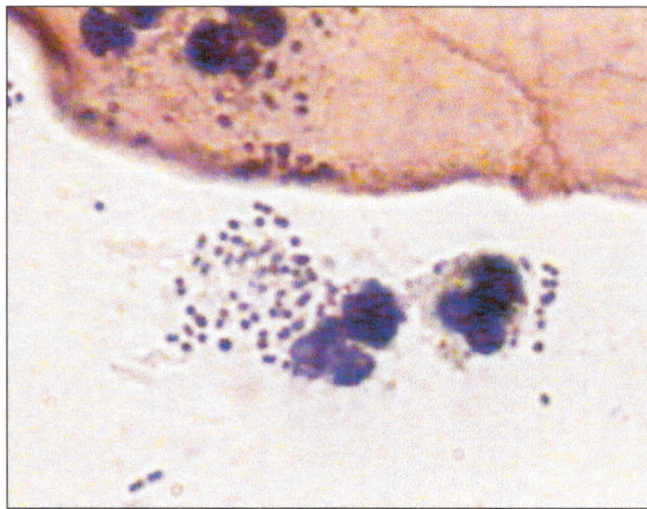

Fig. 6-15. Bactérias cocoides. Podem aparecer dispostas isoladamente, em cadeia, aos pares ou em cachos (Papanicolaou).

INFECÇÃO E INFLAMAÇÃO   47

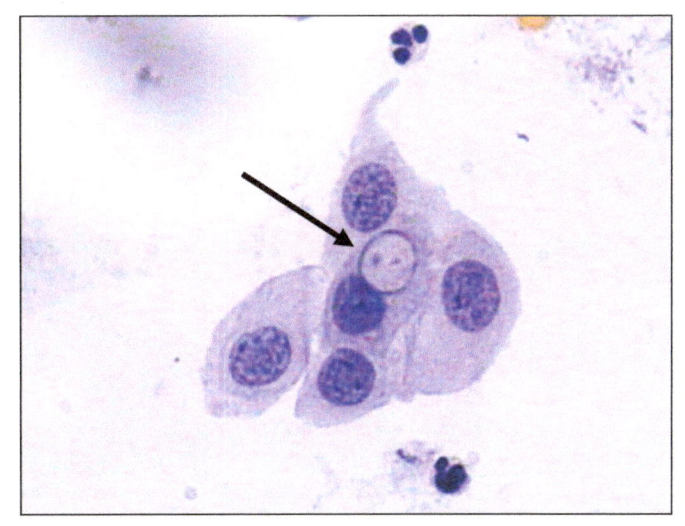

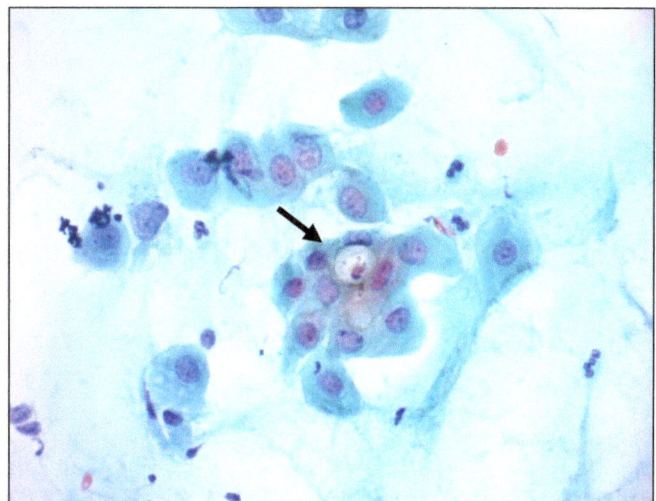

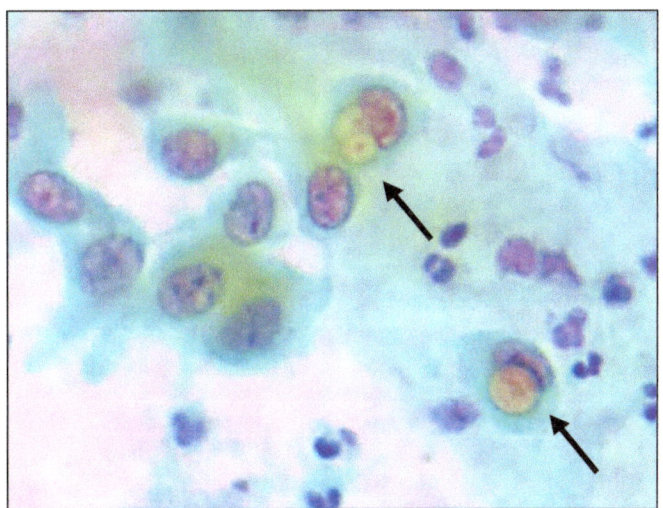

Fig. 6-16. *Chlamydia trachomatis* (*setas*) – vacúolos intracitoplasmáticos com inclusões (Papanicolaou).

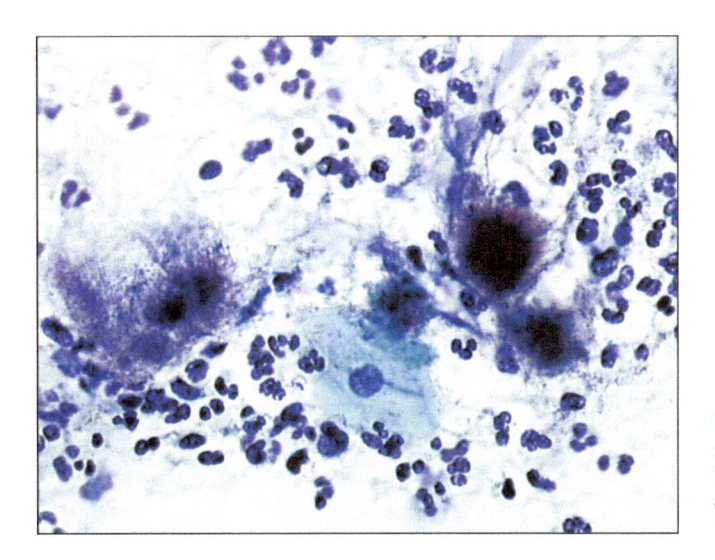

Fig. 6-17. *Actinomyces* sp. Agregados típicos de material pseudofilamentação. Esfregaço de uma mulher com um DIU. (*Fonte:* Frappart L, Fontanière B, Lucas E, Sankaranarayanan R. Histopathology and cytopathology of the uterine cervix – Atlas Digital. IARC, Lyon, 2004. Disponível em: http://screening.iarc.fr/atlashisto.php?lang=1)

Leptothrix

É uma estrutura filamentosa, isolada, Gram-negativa e anaeróbica. Estão presentes, frequentemente, em infecções por *Trichomonas vaginalis*, mas também podem ser consideradas da flora vaginal normal. Variam em número e tamanho e coram-se fracamente em tons de púrpura. Não é necessário tratamento quando aparecem isoladas, mas, quando acompanhadas da tricomoníase, desaparecerá espontaneamente após o tratamento da infecção (Fig. 6-18).

Fungos (Organismos Fúngicos Morfologicamente Consistentes com Espécies de *Candida*)

As infecções por fungos representam grande parte dos agentes etiológicos inflamatórios na rotina das citologias cervicais. As principais espécies são representadas pela *Candida albicans*, uma levedura blastoforada que coloniza a vulva, a vagina e o colo uterino, e a *Candida glabrata* (*Torulopsis glabrata*), pequena, uniforme, redonda, halos contornantes e não formam pseudo-hifas.

Existem fatores predisponentes para a exacerbação da candidíase, e eles podem ser exógenos e endógenos:

- *Exógenos:* anticonceptivos orais, tratamentos com progesterona, corticoides, antibióticos, fármacos antineoplásicos ou uma dieta rica em carboidratos.
- *Endógenos:* diabetes melito, gravidez, obesidade, imunossupressão e AIDS.

Em alguns casos pode ser assintomática, considera-se até que a rara presença dela seja parte da flora vaginal. Existem portadoras que apresentam queixas constantes, mensalmente, decorrentes das variações hormonais ciclianas. Nas mulheres pós-menopausadas e pré-puberais, a candidíase é pouco frequente por causa da escassez de glicogênio.

Os sinais mais frequentes da candidíase são as leucorreias cremosas e espessas. O corrimento assemelha-se a leite coagulado acompanhado de ardência, queimor, pruridos vulvar e perineal e, em certas ocasiões, dispareunia.

Os esfregaços podem apresentar alguns dos sinais inflamatórios, e sua estrutura é caracterizada pela presença de leveduras e filamentos (hifas). As leveduras têm tamanho variado entre 3-7 μm, e, dependendo do tipo de *Candida*, apresentam-se também em pseudo-hifas de coloração eosinofílica até marrom-acinzentado por Papanicolaou (Fig. 6-19).

Como não é possível identificar qual o tipo do fungo pela citologia sugere-se descrever apenas a presença de organismos fúngicos morfologicamente consistentes com espécies de *Candida*. O diagnóstico laboratorial é feito por bacterioscopia, coloração de Gram e cultura em meio Sabouraud.

Também são infecções fúngicas que colonizam o trato genital feminino: Aspergilose, Coccidioidomicose, Blastomicose.

As principais características citológicas da infecção por *Candida* são as comumente encontradas nas alterações reativas, mas com a presença do microrganismo que, dependendo da espécie, pode destacar um pequeno halo envolto de levedura ou pseudo-hifa. Pode aparecer com exsudato inflamatório.

Trichomonas Vaginalis

Trata-se de um protozoário flagelado de transmissão sexual, descrito pela primeira vez por Alfred Donné, em 1836. Algumas mulheres podem não apresentar sinais clínicos, mas quando presentes, verificam-se corrimentos abundantes com odor, amarelo-esverdeado, espumoso, fétido e acompanhado de eritema, prurido, ardência e dispareunia, alterando o pH vaginal para mais de 5,0.

Nas mucosas cervicovaginal e cervical observa-se pontilhado hemorrágico característico, provocado pela dilatação dos vasos capilares da submucosa. A infecção pode atingir o trato urinário inferior e provocar disúria. Seu período de incubação varia de 3 a 28 dias.

O microrganismo tem formato piriforme, oval ou redondo, cianofílico, que varia de tamanho de 15 a 30 μm, maior que

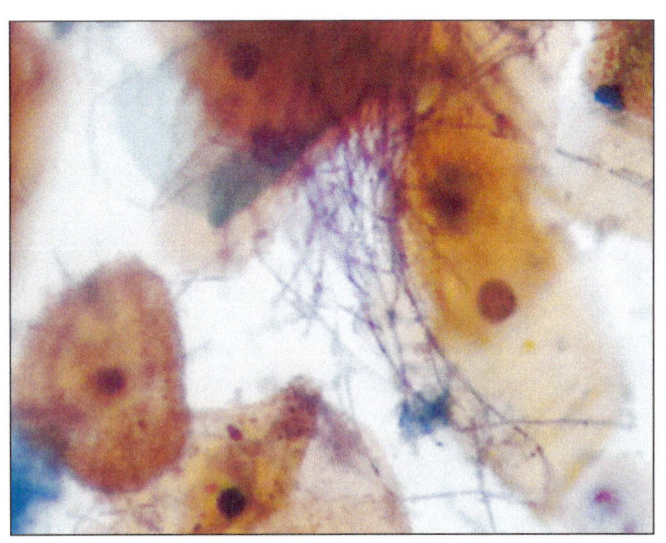

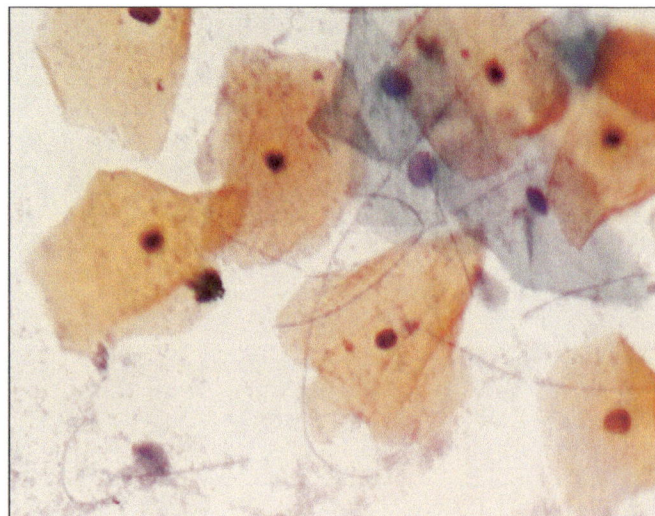

Fig. 6-18. *Leptothrix*. Semelhantes a linhas levemente curvadas e na maioria das vezes estão desagrupados. Coram-se em púrpura e são muito frequentes nas infecções por *Trichomonas vaginalis* (Papanicolaou).

INFECÇÃO E INFLAMAÇÃO

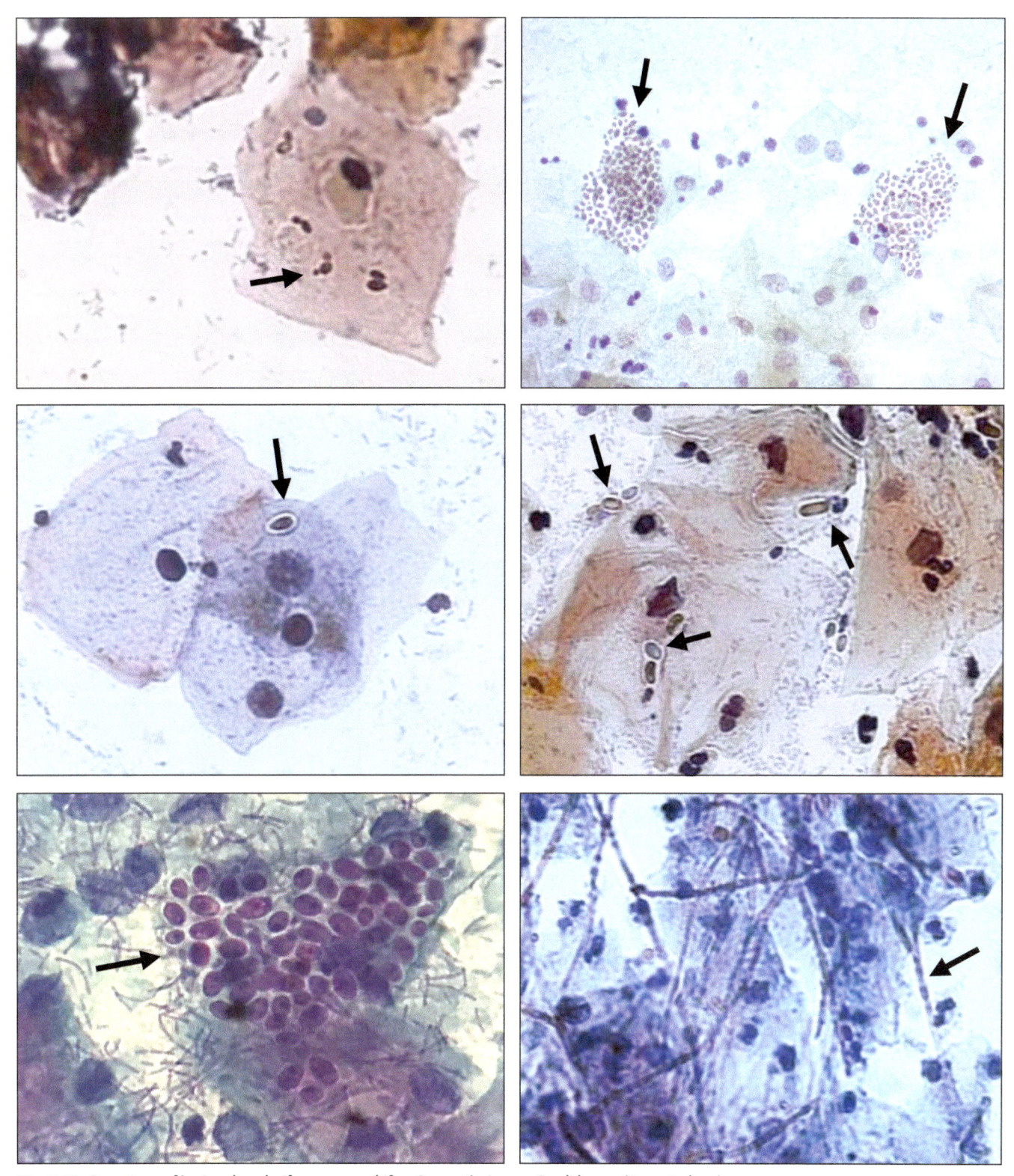

Fig. 6-19. Organismos fúngicos leveduriformes e em hifas. Compatíveis com *Candida* spp. (Papanicolaou).

um neutrófilo. Sua morfologia pode variar nos esfregaços cervicovaginais, possibilitando verificar *Trichomonas* pequenos e ovalados e em outros esfregaços em forma ameboide e maiores. Isto está muito relacionado com coleta e com presença de grande quantidade de exsudato inflamatório, dificultando o processo de fixação e, consequentemente a coloração. Portanto, recomenda-se não colher muita secreção e, se possível, retirar o excesso antes da coleta definitiva (Fig. 6-20).

O núcleo do *Trichomonas* é pálido, vesicular e de localização excêntrica. Em geral não se visualizam flagelos, e uma característica bastante peculiar são as células escamosas com halos perinucleares ou completamente encobertas de poli-

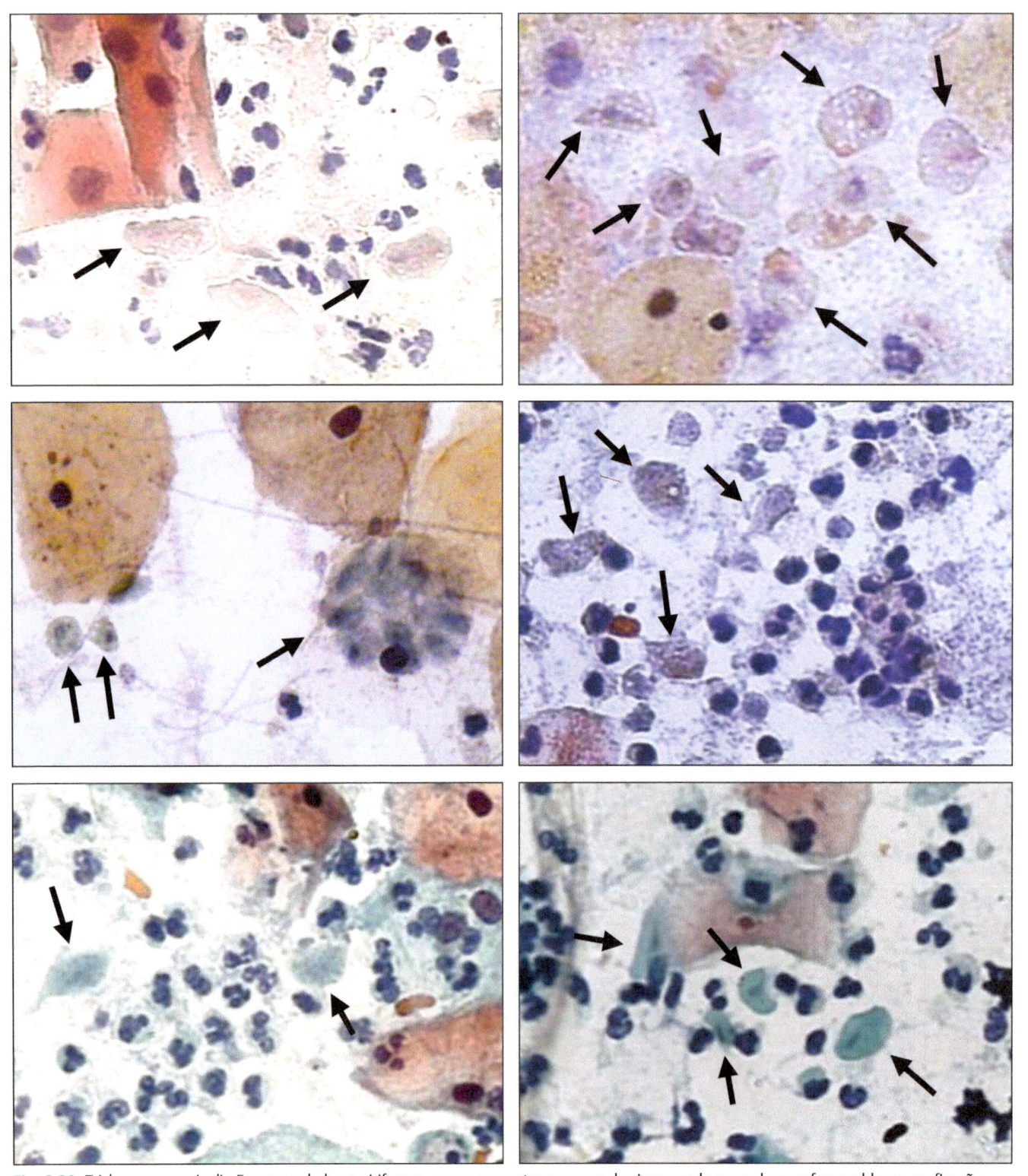

Fig. 6-20. *Trichomonas vaginalis*. Forma ovalada ou piriforme, coram-se em tons opacos de cinza, verde ou azul por sofrer problemas na fixação. Para ajudar a distinguir dos fragmentos citoplasmáticos, observar bem a presença do núcleo excêntrico do protozoário (Papanicolaou).

morfonucleares. É comum verificar a associação a *Leptothrix vaginalis* em aproximadamente 80% dos casos, com desaparecimento após o tratamento para tricomoníase.

Como o epitélio está sofrendo agressão uma forma de defesa é hiperplasia, resultando em maior número de células superficiais. Isto prova que não se deve fazer avalição de maturação de epitélio quando na presença da infecção.

Atenção especial deve ser dada aos fragmentos de citoplasmas, pois podem mimetizar *Trichomonas*.

As principais características encontradas em amostras com Tricomoníase são:

- Presença do *Trichomonas* com aparência fosca, basofílica e quase sempre com o seu núcleo visível e excêntrico (bom critério de confirmação). Os flagelos são dificilmente visíveis, salvo em citologia de base líquida.
- Presença frequente de *Leptothrix*.
- Células escamosas maduras com halo perinuclear.
- Pode apresentar intenso exsudato inflamatório e polimorfonucleares dispostos e aglomerados sobre células ou agrupados.

Vírus Herpes Simples (Alterações Celulares Consistentes com o Vírus Herpes Simples)

O objetivo principal da citologia não é rastrear agentes inflamatórios, muito menos vírus, mas a vantagem para os citologistas é que, em alguns casos, seus sinais são evidentes, e apesar da microscopia óptica não os visualizar, é possível detectar os seus efeitos citopáticos.

O herpes-vírus tipo 2 (HSV-2) ou vírus herpes simples é responsável pela infecção primária assintomática ou, quando sintomática, será marcada por febre, mialgias e cefaleias, com possíveis recaídas no período agudo de 2 a 3 semanas. É a infecção sexualmente transmissível (IST) ulcerativa mais frequente.

Ao exame clínico verificam-se pápulas e vesículas múltiplas, que levam a pústulas ulceradas que se juntam para formar ulcerações mucosas.

O esfregaço por Papanicolaou é composto por células com:

A) Núcleos aumentados em volume, degeneração da cromatina, tornando-o de aspecto homogêneo e opaco de cor azul pálido (núcleo em "vidro fosco") e multinucleação com amoldamento nuclear (Fig. 6-21).
B) Inclusões nucleares únicas, eosinofílicas (composta de ácidos nucleicos e proteína – Cowdry), volumosas, às vezes, envoltas por um halo claro, picnose e citoplasma abundante e cianófilo. No estágio final verificam-se cariorrexe e cariólise.
C) Eventualmente o citoplasma sofre degeneração, tornando-se anfofílico ou da mesma cor que o núcleo.

Citomegalovírus (Alterações Celulares Consistentes com Citomegalovírus)

Pertence ao grupo dos vírus herpéticos do tipo DNA-vírus, de transmissão via placentária ou adquirido nos primeiros dias de vida. Pode ser mais frequente em pacientes imunocomprometidos e imunocompetentes. É um achado raro e pode causar endocervicite. A infecção é frequentemente assintomática em sua forma genital.

As principais características nos esfregaços citológicos são:

A) Células glandulares endocervicais são as mais afetadas.
B) Citomegalia e cariomegalia.
C) Inclusões nucleares eosinófilas ou basófilas envoltas por um halo claro.
D) Pequenas inclusões satélites basófilas no núcleo e no citoplasma, principalmente células de origem endocervical.

As inclusões intracelulares são difíceis, se não impossíveis diferenciar das produzidas pelo HSV. Não é frequente sua ocorrência, e o diagnóstico citológico é muito difícil (Fig. 6-22).

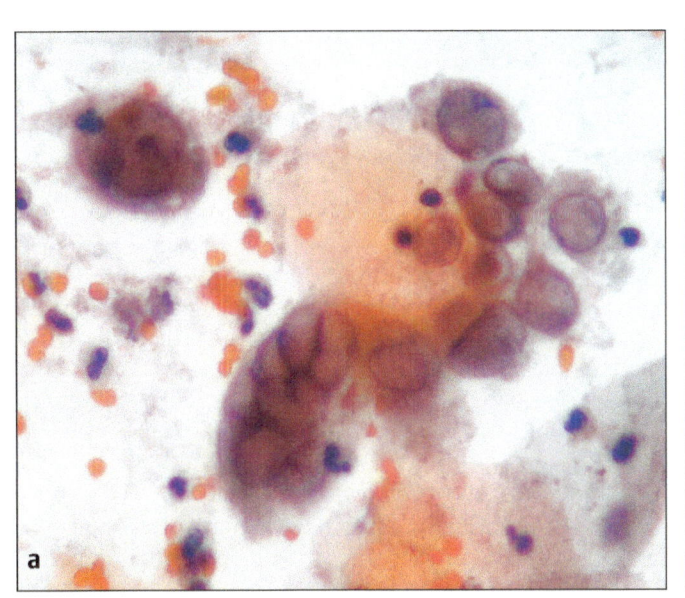

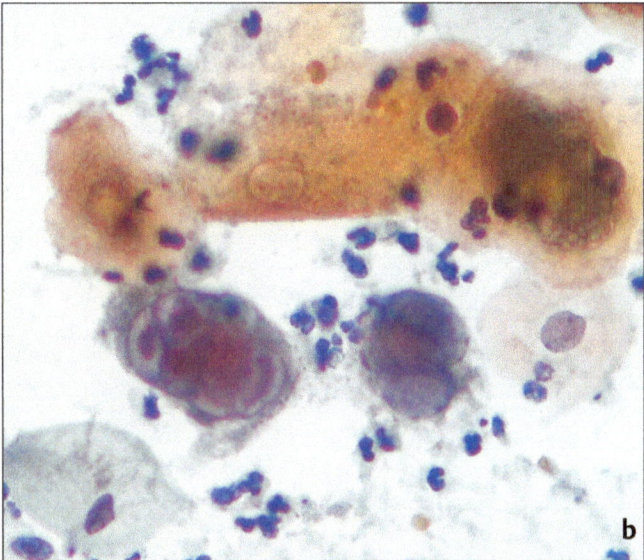

Fig. 6-21. Alterações celulares consistentes com vírus herpes simples. (**a**) Células multinucleadas, amoldamento nuclear com cromatina em aspecto de "vidro fosco". (**b**) Inclusões intranucleares do tipo Cowdry (Papanicolaou).

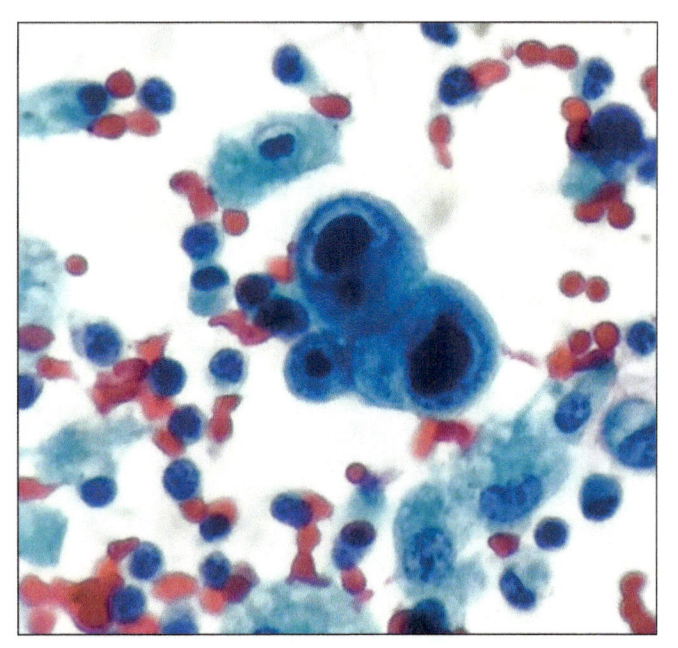

Fig. 6-22. Citomegalovírus. Células com núcleos com cromatina condensada centralmente e halo intranuclear (Papanicolaou).

Tuberculose

É causada pelo *Mycobacterium tuberculosis* (bacilo de Koch). É um achado muito raro e trata-se de uma inflamação granulomatosa decorrente de uma salpingite tuberculosa e endometrite, decorrentes por sua vez, da tuberculose pulmonar.

Na citologia fica impossível diagnosticá-la, porém, quando presente, encontram-se células de Langerhans (células gigantes multinucleadas) e numerosas hemácias, mas é preciso atenção para não confundir com lesões invasivas causadas por hemorragia.

O diagnóstico deve ser feito pela baciloscopia, usando coloração pela técnica de Ziehl-Neelsen, cultura e/ou testes moleculares. Às vezes é necessária a realização de biópsia para confirmação.

Dispositivo Intrauterino (DIU)

Em algumas mulheres o DIU poder provocar reações inflamatórias, como endometrite e endocervicite traumática, seguida de infecção bacteriana (*Actinomyces*), e os sinais reativos são indicativos para a sua remoção. Suas principais características citológicas são:

- Alterações reativas observadas em células endocervicais, endometriais e metaplásicas.
- Podem aparecer células endometriais no meio do ciclo menstrual.
- Células endometriais isoladas em pequenos agrupamentos.
- Alta relação núcleo/citoplasma.
- Discreta anisonucleose e hipercromasia.
- Nucléolo proeminente.
- Citoplasma abundante com grandes vacúolos. Os vacúolos podem deslocar o núcleo, tornando-o com a aparência de anel de sinete.
- As células podem mimetizar adenocarcinoma endometrial, ASC-H, HSIL (deve-se verificar a presença de células atípicas com membrana nuclear irregular e cromatina atípica).

- Comum a associação a *Actinomyces*, aproximadamente 25% dos casos.
- Pode aparecer *debris* calcificado mimetizando corpos de *psammoma*. Portanto, é indispensável, no ato da coleta, informar se a paciente faz uso ou se retirou o DIU recentemente.

Vaginite Atrófica

A atrofia também é um fator que favorece o desencadeamento de processo inflamatório encontrado frequentemente em mulheres na menopausa avançada (Fig. 6-23). As características nas amostras citológicas são:

- Composto de células profundas (basais e parabasais), degeneradas, dispostas em camada plana sem perda de polaridade.
- Numerosas células pseudoparaqueratóticas.
- Núcleos aumentados (3 a 5 vezes o núcleo de uma célula intermediária).
- Autólise e consequente núcleos desnudos e degenerados que na confecção se dispõem em filamentos de cor púrpura por Papanicolaou.
- Abundante exsudato inflamatório que, às vezes, pode atrapalhar a leitura, composto de vários polimorfonucleares e histiócitos, inclusive com eventuais histiócitos gigantes multinucleados.
- Fundo do esfregaço com abundante material proteináceo granular.

Cervicite Folicular

Também denominada de cervicite linfocítica ou linfofolicular, é uma forma de cervicite crônica histologicamente caracterizada pela presença de um infiltrado linfoide denso no tecido conjuntivo subepitelial em que uma organização folicular é claramente visível (centros germinativos com grandes células linfoides, macrófagos e células foliculares dendríticas). Frequentemente encontrada em mulheres assintomáticas com uma cérvice normal. Deve ser diferenciada do linfoma, um tumor muito raro primitivo da cérvice uterina. Aproximadamente em 50% das pacientes está associada à infecção por *Chlamydia trachomatis*.

O quadro citológico consiste em linfócitos imaturos (linfoblastos) isolados ou aglomerados densos, células reticulares de núcleos grandes, cromatina granular e eventuais nucléolos proeminentes. Macrófagos com partículas fagocitadas (corpo tingível) ou não, algumas células epiteliais em agrupamentos sinciciais com graus variados de degeneração, incluindo núcleos nus e fundo do esfregaço frequentemente composto de *debris* (Fig. 6-24). Para diferenciar de um esfregaço neoplásico deve-se considerar o contorno nuclear regular e cromatina homogênea. São comuns as células em metaplasia sofrerem aumento nuclear e mimetizar um quadro de HSIL.

Metaplasia Escamosa Imatura

Em processos inflamatórios crônicos, como na cervicite, há um exagero das lesões celulares por causa da intensidade das inflamações. Frequentemente com presença de células em metaplasia escamosa imatura, às vezes confundidas com lesões pré-cancerosas com suspeita de HPV ou ASC-H.

INFECÇÃO E INFLAMAÇÃO

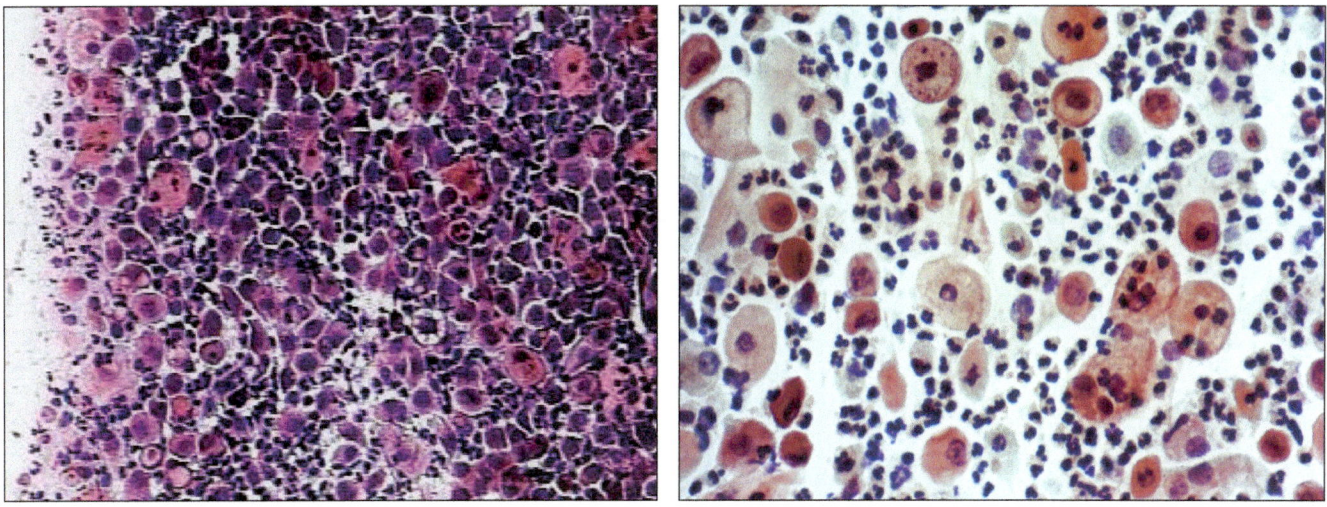

Fig. 6-23. Vaginite atrófica. Numerosas células pseudoparaqueratóticas (células redondas com citoplasma eosinofílico e núcleo picnótico) e polimorfonucleares (Papanicolaou).

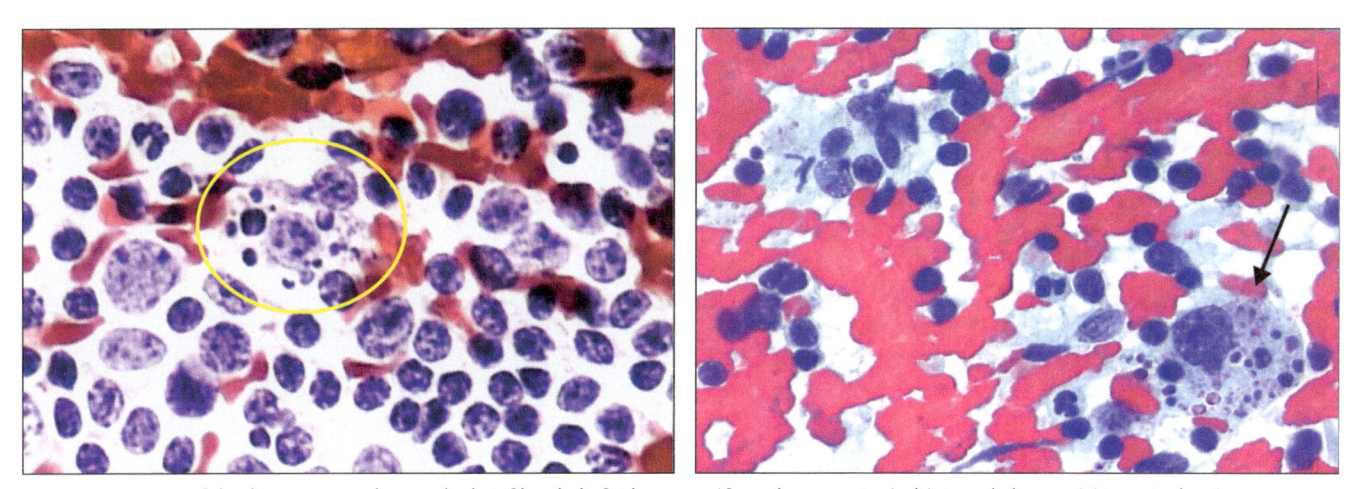

Fig. 6-24. Cervicite folicular. Presença destacada de infiltrado linfoide e macrófago de corpo tingível (*circundado e seta*) (Papanicolaou).

Nos esfregaços as células são do tamanho de células parabasais ou intermediárias, com citoplasma abundante, cianófilo e com projeções. Aumento de volume nuclear, binucleação, hipercromasia discreta e nucléolos bem evidentes (Fig. 6-25).

ALTERAÇÕES IATROGÊNICAS OU REATIVAS ASSOCIADAS À RADIAÇÃO

As alterações iatrogênicas são conhecidas principalmente como sendo consequências de tratamentos por rádio e quimioterapia, porém, existem outras causas, como cauterização, DIU, diafragma, tratamento a *laser*, após instrumentação para biópsia etc.

Os efeitos celulares decorrentes da radiação podem perdurar dias ou até anos, há relatos que registraram efeitos após 20 anos, e dependem diretamente da dose administrada e absorvida, por isso a importância de se conhecer bem tais alterações e realizar uma boa anamnese no ato da coleta. Esse tipo de alteração deve ser destacado, porque o número de pacientes que foram submetidas à radiação decorrente do plano de tratamento contra neoplasias, principalmente o câncer de mama, é bastante significativo.

Os esfregaços podem aparecer atróficos, o que aumenta a suscetibilidade a infecções. Essa atrofia não é suscetível ao estrogênio, e algumas indicações de repetição da citologia podem provar a não deficiência hormonal.

As células mais afetadas são as que se reproduzem mais frequentemente, as da camada basal, local onde acontece maior frequência de mitoses. Apesar de os efeitos serem diversificados, geralmente são mais intensos nos primeiros meses.

A quimioterapia, utilizada no tratamento de tumores invasivos, inclusive nos linfomas, também causa alterações celulares semelhantes à radioterapia.

São características citomorfológicas da radioterapia (Fig. 6-26):

- Aumento do volume celular, células bizarras e acentuado pleomorfismo.
- Citoplasma aumentado, policromático ou pseudoeosinofílico e vacuolização (pode se por múltiplos vacúolos).

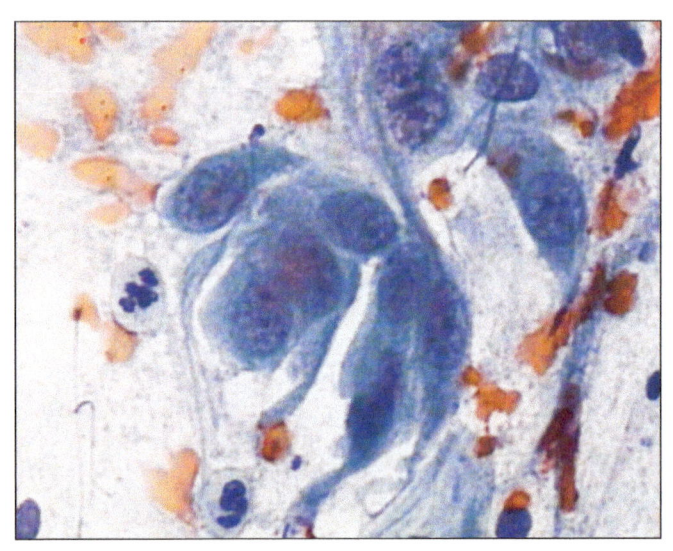

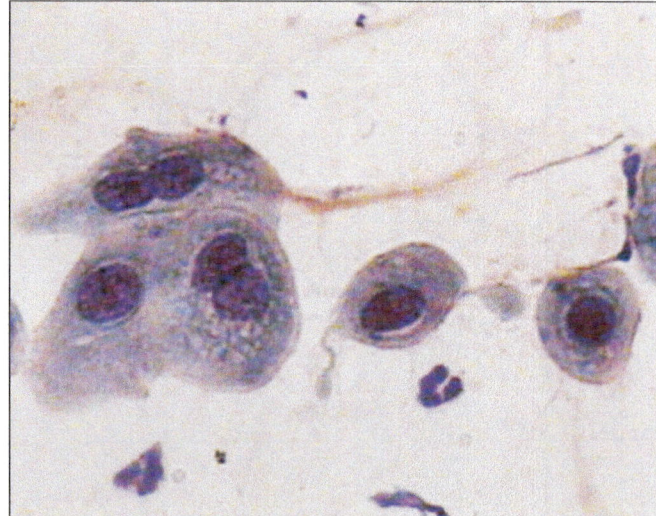

Fig. 6-25. Metaplasia escamosa imatura. Citoplasmas denso com projeções (pontes), núcleos com discretas alterações no contorno nuclear, as vezes hipercromáticos e com presença de nucléolos. A cromatina pode se apresentar grosseira e irregular. O núcleo pode variar em tamanho (Papanicolaou).

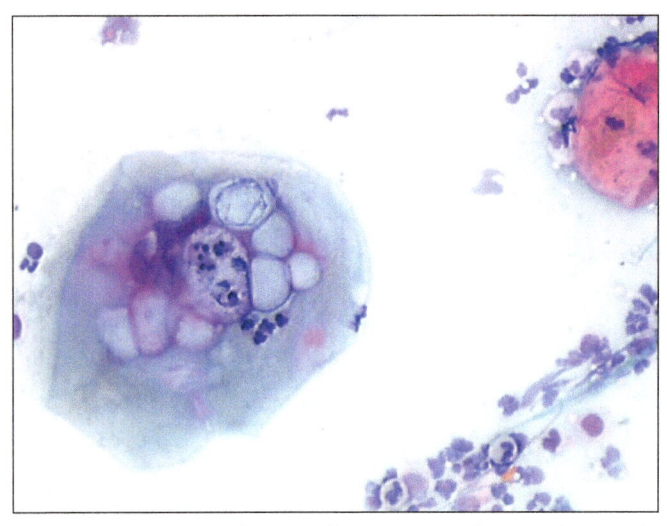

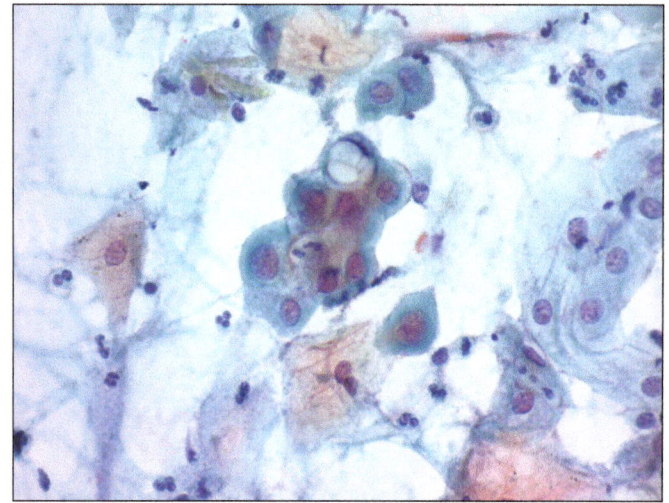

Fig. 6-26. Paciente tratada com radioterapia para câncer anal: macrocitose, macronucleose, vacúolos citoplasmáticos e fagocitose de polimorfonucleares (Papanicolaou). (Foto da esquerda – Fonte: Frappart L, Fontanière B, Lucas E, Sankaranarayanan R. Histopathology and cytopathology of the uterine cervix – Atlas Digital. IARC, Lyon, 2004. Disponível em: http://screening.iarc.fr/atlashisto.php?lang=1)

- Núcleos de tamanhos variados, sendo a cariomegalia predominante. Bi ou multinucleação e formas bizarras. Alterações degenerativas, como vacúolos, palidez nuclear, picnose, cariorrexe.
- Cromatina heterogênea, podendo apresentar hipercromasia leve.
- Presença de nucléolos ocasionalmente aumentados ou múltiplos, quando na presença de reparo.
- Exsudato inflamatório e *debris* necrótico.
- Histiócitos mono e multinucleados, macrófagos.
- Neutrófilos intracitoplasmáticos.

É possível encontrar as alterações em células esfoliadas da urina e escarro. A informação, se o paciente foi submetido à quimioterapia, é importante para poupar o desgaste do citologista ou até mesmo a indução ao erro.

ALTERAÇÕES REATIVAS EM CÉLULAS GLANDULARES ENDOCERVICAIS

As células endocervicais são muito sensíveis a agressões teciduais e na maioria das vezes são as primeiras a sinalizarem. Suas principais características são:

- Células aumentadas e distorcidas.
- Núcleos aumentados, redondos ou ovais com cromatina fina.
- Nucléolos proeminentes.
- Citoplasma vacuolado, abundante e colunar.
- Baixa taxa núcleo-citoplasma.
- Multinucleação observada na gravidez poderá mimetizar LSIL.

É comum observar as alterações nos processos inflamatórios, após conização e escovação endocervical (Fig. 6-27).

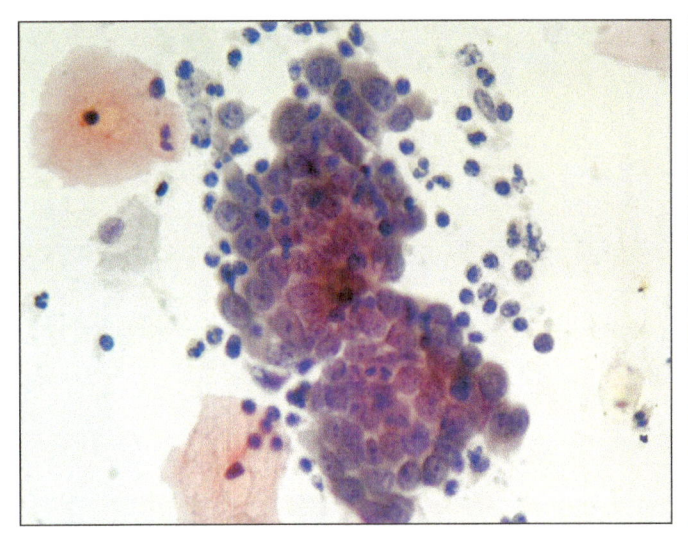

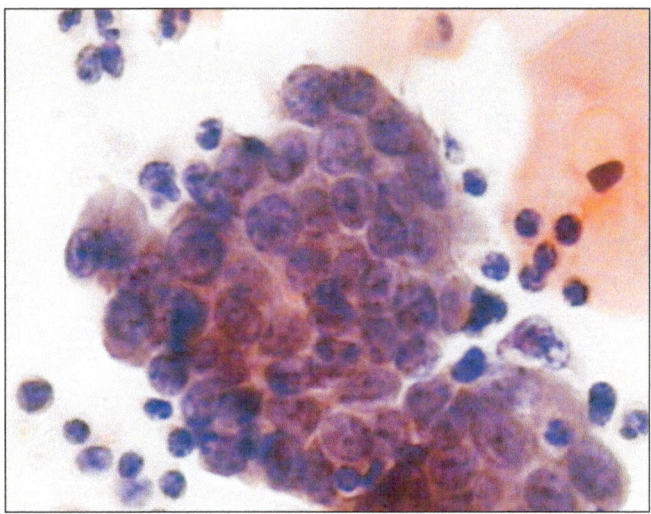

Fig. 6-27. Células glandulares endocervicais reativas com núcleos com discreta anisocariose, cromatina grosseira e nucléolos evidentes (Papanicolaou).

METAPLASIA TUBÁRIA

É a presença de epitélio benigno semelhante ao da tuba uterina, substituindo o epitélio de outros locais do ducto de Müller, ou seja, o epitélio endocervical é substituído por células ciliadas, células não ciliadas e "*peg cells*", como as observadas na tuba uterina. Pode ser observada no terço superior da endocérvice, e suas principais características citológicas são (Fig. 6-28):

- Células isoladas, em pequenos grupos, pseudoestratificação ou agrupamentos compactos.
- Células isoladas ou claras, células secretoras não ciliadas.
- Citoplasma colunar pode mostrar vacúolos discretos, cílios ou barreira terminal em células caliciformes.
- Núcleos pequenos tendem a ser redondos a ovais, eventualmente aumentados, geralmente centralizados, podem ser atípicos, hipercromáticos com presença ou não de nucléolos. Pseudoestratificados semelhantes ao de adenocarcinoma *in situ*.
- Cromatina finamente granulada e regular.
- Raras mitoses.
- Relação núcleo/citoplasma alta.
- Causa muito comum de confusão com células endocervicais atípicas.

HIPERPLASIA MICROGLANDULAR ENDOCERVICAL

É uma proliferação benigna do epitélio glandular do colo uterino que pode ser confundida com outras lesões polipoides. Comumente associada ao uso de anticonceptivo oral, gravidez ou no pós-parto. É um achado comum nos esfregaços cervicovaginais.

Caracteriza-se por numerosas células endocervicais arredondadas, dispersas em agrupamentos tridimensionais. Núcleos normais ou alterados atípicos com cromatina fina e hipercromasia. Alguns mostram uma aparência pseudoqueratinizada, causada por necrose isquêmica; portanto, a pseudoparaqueratose incorreta foi usada no passado. Citologicamente, alguns casos podem ser confundidos com células escamosas ou glandulares atípicas (Fig. 6-29).

ADENOSE VAGINAL (CÉLULAS GLANDULARES NA PÓS-HISTERECTOMIA)

Substituição de porções da mucosa vaginal escamosa por epitélio glandular. Pode ser o precursor do adenocarcinoma do tipo células claras. Ocorre principalmente em mulheres cujas mães receberam dietilestilbestrol durante o primeiro trimestre de gravidez.

No epitélio vaginal pode aparecer com uma área avermelhada e, nos esfregaços, mostra numerosas células do tipo colunar endocervical, dispostas isoladamente com grupos levemente coesos ou em estruturas glandulares. Citoplasma basofílico e finamente vacuolizado. Núcleos localizados na direção da extremidade final do citoplasma e apresentam-se benignos e por células glandulares cuboidais ou cilíndricas com citoplasma vacuolado e núcleo e nucléolos pequenos. Eventuais histiócitos, alguns são siderófagos.

Algumas mulheres pós-histerectomizadas podem apresentar células glandulares em esfregaços cervicais, e a possibilidade de adenose não deve ser descartada.

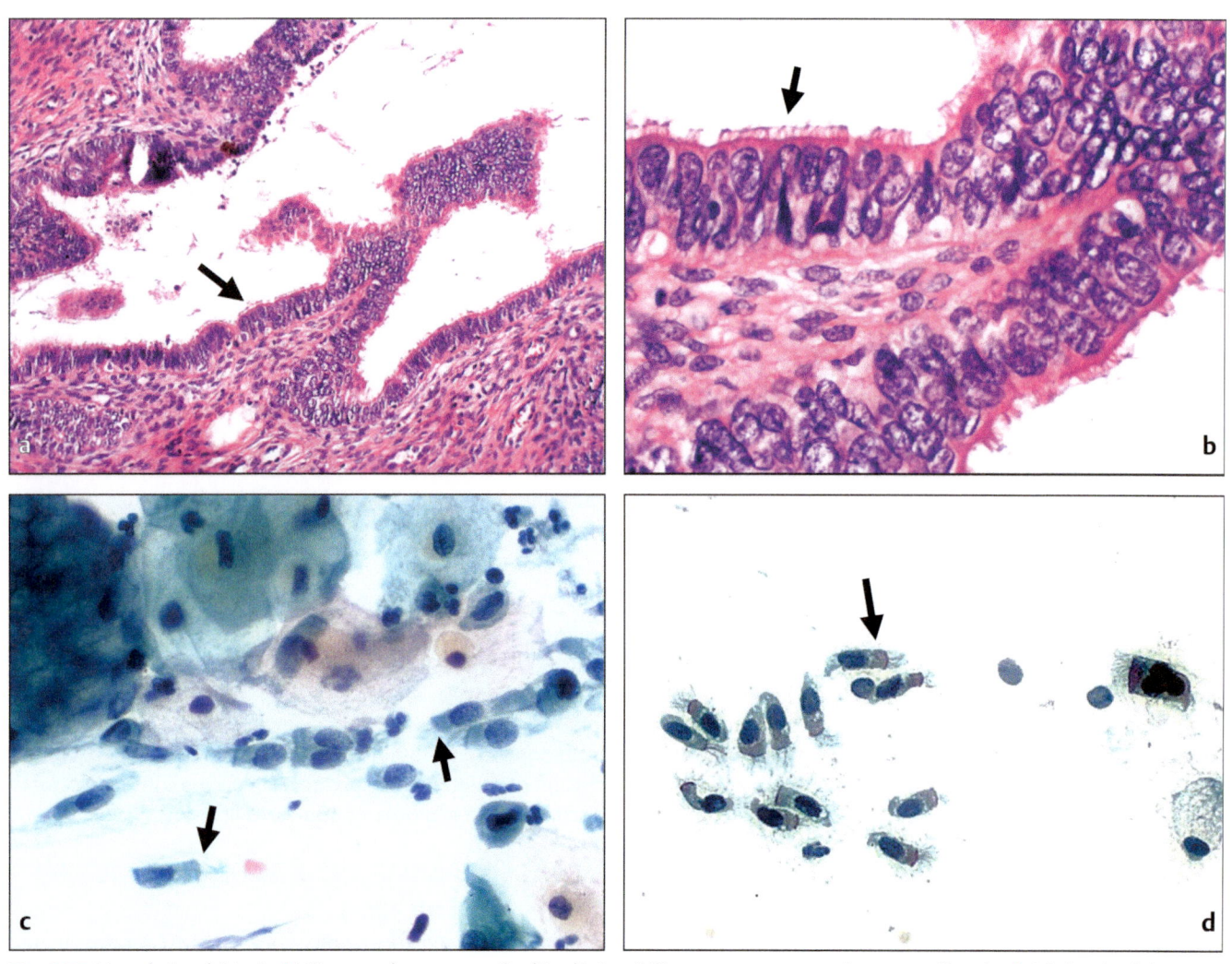

Fig. 6-28. Metaplasia tubária. (**a**, **b**) Mostram duas preparações histológicas (HE) com a seta apontando para os cílios. (**c**, **d**) Células glandulares com presença da barra apical e cílios (*seta*) (Papanicolaou).

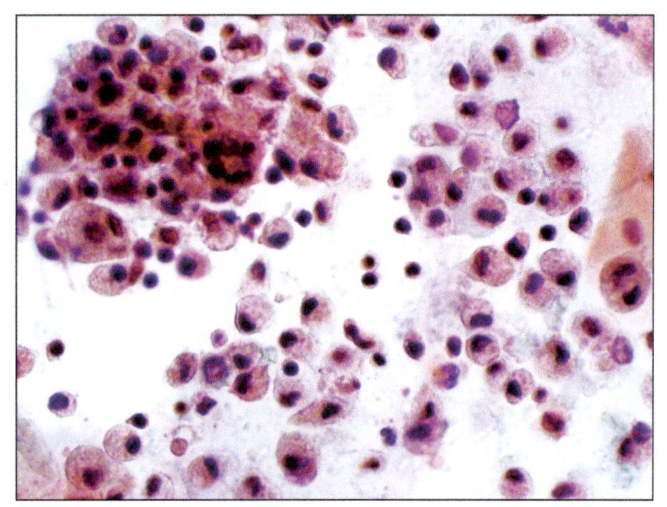

Fig. 6-29. Hiperplasia microglandular. Notar semelhança com histiócitos, porém a diferença pode ser constatada pelo núcleo hipercromático, irregular e citoplasma orangeofílico lembrando pseudoparaqueratose (Papanicolaou).

PAPILOMAVÍRUS HUMANO (HPV) E O CÂNCER CERVICAL

Alanne Raysa da Silva Melo
Jacinto da Costa Silva Neto

Seguido do câncer de mama o de colo uterino (cervical) ocupa o quarto lugar entre os tipos de cânceres femininos no mundo, com cerca de 311.000 mortes, no ano de 2018. Porém, considerando-se apenas os países de baixo IDH, o câncer cervical alcança a segunda posição em prevalência e morte de mulheres, tornando-se um problema de saúde pública. Uma das vantagens no combate a esse tipo de tumor é a possibilidade de detectá-lo precocemente, isto é, na fase pré-invasiva.

A relação entre câncer cervical e papilomavírus humano (HPV) é amplamente conhecida e aceita. Estudos epidemiológicos confirmaram que o HPV de alto risco pode ser detectado em, aproximadamente, 92,9 a 99,7% dos casos de câncer cervical. Esse tipo de vírus participa de um grupo que é transmitido sexualmente e que em humanos é capaz de produzir lesões hiperproliferativas do epitélio cutâneo-mucoso que afeta o trato anogenital, boca, esôfago e laringe.

Alguns sinais da infecção por HPV, como verrugas genitais, foram descritos desde a Grécia antiga. Alguns estudiosos da época desconfiavam que tais lesões fossem transmitidas sexualmente porque observaram correlação com grupos de indivíduos promíscuos, incestos e nos homossexuais. Contudo, somente no século XIX, Rogoni-Stern relacionou a presença de carcinoma da cérvice com a atividade sexual, comprovada por estudos epidemiológicos, como doença sexualmente transmissível (DST).

A chegada da microscopia eletrônica representou grande avanço no esclarecimento do vírus, com essa ferramenta foi possível estudar as lesões e confirmar sua presença por meio de suas partículas, chegando assim à afirmação da sua atividade etiológica. Foi Rous e Beard (1935) quem primeiro observaram o potencial carcinogênico do HPV por lesões malignas em papilomas de coelhos e inferiram essa hipótese aos humanos.

Em 1976, Zur Hausen detectou o DNA de papilomavírus humano em diversas amostras de verrugas genitais e cânceres cervicais. Em seus trabalhos subsequentes o conjunto de dados gerados constituiu uma das associações mais bem estabelecidas entre uma infecção viral e a carcinogênese. Já o trabalho de Meisels e Fortin (1976) foi responsável por postular que as células coilocitóticas encontradas em amostras de esfregaços de colo de útero provenientes de pacientes com lesões displásicas representam a modificação citopatogênica de uma infecção por papilomavírus, descrevendo assim detalhadamente o padrão citológico das lesões condilomatosas das cérvices uterina e vaginal, gerando uma série de trabalhos correlacionando o vírus com as lesões e, consequentemente, com o carcinoma escamoso. Nas décadas seguintes, estudos implicariam em mais de 98% dos casos de câncer cervical com a infecção pelo HPV. Desta forma, o câncer cervical tornou-se o primeiro tumor sólido viral, de tipo induzido, descrito na espécie humana, representando uma causa de morte para mulher, em idade relativamente precoce, que pode ser evitada. A maior frequência da infecção afeta as mulheres jovens, principalmente no início da vida sexual. Previsões indicam que mais de 80% da população irá contrair infecção anogenital por α-HPV pelo menos uma vez durante a vida, sendo que a faixa etária mais atingida é entre 20 e 25 anos nos países desenvolvidos.

Até o presente momento são conhecidos 216 tipos de HPV, e cada genótipo difere um do outro em pelo menos 10% na sequência do gene L1, altamente conservado. Destes, aproximadamente 40 afetam o trato anogenital e ainda são divididos em subgrupos, conforme o risco oncogênico. São exemplos de tipos virais do HPV e sua associação à carcinogênese:

- *Alto risco:* 16, 18, 31, 33, 35, 39, 45, 51, 52, 56, 58, 68, 73 e 82.
- *Baixo risco:* 6, 11, 40, 42, 43, 44, 53, 54, 61, 72, 73, 81.

Os vírus considerados de baixo risco provocam doenças de natureza benigna do tipo condilomas (verrugas) e lesões intraepiteliais de baixo grau. Sendo que os tipos 6 e 11 são os maiores responsáveis pelas verrugas genitais. Enquanto os de alto risco são responsáveis por lesões intraepiteliais de alto grau e câncer invasivo.

HPVs de alto risco são agentes causadores de aproximadamente 5,2% de todos os cânceres humanos no mundo. Incluindo quase todos os casos de câncer de colo de útero, sendo que aproximadamente 5 a 40% das mulheres em idade fértil assintomáticas possuem DNA de HPV, dos quais 50 a 75% são do tipo de alto risco.

Muitos desses HPVs estão filogeneticamente relacionados com os tipos 16 e 18. Aproximadamente 90% dos cânceres são causados por cinco tipos de HPV: 16, 18, 31, 45 e 33, sendo que os tipos 16 e 18 são responsáveis por aproximadamente 70% de todos os casos de cânceres: o tipo 16 está presente em 55% dos casos, e o tipo 18, em aproximadamente 15%. Os carcinomas escamosos são principalmente relacionados com o HPV 16, cerca de 50%, enquanto os adenocarcinomas estão associados aos HPV-16 e 18.

Embora a distribuição dos tipos 16 e 18 seja amplamente consistente em todo o mundo, outros tipos de alto risco, como o 31, 33, 45, 52 e 58, apresentam grande variação entre os diferentes continentes. Os tipos 16, 18 e 45 são mais prevalentes em mulheres com carcinoma escamoso invasor, quando comparada a mulheres com HSIL, sendo os tipos 31, 33, 52 e 58 os de maior prevalência em mulheres com lesões de alto grau. Segundo Bosh e de Sanjose (2003), considerando os casos de carcinoma escamoso invasivo, adenocarcinoma/carcinoma adenoescamoso e até das mulheres com citologia normal, a prevalência acumulada dos vírus de HPV tipos 16, 18, 45 e 31 representa aproximadamente 80% dos casos (Fig. 7-1).

Conforme a prevalência dos genótipos associados ao câncer de colo uterino, observam-se variações de acordo com a região, por exemplo:

- Na Europa e Ásia o HPV-16 é o mais prevalente. Já o HPV-33 é o segundo subtipo na Ásia e não tem relevância na Europa.
- Na África (Nigéria) o HPV-35 tem grande relevância, entretanto, na Europa possui baixa frequência. Na África ocidental observa-se a maior importância do HPV-45.
- Nas Américas do Sul e Central o HPV-16 é o mais prevalente. Enquanto o HPV-58 ocupa o segundo lugar. Os HPV-39 e 59 são quase confinados a essas duas regiões

A África e a América Latina detêm a maior prevalência dos HPV de alto risco em relação às demais regiões do mundo.

No Brasil o HPV-16 é o mais frequente em todas as regiões. O HPV-18 é o segundo mais frequente nas regiões Norte, Sul, Nordeste e Sudeste, sendo que nessas duas últimas regiões, o HPV-31 tem grande relevância, constituindo o terceiro tipo mais frequente.

Essas variações de prevalência do vírus constituem um desafio para o desenvolvimento de métodos preventivos, como a vacina. Além disso, as infecções múltiplas, onde um mesmo hospedeiro alberga mais de um tipo de HPV, têm demonstrado desfechos diferentes até mesmo quando essa associação inclui vírus não considerados de alto risco.

Os HPVs de baixo risco frequentemente causam lesões proliferativas benignas do tipo condilomatosas. Os tipos 6 e 11 são os mais comuns e estão associados a verrugas genitais. É rara a associação dos HPV de baixo risco com carcinoma escamoso invasivo.

ESTRUTURA VIRAL

Os HPV são vírus pertencentes à família *Papillomaviridae,* e seu genoma é composto por DNA circular dupla fita com cerca de 7.500 a 8.000 pares de bases e que são replicados no núcleo de células epiteliais escamosas. O vírus é do tipo não envelopado, apresenta simetria icosaédrica, composta por 72 capsômeros, e tem cerca de 55 nm de diâmetro. Além disso, são estáveis e capazes de permanecer fora das células por longo período sem perder suas propriedades infecciosas (Fig. 7-2).

O genoma está dividido em três regiões principais:

1. Região precoce ou *Early* (E).
2. Região tardia ou *Late* (L).
3. Região regulatória *Long Control Region (*LCR).

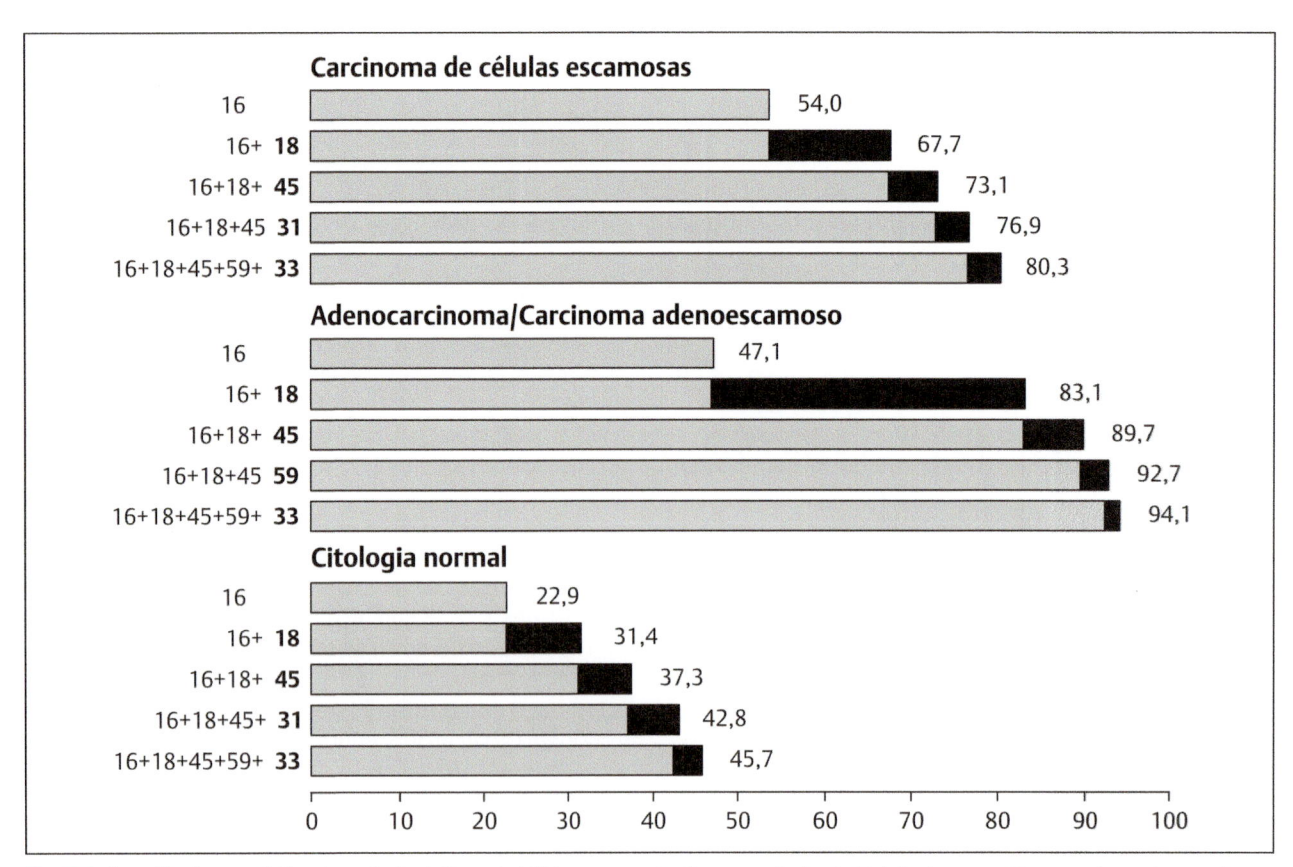

Fig. 7-1. Prevalência cumulativa dos principais tipos de HPV em casos de câncer cervical pela histologia em mulheres com carcinoma de células escamosas, adenocarcinoma/carcinoma adenoescamoso e citologia normal. (Fonte: The International Agency for Research on Cancer multicenter control studies. *In:* Boch FX, de Sanjose SJ, 2003.)

PAPILOMAVÍRUS HUMANO (HPV) E O CÂNCER CERVICAL

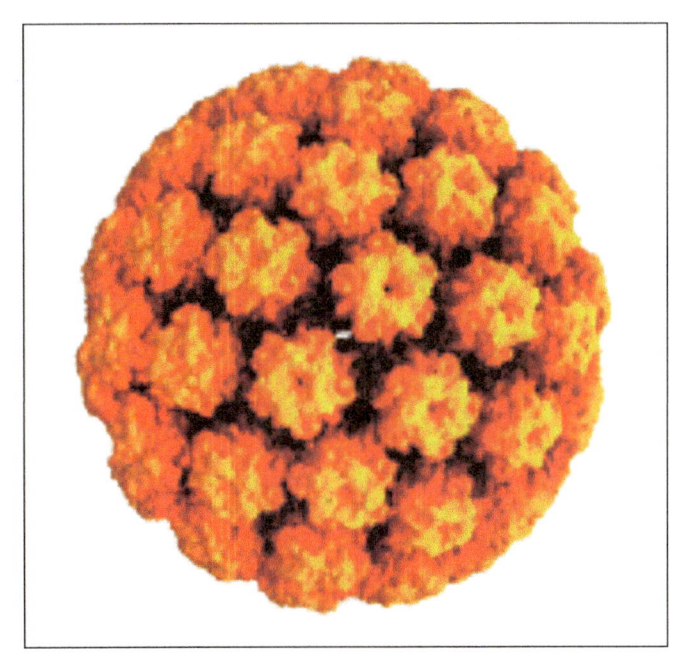

Fig. 7-2. Capsídeo do HPV.

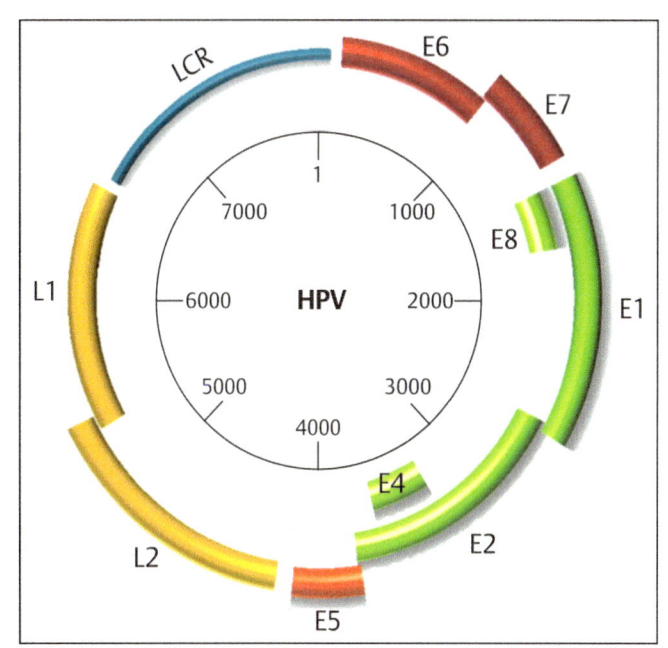

Fig. 7-3. Representação diagramática do genoma circular do HPV. Os diferentes genomas possuem organização similar. As ORF (*Open read frames* ou quadros abertos de leitura) são indicadas com arcos coloridos. L: genes tardios (*late*); E: genes precoces (*early*); LCR: região regulatória (*Long control region*).

- *Região precoce ou* Early *(E):* codifica pelo menos seis proteínas virais que desempenham funções regulatórias no epitélio infectado (E1, E2, E4, E5, E6 e E7); e representa 45% do genoma viral.
  - *E1:* possui importante papel na replicação do DNA viral, pois possui função de helicase para abertura das fitas.
  - *E2:* ativadora da replicação do DNA junto com o gene E1 e reguladora da transcrição dos genes virais, sendo repressora dos genes de E6 e E7.
  - *E4:* expressa primariamente no epitélio em diferenciação, associa-se ao citoesqueleto de células epiteliais e tem importante papel na montagem e liberação da partícula viral.
  - *E5:* estimula o início da proliferação celular *in vivo* pela ativação do fator de crescimento epidermal (EGF). Além disso, tem papel no início da carcinogênese, visto que a proteína dificulta a apresentação de antígenos via MHC.
  - *E6 e E7:* atuam na modulação de atividade de proteínas celulares que regulam o ciclo celular e estão envolvidas com a oncogenicidade.
    - A proteína E6 dos HPV de alto risco inativa o supressor tumoral p53 através da sua degradação via ubiquitina.
    - E7: liga-se à forma hipofosforilada da proteína do retinoblastoma (pRb), resultando em sua inativação funcional, permitindo progressão funcional para a fase S do ciclo celular. A proteína E7 dos tipos de baixo risco, HPV 6 e 11, se liga menos eficientemente à pRb do que a proteína E7 dos tipos de alto risco HPV-16 e 18.
  - *E8:* presente apenas em uma minoria dos papilomavírus, o resultado do processamento, via *splicing* E8^E2C, promove a inibição da transcrição e tradução dos genes virais E6 e E7.
- *Região tardia ou* Late *(L):* responsável pela síntese das duas proteínas estruturais L1 e L2 do capsídeo.
  - L1 é a principal proteína do capsídeo com tamanho de 55 kDa, representando 80% da proteína total viral. É gênero-específica e medidor indireto da infectividade.
  - L2 é a proteína encontrada internamente no capsídeo, importante para a encapsidação do DNA viral, e é altamente tipo-específica.
- *Região regulatória* Long Control Region *(LCR):* contém elementos que regulam a replicação e expressão gênica viral. É a única região que não contém ORF, podendo variar de tamanho no HPV.

As regiões do genoma viral com potencial para codificar proteínas são denominadas *open reading frames* (ORF), que são transcritos em RNA mensageiro (RNAm) (Fig. 7-3).

ESQUEMA DA INFECÇÃO

- *1º passo:* a entrada do vírus na célula. Para o estabelecimento eficiente da infecção, os hrHPV precisam infectar as células da camada basal, que se encontram em constante divisão celular. O acesso a essa camada basal de células se dá por microabrasões no epitélio. Adicionalmente, a infecção pode ocorrer na camada única de células localizada na junção escamocolunar entre a endo e a ectocérvice, denominada zona de transformação. Acredita-se que os receptores de heparan-sulfato dos proteoglicanos (HSPG) sejam o receptor primário para ligação inicial do vírus à célula. O HPV pode permanecer latente na camada basal sem causar qualquer alteração patológica (Fig. 7-4).

No interior da célula, o vírus migra pelo citoplasma pela via endossoma/lisossomo, perdendo sua proteína L1 no processo. Enquanto isso, a proteína L2 tem papel importante na condução do genoma viral até o núcleo.

Nas lesões benignas o DNA do vírus está presente na forma episomal e em múltiplas cópias, enquanto nas malignas ele geralmente se integra ao genoma da célula

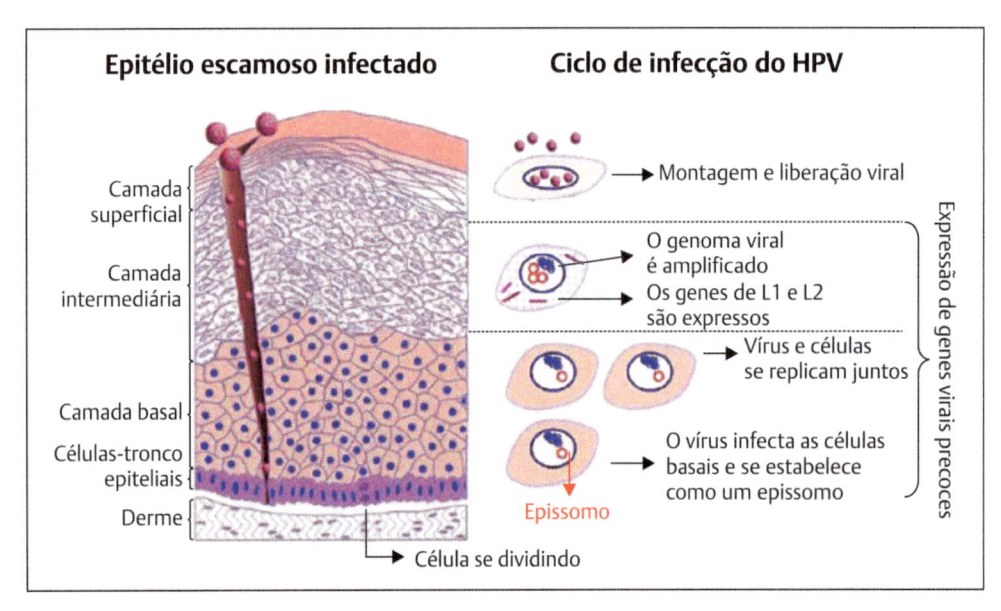

Fig. 7-4. Ciclo de infecção do HPV no epitélio estratificado. São observadas mudanças de expressão gênica até a liberação de novas partículas infecciosas nas camadas celulares diferenciadas. (Adaptada de Doorbar, 2005.)

hospedeira, formando uma ligação estável e perdendo a capacidade de se replicar de maneira autônoma.

- **2º passo:** o genoma viral é mantido na forma episomal (extracromossômico, de replicação autônoma) no núcleo celular, posteriormente parte da progênie migra para as células em diferenciação da camada suprabasal, gerando um aumento da replicação do genoma do vírus, ou seja, é a fase de amplificação dos genomas virais (aproximadamente mil cópias por células) e posterior expressão dos genes tardios para formação das proteínas estruturais.
- **3º passo:** empacotamento do vírus em capsídeos nas camadas superiores e liberação da sua progênie pela proteína E4, para que o ciclo possa ser reiniciado.

MECANISMO DE EXPRESSÃO DOS ONCOGENES VIRAIS DURANTE A TRANSFORMAÇÃO MALIGNA DA CÉLULA

Assim que alcança o núcleo, a transcrição dos genes virais é iniciada. Em seguida, a proteína E2 se liga à proteína E1 na origem de replicação viral, recrutando a maquinaria de replicação celular para a amplificação do genoma viral.

O genoma do HPV encontra-se exclusivamente na forma episomal em lesões cervicais não malignas, enquanto nas malignas o genoma geralmente está integrado à célula hospedeira. Durante o processo de integração, geralmente ocorre a ruptura do gene E2, inibidor da expressão dos principais oncogenes virais, E6 e E7, levando assim ao aumento da expressão destes, podendo levar à malignização celular.

A proteína E5, por ser hidrofóbica, tem grande afinidade com as membranas celulares, impedindo assim a exposição dos antígenos virais na superfície celular pela via MHC, o que dificulta a detecção da infecção viral pelo sistema imune. Além disso, E5 estimula o início da proliferação celular pela ativação do fator de crescimento epidermal (EGF) e transativação dos genes virais, aumentando a expressão de E6 e E7.

As proteínas E6 e E7 são consideradas os principais oncogenes virais, visto que conduzem importantes supressores tumorais à degradação (p53 e pRb, respectivamente). Além disso, E7 é capaz de interagir com pelo menos 20 proteínas do hospedeiro, incluindo importantes supressores tumorais, diversos fatores de transcrição e múltiplos elementos da maquinaria epigenética, possuindo assim potencial para provocar grandes alterações transcricionais em células infectadas, geralmente induzindo-as à proliferação aberrante. Enquanto isso, a proteína E6, por meio de sua interação com pelo menos 14 proteínas, impede o mecanismo de ativação da apoptose celular, promove a perda das junções celulares e alterações na rede de microfilamentos da célula. Desta forma, juntas, E6 e E7 são capazes de induzir a proliferação celular e eventual imortalização/malignização da célula.

É importante mencionar que todo o processo de replicação do genoma viral, expressão dos genes e liberação do vírus é realizado de forma discreta e sem lise celular, por meio de um orquestrado acompanhamento da diferenciação do tecido pelo vírus, a fim de evitar a detecção pelo sistema imune.

HPV E LESÕES CERVICOVAGINAIS

A presença do HPV não é suficiente para desencadear os mecanismos carcinogênicos, é necessário que a infecção persista, o que acontece na presença de vírus de alto grau oncogênico, e esse comportamento na maioria dos carcinomas escamosos cervicais é resultante da evolução de lesões pré-malignas que persistiram por décadas.

Na infecção, o DNA viral pode-se integrar ou não ao genoma da célula hospedeira imatura, impedindo a maturação e diferenciação celular. Uma vez transformada, a célula não produz mais o vírus, apesar de conter o DNA viral. A integração do genoma viral ao da célula hospedeira deve-se à ação de cofatores iniciantes ou promotores (genéticos, químicos, imunológicos, infecciosos etc.). A infecção persistente por mais de 10 anos permite o desenvolvimento de alterações genéticas adicionais e a progressão de lesões de baixo e alto graus para o câncer invasor. Apesar de aproximadamente 99,7% das neoplasias invasoras da cérvice apresentarem o genoma do HPV, somente aproximadamente 1% das mulheres infectadas desenvolvem o câncer cervical. Geralmente ocorre a eliminação espontânea do vírus, através da ativação do sistema imune, e isto é constatado em aproximadamente 90% dos indivíduos infectados no período de até 24 meses. Em mulheres abaixo de 30 anos algumas infecções por HPV regridem espontaneamente dentro de dois a três anos.

As lesões classificadas NIC-I (LSIL) são mais frequentes em mulheres jovens após o início da atividade sexual e podem regredir espontaneamente após dois ou três anos, mesmo assim aproximadamente 14% podem progredir. Já nas lesões NIC-3 (HSIL) e carcinoma inicial (microinvasor) quase sempre considerados precursores do carcinoma escamoso invasor devem ser tratados. Os casos de lesões NIC-II (HSIL) devem ser analisados, e, quando em mulheres jovens, podem ser utilizadas diferentes metodologias de tratamento, como químicos e físicos. Cerca de 0,2% das mulheres submetidas a tratamentos para lesões NIC-III apresentam recorrência, reforçando que a detecção e o tratamento das lesões não invasivas, bem como o acompanhamento apropriado, devem ser considerados.

Para todos os tipos de lesões seria interessante, pelo menos, a detecção do DNA de HPV pela captura híbrida de última geração, que pode indicar presença de vírus dos grupos de alto ou baixo risco oncológico ou, quando possível, genotipagem para determinar especificamente o tipo de vírus infectante. Já em pacientes sem lesões, mas com DNA de HPV, não devem ser tratadas, em vez disso, geralmente devem ser acompanhadas a cada seis meses pela citologia e, se possível, após 12 ou 18 meses por testes moleculares, como a reação em cadeia da polimerase (PCR) para verificar se houve a eliminação do vírus, haja vista que a ausência do DNA viral poderá acontecer nesse intervalo.

FATORES DE RISCO PARA O DESENVOLVIMENTO DO CÂNCER CERVICAL

- Baixa idade (jovens) e ectopia cervical induzindo a metaplasia.
- Início da atividade sexual precoce (pode acelerar o processo de maturação do epitélio do colo uterino, favorecendo a instalação da carcinogênese cervical).
- Múltiplos parceiros sexuais.
- Alta paridade.
- Raça (mais frequentes em descendentes africanos em relação aos hispânicos).
- Tabagismo.
- Doenças sexualmente transmissíveis, por exemplo, HIV, *Chlamydia trachomatis*, herpes simples. Além da coinfecção com vários tipos de HPV etc.
- Imunodepressão.
- Dieta deficiente.
- Obesidade.
- Uso de contraceptivos orais.

IMPORTÂNCIA DA INFECÇÃO POR HPV NOS HOMENS

O conhecimento sobre a prevalência e incidência da infecção por HPV no homem é restrito, desta forma dificultando o controle da infecção em ambos, homem e mulher. A real incidência e prevalência da infecção por HPV em homens assintomáticos é difícil de estimar, em razão, principalmente, do comportamento silencioso deste vírus em ambos os sexos (Fig. 7-5). O parceiro masculino tem sido o foco de estudos para verificar o risco de contínua reinfecção de sua parceira sexual.

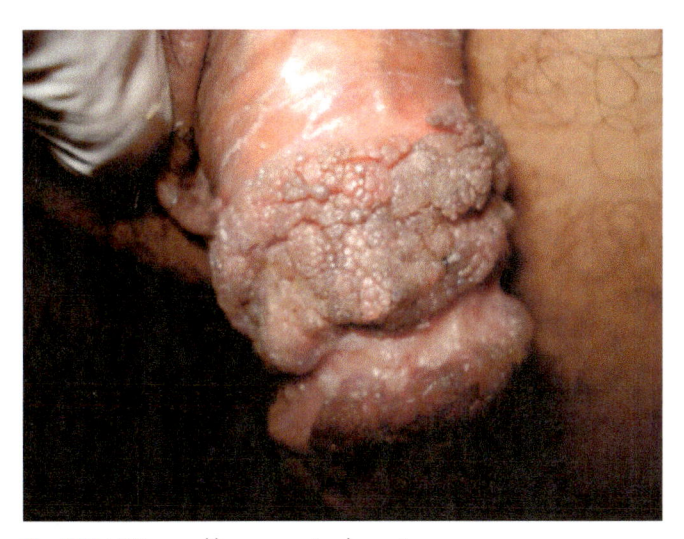

Fig. 7-5. HPV e condiloma acuminado peniano.

O homem deve ser visto, principalmente, como reservatório do vírus e perpetuador da infecção em suas parceiras. Habitualmente, a infecção por HPV acomete jovens no início da atividade sexual, um fenômeno transitório em cerca de 80% dos casos. Entretanto, uma pequena fração de mulheres apresenta persistência da infecção, provavelmente por falha de mecanismos imunológicos, o que pode provocar alteração no epitélio cervical e transformação maligna. As mulheres que apresentam infecção persistente por tipos virais de alto risco do HPV são consideradas o verdadeiro grupo de risco para o desenvolvimento do câncer cervical.

Desta maneira, as mulheres, cujos parceiros sexuais são HPV positivos, possuem um risco aumentado de 5 a 15 vezes de adquirir infecção por HPV comparada àquelas que têm parceiros negativos para HPV.

A neoplasia intraepitelial peniana (PIN) é caracterizada por displasia epitelial, carcinoma *in situ* do epitélio escamoso e inclui a eritroplasia de Queyrat, **doença de Bowen** e papulose bowenoide. Outras lesões penianas associadas ao HPV de alto risco são as lesões planas, também conhecidas como lesões acetobrancas (*flat penile lesions*). Como as lesões de alto grau, o condiloma plano é predominantemente encontrado na mucosa do pênis. A avaliação histológica das lesões acetobrancas geralmente apresenta ligeiras alterações, como hiperplasia escamosa ou PIN de baixo grau. É incomum a ocorrência de PIN de alto grau, presente em torno de 5% dos casos. Lesões acetobrancas são encontradas em torno de 50-70% dos homens parceiros sexuais de mulheres com NIC, contra 10-20% em homens que não têm parceiras com NIC. A presença de altas cargas virais nessas lesões tem significado clínico, pois há um maior risco potencial de transmissão do HPV, similar ao que acontece na papulose bowenoide. A persistência da infecção pelo HPV nessas lesões planas pode induzir progressão da lesão para PIN de alto grau e, subsequentemente, câncer de pênis. Cerca de metade dos tumores de pênis foram associados aos HPV-16 e 18, com pouca presença de outros genótipos. A investigação sobre os mecanismos por trás da carcinogênese peniana é necessária.

Há indícios de que a presença de lesões penianas planas (*flat penile lesion*) estão relacionadas com a presença de maior carga viral do HPV, enquanto a ausência de lesões penianas indica níveis baixos. Portanto, a identificação de lesões penianas é altamente informativa na avaliação da infecção por HPV em homens.

Enquanto muito é conhecido sobre a história natural da infecção cervical pelo HPV e suas consequências, incluindo neoplasia intraepitelial cervical e câncer cervical, é relativamente pequeno o conhecimento sobre a história da infecção anogenital pelo HPV no homem. Em parte, isto reflete dificuldades na aquisição de amostras do pênis e avaliação visual das lesões penianas. Uma compreensão da infecção por HPV no homem é, portanto, importante em termos de redução da transmissão do HPV para a mulher e melhoria da sua saúde. No entanto, isto também tem importância por causa do peso da doença no homem que pode desenvolver ambos, cânceres do pênis e ânus.

MÉTODOS DE DETECÇÃO DO HPV

O desenvolvimento do câncer de colo do útero pode ser evitado, quando diagnosticado e tratado precocemente. Para isso estão disponíveis eficientes métodos de detecção para lesões e HPV. São exemplos dos mais utilizados: colposcopia, histologia, biologia molecular e citologia oncótica.

Colposcopia

Um método de análise de imagens que detecta variações fisiológicas ou patológicas da mucosa e tecido conjuntivo por um equipamento chamado "colposcópio" que utiliza lente para ampliação e substâncias que podem destacar as alterações. Apresenta alta sensibilidade e baixa especificidade (ver Capítulo 12).

Histologia

Considerado o método mais específico para avaliar o grau da lesão e estabelecer a necessidade de tratamento. Em lesões classificadas, como NIC-I, ocorre maturação com anomalias nucleares e poucas figuras de mitose. Células indiferenciadas ficam limitadas às camadas mais profundas (terço inferior) do epitélio. Em lesões do tipo NIC-II verificam-se alterações celulares, principalmente restritas à metade inferior ou aos dois terços inferiores do epitélio, com acentuação das alterações de NIC-I, principalmente em relação às figuras de mitose vistas em toda a metade inferior do epitélio. Em lesões do tipo NIC-III, a diferenciação e a estratificação podem estar totalmente ausentes ou estarem presentes somente no terço superficial do epitélio, com numerosas figuras de mitose. Atipias nucleares em toda a espessura do epitélio e as muitas figuras de mitose atípicas.

Biologia Molecular

É considerada a metodologia mais específica e sensível para a detecção do HPV. Tais métodos baseiam-se principalmente na pesquisa do DNA, RNAm e proteínas virais. A genotipagem do vírus, por exemplo, consegue detectar diversos tipos virais, além de identificar casos de reinfecção. Além disso, são úteis como preditores do potencial cancerígeno de uma lesão ao avaliar fatores, como o tipo de HPV, a carga viral, a integração do genoma viral e a presença de proteínas virais, bem como para a monitoração da persistência da infecção após o tratamento. Entretanto, ainda é discutível a aplicação clínica de alguns destes testes em larga escala no rastreamento do câncer por causa do seu alto custo. Adicionalmente, as infecções pelo HPV podem ser transitórias ou persistentes, e o seu DNA pode ser detectado em 10 a 50% das mulheres com citologia normal na idade fértil.

Existem vários métodos que permitem a identificação da infecção pelo HPV, entre eles: captura híbrida (CH), *Southern blot*, hibridização *in situ*, hibridização em fase sólida (*microarrays*) e reação em cadeia da polimerase (PCR). Os métodos mais utilizados são a PCR e a CH, por serem mais baratos e simples. Desta forma, tais testes moleculares têm sido incorporados no rastreamento do câncer cervical para a detecção de HPV de alto risco especialmente nos casos de citologias com resultados indeterminados.

- *Captura híbrida:* permite a detecção dos tipos de HPV oncogênicos mais frequentes (sem individualizá-los) e a avaliação da carga viral, e é um dos métodos mais utilizados na prática clínica, apresentando alta sensibilidade de 95 a 97%.
- *Amplificação do DNA viral por PCR:* a PCR é uma técnica de síntese de DNA, em que um fragmento específico do DNA-alvo (neste caso o do HPV) é replicado milhões de vezes, representando assim um método sensível para detecção viral mesmo em níveis muito baixos de carga viral em células e tecidos.
- *Genotipagem por microarranjo (chip de DNA):* são lâminas de vidro contendo sondas de DNA-alvo viral em fitas simples fixadas e imobilizadas de forma ordenada na lâmina. O princípio baseia-se na propriedade de hibridização por complementariedade das fitas de DNA (pela ligação entre os pares de bases de duas moléculas de DNA) provenientes de diferentes fontes. Neste caso, entre o DNA viral proveniente da amostra do paciente e o DNA viral presente previamente no *chip*. Um exemplo é Papillocheck®, um método diagnóstico realizado *in vitro* que é capaz de identificar qualitativa e quantitativamente 24 subtipos de HPV, sendo seis de baixo risco e dezoito de alto risco.
- *Southern blot:* método indicado para pesquisa e controle de qualidade, porém de alto custo financeiro e técnico para rotina de diagnóstico. Apresenta alta sensibilidade e especificidade.

Atualmente se discute qual o melhor método para os programas de rastreamento (*screening*), ou quais os métodos que poderiam ser empregados em conjunto nos grandes programas governamentais, visando eficiência de detecção, valor preditivo positivo ou negativo e menor custo operacional.

Expressão da Proteína p16^{INK4A}

A proteína p16^{INK4A}, uma inibidora de quinase, é uma reguladora da divisão celular, ela desacelera o ciclo celular pela inativação da CDK que fosforila a proteína retinoblastoma. É expressa pela presença da oncoproteína E7 e codificada pelo papilomavírus humano (HPV), a sua expressão é observada em núcleos e citoplasmas de queratinócitos, de células de HSIL e em carcinomas. Estudos mostram que a expressão da proteína p16^{INK4A} pode ser utilizada para estimar a evolução e extensão da lesão e auxiliar na diminuição das variações interobservador. A superexpressão da p16 tem sido relacionada com infecções por HPV-16 e 18 e pode ser detectada em lesões escamosas e adenocarcinoma. Pode sugerir HSIL nas lesões do tipo ASC-H, haja vista que estudos constataram que a sensibilidade da p16 para HSIL pode variar entre 70-100%, e a especificidade entre 25-75%. As infecções por *Trichomonas vaginalis* também poderá apresentar resultados falso-positivos para p16.

Por meio da imunocitoquímica e imuno-histoquímica para p16^{INK4A} é possível detectá-la em espécimes colhidas para biópsias parafinadas ou lâminas de citologia. A análise da imunorreatividade é realizada pela detecção da proteína p16^{INK4A} no núcleo e citoplasma das células epiteliais (Fig. 7-6).

Citologia Oncótica

Apesar de a citologia oncótica ter provado ser eficaz, existe uma grande variabilidade nas estimativas de sensibilidade e especificidade do exame com taxa média de falso-negativo de cerca de 6% e falso-positivo em aproximadamente 1% para laboratórios que seguem rigidamente um sistema de controle de qualidade. Esses dados reforçam a necessidade da associação da citologia a um método molecular.

No sistema Bethesda as alterações patognomônicas do HPV são classificadas como LSIL equivalentes a NIC-I (displasia leve). Essas lesões têm potencial oncológico duvidoso e podem regredir espontaneamente, enquanto HSIL engloba as lesões NIC-II e NIC-III (HSIL). Caso não tratadas, podem progredir até um carcinoma de células escamosas invasoras. Um detalhe importante é que as alterações citomorfológicas nas células escamosas tendem a diminuir, conforme a gravidade da lesão histológica.

Das alterações citopáticas do HPV a principal é a coilocitose, observada em células escamosas superficiais e intermediárias, caracterizadas pela presença de grande halo perinuclear irregular delimitado, binucleação e núcleos atípicos (hipercromasia e irregularidade no contorno nuclear). A coilocitose torna-se menos evidente com o avanço da lesão. São verificados também disqueratócitos (células com citoplasma eosinofílico, núcleos picnóticos e dispostos em arranjos tridimensionais) e membrana levemente irregular (ver Capítulo 6).

IMPACTO DAS VACINAS PROFILÁTICAS NA PREVENÇÃO CONTRA O CÂNCER CERVICAL

Como mencionado anteriormente, a transmissão da infecção pelo HPV ocorre principalmente por via sexual ou vertical (no momento do parto) por meio de abrasões microscópicas na mucosa ou na pele da região anogenital. Desta forma, o uso de preservativos protege apenas parcialmente do contágio pelo HPV, visto que este pode ocorrer pelo contato com a pele da vulva, região perineal, perianal e bolsa escrotal.

A infecção pelo HPV é uma das doenças sexualmente transmissíveis mais comuns no mundo. Atualmente, estima-se que aproximadamente 12% das mulheres no mundo todo sejam portadoras assintomáticas de algum tipo de vírus HPV, sendo que a maior prevalência se encontra na região da África subsaariana (24%).

Em todo o mundo, o câncer de colo de útero é o quarto tipo de câncer mais prevalente em mulheres, representando 7,5% de todas as mortes femininas por câncer (cerca de 311 mil a cada ano), com maioria ocorrendo em países de baixo e médio desenvolvimentos (Fig. 7-7).

Projeções da IARC (*International Agency for Research on Cancer*) mostram que se não forem adotas medidas preventivas efetivas, o câncer de colo uterino elevará o número de mortes para 460 mil por ano, em 2040, aumento em sua maior parte detido pelos países de baixa e média rendas. Os controles abrangentes para esse tipo de doença incluem três níveis de prevenção: a prevenção primária, consistindo na vacinação contra o HPV; a prevenção secundária, em que se utiliza a triagem (Papanicolaou) e tratamento de lesões pré-cancerosas; e a prevenção terciária, contando com o diagnóstico e tratamento do câncer cervical invasivo, além dos cuidados paliativos.

A principal forma de prevenção primária para o câncer de colo uterino é a vacina contra o HPV. Entretanto, apesar de os HPVs de baixo risco oncogênico não estarem associados ao câncer cervical, eles causam 90% das verrugas genitais que demandam esforços para o tratamento, são exemplos os HPV-6 e 11, por isso foram incluídos no esquema vacinal, enquanto que, globalmente, os tipos 16 e 18 são responsáveis por 70% dos casos de câncer cervical, e, somados aos tipos 31, 33, 45, 52 e 58, são responsáveis por aproximadamente 90% de todos

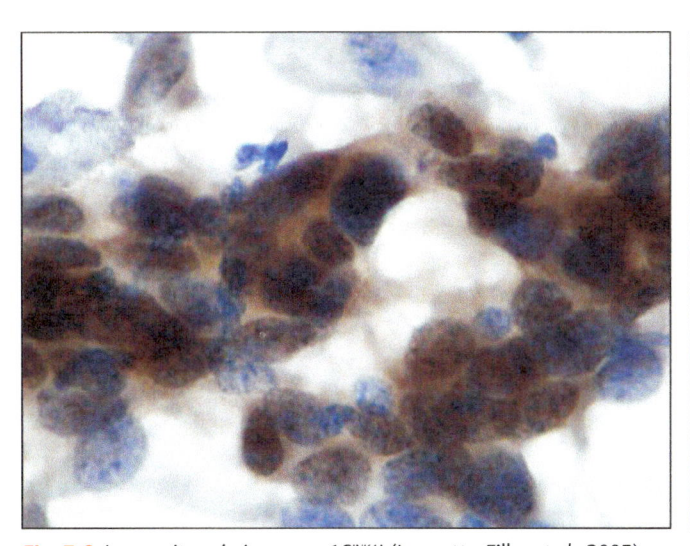

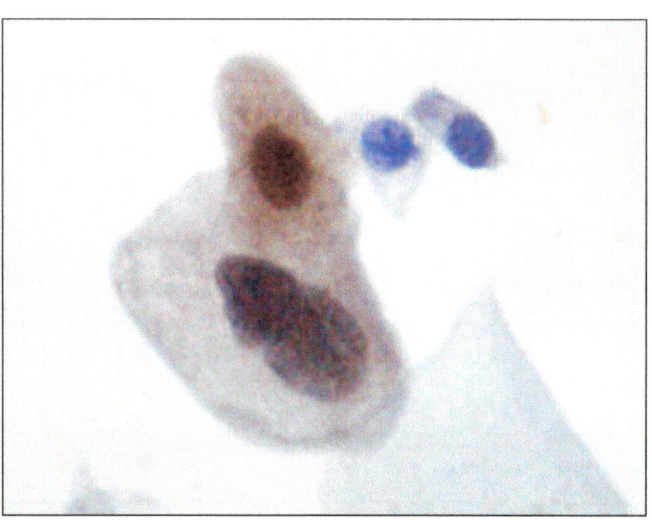

Fig. 7-6. Imunocitoquímica para p16^{INK4A} (Longatto-Filho *et al.*, 2005).

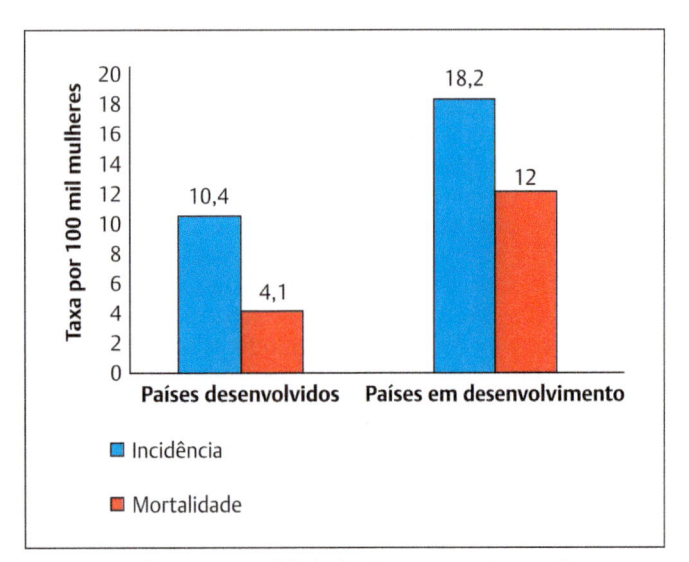

Fig. 7-7. Incidência e mortalidade do câncer cervical em mulheres no mundo em 2018. Fonte.: GLOBOCAN, 2018.

os casos (a contribuição de alguns desses tipos no câncer cervical varia de acordo com as diferentes regiões do planeta).

Atualmente, são disponibilizadas e licenciadas no mercado três vacinas profiláticas contra o HPV. Sua aplicação em programas nacionais de imunização se encontra distribuída atualmente em 91 países (Fig. 7-8). As vacinas contra o HPV foram desenvolvidas utilizando a tecnologia com base na natureza de automontagem da proteína capsidial L1 do vírus. Essa tecnologia de produção de vacinas é chamada de "Partículas semelhantes a vírus", ou VLP (da sigla em inglês *viral-like particles*) e conta com a administração do capsídeo viral vazio na forma de proteína, ou seja, sem o DNA viral, tornando-a mais segura do que as vacinas obtidas por vírus atenuados. Esse sistema vacinal visa imunização contra os antígenos presentes no capsídeo viral, permitindo a detecção e combate do vírus logo após a entrada deste no organismo. O mediador primário da proteção pelas vacinas anti-HPV é a produção de anticorpos neutralizantes pelo organismo, caracterizando uma resposta imune humoral. Estudos demonstraram que estes anticorpos persistem no organismo por pelo menos 10 anos após a imunização (com todas as doses recomendadas) e em níveis 10 vezes mais altos do que a resposta provocada pela infecção natural pelo HPV. Tais estudos continuam em andamento a fim de acompanhar ao longo do tempo a proteção dos indivíduos conferida pelas vacinas.

A primeira geração de vacinas foram as quadrivalente (4vHPV) – comercializada sob o nome de Gardasil®, pela empresa Merck – e a bivalente (2vHPV) – comercializada sob o nome de Cervarix®, pela empresa GlaxoSmithKline™. A primeira fornece proteção contra os HPV de tipos 6, 11, 16 e 18, enquanto a segunda fornece proteção apenas contra os HPV-16 e 18. Em 2014, uma segunda geração de vacinas foi licenciada pelos Estados Unidos (Food and Drug Administration – FDA). Esta nova versão vacinal, também produzida pela Merck™, é denominada de nonavalente, protegendo contra os 9 tipos principais de HPV (16, 18, 31, 33, 45, 52, 58, além dos tipos 6 e 11). A fase III dos testes clínicos da vacina nonavalente demonstrou que esta é segura e altamente eficiente contra a infecção viral e lesões genitais pré-cancerosas em homens e mulheres, reportando uma eficiência superior a 96% na proteção contra lesões de alto grau cervicais, vulvar

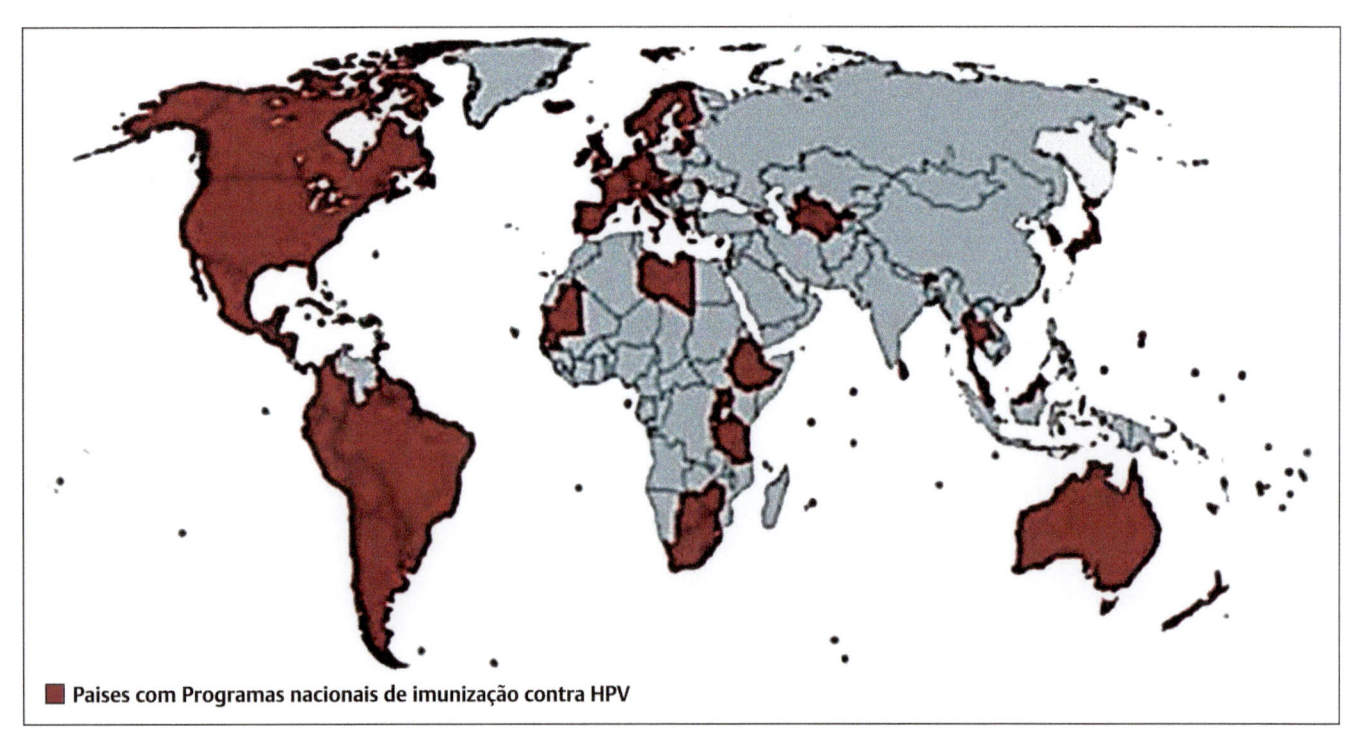

Fig. 7-8. Países que introduziram um Programa Nacional de Imunização contra o HPV administrando uma das três vacinas atualmente licenciadas no mercado (91 países, correspondendo a 47% destes). (Fonte: WHO. The World Health Organization. Vaccine in national immunization programme update; 2018. *In*.: Toh *et al.* 2019.)

e vaginal em mulheres sem contato prévio com o vírus que tomaram três doses vacinais.

A vacina contra o HPV é uma das mais caras existentes no mercado, e esse efeito é sentido principalmente entre os países subdesenvolvidos, justamente os que mais se beneficiariam da sua inclusão nos programas de vacinação. É esperado para o futuro que outras empresas produzam também a vacina, aumentando assim a concorrência e, consequentemente, reduzindo seu custo. Além disso, especialistas defendem a produção a baixo custo em países em desenvolvimento.

No Brasil, esta vacina se encontra entre os itens de maior custo ao SUS (Sistema Único de Saúde/Ministério da Saúde). A vacina quadrivalente foi aprovada pela Anvisa, em 2006 – em um movimento de pioneirismo mundial – e incorporada ao calendário de vacinação nacional, em 2014. Atualmente a vacinação contra o HPV é aplicada em meninas, entre 9 e 14 anos de idade e em meninos entre 11 e 14 anos de idade, com esquema vacinal de duas doses (0 e 6 meses). Esse esquema vacinal protege contra os quatro subtipos virais, com 98% de eficácia. Além disso, desde 2018 o SUS ampliou a vacinação, com cobertura também para grupos com condições clínicas especiais (imunodeprimidos), como indivíduos (de 9 a 26 anos de idade) vivendo com HIV/Aids, bem como para aqueles submetidos a transplantes de órgãos e pacientes oncológicos, cujo esquema de vacinação conta com 3 doses (0, 2 e 6 meses). Na rede privada, a vacina quadrivalente pode ser encontrada a preços relativamente altos, sendo indicadas três doses para mulheres entre 9 e 45 anos de idade em um esquema vacinal de 0 (zero), 2 (dois) e 6 (seis) meses.

Mesmo possuindo elevado custo aos cofres públicos, a vacinação se faz necessária em razão da alta disseminação viral nas populações do mundo inteiro. No Brasil, um levantamento realizado pelo Ministério da Saúde, em todas as capitais brasileiras e no Distrito Federal, em 2017, revelou que 54,6% dos jovens entre 16 e 25 anos possuem algum tipo de HPV. Sendo que, em 38,4% destes, trata-se de subtipos de alto risco. Além disso, os efeitos positivos da vacinação anti-HPV ao longo do tempo já começam a ser sentidos em outros países. Um estudo comparou mulheres escocesas não vacinadas (nascidas em 1988) às mulheres vacinadas no país (nascidas entre 1995 e 1996) e constatou que a vacina, introduzida, em 2008, reduziu a incidência do câncer de colo de útero nas mulheres em 89%. Além disso, as mulheres não vacinadas no país também se beneficiaram do programa de vacinação pelo efeito conhecido como "imunidade rebanho", em que indivíduos não vacinados são efetivamente protegidos de uma doença contagiosa, quando uma boa parte da população é vacinada, visto que o vírus não consegue se espalhar na população. Reduções semelhantes foram relatadas na Holanda, onde é utilizada a vacina bivalente.

A considerável redução nos tipos de HPV mais carcinogênicos tem implicações claras no combate ao câncer cervical em países que adotam a imunização anti-HPV nos programas nacionais. Em face disso, um estudo realizou uma estimativa (com base em um modelo matemático dinâmico) dos impactos clínico e econômico da vacina nonavalente em mulheres de Singapura, quando administrada ainda na fase escolar. A demonstração dos efeitos na redução dos tumores ao longo do tempo pode ser encontrada na Figura 7-9.

VACINAS TERAPÊUTICAS

Apesar da excelente eficiência da vacinação profilática em indivíduos nunca expostos ao vírus, a proteção contra o câncer cervical e lesões por esta vacina em indivíduos já expostos é pouco efetiva. Além disso, a cobertura e a taxa de adesão à segunda dose da vacina variam muito entre os países. Desta forma, existe um grande esforço mundial na busca por estratégias vacinais terapêuticas, ou seja, visando o tratamento dos indivíduos já acometidos pela doença.

As vacinas terapêuticas diferem das preventivas no sentido em que as primeiras são construídas para combater células tumorais (ou lesões pré-tumorais) que expressam os oncogenes virais, em vez de combater o vírus que está entrando no organismo (como é o caso das vacinas profiláticas). Desta forma, é necessário que a vacina terapêutica gere uma resposta imune celular (em vez de humoral), com ativação de linfócitos T citotóxicos (TCD8). A maioria das vacinas terapêuticas

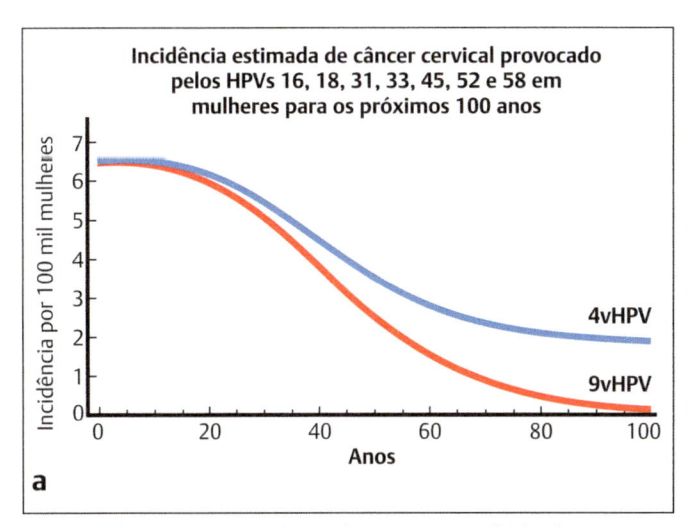

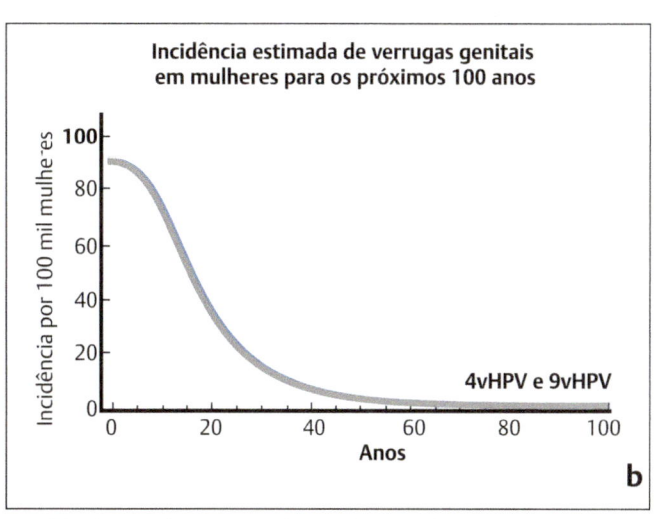

Fig. 7-9. Alterações na prevalência do câncer cervical (**a**) e de verrugas genitais (**b**) relacionadas com os subtipos de HPV cobertos pelas vacinas tetravalente (4vHPV) e nonavalente (9vHPV). Todas as estimativas foram com base em um programa de vacinação com cobertura de 80% da população-alvo (meninas entre 11 e 12 anos) e com duração da proteção da vacina ao longo da vida. (Fonte: Tay *et al.* 2018.)

atualmente em teste é com base nos antígenos imunogênicos dos principais oncogenes virais E6 e E7. Estes são excelentes alvos terapêuticos, pois as células tumorais geralmente expressam altos níveis desses genes a fim de iniciar e manter seu fenótipo maligno. Desta forma, as vacinas terapêuticas são planejadas para que, assim que as células tumorais produzirem e exporem esses antígenos em sua superfície, os linfócitos TCD8 sejam capazes de reconhecer e combater essas células com eficiência.

Atualmente existem diversas imunoterapias em desenvolvimento, cujos antígenos E6 e E7 podem ser administrados sob diversas formas vacinais (RNA, DNA ou proteica). Dentre estas, destacam-se as vacinas de DNA, cujo princípio envolve a inoculação de um plasmídeo de DNA, contendo a sequência dos antígenos virais nas células do paciente, em que a tradução da sequência de DNA em proteína é realizada pela própria célula deste. Em seguida, os peptídeos vacinais são ligados às moléculas do MHC I e apresentados na superfície celular para ativação dos linfócitos TCD8. A vantagem desse sistema vacinal em relação ao de VLP é que as vacinas de DNA são mais fáceis de produzir, reduzindo grandemente seu tempo e custo de produção. Além disso, estas vacinas não são degradadas facilmente. Desta forma, não requerem acondicionamento a baixas temperaturas, podendo ser transportadas mais facilmente às populações mais isoladas dos centros urbanos. A desvantagem é a baixa imunogenicidade do DNA em relação às proteínas, sendo necessário o uso de adjuvantes a fim de contornar esse problema. Algumas vacinas terapêuticas já se encontram nas fases finais dos testes clínicos (fases II e III) a fim de comprovar sua eficácia e segurança, cujos resultados já se mostram animadores. Porém até o momento, nenhuma vacina terapêutica contra o câncer cervical encontra-se licenciada.

LESÕES INTRAEPITELIAIS ESCAMOSAS (LIE)

CAPÍTULO 8

Jacinto da Costa Silva Neto

CONSIDERAÇÕES GERAIS

Apesar da classificação criada por Papanicolaou, em 1943, que subdividia as avaliações citológicas em classes I, II, III, IV e V (Quadro 8-1), atribuindo às atipias celulares graus para malignidade, essa classificação caiu em desuso por não apresentar especificidade para as alterações inflamatórias e lesões não invasivas. Além disso, alguns autores propuseram novas classificações, e diversos países decidiram criar a própria.

Mesmo sendo o Dr. Papanicolaou o pioneiro nas classificações das lesões do trato genital feminino, foi o Dr. James W. Reagan, em 1953, quem introduziu o termo "displasia" para classificar as lesões antes da invasão (displasias leve, moderada e grave). Ele também utilizou a denominação carcinoma in situ aceita pela OMS (Organização Mundial da Saúde) e propôs o termo "hiperplasia" para classificar as lesões no epitélio escamoso ou metaplásico menos graves do que o carcinoma in situ.

Uma das grandes vantagens na classificação de Reagan sobre a de Papanicolaou foi a correlação entre lesões histológicas e citológicas. Também era possível distinguir as displasias do carcinoma in situ. A classificação de Reagan caiu em desuso em razão da subjetividade e sua difícil reprodutibilidade, sendo substituída pela de Dr. Richart, proposta, em 1967, e denominada de NIC (neoplasia intraepitelial cervical), visando classificar as atipias, conforme o potencial invasivo das lesões intraepiteliais.

No intuito de padronizar a terminologia da citologia cervicovaginal, foi organizado um encontro científico, em 1988, em Bethesda, Maryland, EUA, promovido pelo Instituto Nacional do Câncer (NIH) que ficou conhecido como Sistema de Classificação Cervicovaginal Bethesda, e nos anos 1991 e 2001 foram propostas revisões mediante a participação de vários especialistas em citologia. A convenção adotou a terminologia LSIL (lesão intraepitelial de baixo grau – *low squamous intraepitelial lesion*) e HSIL (lesão intraepitelial de alto grau – *high squamous intraepitelial lesion*) nas lesões epiteliais escamosas com a seguinte correspondência. As equivalências das classificações entre Reagan, Richart e Bethesda estão representadas no Quadro 8-2.

O Sistema Bethesda de 1988 (TBS) baseou-se em três princípios fundamentais:

1. A terminologia deve comunicar informações clinicamente relevantes a partir do laboratório para o médico responsável pelo atendimento das pacientes.
2. A terminologia deve ser uniforme e razoavelmente reprodutível entre diferentes patologistas e laboratórios e deve ser, também, bastante flexível para se adaptar a uma grande variedade de situações laboratoriais e localizações geográficas.
3. A terminologia deve refletir a compreensão mais atual da neoplasia.

Portanto, recomenda-se aos citologistas terem como base os critérios do Sistema Bethesda para elaboração dos laudos de citologia cervicovaginal, entretanto, conforme regionalidades, deve-se flexibilizar a disponibilidade de informações adicionais úteis ao clínico e paciente.

Quadro 8-1. Classificação Criada por Dr. Papanicolaou, em 1943

	Descriçao
Classe I	Ausência de células atípicas ou anormais
Classe II	Citologia atípica sem evidência de malignidade
Classe III	Citologia sugerindo, sem certeza, malignidade
Classe IV	Citologia muito suspeita de malignidade
Classe V	Citologia concluindo pela malignidade

Quadro 8-2. Equivalências Entre as Classificações de Reagan, Richart e o Sistema Bethesda

Classificação de Reagan (displasias) – 1953	Classificação de Richart – 1967	Sistema Bethesda – primeiro encontro, em 1988
Displasia leve	NIC I	LSIL
Displasia moderada	NIC II	HSIL
Displasia grave	NIC III	
Carcinoma in situ		

LESÕES ESCAMOSAS ATÍPICAS (ASC-US E ASC-H)

Quando não há presença de um agente causal e mesmo assim são percebidas discretas alterações citomorfológicas que sobrepõem às verificadas na inflamação, mas que ainda não são suficientes para caracterizar uma lesão epitelial, deve-se relatar como lesão escamosa indeterminada, e, conforme o Sistema Bethesda, as denominações utilizadas são: ASC-US (células escamosas atípicas de significado indeterminado) e ASC-H (células escamosas atípicas – não sendo possível excluir uma lesão intraepitelial escamosa de alto grau) para lesões mais avançadas.

ASC-US – Células Escamosas Atípicas de Significado Indeterminado

O Sistema Bethesda chama de ASC-US (células escamosas atípicas de significado indeterminado) as alterações citológicas sugestivas de lesão intraepitelial escamosa, mas que quantitativamente ou qualitativamente são insuficientes para uma interpretação definitiva. Trata-se de uma alteração de difícil reprodutibilidade comumente observada parte dos laudos em todo o mundo. Estudos comprovam que esta classificação deve representar até 5% dos laudos citológicos cervicais. A taxa de ASC-US e ASC-H não deve exceder duas ou três vezes a Lesão Intraepitelial Escamosa (LIE). A regra para a citologia convencional é um ASC para cada quatro LIE (1:4) e na citologia em meio líquido é um para três (1:3). Algoritmos recomendam repetição da citologia após seis meses, quando houver ASC-US, ou, se possível, realizar teste de biologia molecular para detecção, genotipagem para HPV e colposcopia. Nos estados Unidos, aproximadamente 40 a 50% das mulheres portadoras de ASC estão infectadas pelo HPV de alto risco oncogênico.

Essas lesões apresentam alterações que não podem ser incluídas nas displasias (LSIL e HSIL), nem nas inflamações (reatividade) e reparo, principalmente por não haver presença do agente inflamatório nem das características das lesões intraepiteliais cervicais. Portanto, trata-se de alterações sutis, acometendo principalmente o volume nuclear (até 3 a área equivalente ao núcleo de uma célula intermediária normal ou até 2× a área nuclear de uma célula em metaplasia escamosa). O padrão de cromatina nuclear é homogêneo e grosseiro com presença de um ou mais nucléolos evidentes em células escamosas (Quadro 8-3).

São excluídas desta categoria as células anormais originadas de processos inflamatórios, reativos ou reparativos. Aproximadamente 30% das lesões indeterminadas são manifestações iniciais da infecção pelo HPV. Dez a vinte porcento

Quadro 8-3. Características Citomorfológicas do ASC-US

Células	Maduras: intermediárias e superficiais
Citoplasma	Inalterado
Núcleo	Geralmente redondos ou ovais. Área aumentada em até 3× a área equivalente ao núcleo de uma célula intermediária normal (aproximadamente 35 mm²) ou até 2× a área nuclear de uma célula em metaplasia escamosa (50 μm²)
	Bi ou multinucleação
Membrana nuclear	Lisa (contorno preservado)
Nucléolo	Destacado. Aumentado em número (um ou mais)
Cromatina	Granular grosseira e irregular. Possível hipercromasia (na maioria das vezes leve)
Relação núcleo/citoplasmática	Aumento discreto
Não utilizar	Na presença de um agente inflamatório
Ponto de comparação	Sempre comparar o núcleo suspeito ao de uma célula escamosa madura normal
Causas de erros	Esfregaços mal fixados e corados (atenção quando secos ao ar), alterações associadas à inflamação, radioterapia, células deciduais, deficiência de ácido fólico, reparo atípico, paraqueratose, atrofia com degeneração e, principalmente, HPV

das mulheres portadoras de ASC-US ao exame histológico podem apresentar NIC-II ou III (Quadro 8-3).

As alterações por ASC-US são mais bem observadas pela citologia em meio líquido. Para o citologista menos experiente estas alterações podem ser confundidas com inflamação, reparo, alterações por HPV, radioterapia, paraqueratose, atrofia, células deciduais e deficiência de ácido fólico. São alterações muito discretas e parecidas com as observadas na inflamação, os critérios são subjetivos, mas não devem ser confundidas com LSIL, que envolve sinais nucleares mais evidentes com hipercromasia mais destacada, discreto enrugamento na membrana nuclear e cromatina grosseira entre outros. O ASC-US está relacionado com as alterações sugestivas de LSIL (Figs. 8-1 e 8-2).

Lembrando que ASC-US é uma conclusão de "sobra", não é um objetivo de busca, ou seja, o citologista deve procurar as alterações inflamatórias ou LSIL, não sendo possível encontrá-las sobrará ASC-H.

O citologista deverá ficar atento aos casos de paraqueratose, ou seja, as células com citoplasma eosinofílicos e núcleos picnóticos pequenos que são liberados como citologia negativa para lesão intraepitelial de malignidade (NLIM) e a "paraqueratose atípica" que apresentam núcleos grande, alongados, hipercromáticos, contorno irregular, às vezes dispostos em agrupamentos tridimensionais. Estes devem ser considerados dentro de ASC-US, ASC-H ou SIL, conforme o grau de anormalidade.

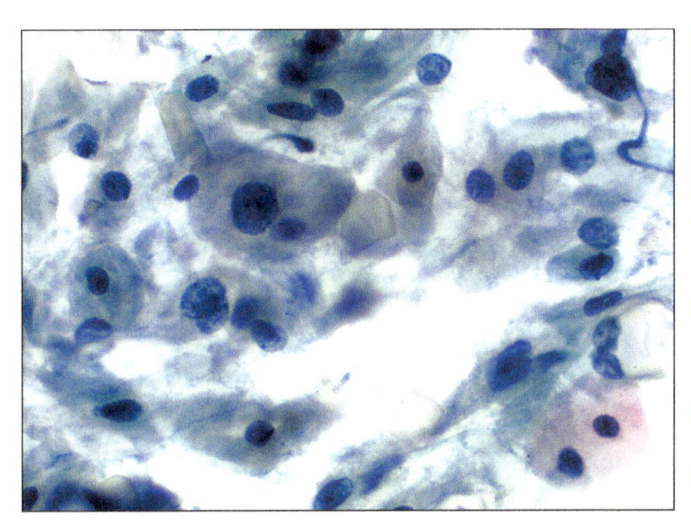

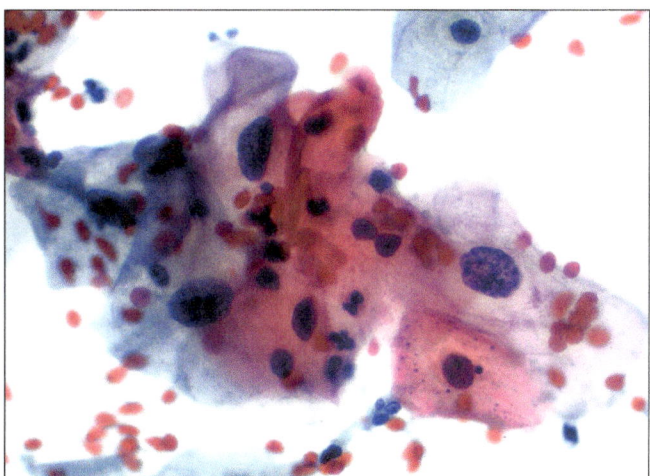

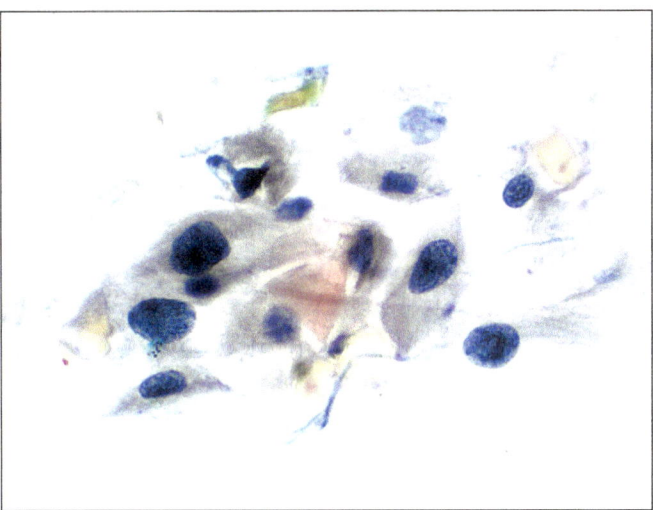

Fig. 8-1. ASC-US – Citoplasma maduro, anisonucleose, discreta hipercromasia, leves alterações no contorno nuclear, cromatina levemente irregular (Papanicolaou).

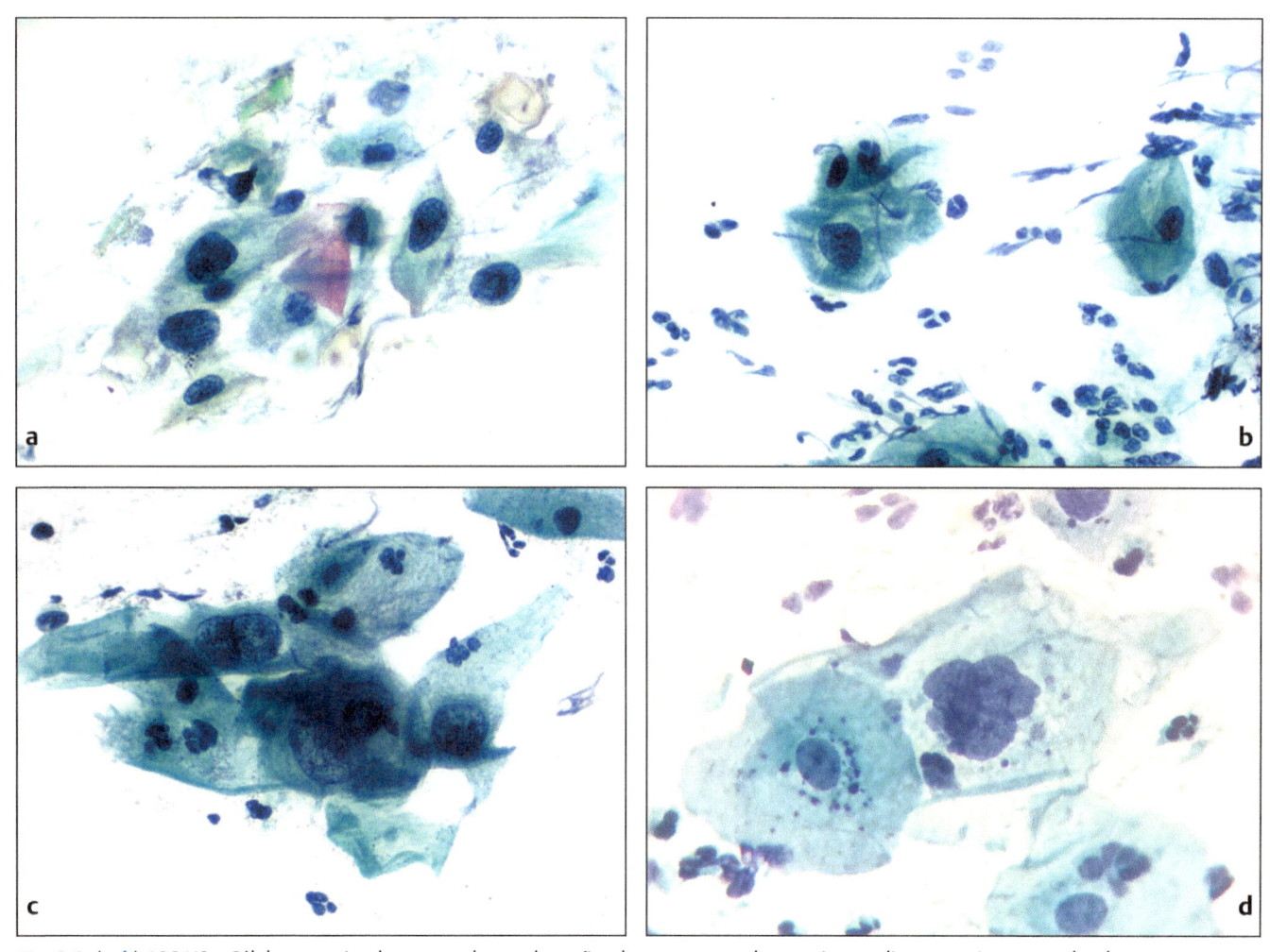

Fig. 8-2. (**a**, **b**) ASC-US – Células com citoplasmas maduros, alterações de contorno nuclear, cariomegalia, cromatina espaçada e levemente irregular. Presença de nucléolos (**c**) e multinucleação (**d**) (Papanicolaou).

ASC-H – Células Escamosas Atípicas Não Excluindo Lesão Escamosa de Alto Grau

Nas alterações que se confundem com lesões de alto grau, principalmente onde encontramos células com aparência de metaplasia atípica é denominado de ASC-H (Células escamosas atípicas não excluindo lesão escamosa de alto grau). São sugestivas de HSIL, mas com falta de critérios para uma interpretação definitiva. Representam cerca de 10% de todas as interpretações de ASC. Após o ASC-H a paciente deverá ser submetida à colposcopia. Segundo o Sistema Bethesda, a maioria dos ASC-H reflete dificuldades no diagnóstico diferencial entre metaplasia imatura. Observa-se ASC-H em 30 a 40% dos casos de lesões HSIL (Quadro 8-4).

Quadro 8-4. Características Citomorfológicas do ASC-H

Células	Pequenas, aparência metaplásica atípica, variando em tamanho e forma. Esfregaços com poucas células e baixa coesão (geralmente isoladas ou em pequenos grupos)
Citoplasma	Denso e metaplásico
Núcleo	Variação na forma e tamanho. Área aumentada de 1,5 a 2,5× maior que o núcleo de uma célula metaplásica
Membrana nuclear	Discretas alterações na membrana
Nucléolo	Presença eventual de pequenos nucléolos
Cromatina	Hipercromasia
Relação núcleo/citoplasma	Alta
Causas de erros	Células endocervicais reativas e isoladas, endometriais degeneradas, macrófagos, metaplasia escamosa imatura, reparo, atrofia, hipercromasia microglandular, gravidez e DIU
Observação	A presença de hipercromasia, contorno nuclear irregular e cromatina mal distribuída pode favorecer HSIL

O citologista deve conhecer bem as dimensões de uma célula em metaplasia escamosa normal e suas variações, pois o fenômeno metaplásico faz parte da fisiologia tecidual, porém não se observam atipias nucleares nas células em esfregaços normais (Figs. 8-3 a 8-5).

Considerando apenas a proporção encontrada de ASC, o ASC-US deverá representar aproximadamente 90% das interpretações, enquanto o ASC-H cerca de 10%. Biópsias realizadas em citologias concluídas por ASC-H podem encontrar lesões NIC-II e III, diferente dos casos de ASC-US. Contudo, conforme os estudos são realizados e mais informações são obtidas acerca do HPV e câncer, o Sistema Bethesda e outras instituições científicas voltadas a programas de rastreio e câncer de colo uterino, novos algoritmos são elaborados visando o gerenciamento de pacientes da melhor maneira possível, elevando a qualidade de vida das pacientes e diminuindo os gastos com procedimentos desnecessários, como: colposcopia, exames de imagens, testes reflexo para HPV, procedimentos cirúrgicos etc. Principalmente no serviço público, os procedimentos devem ser precisamente aplicados, evitando sobrecarga e dificuldades para atender a população-alvo.

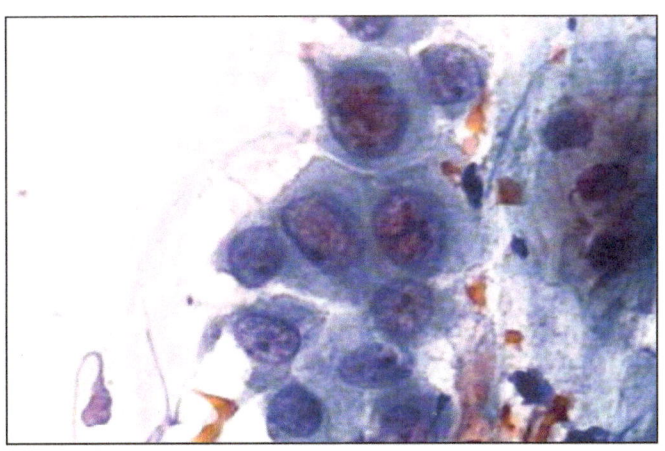

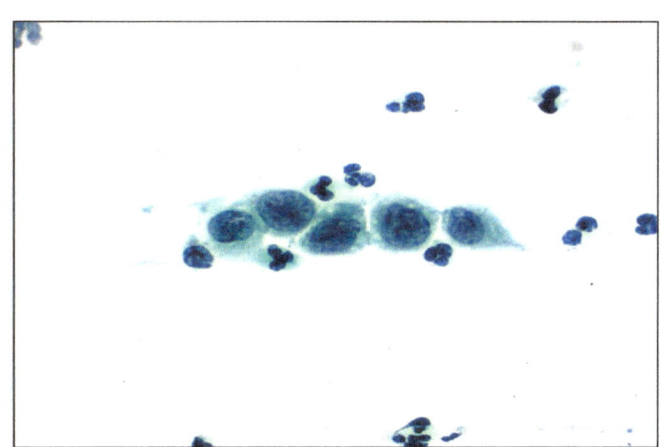

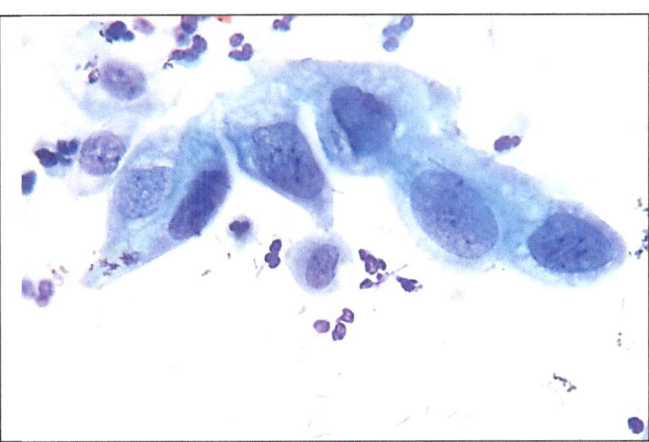

Fig. 8-3. ASC-H. Metaplasia escamosa atípica. Citoplasma denso, alta relação núcleo/citoplasma, variação da forma e tamanho nuclear e cromatina irregular (Papanicolaou).

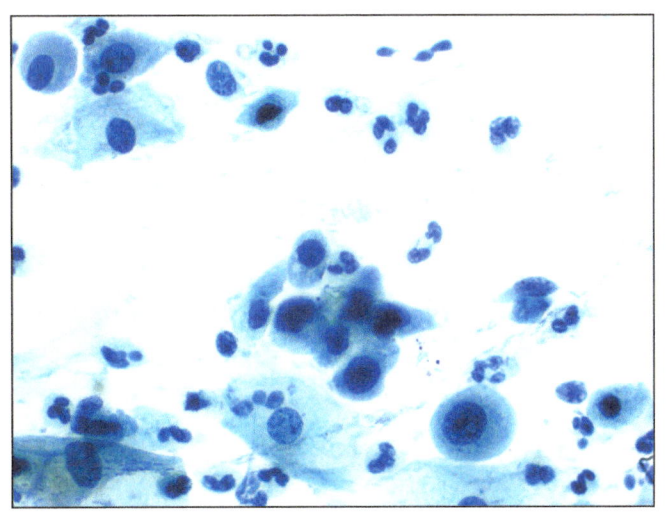

Fig. 8-4. Células isoladas com citoplasmas densos, núcleos aumentados e irregulares e cromatina densa, sugerindo HSIL: ASC-H *versus* HSIL.

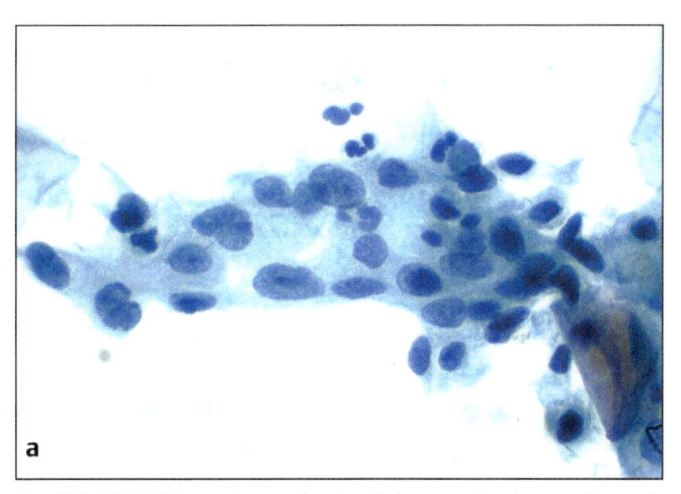

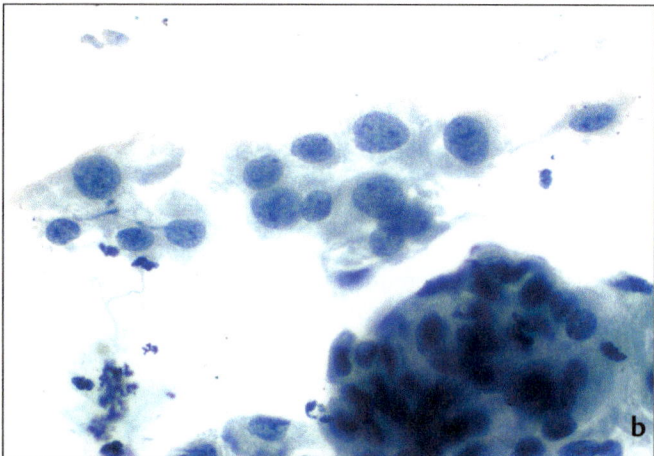

Fig. 8-5. (a) ASC-H – Aglomerados de células com citoplasmas densos (aparência metaplásica), núcleos e irregulares e cromatina densa. **(b)** É possível observar um "aglomerado" na parte inferior.

LESÕES INTRAEPITELIAIS ESCAMOSAS

Chama-se lesão intraepitelial quando as células alteradas (mutadas) estão restritas ainda ao extrato epitelial, ou seja, não ultrapassaram a membrana basal para invadir o estroma, o que configuraria uma microinvasão ou invasão. Conforme o Sistema Bethesda as lesões intraepiteliais escamosas são classificadas em:

- **LSIL:** lesões intraepiteliais escamosas de baixo grau.
- **HSIL:** lesões intraepiteliais escamosas de alto grau.
- **HSIL** com características suspeitas de invasão.

LSIL – Lesões Intraepiteliais Escamosas de Baixo Grau

O Sistema Bethesda classifica as lesões intraepiteliais em baixo e alto graus (LSIL e HSIL), onde LSIL corresponde a NIC-I na classificação das "Neoplasias Intraepiteliais Cervicais (NIC-I, II e III)", enquanto HSIL para alterações equivalentes à NIC-II e III. Entretanto, por causa do desfecho clínico e amplitude das características citomorfológicas, em alguns momentos é prudente utilizar HSIL e subclassificar, utilizando NIC-II e III na complementação do laudo, isto pode contribuir na tomada de decisões terapêuticas. Outro aspecto importante do sistema foi consolidar os efeitos do HPV e posicioná-lo na categoria LSIL (NIC-I), quando na presença de "coilócitos".

Mesmo agrupando as supostas lesões, poderão existir discrepâncias entre LSIL e HSIL, variando entre 10 a 15%, e entre a citologia e histologia em 15 a 25% das mulheres portadoras de LSIL que após a histologia apresentam NIC-II ou NIC-III. Estudos relatam que as lesões LSIL apresentam maior concordância com a colposcopia e histologia, 81,6%; e as HSIL correspondem histopatologicamente à NIC-III em 87,1% e NIC-II em 67,9% (Quadro 8-5).

A LSIL é detectada quando a atipia se encontra nas células maduras (superficiais e intermediárias). Uma vez detectada a presença de "coilócitos", um halo perinuclear com bordas irregulares e núcleo atípico, já se considera LSIL. Destacam-se como atipia nuclear a anisonucleose, alteração no contorno nuclear, podendo ser ou não hipercromático (Figs. 8-6 e 8-7). As alterações citomorfológicas podem ser vistas no Quadro 8-6.

Sabe-se que a mais de 90% das lesões são de origem do HPV, ou seja, da sua infecção e persistência, auxiliada pelos

Quadro 8-5. Principais Características Citomorfológicas de LSIL

Células	Escamosas superficiais e intermediárias, isoladas ou agrupadas em monocamada
Citoplasma	Maduro, translúcido eosinofílico ou basofílico e em tamanho normal. Bordas citoplasmáticas distintas. Também podem apresentar queratinização
Núcleo	Pode aumentar em 3× a área nuclear de uma célula intermediária normal. Normo a hipercromático. Bi ou multinucleação
Membrana nuclear	Pode variar de lisa a muito irregular
Nucléolo	Geralmente ausente ou não visível
Cromatina	De homogênea à granular irregular e fechada
Coilócito (HPV)	Halo perinuclear (cavitação perinuclear irregular) com bordas irregulares aparentando, em seu interior, ausência de conteúdo (sem coloração) em célula madura com núcleo atípico causado pela variação de tamanho, quando comparado ao núcleo normal de uma célula intermediária normal, aumentado ou picnótico. Membrana levemente enrugada (em uva-passa), cromatina grosseira e discreta hipercromasia
Relação núcleo/citoplasma	Elevada
Causas de erros	Dessecamento, células naviculares, alterações inflamatórias, degeneração, deficiência de ácido fólico, reparo, radiação e atrofia

LESÕES INTRAEPITELIAIS ESCAMOSAS (LIE)

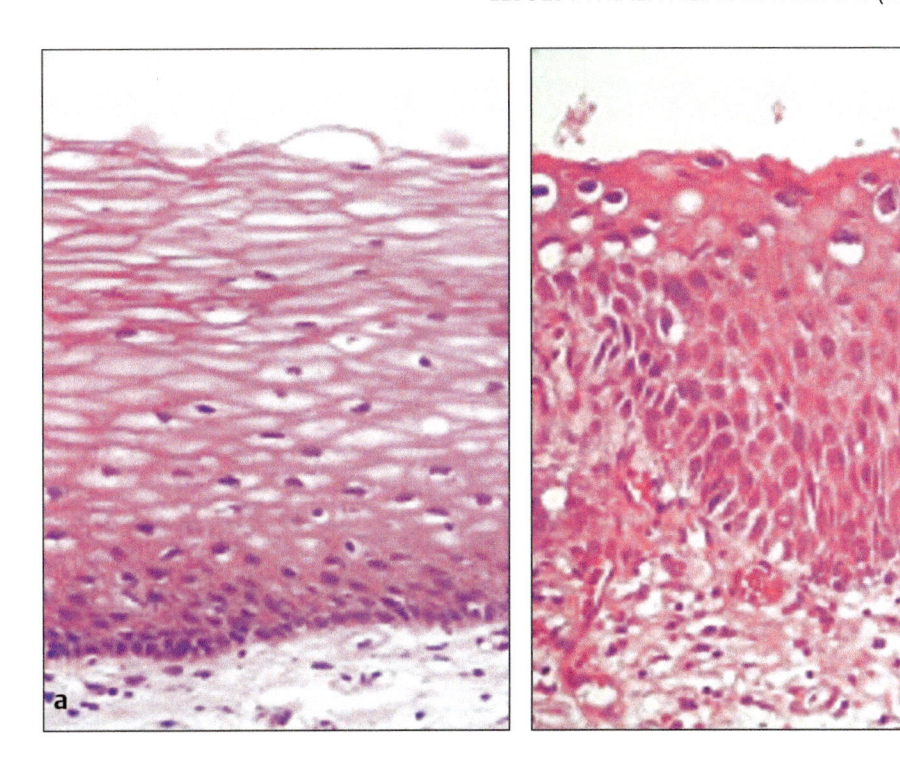

Fig. 8-6. Preparação histológica cervical. (**a**) Representação de um epitélio normal, com estratificação e espaços celulares em branco decorrentes do depósito de glicogênio. (**b**) Representação de infecção por HPV com coilócitos de núcleos atípicos e halo perinuclear (HE).

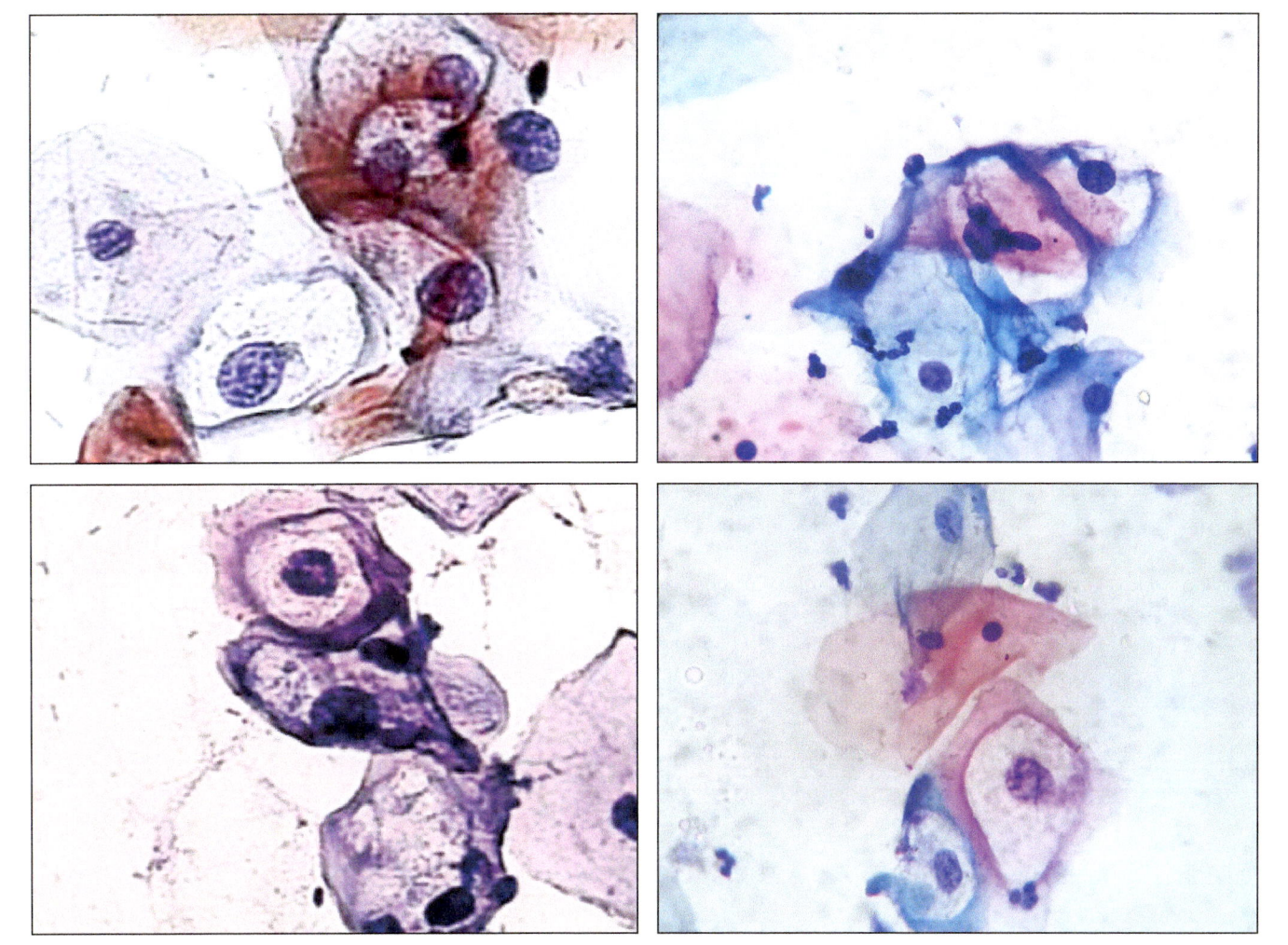

Fig. 8-7. LSIL – Efeito citopático do HPV (coilocitose). Grande halo perinuclear de bordas nítidas e irregulares, alguns núcleos aumentados em tamanho, hipercromáticos, cromatina grosseira e discreta alteração no contorno nuclear (Papanicolaou).

cofatores, mais de 80% das mulheres com biópsia NIC-I apresentam HPV de alto risco. Aproximadamente 9 a 16% das pacientes citologicamente diagnosticadas com LSIL são classificadas como NIC-II e III na histologia. Cerca de 98% dos tumores invasivos e seus precursores contêm tipos de HPV de "alto risco", predominantemente HPV-16. Estes números podem ainda estar subestimados por questões metodológicas, isto é, das técnicas de detecção e genotipagem.

Um dado importante é que aproximadamente 57% dos casos de NIC-I regridem espontaneamente, e apenas 11% progridem a NIC-II e III. O carcinoma escamoso poderá se desenvolver em 0,3% dos casos com NIC-I (Figs. 8-8 a 8-9).

Quadro 8-6. Como Distinguir uma Reação Inflamatória de uma LSIL

	Inflamação	LSIL
Agente causal	Pode aparecer (microrganismos, DIU)	Não se aplica
Sinais do HPV	Ausência de coilócitos	Presença de coilócitos
Citoplasma	Pode apresentar vacúolos. Bordas citoplasmáticas apagadas. Policromasia. Pequenos e uniformes halos perinucleares de bordas regulares (lisa)	Pode-se apresentar denso. Membrana distinta. Coloração monocromática e ausência de halos perinucleares uniformes
Tamanho nuclear	Aumento aproximado de duas vezes em relação ao núcleo de uma célula intermediária	Aumentado em 3× a área nuclear de uma célula intermediária normal
Morfologia nuclear	Contorno regular (membrana lisa). Cromatina fina homogênea	Contorno irregular, hipercromasia, cromatina irregular
Nucléolo	Presente	Ausente
Relação/citoplasma	Levemente aumentada	De leve à aumentada
Fundo do esfregaço	Geralmente com exsudato inflamatório	Escassa presença de exsudato inflamatório

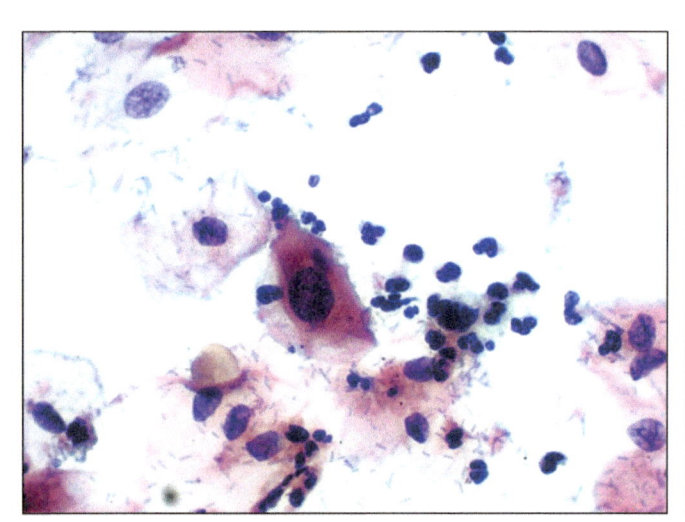

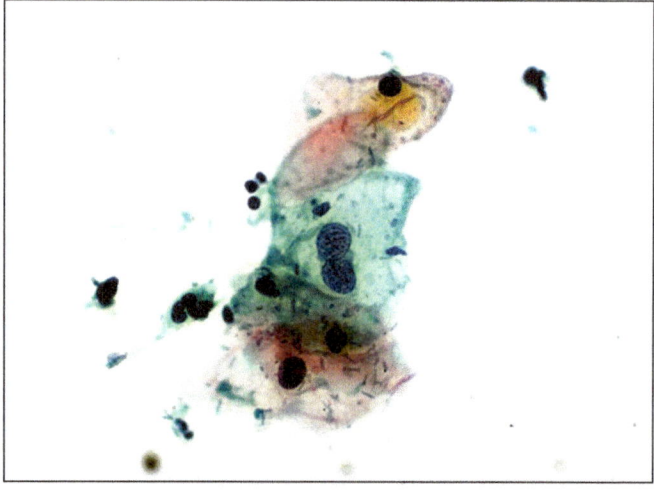

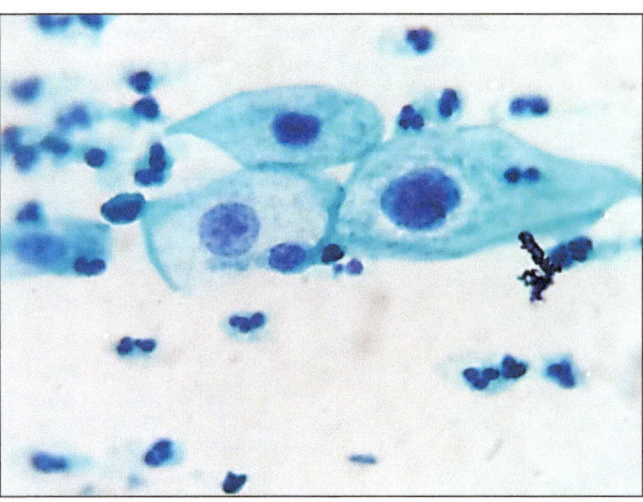

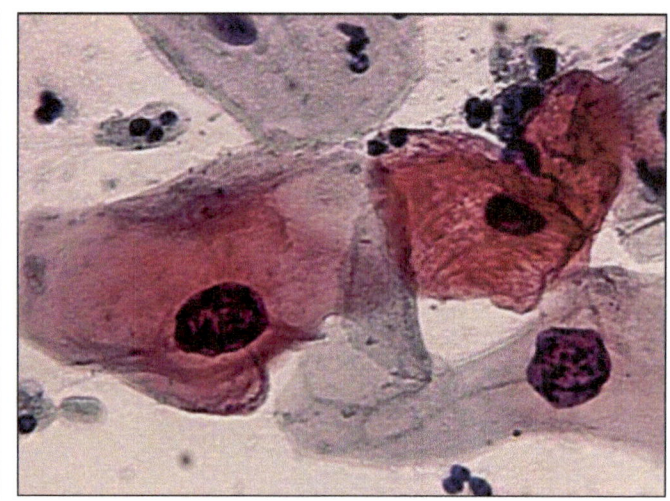

Fig. 8-8. Lesão intraepitelial escamosa de baixo grau (LSIL). Células escamosas maduras, com aumento do volume nuclear, hipercromasia, cromatina irregular e alteração no contorno nuclear (Papanicolaou).

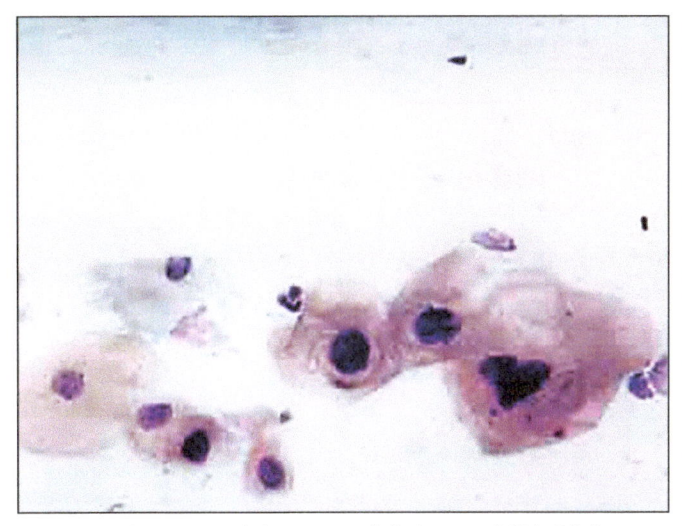

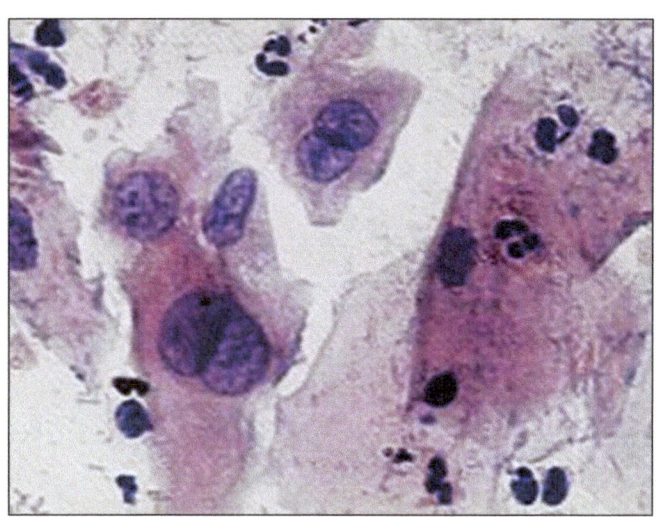

Fig. 8-9. Lesão intraepitelial escamosa de baixo grau (LSIL). Células escamosas maduras, binucleação, aumento do volume nuclear, cromatina grosseira e alteração no contorno nuclear (Papanicolaou).

Um dos problemas para o citologista menos experiente é diferenciar as alterações reativas (inflamação) da LSIL. O Quadro 8-6 elenca alguns critérios importantes que contribuem nesta distinção.

HSIL – Lesões Escamosas Intraepiteliais de Alto Grau

Comparando a outras classificações anteriores (Reagan e Richart), HSIL engloba NIC-II (displasia moderada) e NIC-III (displasia grave e carcinoma *in situ*). O extrato epitelial vai sendo comprometido a partir da sua base, onde as células basais são infectadas pelo HPV e aos poucos compõem todo o extrato. Enquanto houver mesmo diferenciação celular e estando a célula atípica, considera-se displasia, porém, quando toda a camada epitelial se torna composta de células imaturas, capazes de realizar mitoses, classifica-se em carcinoma *in situ*, isto é visto com facilidade nas preparações histológicas.

As alterações na HSIL são progressões mais graves que a LSIL, porém em células mais imaturas. Os tipos celulares vão de profundas (células basais e parabasais até intermediárias jovens, passando pela metaplasia [Quadro 8-7]). Encontra-se HPV de alto risco em cerca de 97% das mulheres com HSIL.

Nas lesões mais avançadas é possível distinguir o HSIL do carcinoma escamoso invasivo pela presença de macronucléolos e diátese tumoral. No caso dos carcinomas invasivos queratinizantes devem-se verificar também o pleomorfismo nuclear e a queratinização citoplasmática, e nos adenocarcinomas *in situ* a presença de grupos celulares com núcleos periféricos formando figuras, como "pluma", "roseta" etc. E nucléolos (Figs. 8-10 a 8-16). O envolvimento glandular endocervical com HSIL pode mimetizar uma lesão glandular. Aproximadamente 40% das atipias glandulares são HSIL na biópsia.

É possível também encontrar lesões intraepiteliais envolvendo glandulares endocervicais o que dificulta ainda mais a

Quadro 8-7. Características Citomorfológicas do HSIL

Células	Menores, imaturas, isoladas, em monocamadas, eventuais aglomerados sinciciais (sem bordas citoplasmáticas e perda de polaridade, comuns nas lesões avançadas invasivas). Agrupamentos densos e hipercromáticos são frequentes nos carcinomas *in situ*, bem como células isoladas redondas, pequenas com núcleos em "uva-passa". Amostra pode disponibilizar poucas células
Citoplasma	Abundante nas lesões iniciais compatíveis histologicamente com NIC-II, onde observa-se citoplasma de células intermediárias imaturas e parabasais densas com predominância de basofilia. Nas lesões mais avançadas NIC-III (carcinoma *in situ*) o citoplasma é escasso, porque a diferenciação não acontece, e as células apresentam-se imaturas, redondas ou ovais com escasso citoplasma. Pode haver queratinização marcada pela eosinofilia
Núcleo	Anisonucleose e cariomegalia (três vezes o núcleo de uma célula intermediária). Geralmente hipercromáticos
Membrana nuclear	Muito irregular, às vezes com endentações proeminentes
Nucléolo	Eventual e cromocentro
Cromatina	Heterogênea com grânulos variando de finos a grosseiros, eventual paracromatina
Relação núcleo/citoplasma	Alta
Observação	Quanto mais grave a lesão, mas imaturas são as células
Causas de erros	Metaplasia escamosa, agrupamentos de células basais e parabasais na atrofia, histiócitos, pseudoparaqueratose, cervicite folicular, hiperplasia de células de reserva, células endocervicais e endometriais, DIU e hipercoloração

Nota: a dificuldade de se definir os critérios específicos para HSIL reside no fato de que o espectro de alterações, anteriormente compatível com NIC-II e III, é muito variável, vai de células com considerável citoplasma a células muito pequenas e com alta relação núcleo/citoplasma.

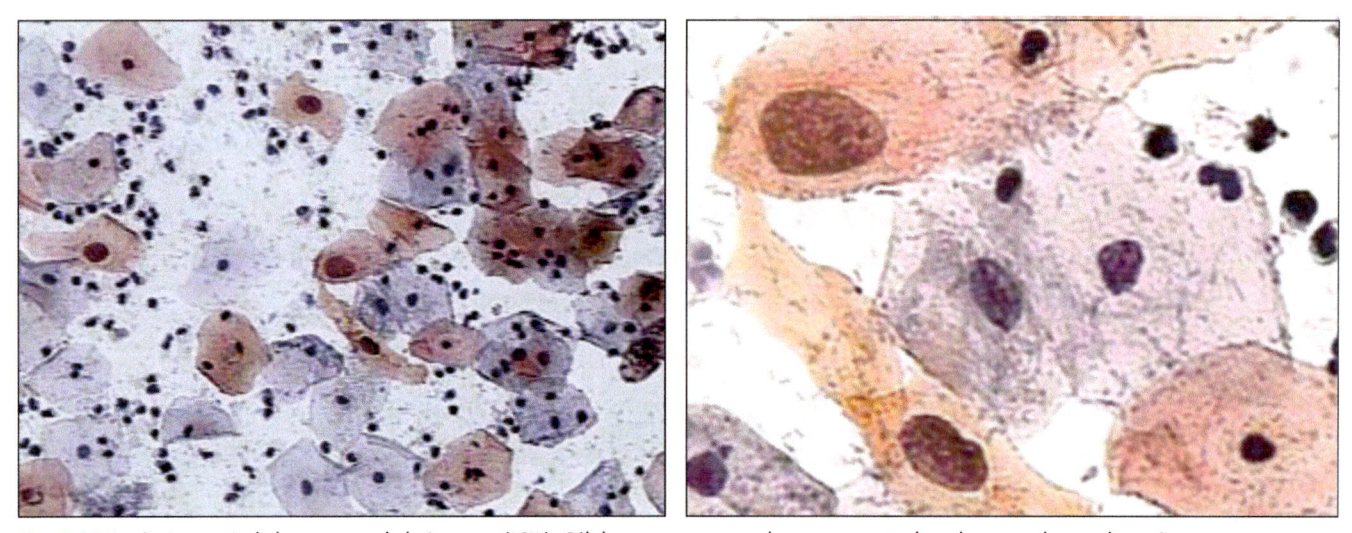

Fig. 8-10. Lesão intraepitelial escamosa de baixo grau (LSIL). Células escamosas maduras, aumento do volume nuclear e alteração no contorno nuclear (Papanicolaou).

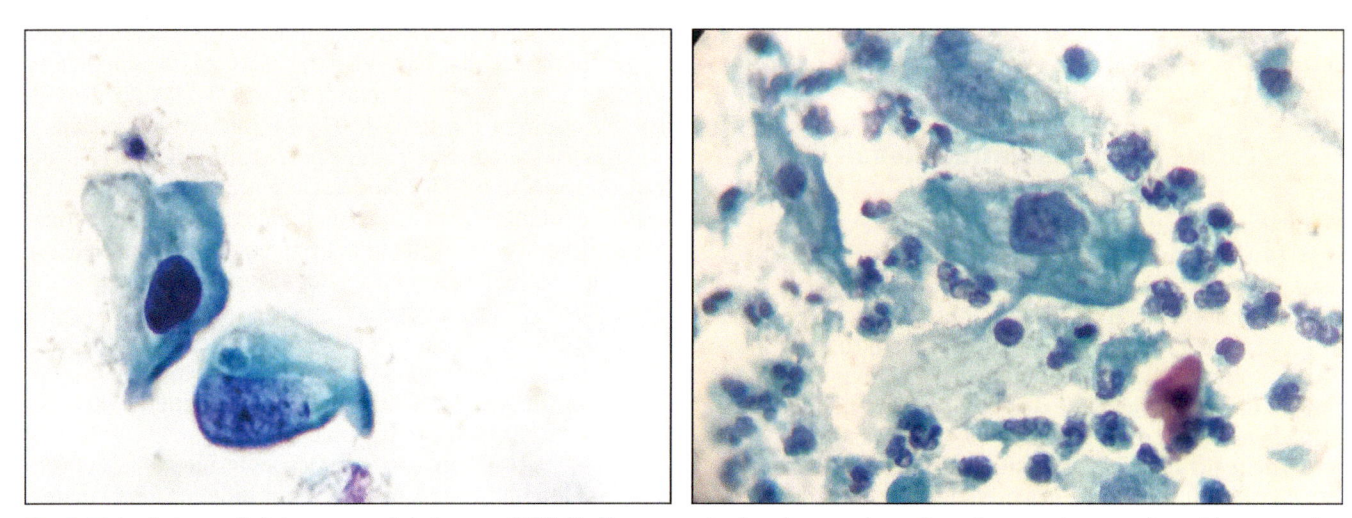

Fig. 8-11. Lesão intraepitelial escamosa de baixo grau (LSIL). Verificar aumento do volume nuclear, alteração no contorno nuclear e hipercromasia (Papanicolaou).

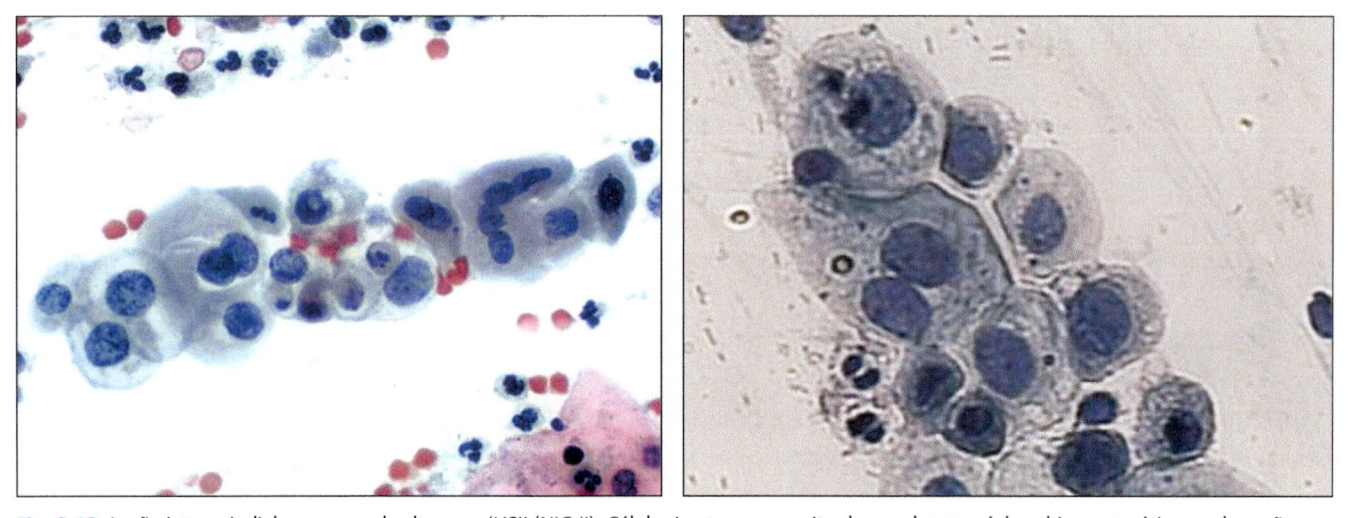

Fig. 8-12. Lesão intraepitelial escamosa de alto grau (HSIL/NIC-II). Células imaturas com citoplasma denso, núcleos hipercromáticos e alteração no contorno nuclear. Citoplasma presente e em diferentes graus de maturação (Papanicolaou).

LESÕES INTRAEPITELIAIS ESCAMOSAS (LIE)

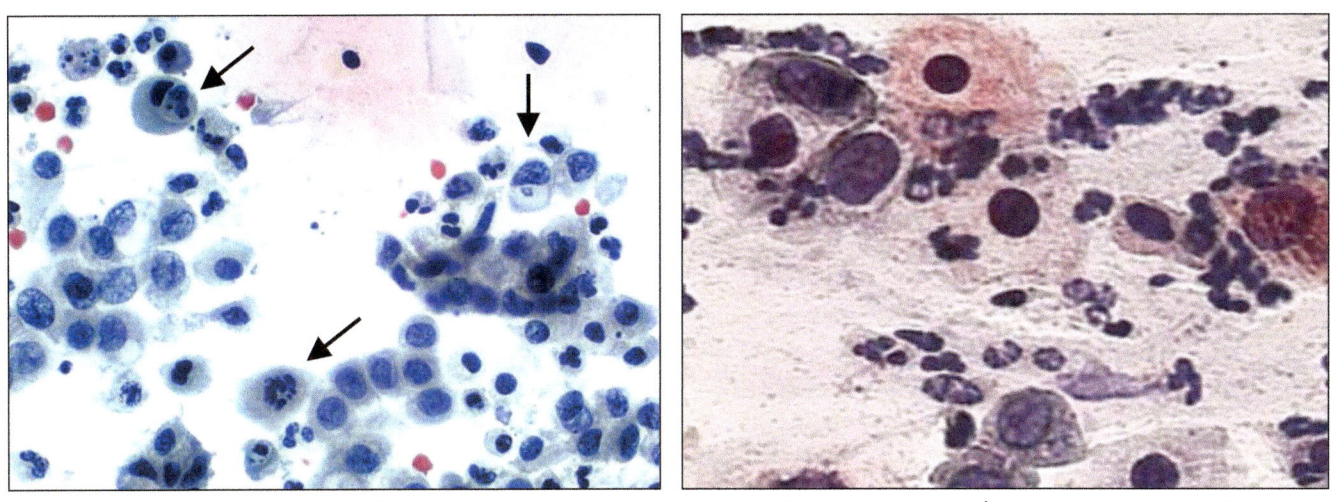

Fig. 8-13. Lesão intraepitelial escamosa de alto grau (HSIL/NIC-III). Núcleos hipercromáticos e pleomórficos. À esquerda, fagocitose, vacúolos e cariorrexe *(setas)* (Papanicolaou).

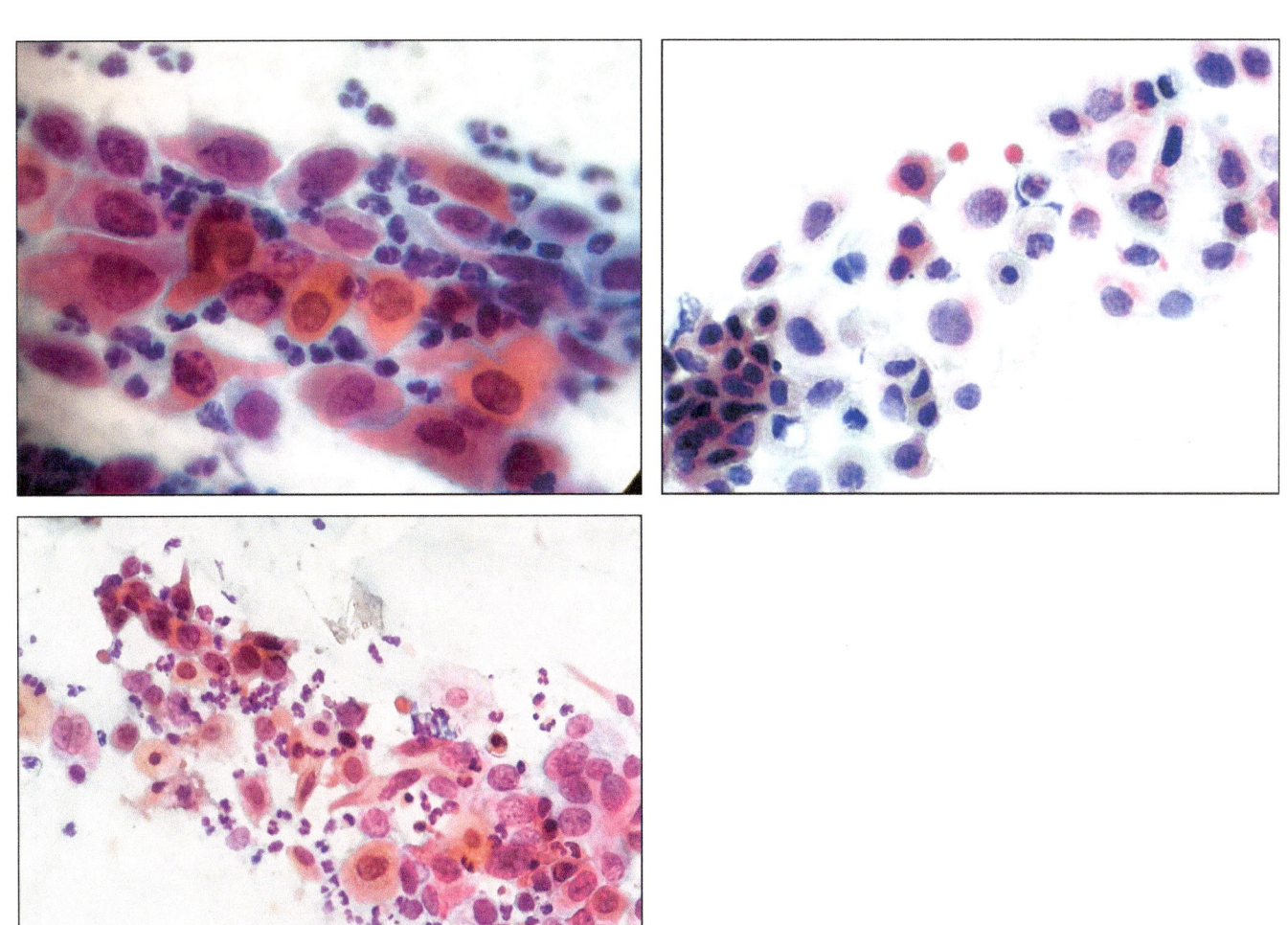

Fig. 8-14. Lesão intraepitelial escamosa de alto grau (HSIL/NIC-III). Pleomorfismo celular e nuclear, citoplasma queratinizado com núcleos hipercromáticos, picnóticos e anisonucleose (Papanicolaou).

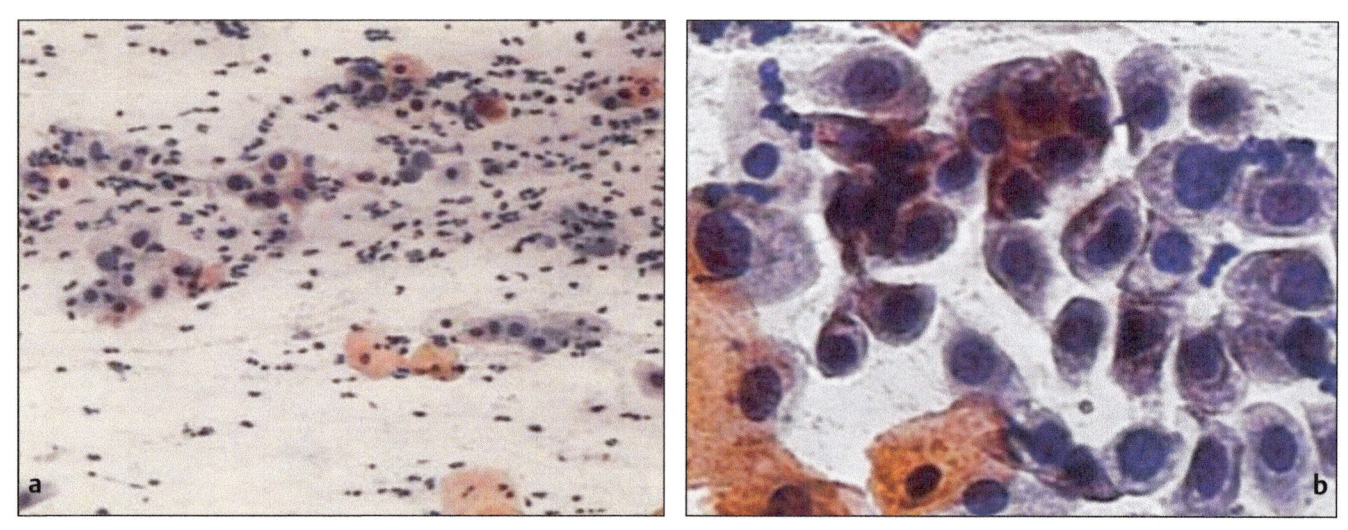

Fig. 8-15. Lesão intraepitelial escamosa de alto grau (HSIL/NIC-II). (**a**) Em menor aumento, observa-se a disposição de células pleomórficas com núcleos destacadamente hipercromáticos. (**b**) Núcleos com alterações no contorno nuclear, moderado aumento da relação núcleo/citoplasma (Papanicolaou).

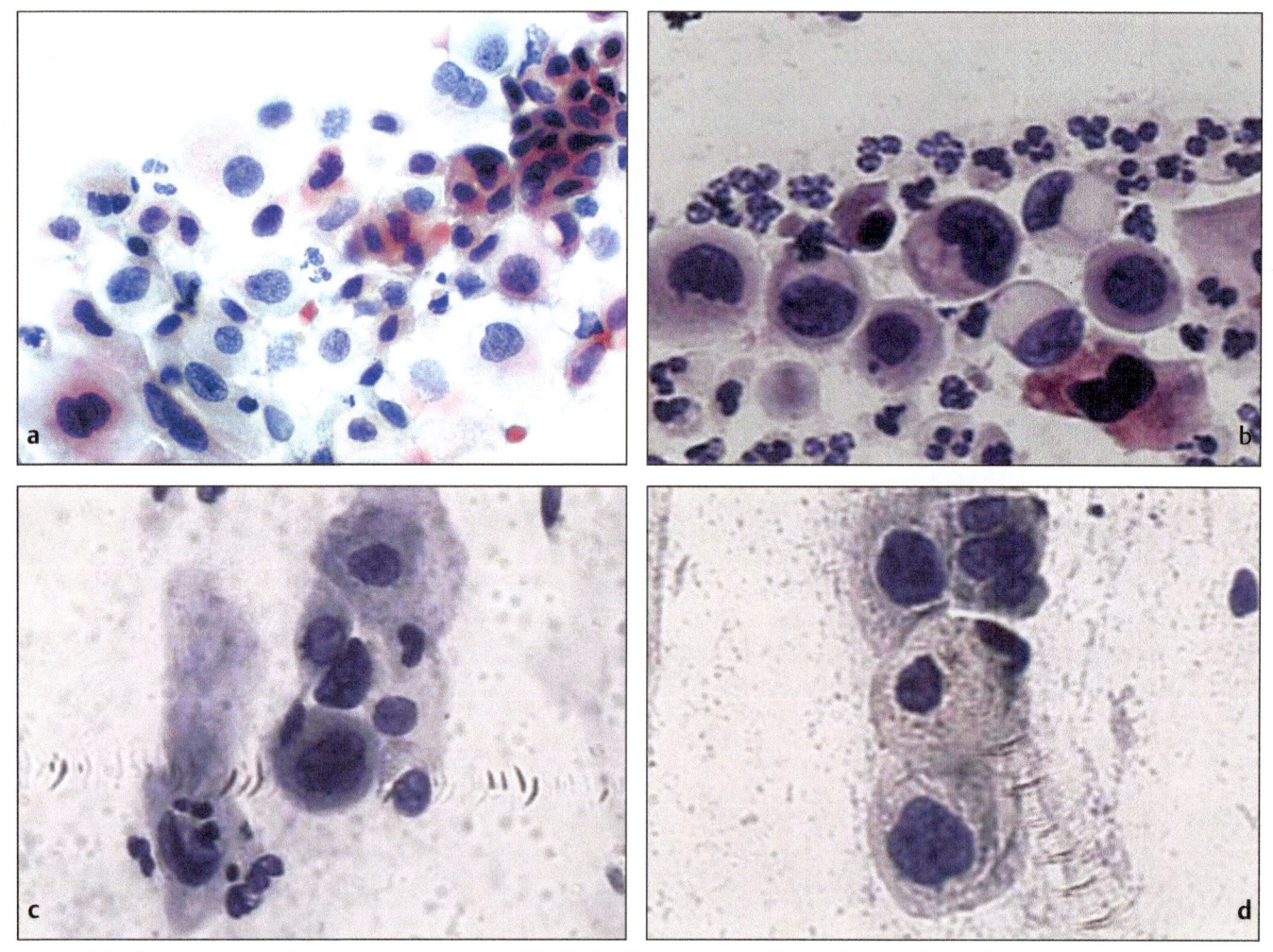

Fig. 8-16. (**a-d**) Lesão intraepitelial escamosa de alto grau (HSIL/NIC-III). Núcleos pleomórficos e alguns em forma de "uva-passa" ou de "rim". Vacúolos citoplasmáticos, queratose com núcleos pleomórficos (Papanicolaou).

conclusão. Isto se deve ao fato de não valorizar os núcleos de características peculiares, as atipias glandulares endocervicais e adenocarcinoma *in situ*, como núcleos em bastões com cromatina grosseira, irregular e nucléolos evidentes. Agregados tridimensionais (3D) com pseudoestratificação.

Outro ponto fundamental de se observar nas lesões mais evoluídas são os agregados sinciciais compostos por células de núcleos atípicos, intensa anisonucleose, cromatina grosseira irregular, contorno nuclear irregular, elevada relação núcleo/citoplasma e citoplasmas sem delimitação nítida. As células perdem a polaridade e estes agregados apresentam sobreposição celular e bordas irregulares. Por se tratar de um conjunto de células e maior estado neoplásico onde as células não se diferenciaram, as mitoses não são achados incomuns. Entretanto, as características descritas tornam-se difíceis de percepção por conta da densidade dos agregados, e o citologista deve aproveitar bem as informações das células posicionadas nas bordas (Figs. 8-11 a 8-18).

HSIL com Características Suspeitas de Invasão

Esta terminologia se refere aos casos onde as alterações compatíveis com HSIL apresentam ainda maior intensidade, por exemplo, acentuado pleomorfismo celular e nuclear, queratinização com ausência de diátese tumoral. Observam-se também necrose epitelial celular focal, micronucléolos com presença acentuada ou não de células inflamatórias e aparência de diátese tumoral (sangue, necrose e fundo granular proteináceo), mas também é possível encontrar esfregaços com fundo claro e limpo (Fig. 8-19). Esta classificação corrobora com os quadros de microinvasão diagnosticados na histologia.

LESÕES GLANDULARES NÃO INVASIVAS

Avaliar células glandulares não é tarefa fácil, principalmente em razão da amostragem e interpretação. Um fato que muito contribuiu na amostragem das lesões glandulares foi o uso da escova cervical (*cytobrush*), haja vista que a atipia glandular endocervical não é comum, representa menos de 1% de todos os diagnósticos cervicais (média entre 0,3-0,5%) de toda a casuística atípica na citologia, entretanto são lesões com grau de dificuldade de detecção para alguns citologistas menos experientes. Outro grande problema é a distinção entre uma atipia glandular e as lesões glandulares por não haver critérios bem estabelecidos. A citologia cervicovaginal não é a metodologia mais apropriada para rastrear as lesões glandulares, mas pode contribuir em percentual significativo de detecção.

Na citologia em base líquida as alterações tornam-se mais evidentes, e o citologista deve ser prudente quanto aos critérios para a conclusão do laudo.

Segundo o Sistema Bethesda, as anormalidades epiteliais glandulares são classificadas em:

- Atipias
  - Células glandulares endocervicais (sem outra especificação [SOE] ou especificar nos comentários).
  - Células endometriais (SOE ou especificar nos comentários).
  - Células glandulares endocervicais, favorecendo neoplasia.
  - Células glandulares, favorecendo neoplasia.
- Adenocarcinomas
  - Adenocarcinoma endocervical *in situ* (AIS).
  - Adenocarcinoma endocervical.
  - Adenocarcinoma endometrial – extrauterino.
  - Sem outra especificação (SOE).

Vale destacar que o reconhecimento da localização da lesão glandular é muito importante para conduta clínica e por isso o citologista deve sempre tentar definir se é uma lesão endocervical ou endometrial. Quando não for possível, utiliza-se a terminologia genérica "células glandulares atípicas" (ACG). Ressalta-se ainda que nas atipias glandulares endometriais não há a opção de "favorecendo neoplasia", nem adenocarcinoma *in situ*.

O Quadro 8-8 resume as principais características para diferenciar uma reação inflamatória de uma atipia glandular, pois as células glandulares respondem substancialmente aos processos inflamatórios, dificultando esta diferenciação.

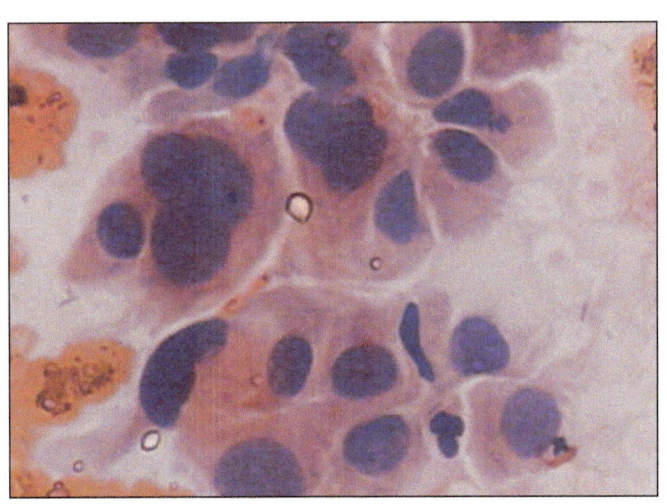

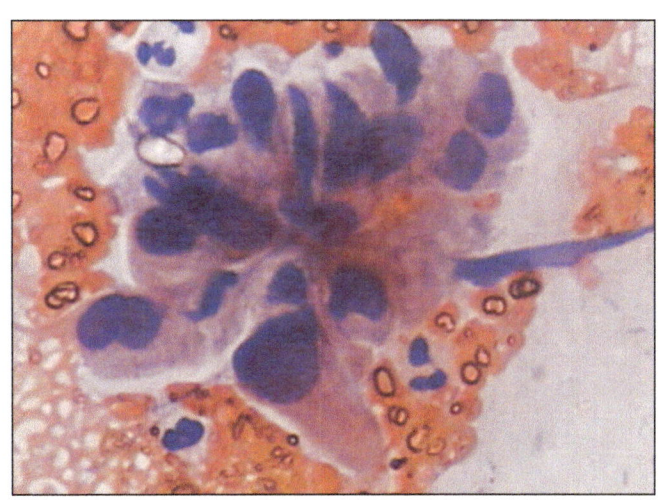

Fig. 8-17. Lesão intraepitelial escamosa de alto grau (HSIL/NIC-III). Pleomorfismo celular e nuclear, queratinização e acentuada hipercromasia (Papanicolaou).

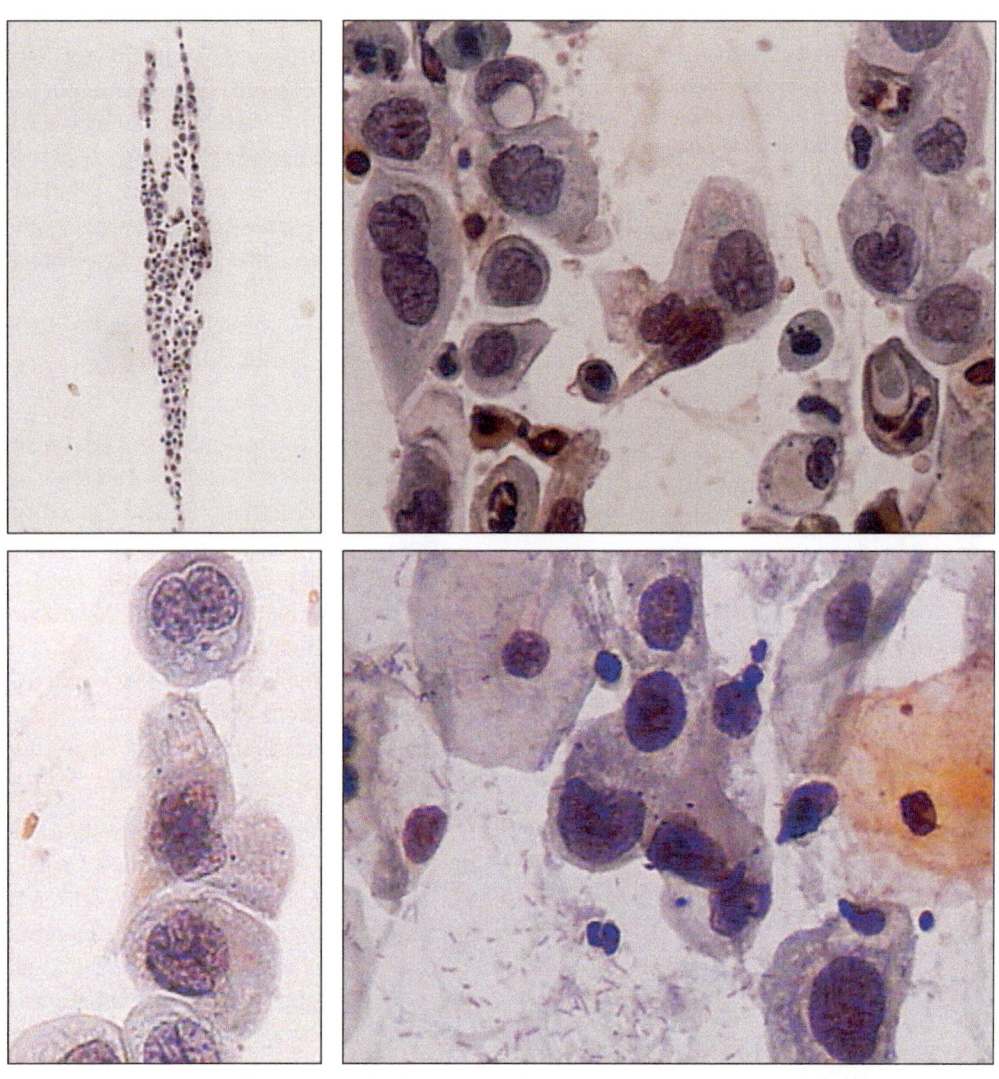

Fig. 8-18. Lesão intraepitelial escamosa de alto grau (HSIL/Carcinoma *in situ*). Na figura superior esquerda, em menor aumento, observa-se o arranjo em "fila indiana" compatível com "carcinoma *in situ*". Fagocitose, vacúolo, pleomorfismo celular e nuclear, hipercromasia, núcleos com cordões cromatínicos (Papanicolaou).

LESÕES INTRAEPITELIAIS ESCAMOSAS (LIE)

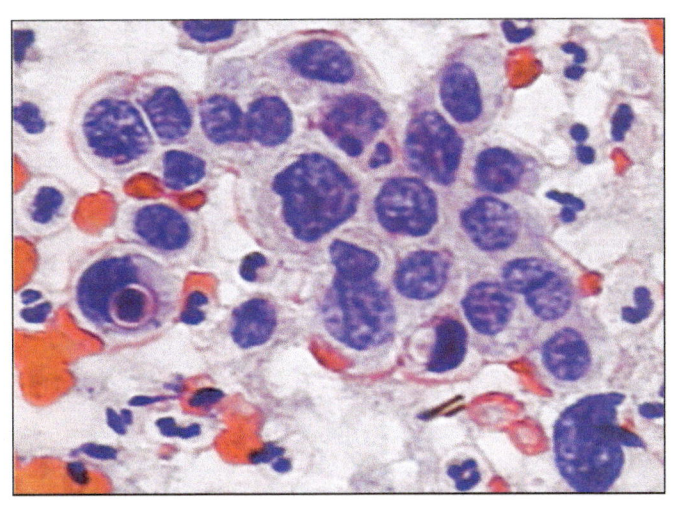

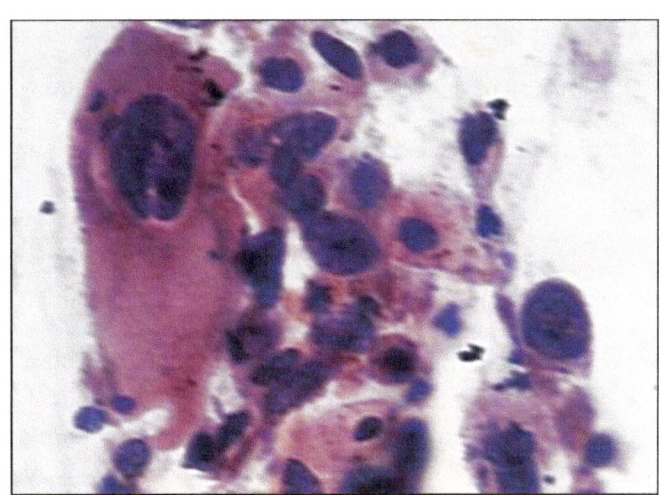

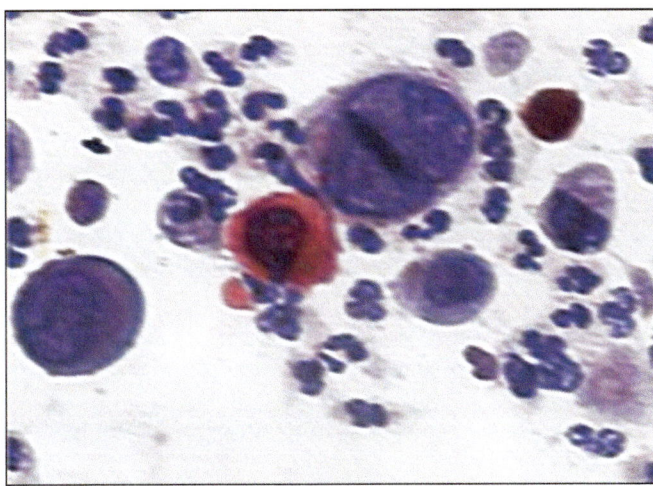

Fig. 8-19. HSIL com características suspeitas de invasão. Células imaturas com escasso citoplasma, queratinização, alta relação núcleo/citoplasma, cariomegalia, hipercromasia, alteração no contorno nuclear, formação de sulco nuclear e presença de nucléolos (Papanicolaou).

Quadro 8-8. Como Distinguir uma Reação Inflamatória em Células Glandulares de uma Atipia Glandular

	Alterações glandulares reativas	Atipia glandular
Agente causal	Pode aparecer (microrganismos)	Ausente
Sinais de HPV	Ausência de coilócitos	Não há
Células/agrupamentos	Células isoladas ou em camada única e formas variadas. Agrupamentos planos em forma de "colmeia". Discreto pleomorfismo	Isoladas ou agrupadas. Forma colunar
Citoplasma	Abundante com bordas bem definidas. Não há queratinização	Menos granular Não há queratinização
Núcleo	Aumento com tendência a se manter redondo ou oval e contornos suaves. Normocrômico. Discreta sobreposição	Hipercromático
Nucléolo	Destacado	Menos destacado
Cromatina	Granular fina, regular	
Mitose	Rara	Mais frequente
Apoptose	Ausente	Rara
Diátese	Não tumoral	Não tumoral
Fundo do esfregaço	Geralmente com exsudato inflamatório	Pode apresentar exsudato inflamatório

Atipia em Células Glandulares Endocervicais

Estas alterações ultrapassam as alterações reativas ou reparadoras, mas não apresentam alterações de adenocarcinoma endocervical *in situ* ou invasivo.

Apesar de os achados glandulares atípicos serem discriminados conforme o tipo celular, nem sempre é fácil distinguir se é endocervical ou endometrial, informação importante uma vez que os procedimentos possam variar substancialmente. Nesses casos o Sistema Bethesda reserva o termo "atipia de célula glandular" sem especificar a origem. Também foi eliminado a expressão "possivelmente reativas" e caso não haja outras especificações criou-se a expressão "sem outras especificações" (Fig. 8-20). São características (Quadro 8-9):

- Presença de algumas características do adenocarcinoma *in situ*.
- Hipercromasia leve.
- Agrupamentos de células endocervicais em monocamada.
- Núcleo: aumentado em aproximadamente 3× o núcleo de uma célula glandular endocervical, redondo ou oval.
- Perda de polaridade.
- Nucléolos pequenos
- Citoplasma colunar, vacuolado, bordas distintas.
- Relação núcleo/citoplasma alta.
- Mitoses eventuais.

As células glandulares são muito delicadas e por isso a coleta deverá ser cuidadosa com a escovinha na cérvice e canal endocervical, bem como, na deposição das células na lâmina, quando em uma citologia convencional. Nas citologias em base líquida todo material é depositado no líquido preservador, e a probabilidade de danos celulares diminui, porém há desvantagem na preservação dos agrupamentos celulares.

Quadro 8-9. Características das Atipias em Células Glandulares *Versus* Atipias em Células Glandulares Endocervicais

	Atipias em células glandulares	Atipias em células glandulares endocervicais
Células	Glandulares indeterminadas, redondas, ovais ou com discreto pleomorfismo. Agrupamentos planos ou tridimensionais	Glandulares endocervicais em agrupamentos planos, coesos e cheios. Anisocitose
Citoplasma	Escasso a moderado	Citoplasma colunar, vacuolizado e com bordas distintas
Núcleo	Aumento de duas a três vezes o núcleo normal das células endocervicais. Anisocitose	Hipercromasia. Núcleo aumentado, mais que três vezes o núcleo de uma célula normal endocervical, discreta sobreposição, redondo, oval. Leve perca de polaridade
Membrana nuclear	Discreta alteração	Discreta alteração
Nucléolo	Eventual	Pequeno
Cromatina	Grosseira. Discreta hipercromasia	Grosseira e irregular
Mitose	Eventual	Raras figuras
Relação núcleo/citoplasma	Relativo aumento	Aumento
Falhas	Coleta vigorosa, hemorragia e má-fixação	Metaplasia tubária, células do segmento uterino inferior, reatividade e reparo, pólipos endocervicais, hiperplasia microglandular, alteração de Arias-Stella e radiação ionizante

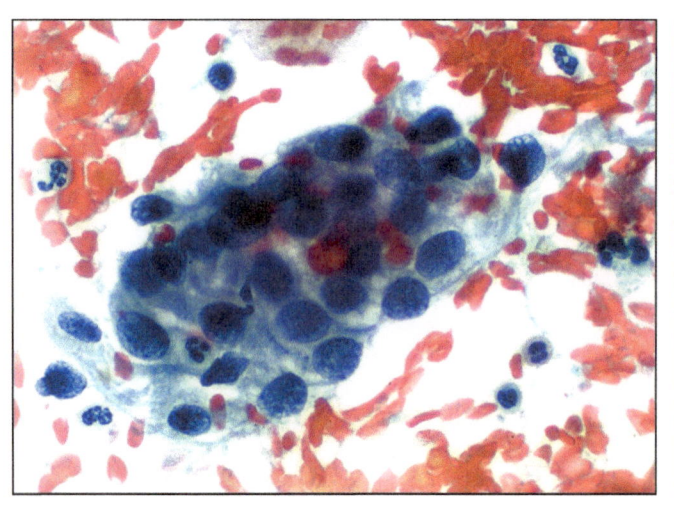

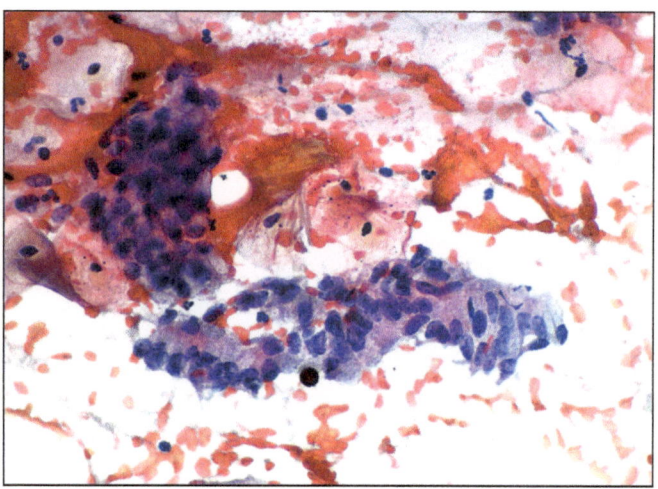

Fig. 8-20. Atipia de células endocervicais. Agrupamento plano, anisonucleose discreta, nucléolos evidentes, cromatina granular e discreta hipercromasia (Papanicolaou).

Atipia em Células Endocervicais, Favorecendo Neoplasia

Nesse tipo de atipia ainda não é possível caracterizar o adenocarcinoma *in situ* ou invasivo, apenas algumas alterações são verificadas como se fossem indícios de uma lesão mais avançada. As características citológicas estão apresentadas no Quadro 8-10 e nas Figuras 8-21 e 8-22.

Atipia em Células Glandulares Endometriais

Pode estar presente nos esfregaços coletados no período menstrual, nas hiperplasias endometriais atípicas, endometrites, pólipos endometriais, terapia hormonal e nas alterações de Arias-Stela. O Sistema Bethesda excluiu a opção "favorecendo neoplasia" por entender que a distinção é praticamente impossível, mas recomenda comentários específicos, caso haja informações clínicas do caso, como: exames prévios reativos, presença de DIU, pólipo etc.

As alterações citomorfológicas são:

- Células dispostas em pequenos agrupamentos (5-10 células) coesos.
- Citoplasma escasso ocasionalmente vacuolizado. Margens celulares mal definidas.
- Núcleos aumentados com hipercromasia leve à moderada.
- Cromatina irregular.
- Nucléolos ocasionais e pequenos, quando visualizados.

Quadro 8-10. Características das Atipias em Células Glandulares Endocervicais Possivelmente Neoplásicas *Versus* Adenocarcinoma *In Situ* (AIS)

	Atipias em células glandulares endocervicais, favorecendo neoplasia	Adenocarcinoma *in situ*
Células	Colunares, disposição irregular com sobreposição e até pseudoestratificação. Às vezes há formação de figuras do tipo rosetas (glândulas) e "plumagem"	Pode aparecer colunar. Aumentadas em número. Formam agrupamentos tridimensionais formando figuras (roseta, plumas, tiras [pseudoestratificação]), com sobreposição. Raras células dispostas isoladamente
Citoplasma	Citoplasma diminuído com bordas mal definidas	Colunar, finamente vacuolizado, anfofílico e cianofílico
Núcleo	Aumentado, alongado e hipercromático	Aumentado, redondo, oval, em forma de bastões. Perca de polaridade. Hipercromasia e mitose
Membrana nuclear	Discreta alteração de contorno	Irregular
Nucléolo	Raro. Quando presentes são evidentes	Geralmente pequenos. Eventuais nucléolos eosinofílicos (possível invasão)
Cromatina	Grosseira e irregular	Granular grosseira
Mitose	Ocasional	Pode aparecer
Relação núcleo/citoplasma	Aumentada	Aumentada
Diátese tumoral	Ausente	Ausente. Possível *debris* inflamatório

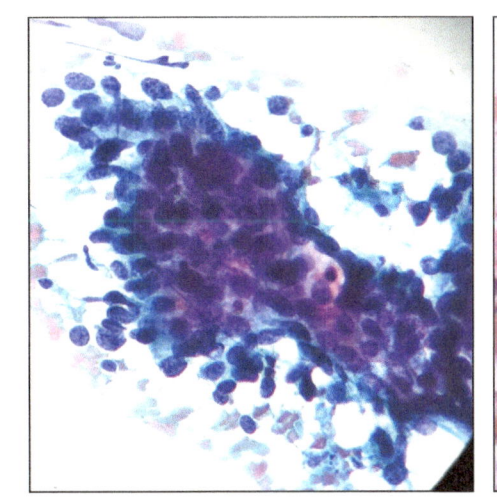

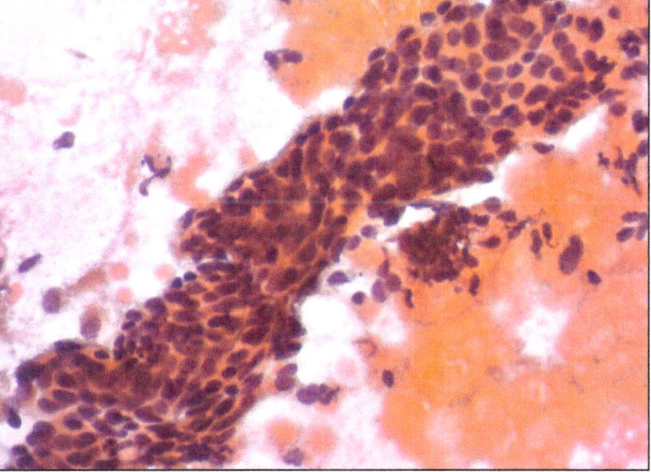

Fig. 8-21. Atipia de células endocervicais, favorecendo neoplasia. Células endocervicais em agrupamentos densos, sobreposição nuclear, citoplasma diminuído com bordas mal definidas, discreto pleomorfismo com predomínio de núcleos alongados. Hipercromasia e alguns nucléolos visíveis e destacados (Papanicolaou).

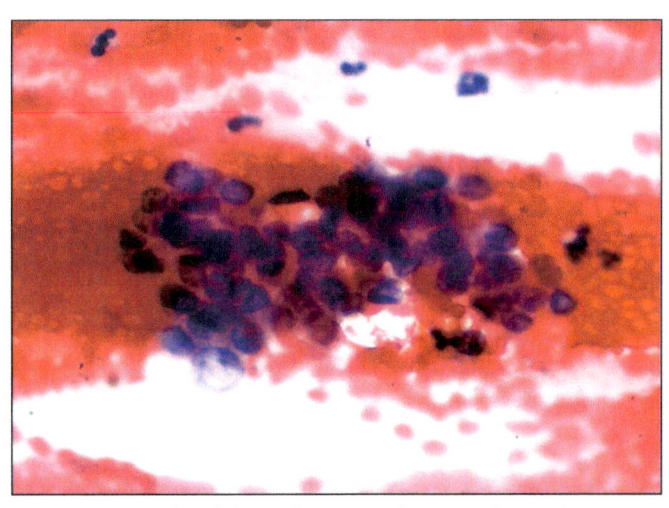

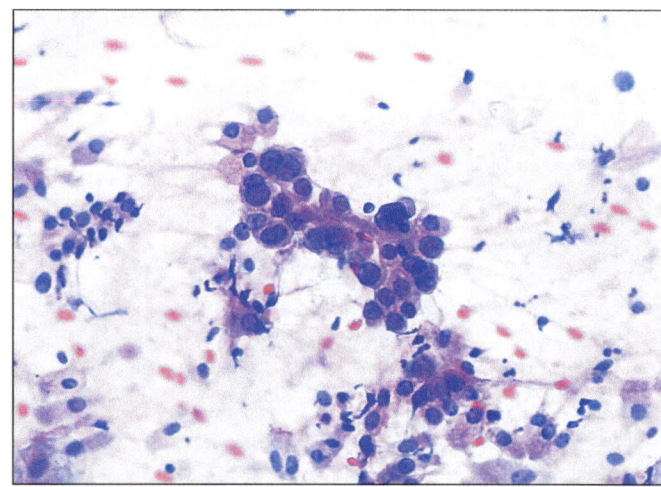

Fig. 8-22. Atipia de células endocervicais, favorecendo neoplasia. Agrupamento de células atípicas do tipo glandular com núcleos aumentados e um padrão de cromatina regular. Comparar a células colunares normais. Nucléolos são ocasionalmente visíveis (Papanicolaou).
(Fonte: Frappart L, Fontanière B, Lucas E, Sankaranarayanan R. Histopathology and cytopathology of the uterine cervix – Atlas Digital. IARC, Lyon, 2004. Disponível em: http://screening.iarc.fr/atlashisto.php?lang=1)

Adenocarcinoma Endocervical *in situ* (AIS)

Considerado o equivalente glandular da lesão escamosa NIC-III e precursor do adenocarcinoma endocervical invasivo, pode ser detectado vários anos antes de evoluir a invasão.

Alguns estudos têm demonstrado uma associação entre esse tipo de lesão e a infecção pelos HPV-16 e 18, principalmente o 18. Por causa da sensibilidade da citologia cervicovaginal a incidência do adenocarcinoma invasivo é mais alta que o AIS.

É possível encontrar associação a lesões intraepiteliais escamosas em, aproximadamente, 25 a 50% dos casos. Aproximadamente 40% das atipias glandulares mostram-se como HSIL na histopatologia.

O Quadro 8-10 elenca as principais características citológicas do AIS e as compara às das atipias glandulares endocervicais, favorecendo neoplasia. Em alguns momentos os critérios mostram-se muito subjetivos e podem confundir o citologista (Fig. 8-23).

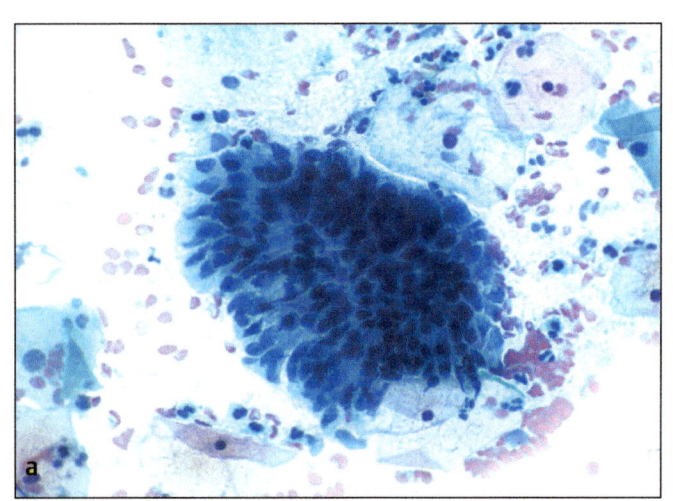

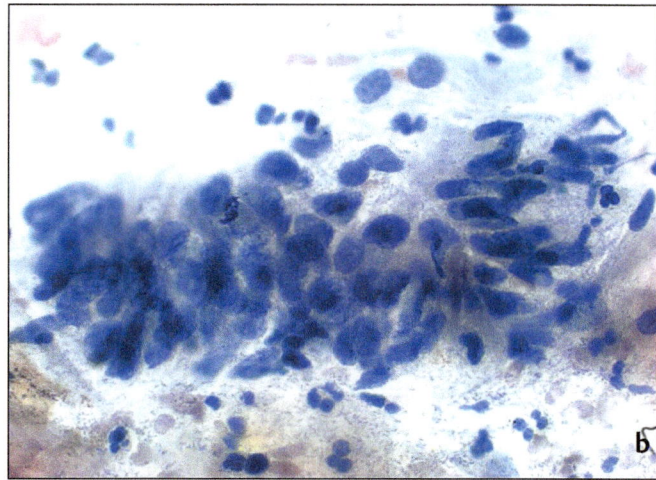

Fig. 8-23. Adenocarcinoma *in situ*. Núcleos hipercromáticos, alongados (em bastão) e projetados para fora (**a**), pseudoestratificação (**b** e **c**) e formação em "roseta" (glandular) (**d**) (Papanicolaou).

LESÕES INTRAEPITELIAIS ESCAMOSAS (LIE) 85

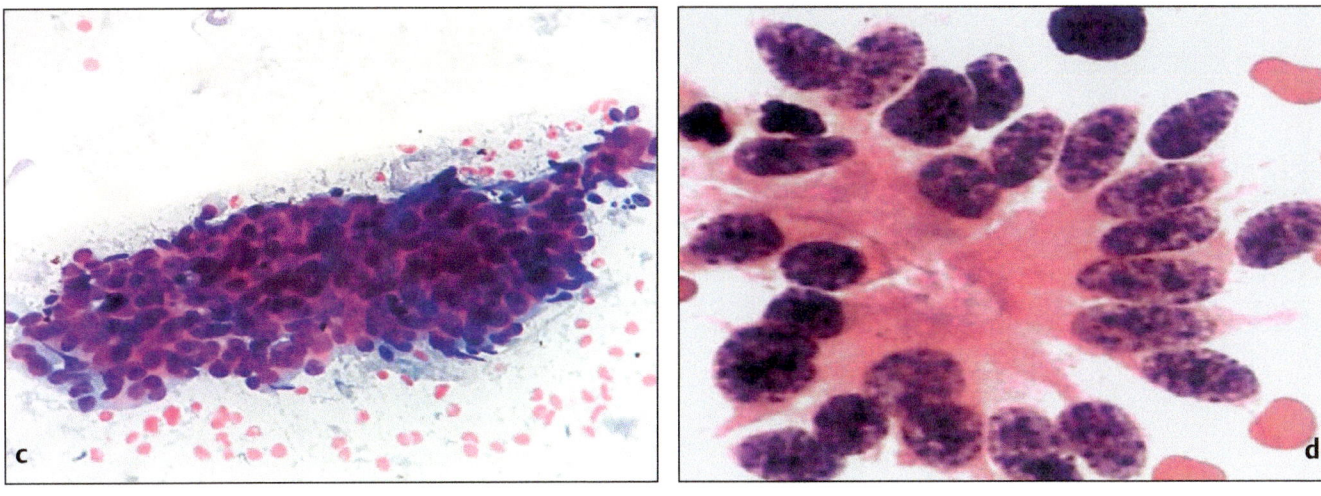

Fig. 8-23. *(Cont.)*

LESÕES INVASIVAS

Jacinto da Costa Silva Neto

As lesões malignas (invasivas) são detectadas na citologia principalmente por alterações nucleares e complementadas com alterações citoplasmáticas e presença de diátese tumoral. De forma sumarizada o Quadro 9-1 classifica os sinais frequentes destas lesões por ordem de importância.

MICROINVASÃO – HISTOPATOLOGIA

A lesão microinvasiva foi um conceito introduzido por Mestwerdt, em 1947. Trata-se de lesão que invade o estroma em 3 a 5 mm de profundidade e se estende por até 7 mm de largura. Posteriormente essa terminologia foi incluída na citologia, mas, após o estabelecimento do Sistema Bethesda, a microinvasão foi abolida da citologia cervical, tornando-se exclusiva da histopatologia. Entretanto, seus sinais citomorfológicos são perceptíveis e se encaixam nas lesões "HSIL com características suspeitas de invasão".

Nos esfregaços cervicais as alterações da microinvasão são muito semelhantes à HSIL ou carcinoma invasivo, caracterizado por grande número de células atípicas, eventuais agrupamentos sinciciais, nucléolo destacado e, às vezes, eosinofílico, sinal muito importante para distinguir de uma displasia (HSIL), bem como o citoplasma eosinofílico. O esfregaço pode apresentar exsudato inflamatório.

São características gerais da invasão: ruptura da membrana basal e presença de componentes do estroma nas amostras citológicas, denominada de "Diátese tumoral" (fibroblastos, sangue, fundo proteináceo e células inflamatórias). A diátese tumoral é o único critério fidedigno para confirmação da invasão, e isto não é verificado na microinvasão, no entanto, sua ausência não inviabiliza a conclusão para invasão, há critérios complementares conclusivos.

Diferenciar HSIL em estágio avançado, HSIL com suspeita de invasão e carcinoma de células escamosas nem sempre é precisa na citologia, mas na maioria dos casos os sinais estão bem evidentes. As principais características diferenciadoras destas lesões estão sumarizadas no Quadro 9-2.

LESÕES INVASIVAS ESCAMOSAS

Quando uma lesão, além de comprometer toda a sua extensão epitelial, rompe a membrana basal e infiltra o estroma subjacente, forma-se uma lesão invasiva. O carcinoma invasivo escamoso é o tumor mais comum da cérvice e geralmente acomete mulheres entre 45 e 55 anos de idade.

Nas lesões invasivas há uma acentuação das atipias celulares observadas nas lesões intraepiteliais (LSIL e HSIL), porém outras alterações estarão presentes (Fig. 9-1). A presença de "diátese tumoral" é marcada por material necrótico, sangue, polimorfonucleares e eventuais fibroblastos. Muitas vezes a diátese compromete a visualização das alterações celulares, levando ao diagnóstico errôneo de inflamação. Nos carcinomas invasivos, principalmente os mais avançados, a necrose e inflamação são comuns, tornando o esfregaço "sujo" e dificultando o discernimento do que é neoplásico dos componentes inflamatórios, além disso, o material granular (proteico) de fundo soma-se aos demais componentes e criando uma imagem distorcida das estruturas. É necessário avaliar bem o que é célula neoplásica e inflamatória e, mesmo com dificuldades e visualizando células atípicas, essa amostra deve ser aproveitada. Da mesma forma a variedade de "material de fundo" em algumas lâminas mimetiza a diátese tumoral, como atrofia, inflamações e até mesmo lubrificantes.

Quadro 9-1. Características Citológicas Gerais de Malignidade por Ordem de Importância

	Alterações
Núcleo	- Espaços nucleares irregulares e vazios (pode variar de tamanho) - Acentuado pleomorfismo nuclear (formas bizarras) Anisocariose (verificado principalmente no interior dos agrupamentos celulares) e multinucleação - Hipercromasia: não é um critério exclusivo das lesões malignas, pode aparecer também nas lesões benignas, nesses casos observar se aparece isoladamente - Cromatina: irregular com grânulos e cordões grosseiros, densos e sinuosos - Membrana nuclear: íntegra, porém com irregularidade no contorno e espessamento acentuado - Mitose: eventuais e atípicas - Nucléolos: proeminentes (mais destacados nas lesões glandulares), irregular, multinucleação e halos perinucleares - Cariomegalia - Multinucleação - Anisocariose
Citoplasma	- Vacúolos citoplasmáticos anormais, queratinização e hiperqueratose. Inclusões citoplasmáticas, fagocitose (canibalismo, presença de corpos estranhos no citoplasma, fagocitose de célula maligna – "célula em olho de coruja"). Halos perinucleares
Diátese tumoral	- Frequente. Esfregaço "sujo"

Quadro 9-2. Principais Características Citológicas Diferenciais entre o HSIL, HSIL com Características Suspeitas de Invasão e Carcinoma de Células Escamosas (Invasivo)

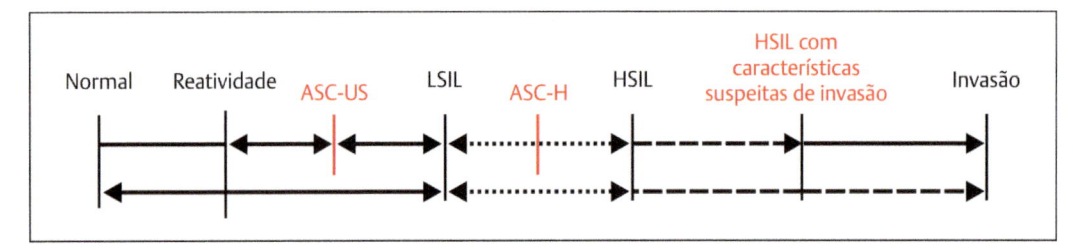

	HSIL (carcinoma *in situ*)	HSIL com características suspeitas de invasão	Carcinoma de células escamosas (invasivo)
Células	Redondas ou ovais, imaturas, dispostas em pequenos grupos ou em fibras (fila indiana) com pontes intercelulares. Agrupamentos sinciciais	Pequenos grupos celulares dispostos em fibra ou células isoladas	Fusiformes, em fibra, em "girino", pleomórficas e bizarras
Citoplasma	Escasso, cianófilo. Raramente eosinófilo	Cianófilo. Eosinófilo	Queratinizado. Variado. Alongado. Em fuso
Núcleo	Pequeno. Espaços vazios. Frequente binucleação e rara multinucleação. Ausência de amoldamento	Aumentado (+). Multinucleação, mais frequente binucleação. Amoldamento. Cromocentros ligados entre si por estrias irregulares, limitando espaços vazios	Aumentado (++). Pleomórfico. Alongado
Nucléolo	Eventual	Presente. Grande, irregular. Eosinofílicos	Proeminente
Cromatina	Irregular. Hipercromasia	Irregular (+)	Irregular (++)
Diátese tumoral	Ausente	Ausente	Presente
Classificação no Sistema Bethesda	HSIL	HSIL com características suspeitas de invasão	Carcinoma escamoso

Fig. 9-1. Evolução das lesões escamosas com indicação da provável evolução pelas setas (espessura e pontilhado).

Apesar da descrição das alterações citomorfológicas é importante lembrar que dificilmente será possível constatar todas em um só esfregaço, mas a associação deles reforça a conclusão diagnóstica.

Carcinoma de Células Escamosas Queratinizantes

O carcinoma de células escamosas queratinizantes é marcado pela invasão do estroma adjacente decorrente do rompimento da membrana basal. Essa lesão acomete principalmente a ectocérvice. As características citomorfológicas são quase as mesmas observadas nas lesões HSIL, porém mais acentuadas, com presença ou não da diátese tumoral e características próprias do subtipo tumoral.

O Sistema Bethesda convencionou não subdividir este tipo de lesão, ficando apenas "Carcinoma Escamoso", mas abordá-los didaticamente necessita, pelo menos, da subdivisão em: carcinomas não queratinizantes" e "queratinizantes". Entretanto, na histopatologia, além dos tipos citados, ainda existem os padrões papilar, basaloide *warty*, verrucoso, escamotransicional e semelhante ao linfoepitelioma. Esses subtipos são muito difíceis de diferenciar na citologia e por não existir valor prognóstico na classificação, o laudo citológico fica isento desta tarefa. Suas principais características de diferenciação estão disponíveis no Quadro 9-3 e representadas nas Figuras 9-2 a 9-8.

Complementando o espectro de características observadas nas lesões invasivas, vale destacar os problemas oriundos de hemorragia e baixa celularidade. Sangue é quase uma constante nas amostras, e, como sabemos, dificulta a fixação, consequentemente, a coloração na citologia convencional. Porém, o citologista não deve simplesmente condenar a amostra e descartar como insatisfatório, mesmo sabendo das recomendações de adequabilidade quando na presença do fator de obscurecimento. A recomendação é analisar com cuidado amostras hemorrágicas em busca de células "atípicas" antes de descartá-las. Para amenizar o efeito da hemorragia, é possível utilizar o "líquido de Carnoy", uma solução fácil de fazer, e a base de ácido acético glacial. Fórmula:

Fixador Carnoy (100 mL)	
Álcool metílico a 95%	60 mL
Clorofórmio	30 mL
Ácido acético glacial	10 mL

Procedimento	
Colocar a lâmina imersa no fixador Carnoy	5 minutos (mínimo, conforme a amostra)
Transferir para o álcool etílico a 95%	15 minutos (tempo mínimo para iniciar a coloração)

Quadro 9-3. Características dos Carcinomas de Células Escamosas Queratinizantes *Versus* Não Queratinizantes de Células Grandes e Pequenas

	Queratinizantes	Não queratinizantes
Células isoladas	Predominante	Presente
Células agrupadas	Raro	Presente (sincícios)
Forma e tamanho celular	Intensa pleomorfismo (em fuso) (células em girino), gigante (bizarra)	Menores, semelhantes a HSIL
Citoplasma	Denso. Eosinofílico, com bordas distintas. Pérolas córneas (principal característica)	Escasso e pode ser vacuolado. Cianofílico
Núcleo	Anisonucleose, pleomorfismo, hipercromasia, degenerado opaco ou picnótico	Redondo ou oval, pequeno, ocasionalmente amoldado. Mitoses frequentes
Cromatina	Irregular, grosseira (quando visível), como espaçamento	Grosseiramente hipercromática e granular
Nucléolo	Variável. Eventual. Rara presença de macronucléolo	Frequente, mas em alguns casos difíceis de visualização
Macronucléolo	Raros	Frequente
Diátese Tumoral	Eventual e menos intensa	Mais frequente com necrose e hemossiderina
Relação núcleo/citoplasma	Aumentada ou variada	Alta
Observações	Hiperqueratose ou paraqueratose, formação de "pérolas córneas"	Sujo
Erros e diagnóstico diferencial	HSIL. Hiperqueratose ou paraqueratose, Pseudoparaqueratose na menopausa. Pérolas reativas. HPV. Displasia queratinizante, reações iatrogênicas. Herpes. Células estromais	Hiperplasia de células de reserva. Células endometriais. Cervicite folicular. Núcleo em atrofia. Células pequenas associadas à terapia com tamoxifen, HSIL, adenocarcinoma. Tumor metastático Atrofia. Reparo. Pólen

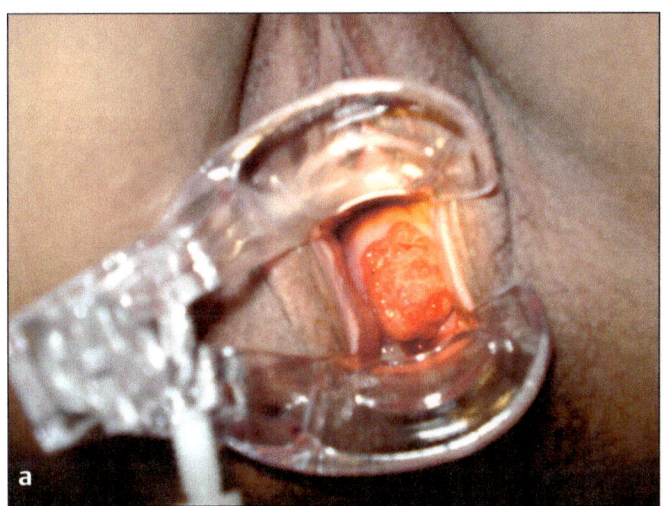

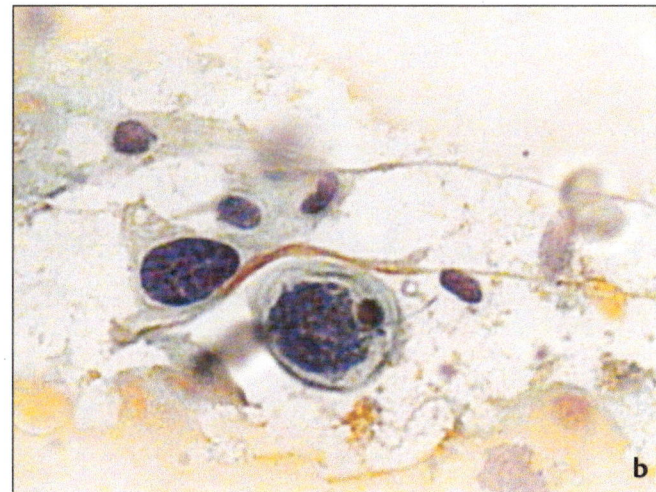

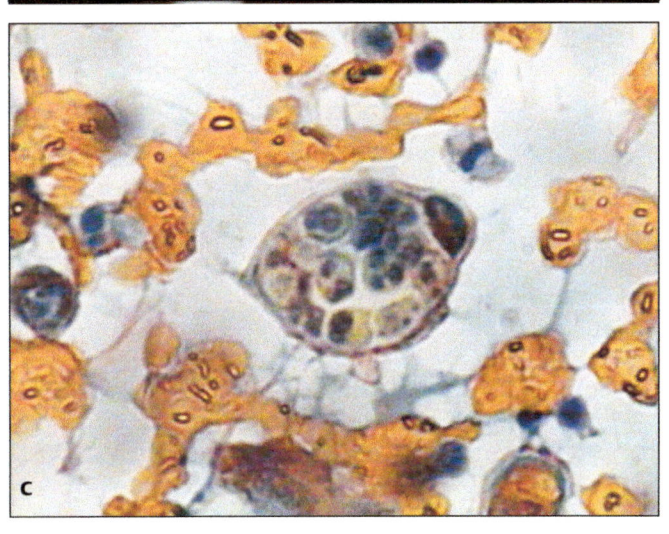

Fig. 9-2. Carcinoma de células escamosas. (**a**) Visão especular da lesão no colo uterino (áreas de hemorragia e necrose). (**b**) Núcleos irregulares, hipercromáticos, cromatina grosseira com espaços irregulares e citoplasma pleomórfico. Ao fundo, diátese tumoral caracterizando o esfregaço como "sujo". (**c**) O fenômeno de canibalismo (fagocitose) de células inflamatórias denominado também de emperipolese. (Papanicolaou).

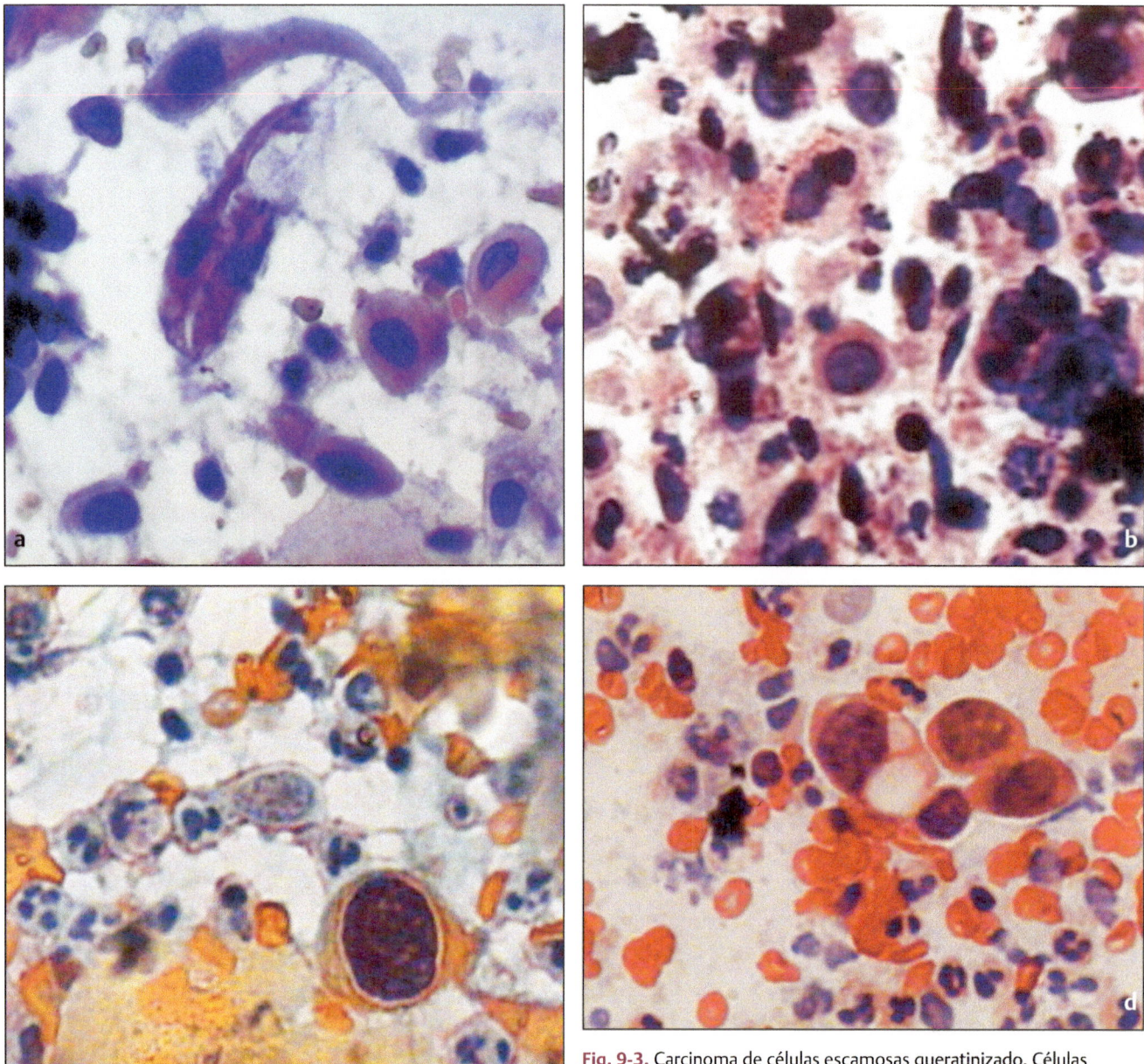

Fig. 9-3. Carcinoma de células escamosas queratinizado. Células pleomórficas e em girino queratinizadas (**a**). Células com acentuado pleomorfismo celular e nuclear, hipercromasia e cromatina irregular. Núcleos necróticos e diátese tumoral (**b**, **c**). Células com vacúolos citoplasmáticos (**d**) (Papanicolaou).

LESÕES INVASIVAS

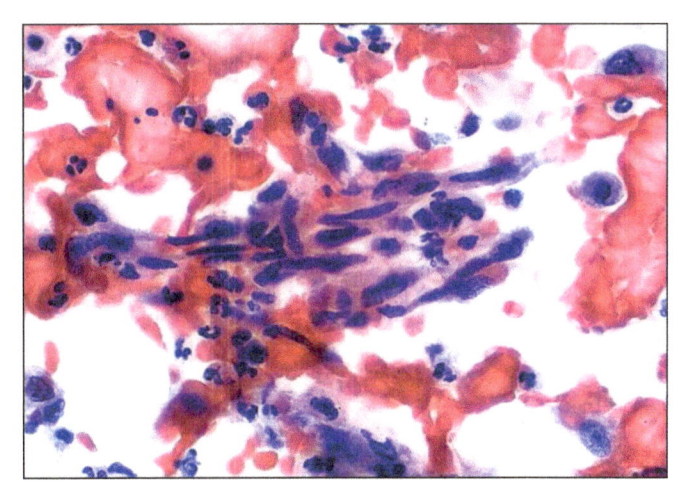

Fig. 9-4. Carcinoma de células escamosas queratinizado. Células em fuso (Papanicolaou).

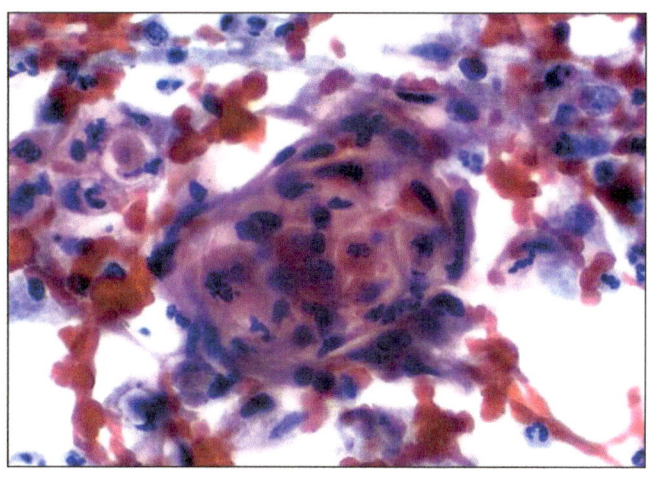

Fig. 9-5. Carcinoma de células escamosas queratinizado. Formação em "pérola" (Papanicolaou).

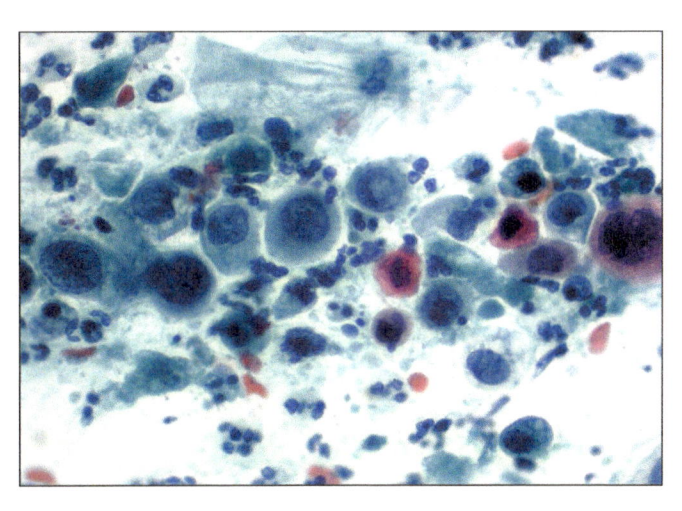

Fig. 9-6. Carcinoma de células escamosas queratinizado. Células ovoides com alta relação núcleo/citoplasma. Alguns núcleos demonstram necrose (Papanicolaou).

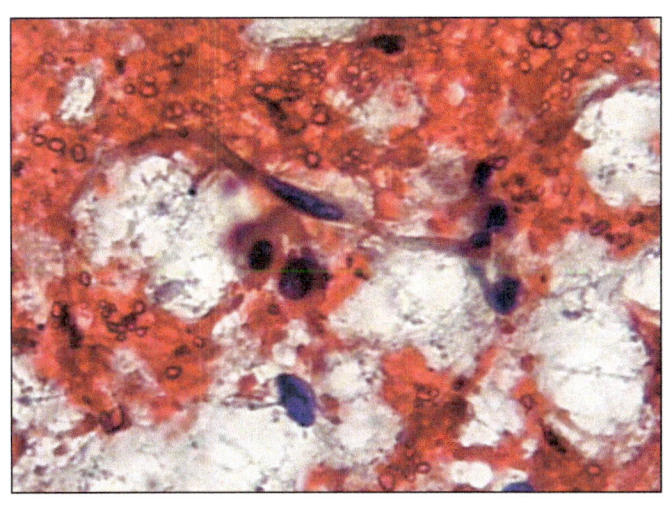

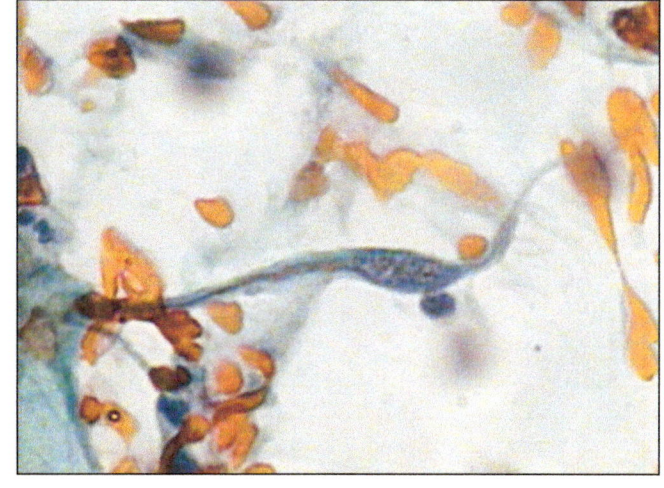

Fig. 9-7. Carcinoma de células escamosas queratinizado. Células fusiformes, muitas vezes confundidas com fibroblastos. Na primeira imagem hemossiderina ao fundo (Papanicolaou). (Continua.)

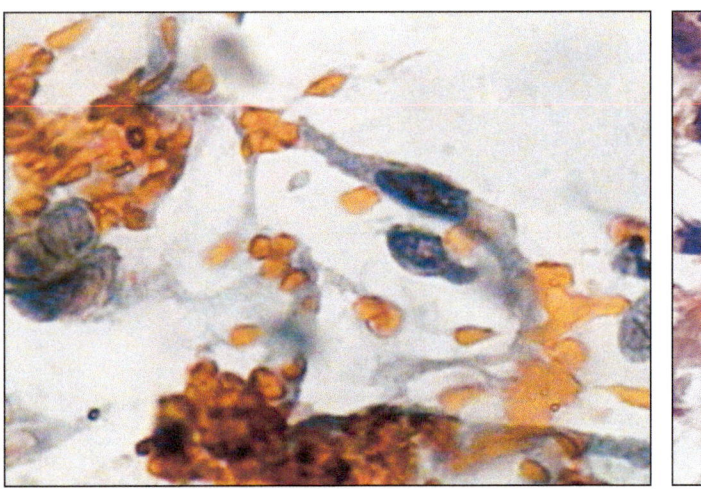

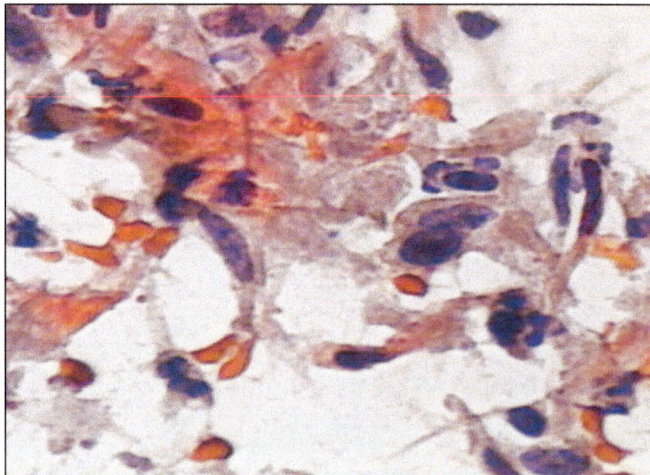

Fig. 9-7. *(Cont.)*

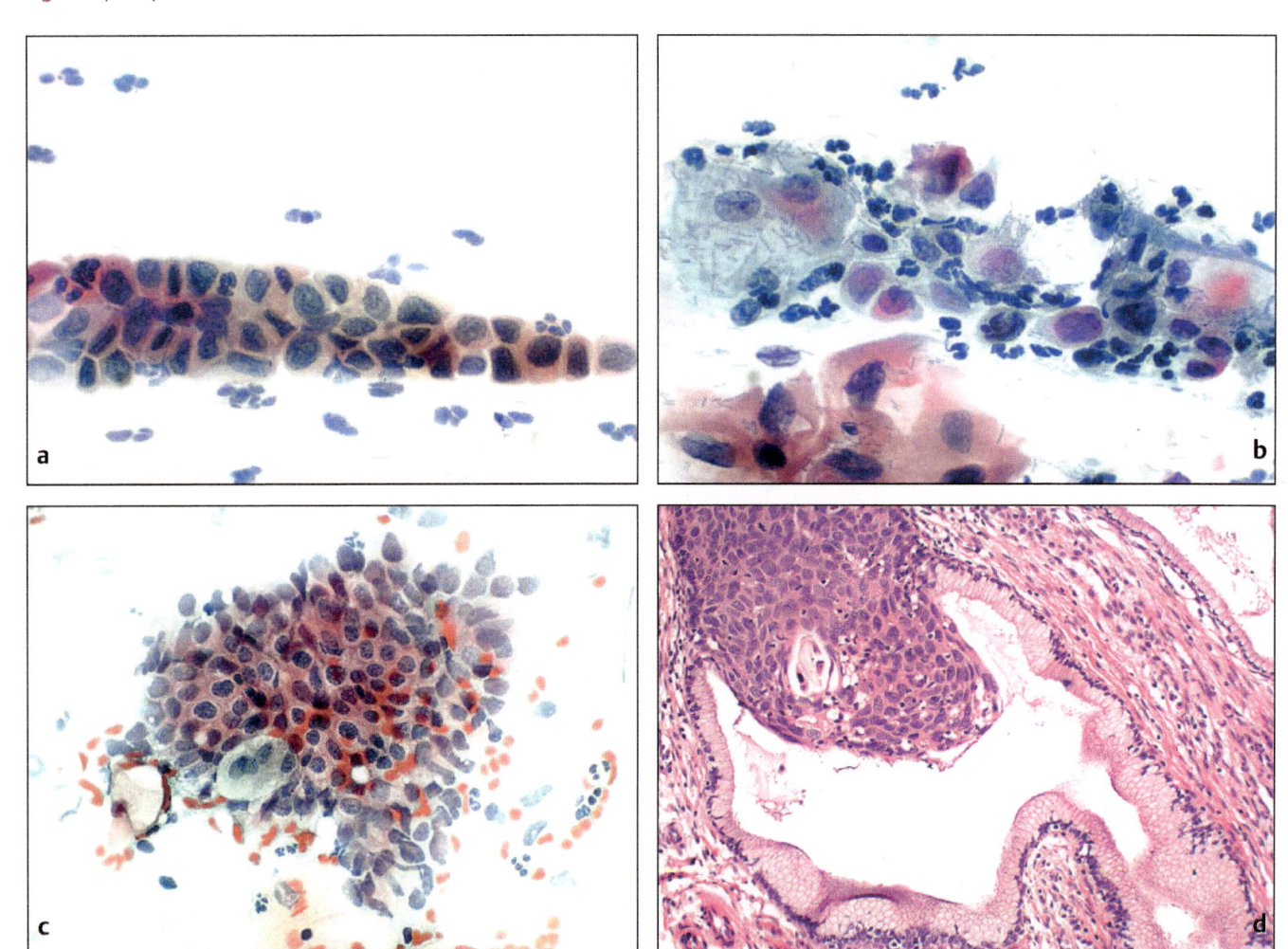

Fig. 9-8. Carcinoma de células escamosas com envolvimento glandular. Células escamosas atípicas (**a**, **b**). Células glandulares de adenocarcinoma (**c**) (Papanicolaou) e preparação histopatológica demonstrando a invasão do espaço glandular pelo carcinoma escamoso (HE) (**d**).

A solução Carnoy não deve ser armazenada, deve ser preparada no momento de uso e descartada logo após. O citologista deve ficar atento porque essa fixação pode aumentar o poder de coloração da hematoxilina, por isso deve-se reduzir o tempo neste corante, bem como, recomenda-se treinar com outras lâminas previamente para se acostumar com as mudanças tintoriais.

Carcinoma de Células Escamosas Não Queratinizante

Representa aproximadamente 70% dos tumores cervicais. Diferentemente do carcinoma queratinizante, estes não apresentam agrupamentos em folha e pérola-córnea. As células variam de redonda à oval. Surge principalmente das áreas de metaplasia (Fig. 9-9).

LESÕES GLANDULARES INVASIVAS

Conforme o Sistema Bethesda as anormalidades *invasivas* do epitélio glandular são:

- Adenocarcinoma endocervical.
- Adenocarcinoma endometrial – extrauterino.
- Adenocarcinoma sem outras especificações (SOE).

A citologia é uma metodologia de rastreamento (*screening*) primariamente voltado à detecção das lesões intraepiteliais e invasivas do epitélio escamoso, principalmente. Para lesões glandulares a metodologia é limitada na região do corpo uterino, resultado de problemas amostrais e de interpretação. A detecção do adenocarcinoma depende, principalmente, da presença de células esfoliadas na amostra coletada.

Considera-se o adenocarcinoma endocervical *in situ* o precursor do adenocarcinoma endocervical.

Adenocarcinoma Endocervical Invasivo

Representa aproximadamente 25% das neoplasias invasivas cervicais e associa-se ao uso de anticonceptivo oral e infecções pelo HPV-18. Na maioria dos casos é assintomático.

É frequente a presença de células escamosas atípicas derivadas de lesões escamosas coexistentes ou componente escamoso de adenocarcinoma de diferenciação escamosa parcial. Em alguns estudos constata-se que, aproximadamente,

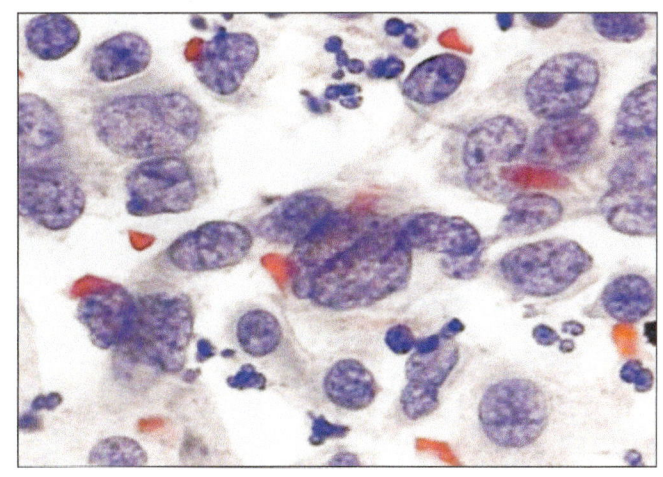

Fig. 9-9. Carcinoma de células escamosas não queratinizante. Células com escasso citoplasma cianofílico de bordas indeterminadas, alterações no contorno nuclear, cromatina irregular com espaços (eucromatina) e cordões cromatínicos (Papanicolaou).

metade das lesões de adenocarcinoma *in situ* apresenta uma lesão intraepitelial escamosa associada, na sua maioria HSIL.

As características citomorfológicas são constituídas por quase as mesmas observadas no adenocarcinoma *in situ*. Entretanto, o grau de desorganização celular, a presença de sincícios e o pleomorfismo são alterações que se destacam na invasão. A presença da diátese tumoral não é uma constante, e por isso o citologista deve ficar atento ao conjunto das alterações (Quadro 9-4 e Figs. 9-9 a 9-13).

Quadro 9-4. Características Citológicas do Adenocarcinoma Endocervical *Versus* Endometrial

	Adenocarcinoma endocervical	**Adenocarcinoma endometrial**
Celularidade	Moderada	Baixa
Disposição	Células isoladas, bidimensionais ou tridimensionais em agregados sinciciais ou papilas. Em lesões mais avançadas pode perder coesividade	Células isoladas ou em agrupamentos pequenos e densos, tridimensionais ou papiliformes
Células	Colunares atípicas abundantes. Características mais marcantes que o AIS	Redondas isoladas ou em agrupamentos pequenos e densos. Menores que o adenocarcinoma endocervical
Citoplasma	Finamente vacuolizado	Cianofílico. Escasso. Frequentemente vacuolizado. Pode aparecer englobamento de neutrófilos
Núcleo	Aumentado e pleomórfico. Contornos irregulares	Inicialmente apenas aumentado em tamanho. Em graus mais aumentados tornam-se maiores, perdem a polaridade. São menores que o adenocarcinoma endocervical
Nucléolo	Frequente. Macronucléolos	Pequeno ou proeminente, conforme o grau da lesão
Cromatina	Irregular, hipercromática ou com clareamento (paracromatina)	Hipercromasia moderada, cromatina irregular. Clareamento (paracromatina) em tumores de graus mais elevados
Mitose	Frequente	Presente
Diátese	Diátese tumoral necrótica eventualmente menos intensa que o adenocarcinoma endometrial	Não é uma achado comum, mas quando presente, é fina, granular ou "aquosa"
Relação núcleo/citoplasma	Baixa	Alta
Observação	Frequentemente associado a lesões intraepiteliais	Não associado a lesões intraepiteliais
Erros de diferenciação	Células endocervicais reativas, reparativas, metaplasia tubária, adenocarcinoma endometrial, carcinoma de célula escamosa indiferenciado, adenocarcinoma extrauterino, cervicite grave	Carcinomas de ovário, hiperplasia endometrial, carcinoma de célula escamosa não queratinizado, célula folicular, histiócitos

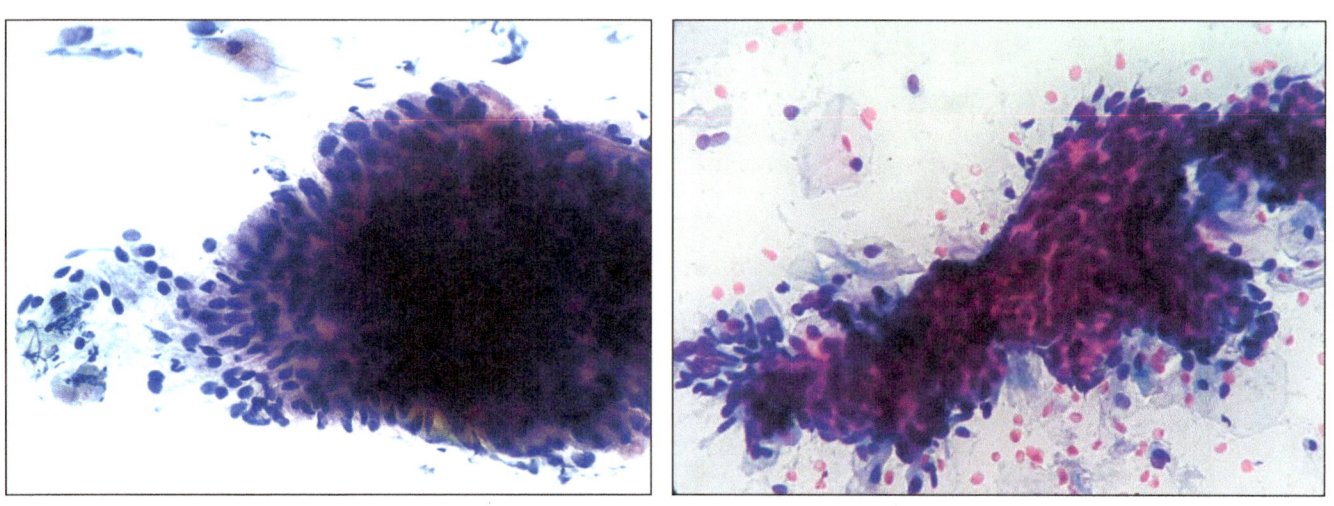

Fig. 9-10. Adenocarcinoma endocervical. Agrupamento coeso, tridimensional com núcleos pleomórficos (característica principal). Nas bordas é possível encontrar núcleos alongados projetados para fora (efeito plumagem), observado também no adenocarcinoma *in situ* (Papanicolaou).

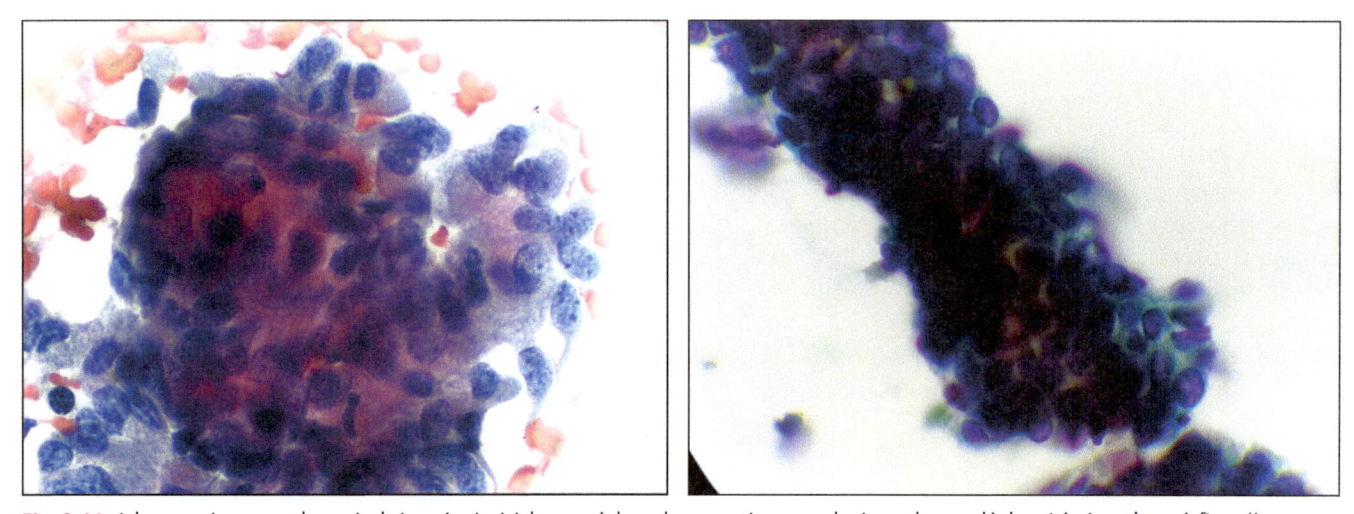

Fig. 9-11. Adenocarcinoma endocervical. Arranjo sincicial com núcleos de cromatina granular irregular, nucléolos visíveis e pleomórficos (à esquerda). Arranjo em "formação em tiras" de pseudoestratificação com núcleos pleomórficos sobrepostos (Papanicolaou).

LESÕES INVASIVAS

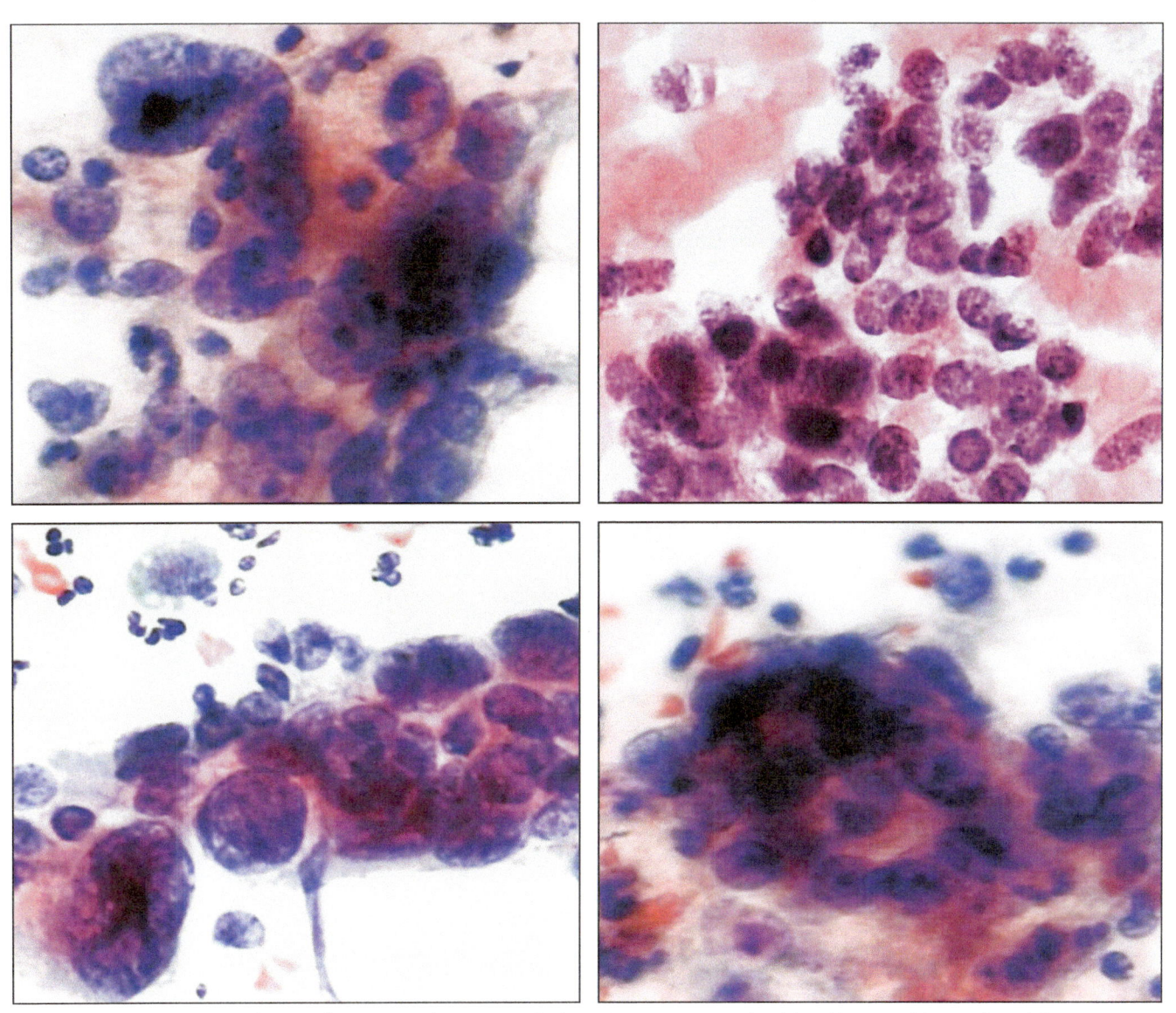

Fig. 9-12. Adenocarcinoma endocervical. Arranjos tridimensionais (3D), sinciciais compostos de núcleos hipercromáticos e pleomórficos. A cromatina pode variar de granular com espaços e densa hipercromática. (Papanicolaou).

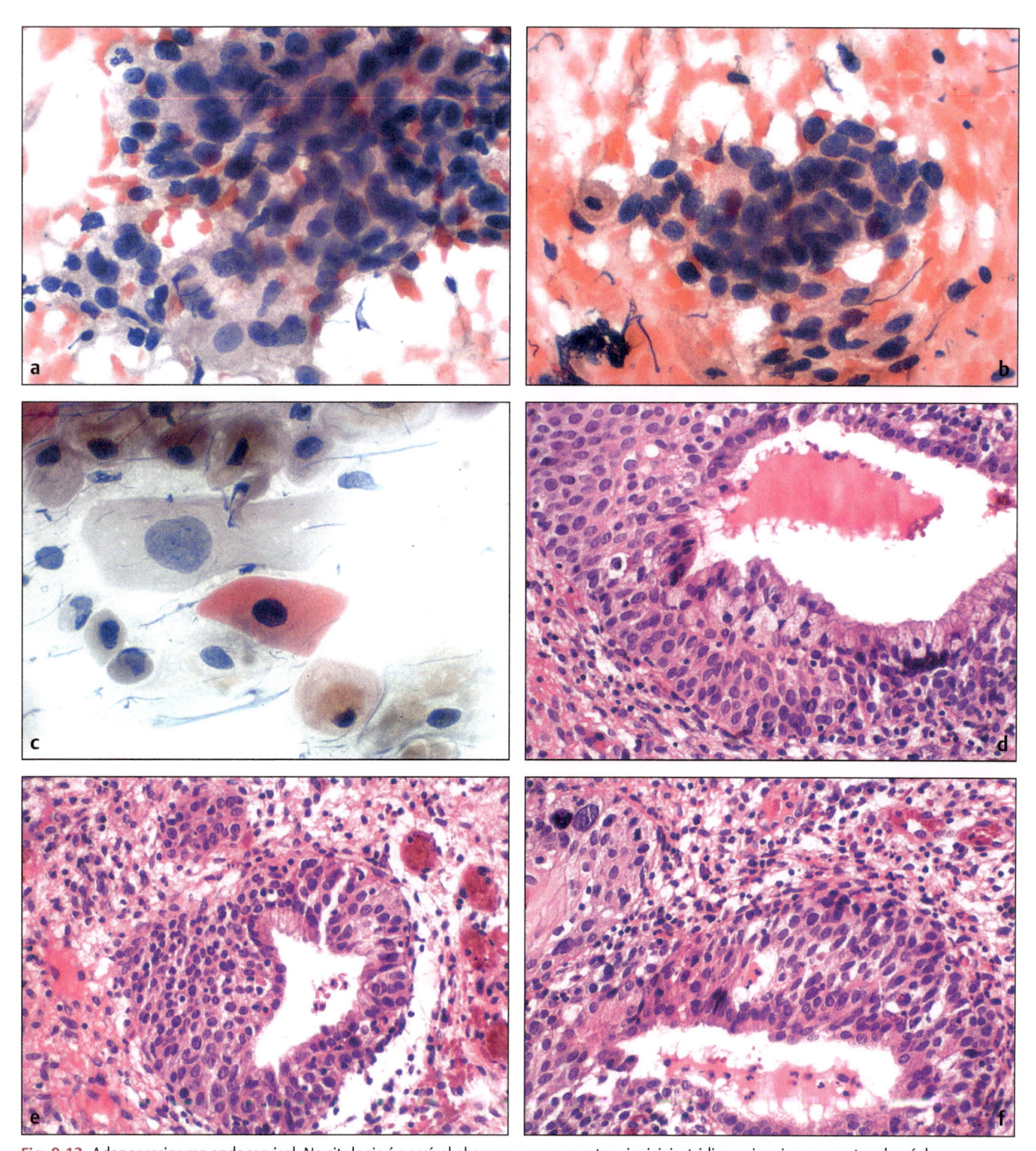

Fig. 9-13. Adenocarcinoma endocervical. Na citologia é possível observar agrupamentos sinciciais, tridimensionais, compostos de núcleos pleomórficos (**a**, **b**) e células escamosas de lesão intraepitelial (**c**) (Papanicolaou). A análise histopatológica confirmou o caso (**d-f**) (HE).

Adenocarcinoma Endometrial Invasivo

Este tipo de lesão é encontrado com maior incidência na pós-menopausa, a idade média dos diagnósticos é de, aproximadamente, 60 anos. Geralmente são assintomáticos, e suas células na citologia é um achado ao acaso, isto significa que o teste de Papanicolaou não é metodologia apropriada para seu rastreamento, haja vista que sua sensibilidade variável, entre 40-70% dependendo da técnica empregada na coleta, sendo recomendada para isso a aspiração endometrial ou biópsia que elevam a especificidade até 99%. Diferentemente do adenocarcinoma endocervical que tem uma associação ao HPV de alto risco, principalmente o HPV-18, os adenocarcinomas endometriais são negativos (Quadro 9-5 e Figs. 9-14 e 9-15).

LESÕES INVASIVAS

Quadro 9-5. Características do Carcinoma Escamoso *Versus* o Adenocarcinoma

Carcinoma escamoso	Adenocarcinoma
Núcleo opaco	Vesicular
Nucléolo pode estar presente	Nucléolo geralmente presente
Queratina no citoplasma	Citoplasma vacuolado
Neutrófilo intracitoplasmático	Neutrófilo intracitoplasmático
Formação de "pérola"	Formação de ducto
Células em girino	Arranjos papiliformes podem estar presentes
Agregados de células achatadas	Agregados tridimensionais
Bordas celulares distintas	Perca do limite das bordas celulares
Isolamento celular	Células agrupadas
Diátese tumoral necrótica	Diátese aquosa

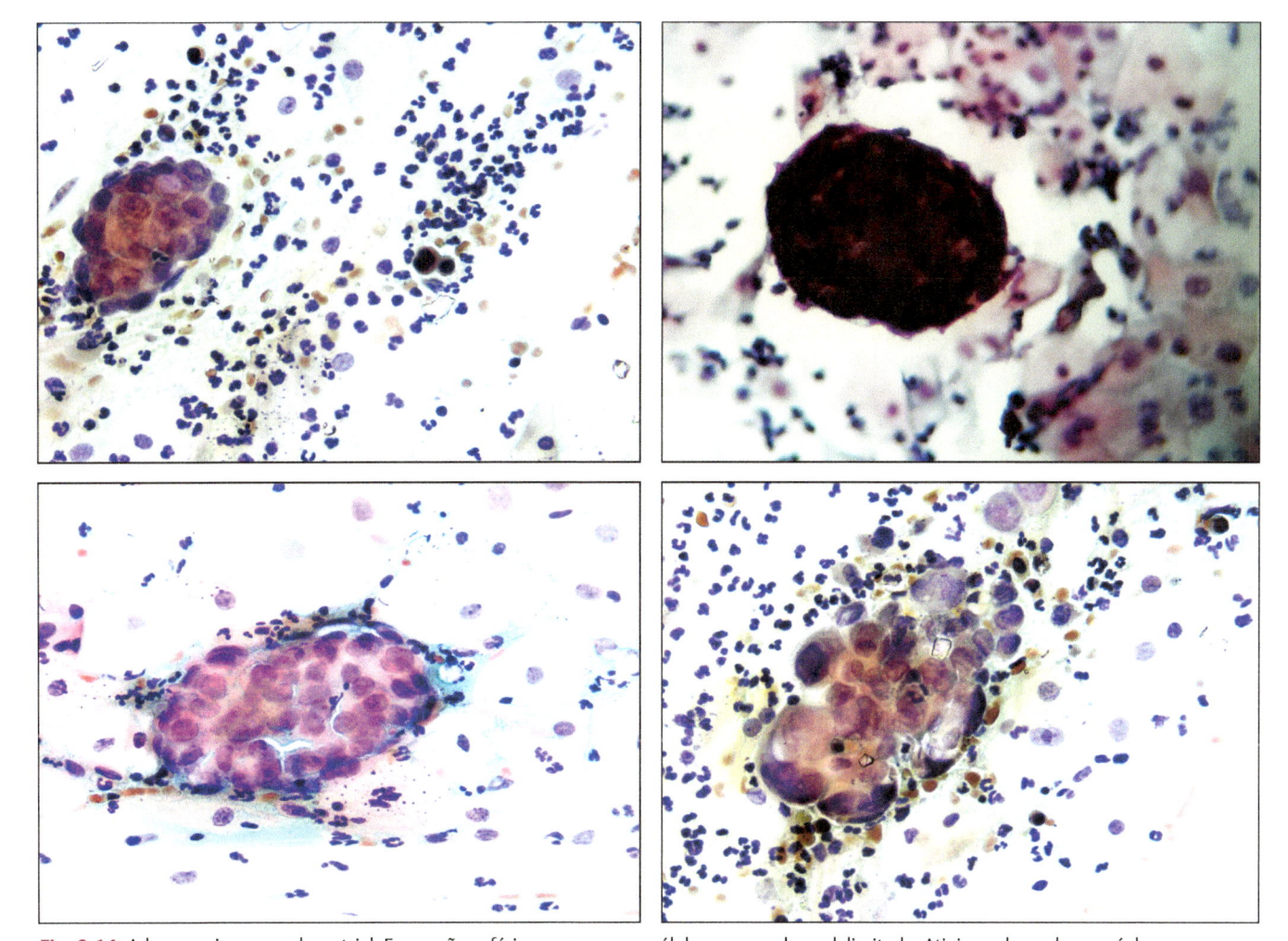

Fig. 9-14. Adenocarcinoma endometrial. Formação esférica, com poucas células, coesa e bem delimitada. Atipia nuclear, alguns núcleos hipercromáticos e outros com a cromatina aberta e clara. Presença de vacúolos citoplasmáticos, característica muito comum nesse tipo de lesão (foto inferior direita) (Papanicolaou).

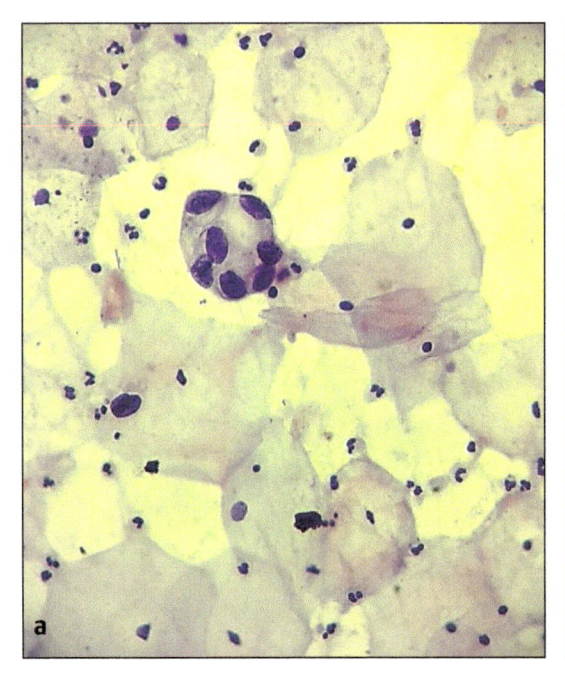

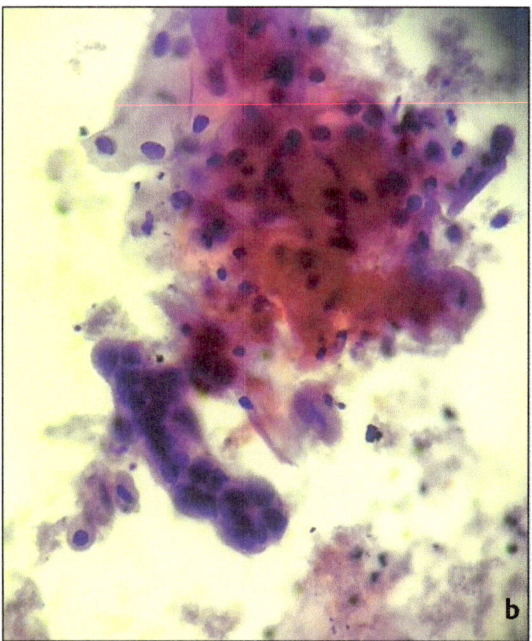

Fig. 9-15. Adenocarcinoma endometrial. Pequenos agrupamentos de células endometriais com vacuolização (a). Formação digitiforme, coesa e com aparência "encapsulada" (b).

A variação citomorfológica desse tipo de tumor é considerável, uma vez que até a coesão pode diminuir em graus mais avançados, bem como o pleomorfismo nuclear, algo que não se observa nos tumores iniciais. As amostras também variam na celularidade, inicialmente são de baixa celularidade, formando agrupamentos pequenos e com a aparência "empacotada". Adicionalmente, a vacuolização é muito frequente e pode ajudar muito na diferenciação com o cervical. Os vacúolos "empurram" os núcleos, e esses se deformam. A detecção do nucléolo nem sempre é possível por causa da hipercromasia.

Adenocarcinoma Extrauterino

É um tumor raro, descrito quando encontrada morfologia glandular incomum para os tumores de útero ou da cérvice, como ovários e tubas uterinas. Observam-se falta de diátese tumoral e células com alterações degenerativas. Importante ficar atento à presença de aglomerados papilares, corpos de psammoma e anéis de sinete. As metástases devem ser consideradas também e é possível encontrar lesões escamosas coexistentes da cérvice.

CONSIDERAÇÕES FINAIS

De forma geral, os adenocarcinomas são lesões de difíceis diferenciação, motivo de muita discussão entre os citologistas, mesmo os mais experientes. Algumas vezes a aparência do adenocarcinoma se confunde com células de HSIL, principalmente os endocervicais, o que pode ajudar na diferenciação é a queratinização (lesões escamosas) e os agrupamentos que estão mais envolvidos com lesões glandulares. O contrário também é possível, ou seja, o agravamento da lesão, levando à anaplasia, acentua o pleomorfismo e a perda de coesão, assim, as células podem aparecer separadas e com aparência escamosa.

METODOLOGIAS PARA PREPARO DE AMOSTRAS PARA ANÁLISE DE CITOLOGIA CERVICOVAGINAL

Marco Antonio Zonta

A citologia cervicovaginal, também conhecida como colpocitologia ou teste de Papanicolaou (*Pap-Test*), é uma excelente ferramenta no rastreio e identificação de lesões precursoras e câncer do colo uterino desde os anos 1950, porém sofre interferentes relativos à coleta e preparo do material.

A citologia em meio líquido (CML) veio com uma inovação na década de 1980 com o principal objetivo de padronizar a confecção do esfregaço cervicovaginal para leitura de lâminas automatizadas. Hoje, essa metodologia é utilizada em larga escala em rotinas laboratoriais, garantindo a qualidade das amostras e uma maior segurança aos profissionais no exercício do diagnóstico.

A melhoria na qualidade do material celular preparado para análise permitiu um aumentou na sensibilidade (90%) do teste, garantindo um diagnóstico citológico seguro, eliminando interferentes no esfregaço, evitando, assim, o acúmulo de restos celulares, hemácias, muco, infiltrado inflamatório e sobreposição das células na lâmina.

A utilização dessas metodologias valoriza os aspectos citomorfológicos, como a hipercromasia nuclear, o contorno da membrana nuclear e citoplasmática e a disposição da cromatina no interior do núcleo. A melhor definição de forma, tamanho e limites celulares e a visualização de componentes do fundo do esfregaço, ao exame microscópico, aumentam ainda mais a sensibilidade diagnóstica do exame.

A preservação da amostra celular em meio líquido permite um maior aproveitamento do material coletado, proporcionando, ainda, a possibilidade de avaliações complementares, como os testes celulares, moleculares e os imunocitoquímicos. Tecnicamente, o material armazenado permanece preservado, mantendo a morfologia celular por um maior intervalo de tempo.

O rastreamento automatizado vem sendo utilizado nos programas de prevenção e controle do câncer de colo uterino em todo o mundo, aprimorando o rastreamento inicial das lesões precursoras e neoplasias, porém, ainda apresenta um alto custo, principalmente em países em desenvolvimento.

Com a utilização do processo de automação em larga escala, notou-se uma melhor *performance* em relação à metodologia convencional, diminuindo a ocorrência de resultados falso-negativos e de inadequação das amostras.

Nos quadros citológicos, como as atipias de significado indeterminado (ASC-US/H), a metodologia permite uma melhor identificação das características citomorfológicas que estavam obscuras no método convencional.

Algumas metodologias automatizadas já estão disponíveis no mercado do Brasil e são usadas para padronização da coleta de material celular em meio líquido e a confecção de amostras citológicas, permitindo a análise do material celular por microscopia óptica e por equipamentos automatizados, são elas: ThinPrep™ e o Surepath™.

COLETA EM MEIO LÍQUIDO

Diversas metodologias são propostas para coleta e armazenamento do material cervical obtido a partir de raspado e/ou escovado cervicovaginal. Dentre as técnicas utilizadas em todo o mundo, as mais frequentes encontradas no Brasil são a SurePath™, ThinPrep™, Gynoprep® e CellPreserv®.

A coleta de material celular em meio líquido é realizada com uma espátula plástica ou escova de cerdas plásticas que permite uma maior obtenção e aproveitamento do material celular coletado (Fig. 10-1).

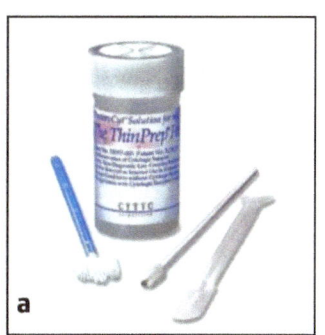

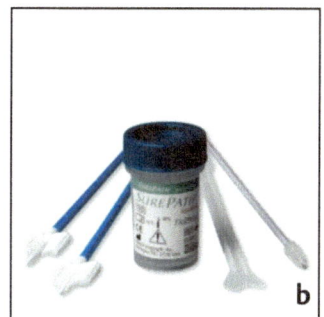

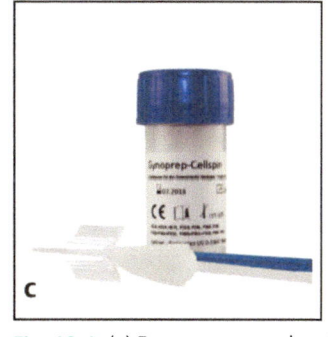

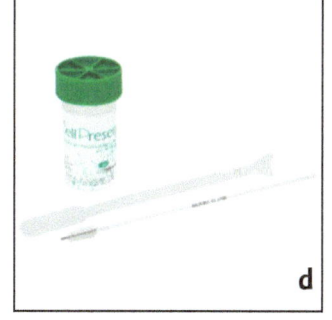

Fig. 10-1. (a) Escovas com cerdas plásticas, espátula de Ayre de plástico e frasco com líquido conservante ThinPrep™. (b) Escova de cerdas plásticas e espátula de Ayre plástica com cabeças destacáveis e meio líquido conservante SurePath™. (c) Escova de cerdas plásticas e espátula de Ayre plástica com cabeças destacáveis e meio líquido conservante Gynoprep®. (d) Escova de cerdas plásticas e espátula de Ayre plástica com cabeças destacáveis e meio líquido conservante Cellpreserv®. (Fonte: Manual de procedimentos: SurePath™, ThinPrep™, Gynoprep® e CellPreserv®)

PROCEDIMENTO DE COLETA DE MATERIAL CERVICOVAGINAL

A técnica de coleta de material cervicovaginal propõe a utilização de espéculo vaginal, que é introduzido no canal vaginal, dilatando as paredes para visualização do orifício externo do canal endocervical. A porção alongada da escova/espátula é fixada na região ectocervical, próximo ao canal, e realizam-se dois movimentos de rotação em 360°, para obtenção da amostra celular, que capta amostras celulares das regiões endocervicais, junção escamocolunar (JEC) e ectocérvice e em seguida alocadas em frasco contendo líquido conservante (Fig. 10-2).

Após a realização do escovado cervical, o material celular é conservado em frascos contendo um meio especial padronizado, normalmente à base de álcool, para a preservação da morfologia celular.

Nos métodos coletados com escova de cerdas plásticas tradicional, como ThinPrep™, Gynoprep® e CellPreserv®, o material celular coletado é mergulhado no frasco com a solução e, após agitação, as células permanecem depositadas e conservadas (Fig. 10-3a).

Na metodologia SurePath™, o material é coletado com uma espátula de Ayre plástica ou uma escova de cerdas plásticas, cuja cabeça é removível e composta por cerdas contendo microconchas capazes de coletar uma maior quantidade de material celular. Após a coleta, a cabeça da escova é destacada da haste e mergulhada em meio conservante, garantindo a totalidade de células obtidas na amostra (Fig. 10-3b).

Uma das grandes vantagens da CBL é que o acondicionamento e a preservação da morfologia celular nas amostras podem ser conservados por um período médio de quinze dias em temperatura ambiente, seis meses refrigerado a 4°C ou até 2 anos congelado a –20°C.

REPRESENTAÇÃO CELULAR

A representação celular e a distribuição do material no esfregaço são de fundamental importância para a utilização das técnicas automatizadas de leitura de lâmina. A presença de células das regiões de ectocérvice, JEC e canal endocervical garante a adequabilidade e a qualidade das amostras a serem analisadas, possibilitando a avaliação precisa de possíveis alterações celulares do colo uterino em 99% dos casos.

O número de células no esfregaço cervical permite uma precisa avaliação das condições patológicas presentes no colo uterino. A não ocorrência de sobreposição celular faz com que os equipamentos de leitura (*scanners*) tenham um maior ganho na avaliação da morfologia celular, permitindo a identificação de alterações, mesmo em regiões restritas do esfregaço, aumentando, assim, a sensibilidade no rastreamento da amostra.

As amostras celulares satisfatórias são aquelas que reúnem no esfregaço um número superior a 5.000 células escamosas bem preservadas e bem distribuídas de forma homogênea na lâmina. A avaliação das células do canal endocervical e/ou da JEC requer, no mínimo, a presença de 10 células distribuídas no esfregaço para garantir a satisfatoriedade da amostra.

A não presença de interferentes, como excesso de muco, restos celulares, exsudato inflamatório intenso, hemácias, minimizados no processamento das amostras, e outros interferentes, como espermatozoides e artefatos capazes de mascarar os achados citológicos, garantem a eficácia do método automático.

PREPARO DE AMOSTRAS CELULARES POR MEIO DA TÉCNICA MANUAL

As técnicas de preparo de amostras cervicais são utilizadas em todos as retinas laboratoriais. As padronizações da coleta de material celular preservado em meio líquido estão propostas na literatura médica e envolvem o princípio básico da metodologia de Papanicolaou. Uma das metodologias propostas para o preparo e a melhoria da qualidade na confecção de lâminas de amostras citológicas, a partir do material coletado em meio líquido, foi desenvolvida pelo grupo de pesquisa "Papilomavírus humano e doenças sexualmente transmissíveis em múltiplos sítios corpóreos".

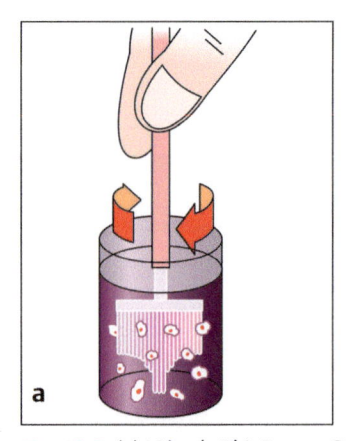

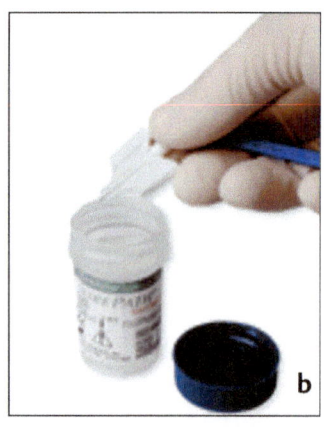

Fig. 10-3. (**a**) Método ThinPrep™, Gynoprep® e CellPreserv®, lavagem e liberação do material celular da cabeça da escova de cerdas plásticas no recipiente contendo líquido de preservação celular. (**b**) Método SurePath™, descarte da cabeça da escova de cerdas plásticas no frasco com solução conservante contendo 100% do material celular coletado, que poderá ser processado ou armazenado.

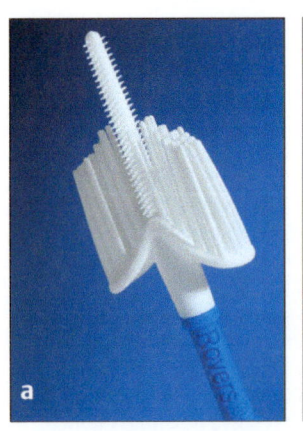

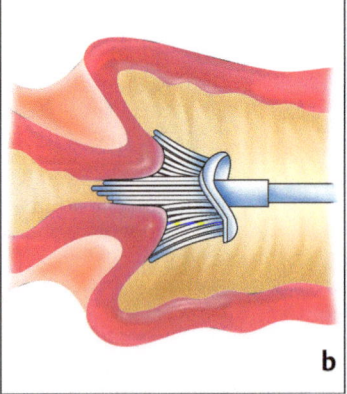

Fig. 10-2. (**a**) Escova especial para a coleta de material cervicovaginal. (**b**) O esquema indica a coleta de material cervical, após a introdução da escova no canal vaginal, e a fixação da cabeça da escova no orifício externo do colo uterino, para realizar a coleta do material celular (Fonte: https://www.bd.com/en-us/offerings/capabilities/cervical-cancer-screening/cervical-sample-collection/surepath-liquid-based-pap-test).

Princípio do Método

O método tem como princípio a fixação de material celular em lâmina de vidro convencional, a partir da utilização de diferentes concentrações de álcool no preparo da amostra, permitindo uma melhor qualidade das células fixadas e um rápido processamento do material (Figs. 10-4 e 10-5).

Técnica

As etapas estão descritas no Quadro 10-1.

As amostras citológicas coradas pelo método de Papanicolaou foram processadas pela técnica manual, proposta por Zonta et al.

PLATAFORMA CELLPRESERV®

A Plataforma CellPreserv® consiste no processamento semiautomático de amostras celulares, a partir de material preservado em meio líquido e preparado no equipamento TPK® (Fig. 10-6).

O método tem como princípio a suspensão do material celular preservado em frasco contendo meio líquido por turbilhonamento e filtrado por uma membrana plástica, que retém as células epiteliais em uma microrrede, eliminando possíveis interferentes, como hemácias, leucócitos, muco e restos celulares. O material celular selecionado pelo filtro é transferido (*in print*), para uma lâmina de vidro carregada com carga positiva e fixada na base do equipamento, em uma área determinada pelo diâmetro do equipamento (Fig. 10-7).

PLATAFORMA CITO SPIN – GYNOPREP®

O GynoPrep® é um meio líquido fixador que tem como objetivo preservar a morfologia celular para diagnósticos citopatológico. O meio é composto por álcool à base de metanol, líquido anticoagulante e um estabilizante.

O princípio do método está pautado na desidratação das células, promovendo uma diminuição do diâmetro das mesmas. Este processo ressalta detalhes do núcleo celular e proporciona padrões de cromatina rotineiramente vistos em preparados citológicos.

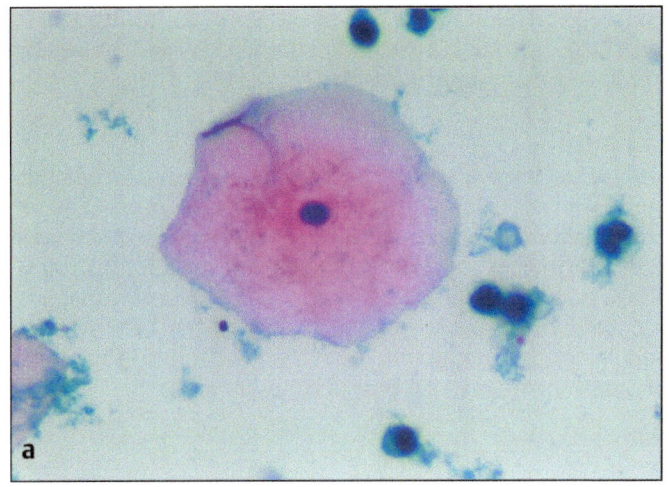

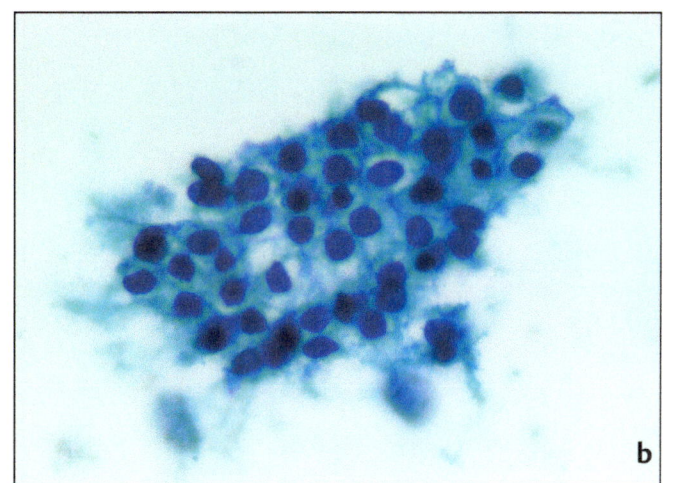

Fig. 10-4. (a) Célula superficial acidofílica apresentando citoplasma acidofílico e núcleo picnótico. (b) Células endocervicais acidofílicas com núcleos centrais e formação de "favo de mel".

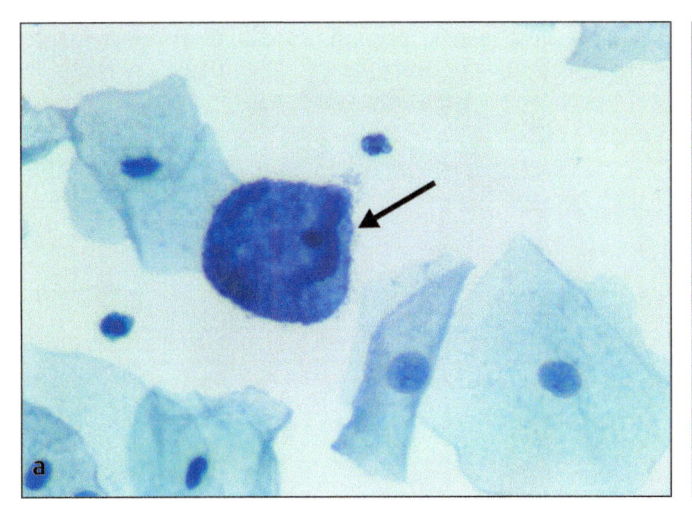

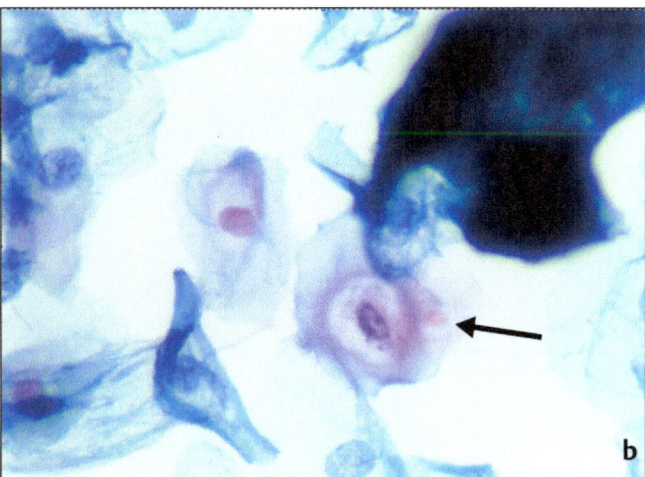

Fig. 10-5. (a) Célula intermediária com presença de Cocobacilos supracitoplasmáticos, *clue cell* (*seta*), sugerindo um quadro de vaginose. (b) Presença de células maduras com núcleo discariótico e halo perinuclear irregular – Coilócito (*seta*). (Fonte: Acervo de lâminas do Laboratório IN CITO – Citologia Diagnóstica Ltda. Prof. Dr. Marco Antonio Zonta.)

Quadro 10-1. O quadro exibe a metodologia de preparo manual para confecção de esfregaços de material cervicovaginal preservado em meio líquido

1. Coletar material cervical com escova de cerdas plásticas.

2. Mergulhar as cerdas plásticas com o material coletado em meio líquido e/ou destacar a cabeça da escova com o material celular a ser preservado (independente da marca do meio líquido).

3. Homogeneizar a amostra por agitação e vórtex por 1 minuto.

4. Separar 5 mL de amostra celular homogeneizada em tubo cônico plástico.

5. Centrifugar o material em centrifuga sorológica por 5 minutos a 1.500 RPM.

6. Desprezar o sobrenadante e ressuspender o *pellet* celular, adicionando 1 mL de álcool etílico 95°.

7. Centrifugar por 3 minutos a 1.500 RPM e desprezar o sobrenadante.

8. Ressuspender o *pellet* celular em 500 µL de álcool etílico a 95°.

9. Transferir o material para lâmina de vidro (material suficiente para confecção de 2 a 4 lâminas de estudo).

10. Adicionar uma gota de álcool isopropílico PA ao material celular e aguardar a fixação em temperatura ambiente.

11. Encaminhar o material para coloração de Papanicolaou.

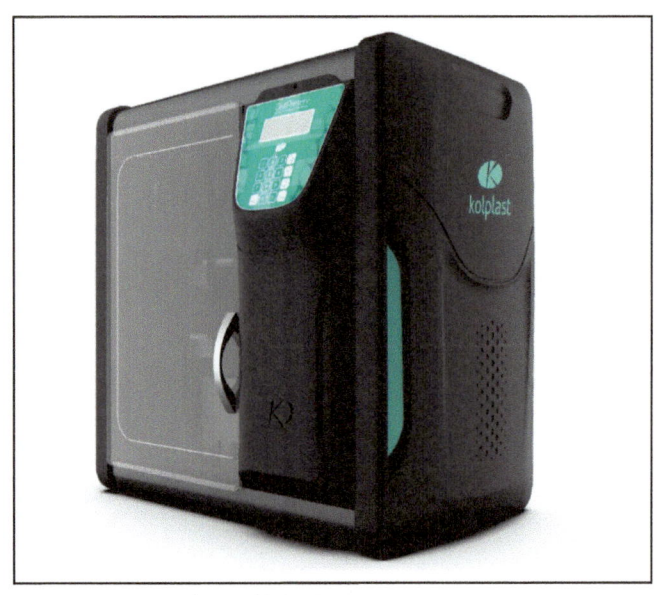

Fig. 10-6. Processador citológico TPK®.

O preparo do material celular coletado em meio Gynoprep® é realizado por citocentrifugação, utilizando-se uma citocentrífuga (Cellspin®), com capacidade de processar 12 amostras simultaneamente (Fig. 10-8).

Técnica
A técnica consiste em preparar o equipamento, acoplando uma lâmina personalizada com papel filtro e inseri-la no rotor da citocentrífuga. O material celular é ressuspendido por agitação (vórtex) e pipeta-se 1 mL da amostra celular, passando-a para dentro do funil plástico. Na sequência, o material celular é centrifugado por 10 minutos a 1.000 RPM. Ao final do processo, a lâmina com o material celular fixado é retirada da citocentrífuga e está pronta para ser corada.

PLATAFORMA SUREPATH™
Aa plataforma SurePath™ oferece vantagens, como a preparação do material citológico para análise automatizada e por microscopia óptica. O material coletado em meio líquido passa por um processo de homogeneização (vórtex), suspendendo as células e, na sequência, por um processo de enriquecimento celular, realizado por centrifugação (Prepmate™), permitindo um aumento da concentração celular a ser analisada (Fig. 10-9).

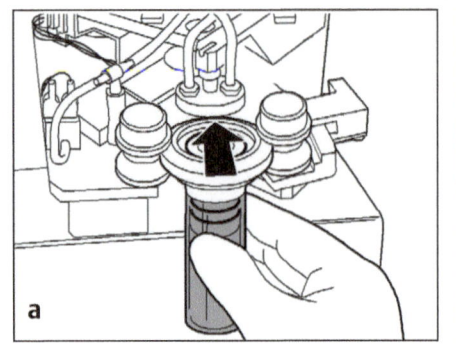

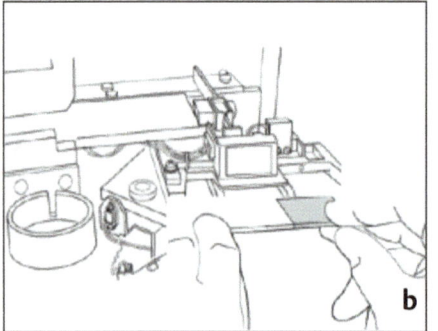

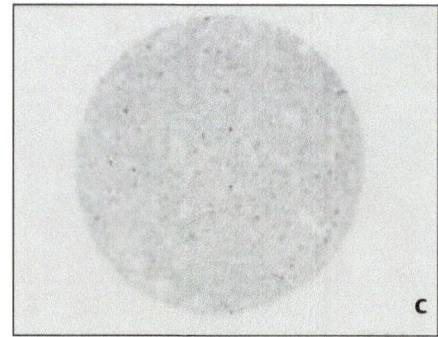

Fig. 10-7. (a) Fixação do filtro e da membrana de filtragem no rotor do aparelho. (b) Indica o posicionamento da lâmina de vidro carregada eletricamente com carga positiva na base do aparelho. (c) Produto final da área do material fixado em lâmina após a coloração de Papanicolaou. (Fonte: Manual de procedimentos do processador citológico TPK® – Empresa Kolplast.)

METODOLOGIAS PARA PREPARO DE AMOSTRAS PARA ANÁLISE DE CITOLOGIA CERVICOVAGINAL

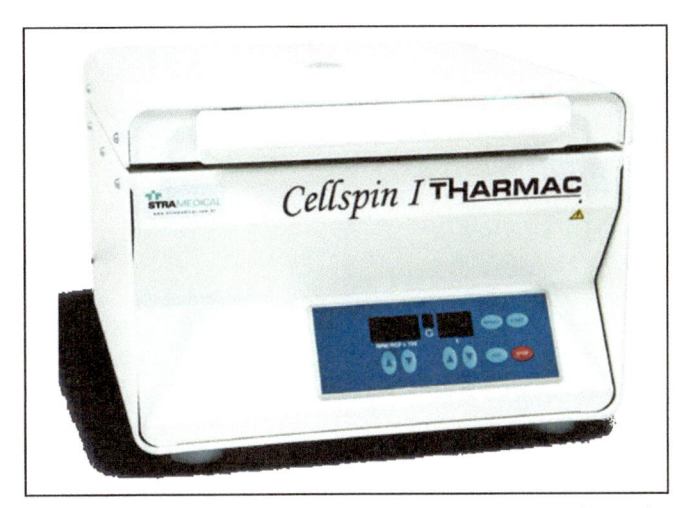

Fig. 10-8. Cito Spin – Citocentrífuga para processamento citológico de material cervicovaginal.

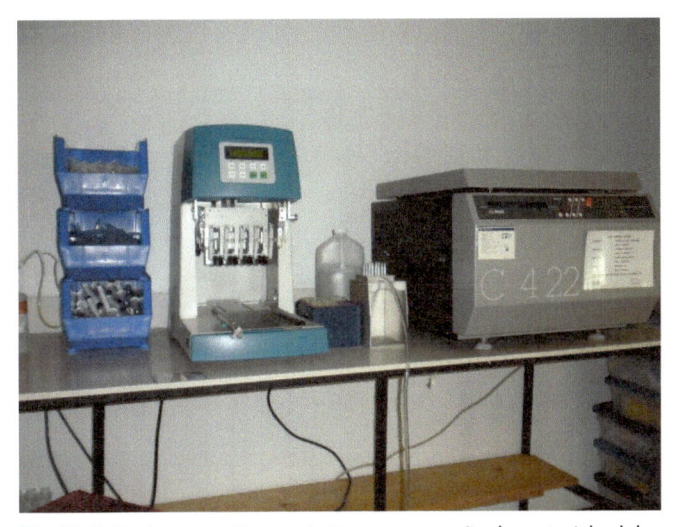

Fig. 10-9. Equipamento Prepmate™ para suspensão do material celular do frasco conservante e centrífuga para obtenção do *pellet* celular.

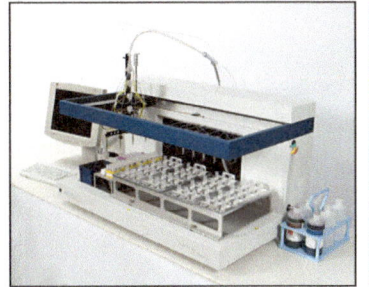

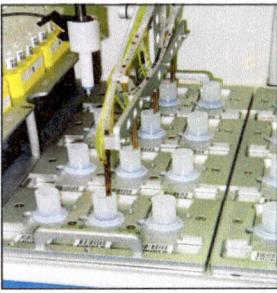

Fig. 10-10. Equipamento PrepStain® utilizado para coloração automatizada de Papanicolaou de amostras celulares coletadas em meio líquido.

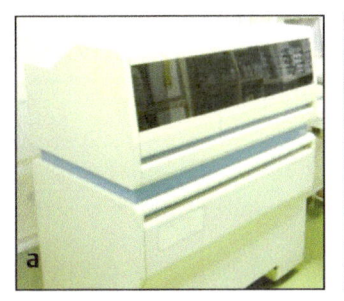

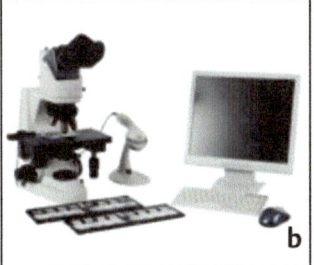

Fig. 10-11. (a) Equipamento Focal Point™ Slide Profiler, automação na análise primária de esfregaços cervicovaginais coletados em meio líquido. (b) Focal Point™ GS Imaging System, sistema automatizado para captura de imagens e diagnóstico microscópico de amostras citológicas.

Com a obtenção do depósito das células (*pellet*) adiciona-se ao material uma solução conservante, capaz de manter a integridade celular. Esse material conservado em um tubo cônico é processado em um equipamento, PrepStain™, que promove a coloração de Papanicolaou automatizada. A fixação celular ocorre em lâminas previamente preparadas com carga elétrica capaz de promover a aderência do material. Ao final da coloração, a lâmina é destinada à montagem com bálsamo e lamínula (Fig. 10-10).

LEITURA AUTOMATIZADA – FOCAL POINT™ SLIDE PROFILER E FOCAL POINT™ GS IMAGING SYSTEM

A avaliação da morfologia celular automatizada veio como uma excelente ferramenta na melhoria da qualidade do escrutínio citológico a ser analisado em grande escala, permitindo uma pré-triagem das amostras e ainda trabalhando como controlador e suporte na análise por microscopia óptica.

O Focal Point™ Slide Profiler (Fig. 10-11a) é um analisador celular (*scanner*), que avalia a morfologia das células preparadas, tanto como esfregaços convencionais, como em meio líquido. O equipamento promove a análise da morfologia celular utilizando múltiplos algoritmos, como a análise isolada das células, verificação de grupos celulares e grau de tonalidade dos núcleos celulares, comparando-os a uma escala com base nas alterações presentes em amostras convencionais.

A técnica promove uma seleção de campos contendo possíveis alterações celulares representando 15% da amostra celular total. As alterações celulares captadas pelo Focal Point™ GS Imaging System (Fig. 10-11b) identificam as áreas com possíveis alterações morfológicas presentes na lâmina, capturam e transformam as mesmas em imagens digitais para análise.

Shidham *et al.* (2007) verificaram o desempenho e a eficácia da análise automatizada na diferenciação de alterações celulares, principalmente na identificação de critérios citomorfológicos para diferenciação de LSIL e HSIL. O estudo evidenciou alterações citomorfológicas capazes de classificar com maior segurança as lesões.

Nance (2007) realizou um estudo para avaliar a *performance* do Focal Point™ na identificação de lesões e verificou uma melhoria na identificação de alterações celulares no que tange às HSIL comparadas ao método convencional.

PLATAFORMA THINPREP™

A Plataforma ThinPrep™ é uma metodologia de preparo de amostras celulares coletadas em meio líquido capaz de promover um ganho na qualidade no preparo dos esfregaços.

O método consiste em um processo de homogeneização e dispersão celular e na sequência, as células são capturadas e transferidas para uma lâmina previamente preparada com carga positiva para a fixação do material celular.

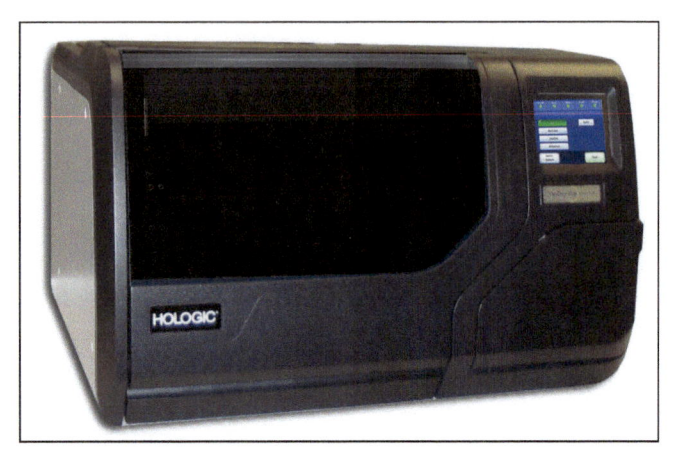

Fig. 10-12. Processador ThinPrep 5000™ promove a homogeneização das amostras celulares e filtração dos *debris* celulares, promovendo a fixação das células na lâmina de vidro. (Fonte: Manual do operador – Processador ThinPrep 5000™ – Empresa Hologic Inc.)

As amostras, ao sofrerem o processo de dispersão, passam por um sistema de membranas com a finalidade de separar os *debris* celulares e o muco cervicovaginal das células efetivamente necessárias para diagnóstico (Fig. 10-12).

Um sistema a vácuo de baixa pressão faz com que o material celular seja captado pelo sistema de membranas e em seguida transferido para a lâmina de vidro por meio de um jato de ar positivo controlado pelo equipamento.

Após a distribuição do material celular na lâmina, a mesma é submetida a um processo de fixação celular e encaminhada ao processo de coloração manual.

ThinPrep Imagin System™

Consiste em um equipamento capaz de capturar, por meio de um processo automático de microscopia (*scanner*), as possíveis alterações citomorfológicas presentes nos esfregaços celulares (Fig. 10-13).

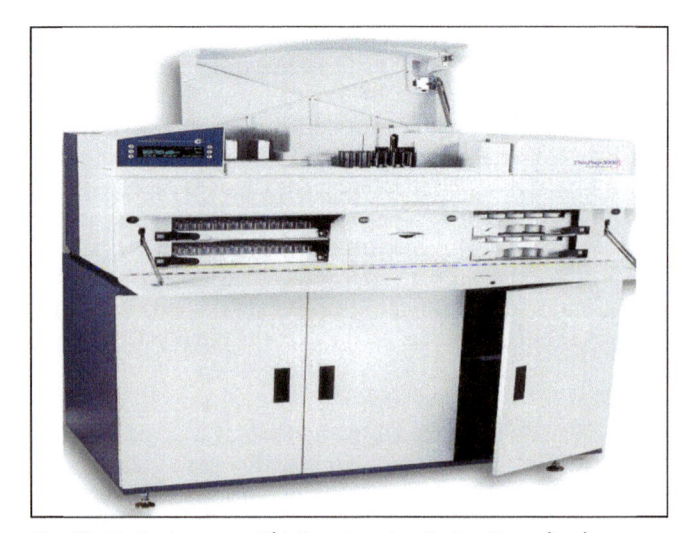

Fig. 10-13. Equipamento ThinPrep Imaging System™, analisador automático para citologia. Promove a seleção de possíveis campos contendo alterações celulares, que deverão ser confirmadas por citologistas.

As áreas de interesse são captadas por meio da identificação morfológica de alteração de forma, tamanho e intensidade de cor, diretamente proporcional à quantidade irregular de cromatina produzida pelas células com alterações e pela formação de grupamentos de células. O equipamento seleciona 22 campos contendo possíveis alterações celulares, que necessitam da avaliação do citologista.

CRITÉRIOS CELULARES VALORIZADOS NAS ANÁLISES AUTOMATIZADAS

A disposição das amostras celulares no esfregaço preparadas em meio líquido permite uma melhor avaliação da qualidade e da morfologia celular no esfregaço. Geralmente, as células estão dispostas de forma isoladas, com os limites celulares bem definidos e raramente encontram-se sobrepostas. Os limites nucleares apresentam contornos bem definidos, e a cromatina apresenta distribuição regular bem distribuída. O citoplasma se mostra bem limitado, podendo-se evidenciar vacúolos e inclusões, quando presentes. Ainda pode-se observar vacúolo de glicogênio e queratina circundado por uma membrana celular.

As células glandulares aparecem normalmente isoladas ou em padrão de "favo de mel", com citoplasma basofílico preservado, contendo vacúolos. Os núcleos são redondos ou ovais, bem definidos e uniformes em tamanho e forma. Esses núcleos exibem hipercromasia leve e cromatina regularmente distribuída, permitindo uma melhor visualização do nucléolo (Fig. 10-14a).

As células escamosas e glandulares com alterações reativas exibem características inflamatórias evidentes. Os núcleos das células exibem um aumento em até 3 vezes seu tamanho original, em relação ao citoplasma, a membrana nuclear apresenta contornos regulares, eventualmente apresentando um aumento de sua espessura. A cromatina apresenta-se bem distribuída e hipercorada; pequenos grumos podem ser observados. O citoplasma apresenta limites de membrana celular ora bem definidos ou exibindo alterações em suas bordas, como uma diminuição da intensidade de coloração. Alterações celulares causadas por agentes infecciosos, quando presentes, apresentam também características bem evidentes e de fácil identificação, valorizando as alterações inflamatórias das células (Fig. 10-14b).

A identificação microscópica das lesões precursoras nos esfregaços cervicovaginais é o principal objetivo da realização dos exames citológicos e representa o principal objetivo na prevenção e no tratamento do câncer genital. Os limites celulares e a valorização das características nucleares aumentam a especificidade do método na identificação das lesões intraepiteliais. A discariose é valorizada pelos contornos irregulares da membrana, e a formação de grumos de cromatina nuclear e citoplasma abundante e bem delimitado definem os quadros citológicos de lesão intraepitelial de baixo e alto graus (Fig. 10-15).

Zhang *et al.* (2007), estudando a acurácia do método ThinPrep™ na detecção de LSIL, verificaram que a metodologia exerce uma boa *performance* na identificação de alterações nucleares ocorrentes na lesão, porém chamou a atenção do método apresentar algumas limitações na identificação de coilócitos nos esfregaços.

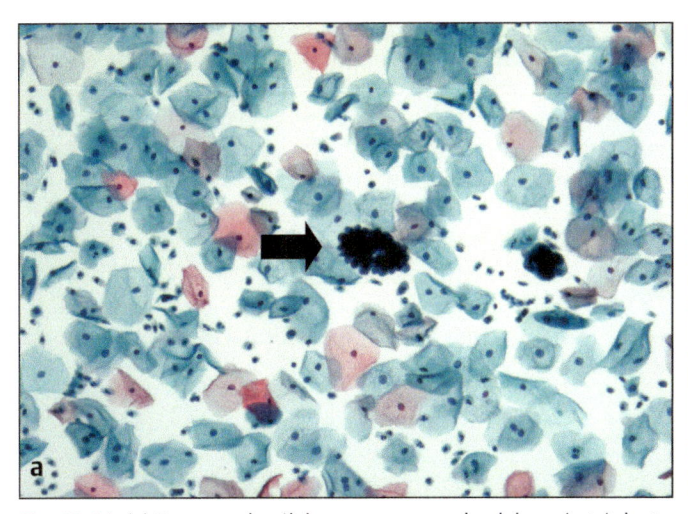

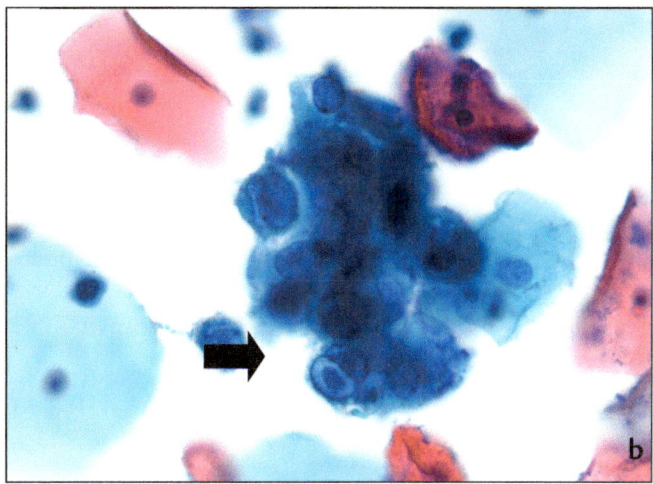

Fig. 10-14. (**a**) Presença de células escamosas e glandulares (*seta*) dentro dos padrões de normalidade, representando um esfregaço adequado (SurePath™). (**b**) Presença de células escamosas com alterações celulares compatíveis com inflamação e alterações citopáticas sugestivas de infecção por herpes-vírus (*seta*) (SurePath™).

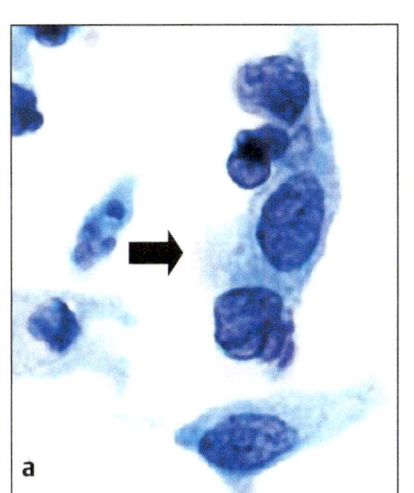

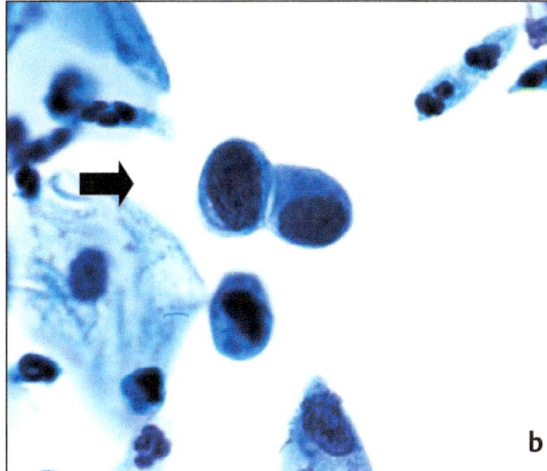

Fig. 10-15. (**a**) Quadro de LSIL evidenciando discariose leve (*seta*) em células escamosas maduras (SurePath™). (**b**) Presença de células escamosas imaturas (*seta*) apresentando discariose moderada caracterizada por hipercromia nuclear em um quadro citológico de HSIL (SurePath™).

Renshaw *et al.* (2006), comparando amostras processadas pelo método Thinprep e convencional, evidenciaram que as modificações nucleares são mais evidentes quando processadas pelo método automatizado, evidenciando uma melhor avaliação da hipercromasia em células dispostas em grupo comparadas ao método convencional. Mostrou ainda que as modificações em células glandulares são mais evidentes que as que ocorrem nas LSIL e HSIL.

Longatto Filho *et al.* (2005) realizaram um estudo comparativo no diagnóstico citológico pelo meio líquido comparado ao exame histopatológico, obtiveram uma sensibilidade de 91,3% nos achados citológicos, quando comparados ao histopatológico.

Slater *et al.* (2005) demonstraram, por um estudo qualitativo, a acurácia da citologia automatizada na determinação de critérios citológicos capazes de classificar as lesões intraepiteliais escamosas. A metodologia permitiu evidenciar o aumento da relação núcleo-citoplasma em mais de 3 vezes ao da célula intermediária. Permitiu a caracterização da diminuição da área do citoplasma das células intermediárias em relação às LSIL e HSIL.

Castle *et al.* (2009) evidenciaram frequente regressão de Neoplasias Intraepiteliais Cervicais – Grau II/HSIL (NIC II) para Neoplasias Intraepiteliais Cervicais – Grau I/LSIL (NIC I) e AS-C-US utilizando o método ThinPrep na caracterização das modificações celulares. No estudo comparativo verificaram que 40% das NIC II regridem, num intervalo de dois anos.

Eisheikh *et al.* (2007), utilizando a metodologia ThinPrep, vislumbram a possibilidade da criação de uma categorização intermediária entre a LSIL e a HSIL, visto que as características celulares obtidas pela metodologia permitiam uma maior avaliação das alterações celulares, identificando com maior segurança as modificações citomorfológicas visualizadas no esfregaço.

CONSIDERAÇÕES GERAIS

As técnicas automatizadas têm como objetivos principais a melhoria da produtividade e da qualidade das amostras citológicas. A automatização de técnicas diagnósticas permite um ganho da sensibilidade, permitindo uma melhor visualização das alterações morfológicas das células.

Os processos automatizados permitem o preparo de amostras ginecológicas, e também não ginecológicas, como derrames cavitários, fluido papilar e punção aspirativa de mama, tireoide e demais sítios corpóreos.

A padronização do método melhora e otimiza os programas de qualidade interno e externo em laboratórios de citodiagnóstico, valorizando ainda mais a atuação do citologista.

Os profissionais da citologia são treinados para manipular o material celular por meio das técnicas convencionais e automatizadas, tornando-se cada vez mais importante nos processos técnicos e diagnósticos.

O treinamento e a certificação desses profissionais permitem um melhor desempenho na identificação de atipias, melhorando, assim, a sensibilidade do diagnóstico citológico.

A maior dificuldade na implantação de novas metodologias automatizadas se dá pelo alto custo dos equipamentos no processamento das amostras

AGRADECIMENTOS

Meus agradecimentos às empresas BD Diagnósticos Brasil, Hologic Inc, Grupo Kolplast e Star Medical – Comércio de Produtos para Saúde por fornecerem informações e matérias para a desenvolvimento deste capítulo.

MONTAGEM DE LAUDOS

Jacinto da Costa Silva Neto

A elaboração do laudo citológico requer clareza, precisão e uma linguagem universal. Pensando nisso, foi criado um sistema de classificação que fosse entendido em qualquer parte do mundo e ao mesmo tempo padronizasse as classificações dos achados citomorfológicos. Portanto, os laudos atuais devem ser orientados pelo Sistema Bethesda, porém informações adicionais também podem ser implementadas visando maior aproveitamento da análise.

SISTEMA BETHESDA PARA RELATO DE CITOLOGIA CERVICAL

Tipo da Amostra

Indicar se o esfregaço é convencional (Papanicolaou), em meio (base) líquido ou outro.

Adequação do Espécime

- Satisfatória para avaliação (descrever presença ou ausência de componentes endocervicais ou zona de transformação e quaisquer outros indicadores de qualidade, por exemplo, parcialmente obscurecido por sangue, inflamação ou exsudato inflamatório etc.).
- Insatisfatório para avaliação... (especificar o motivo).
  - Amostra rejeitada/não processada (especificar o motivo).
  - Amostra processada e avaliada, mas insatisfatória para avaliação de anormalidade epitelial decorrente de (especificar o motivo).

Categorização Geral (Opcional)

- Negativo para lesão intraepitelial ou malignidade.
- *Outras:* ver Interpretação/Resultado (p. ex., células endometriais em mulher igual ou superior a 45 anos).
- *Alteração celular epitelial:* ver Interpretação/Resultado (especificar se "escamoso" ou "glandular", quando apropriado).

Interpretação/Resultado

Negativo para Lesão Intraepitelial ou Malignidade

Quando não existir evidência celular de neoplasia, descrever o fato na Categorização Geral acima e/ou na seção de Interpretação/Resultado do laudo, – independentemente de haver organismos ou outros achados não neoplásicos.

Achados Não Neoplásicos (Relato Opcional; Lista Não Inclusiva)

- Variações celulares não neoplásicas:
  - Metaplasia escamosa.
  - Alterações queratóticas.
  - Metaplasia tubária.
  - Atrofia.
  - Alterações associadas à gravidez.
- Alterações celulares reativas associadas a:
  - Inflamação (inclui reparo típico)
    - Cervicite linfocítica (folicular).
  - Radiação.
  - Dispositivo intrauterino (DIU).
- Células glandulares presentes após a histerectomia.

Microrganismos

- *Trichomonas vaginalis*.
- Organismos fúngicos morfologicamente consistentes com *Candida* sp.
- Desvio da flora sugestiva de vaginose bacteriana.
- Bactérias morfologicamente consistentes com *Actinomyces* sp.
- Alterações celulares consistentes com o vírus herpes simples.
- Alterações celulares consistentes com citomegalovírus.

Outros

- Células endometriais (em mulheres com idade igual ou superior a 45 anos). Especificar se for "negativo para lesão intraepitelial escamosa".

Anormalidades de Células Epiteliais

Células Escamosas

- Atipia de células escamosas:
  - De significado indeterminado (ASC-US).
  - Não sendo possível excluir lesão de alto grau (ASC-H).
- Lesão intraepitelial escamosa de baixo grau (LSIL) (abrangendo: HPV/displasia leve/NIC 1).
- Lesão intraepitelial escamosa de alto grau (HSIL) (abrangendo: displasia moderada e acentuada, CIS; NIC-II e NIC-III):
  - Com características suspeitas de invasão (se houver suspeita de invasão).
- Carcinoma de células escamosas.

Células Glandulares

- Atípicas:
  - Células endocervicais (sem outras especificações [SOE] ou especificar nos comentários).
  - Células endometriais (SOE ou especificar nos comentários).
  - Células glandulares (SOE ou especificar nos comentários).

- Atípicas:
  - Células endocervicais, favorecendo neoplasia.
  - Células glandulares, favorecendo neoplasia.
- Adenocarcinoma endocervical *in situ*.
- Adenocarcinoma:
  - Endocervical.
  - Endometrial.
  - Extrauterino.
  - Sem outras especificações (SOE).

Outras Neoplasias Malignas
Especificar.

Testes Auxiliares
Fornecer uma breve descrição do método do teste e relatar o resultado de modo a ser facilmente compreendido pelo clínico.

Interpretação da Citologia Cervical Assistida por Computador
Se o caso for avaliado com um equipamento automatizado, especificar o equipamento e o resultado.

Observações Educacionais e Comentários Aplicados aos Relatórios de Citologia (Opcional)
As sugestões devem ser concisas e consistentes com as diretrizes clínicas de acompanhamento publicadas pelas organizações profissionais (as referências de publicações relevantes podem ser incluídas).

Por motivos operacionais os laudos tendem a ser cada vez mais concisos. Essa tendência de certa forma tem suas vantagens, porém laudos padronizados, onde simplesmente o citologista somente marca as limitadas opções com "X", podem forçá-lo a omitir informações relevantes que ajudam na clínica, principalmente em locais onde os recursos são escassos. Considere importante um laudo bem elaborado e com dados pertinentes que possam contribuir na conduta clínica.

SUGESTÃO PARA FORMATAÇÃO DE LAUDOS/RELATÓRIOS CITOLÓGICOS CERVICOVAGINAIS
O laudo deverá ser formatado com os dados descritos a seguir e presente no Quadro 11-1.

Identificação da Paciente
- Nome completo.
- Idade.
- Data da última menstruação (DUM) – atenção para mulheres climatéricas ou menopausadas que apresentam eventuais sangramentos, não considerar DUM.
- Data da coleta.
- Nome do solicitante.
- Convênio.
- Nº de registro ou código interno.

Adequabilidade da Amostra
- Satisfatória ou insatisfatória como descrito nas recomendações do Sistema Bethesda. Lembrando que, nas amostras insatisfatórias, é preciso descrever os motivos, seja para as amostras não processadas (p. ex., se a lâmina veio quebrada, não identificada etc.), como também para amostras processadas (descrever, por exemplo, dessecamento, esfregaço hemorrágico, abundante exsudato inflamatório, fungos contaminantes, escassez celular, amostra muito espessa [muita sobreposição celular] etc.)

Observação: mesmo nas amostras "insatisfatórias", mas processadas, é indicado, quando possível, informar a presença de microrganismos, atipias celulares e a presença de células endometriais em mulheres com mais de 45 anos de idade.

Descrição Microscópica
Descrever os tipos celulares encontrados (inflamatórios e epiteliais), bem como o conjunto de alterações (reatividade, lesões intraepiteliais, invasão entre outros), se houver.

Descrever a presença de microrganismos, modificações de flora ou sinais indiretos (p. ex., herpes, citomegalovírus etc.).

Conclusão
Negativo para lesão intraepitelial ou malignidade.

Se for positiva, utilizar as frases padronizadas pelo Sistema Bethesda.

Observações
Este campo deve ser utilizado apenas quando alguma informação relevante precisa ser acrescentada, por exemplo: "Sugiro pesquisa para *Chlamydia trachomatis*. Sugiro pesquisa para *Mycoplasma* urogenitais. Sugiro cultura de secreção vaginal".

Quadro 11-1. Modelo para Elaboração de Laudos com Base no Sistema Bethesda

Identificação da paciente	Nome, idade, data da última menstruação (DUM), data da coleta, solicitante, convênio, nº de registro
Tipo da amostra	Citologia convencional ou citologia em base líquida
Adequabilidade da amostra	Satisfatória ou insatisfatória. Indicadores de qualidade da coleta
Descrição microscópica	Descrição das células presentes e demais componentes
Conclusão	Negativo para lesão intraepitelial ou malignidade. Lesões ASC-US, ASC-H, LSIL, HSIL, Atipias entre outros
Observações	Comentários, sugestões, exames complementares etc.

EXEMPLOS DE LAUDOS
Exemplo 1

Identificação da paciente	Idade: 39. DUM: 13 dias
Tipo da amostra	Citologia convencional
Adequabilidade da amostra	Satisfatória para avaliação; componentes da zona de transformação identificados
Descrição microscópica	Presença de células escamosas superficiais e intermediárias com atipia. Flora lactobacilar
Conclusão	Células escamosas atípicas – significado indeterminado (ASC-US)
Observações	Sugiro teste para HPV de alto risco, se clinicamente justificado ou espécime enviado para teste de HPV reflexo de acordo com a solicitação do clínico

Exemplo 2

Identificação da paciente	Idade: 28. DUM: 16 dias
Tipo da amostra	Citologia convencional
Adequabilidade da amostra	Satisfatória para avaliação; componentes da zona de transformação identificados
Descrição microscópica	Presença de células escamosas superficiais e intermediárias dentro da normalidade. Flora lactobacilar
Conclusão	Negativo para lesão intraepitelial ou malignidade
Observações	

Exemplo 3

Identificação da paciente	Idade: 35. DUM: 18 dias
Tipo da amostra	Citologia convencional
Adequabilidade da amostra	Satisfatória para avaliação; componentes da zona de transformação identificados. Abundante exsudato inflamatório, obscurecendo parcialmente o material
Descrição microscópica	Presença de células escamosas superficiais e intermediárias com alterações reativas associadas à inflamação (inclui reparo típico). Flora cocobacilar com presença de *Trichomonas vaginalis*
Conclusão	Negativo para lesão intraepitelial ou malignidade/citologia inflamatória
Observações	

Nota: quando há acentuadas alterações citomorfológicas e presença de Trichomoníase, recomenda-se sugerir tratar e repetir com após 90 dias para descartar possíveis mímicos de atipia.

Exemplo 4

Identificação da paciente	Idade: 55 anos. Pós-menopausada
Tipo da amostra	Citologia convencional
Adequabilidade da amostra	Satisfatória para avaliação; ausência de componentes da zona de transformação
Descrição microscópica	Amostra atrófica composta de células escamosas profundas, incluindo pseudoparaqueratose e vários polimorfonucleares. Escassa flora cocobacilar
Conclusão	Negativo para lesão intraepitelial escamosa Células endometriais presentes em uma mulher acima de 45 anos Citologia atrófica com inflamação
Observações	

Exemplo 5

Identificação da paciente	Idade: 45. DUM: 12 dias
Tipo da amostra	Citologia em base líquida
Adequabilidade da amostra	Satisfatória para avaliação; zona de transformação não identificada
Descrição microscópica	Presença de células escamosas atípicas. Flora lactobacilar. Vários polimorfonucleares e hemácias
Conclusão	Lesão intraepitelial de alto grau (HSIL)
Observações	Sugiro avaliação colposcópica

Exemplo 6

Identificação da paciente	Idade: 53. Pós-menopausada
Tipo da amostra	Citologia em base líquida
Adequabilidade da amostra	Satisfatória para avaliação
Descrição microscópica	Presença de células escamosas sem alterações. Células glandulares endocervicais atípicas dispostas em grandes agrupamentos (roseta e pseudoestratificação). Vários polimorfonucleares e hemácias. Flora lactobacilar
Conclusão	Adenocarcinoma endocervical *in situ*
Observações	

Exemplo 7

Identificação da paciente	Idade: 68. Pós-menopausada
Tipo da amostra	Citologia convencional
Adequabilidade da amostra	Satisfatória para avaliação
Descrição microscópica	Amostra hemorrágica com presença de células escamosas profundas degeneradas, células glandulares endocervicais atípicas dispostas isoladamente ou em agrupamentos sinciciais. Núcleos pleomórficos. Diátese tumoral e flora bacteriana não classificada
Conclusão	Adenocarcinoma endocervical
Observações	

Exemplo 8

Identificação da paciente	Idade: 62. Pós-menopausada
Tipo da amostra	Citologia em base líquida
Adequabilidade da amostra	Satisfatória para avaliação; zona de transformação não identificada
Descrição microscópica	Presença de células escamosas atípicas com intenso pleomorfismo celular e nuclear, queratinização e diátese tumoral. Flora bacilar
Conclusão	Carcinoma escamoso
Observações	

NOÇÕES BÁSICAS DE COLPOSCOPIA PARA O CITOLOGISTA

CAPÍTULO 12

Ivi Gonçalves Soares Santos Serra

É muito comum o laboratório de citologia receber amostras coletadas por colposcopistas ou receber a paciente para a coleta mediante solicitação clínica acompanhada de laudo colposcópico. Essas análises são valiosas, e o citologista deve saber interpretá-las, para que possa correlacionar com seus achados e se, necessário, contatar o solicitante para eventuais discussões, visando oferecer à paciente um laudo preciso.

A colposcopia é uma técnica que permite a ampliação estereoscópica dos tecidos do trato genital inferior de 6 a 40 vezes. Essa palavra deriva do grego e significa a observação atenta (*skopeo*) da vagina (*kolpos*). Foi originalmente desenvolvida pelo médico alemão, Hans Hinselmann, em 1925.

Juntamente com a citologia, a colposcopia tornou-se uma importante ferramenta no diagnóstico de lesões pré-cancerígenas. Exame de alta sensibilidade, permite localizar as atipias identificadas na colpocitologia, seja uma alteração na vulva, vagina ou colo e, então, guiar o melhor local para biópsia. A colposcopia também pode ser usada em pacientes que se beneficiariam com o tratamento imediato. Assim, juntamente com citologia e a histologia, a colposcopia forma o tripé para o diagnóstico das lesões intraepiteliais e invasoras do trato genital feminino.

EQUIPAMENTO – COLPOSCÓPIO

A colposcopia baseia-se na amplificação das superfícies epiteliais que revestem o trato genital inferior, que refletem também o que ocorre no tecido conjuntivo subjacente. Portanto, as imagens anormais aparecem quando há alterações na espessura do epitélio, assim como na angioarquitetura estromal.

O colposcópio (Fig. 12-1) é uma lupa binocular, que permite o exame com aumentos, acoplada a um sistema de iluminação forte e centrada. É composto por um cabeçote articulado a uma haste vertical montada sobre um tripé ou fixado à mesa de exame por um braço móvel. Atualmente, os colposcópios permitem o acoplamento de câmeras fotográficas, videocâmeras e outros aparelhos de imagem. Os procedimentos terapêuticos, como diatermocoagulação, as cauterizações químicas, as cirurgias de alta frequência e a vaporização a *laser* CO_2 são realizados com o auxílio do colposcópio.

INDICAÇÕES PARA COLPOSCOPIA

Normalmente as pacientes são encaminhadas para a colposcopia quando apresentam um resultado positivo no teste de triagem, como, por exemplo: colo uterino de aspecto suspeito,

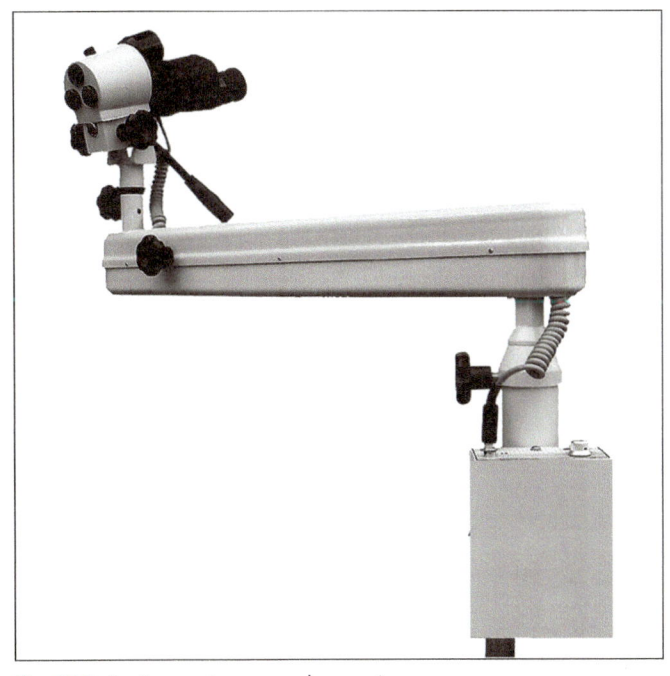

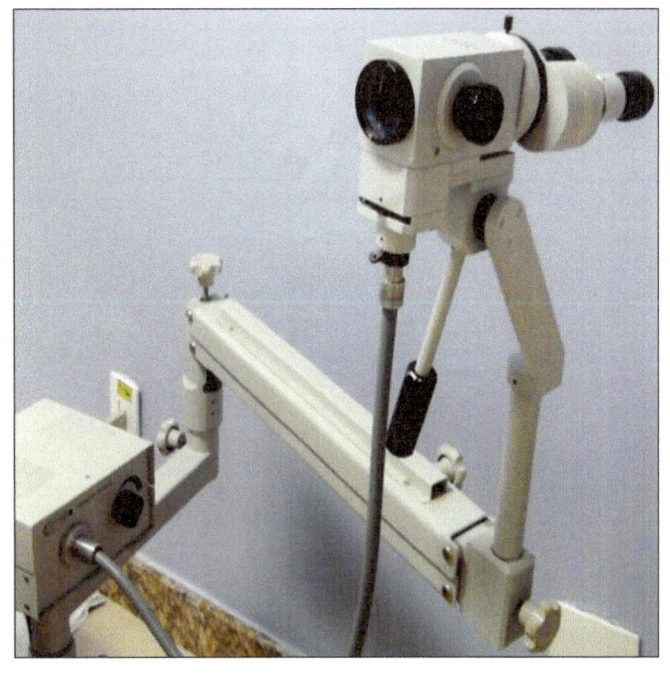

Fig. 12-1. Equipamentos para colposcopia.

citologia cervical positiva, inspeção visual com ácido acético positiva, resultado positivo na inspeção visual com solução de lugol, teste de DNA-HPV oncogênico positivo.

Outras indicações para realização da colposcopia, segundo a Sociedade Brasileira de PTGI (patologias do trato genital inferior):

- Prevenção secundária do câncer cervical.
- Citologia atípica.
- Localização para coleta de biópsias.
- Verrugas genitais.
- Infecções sexualmente transmissíveis (IST).
- Passado de infecção por HPV.
- Passado de alterações pré-cancerosas ou cancerosas do colo.
- Contato com parceiro com HPV.
- Sinusiorragia e dispareunia.
- Vulvovaginites de repetição e prurido vulvar crônico.
- Controle pós-tratamento de lesões HPV induzidas.
- Controle pós-tratamento de alterações pré-cancerosas e cancerosas.
- Cervicites e ectopias persistentes.
- Pacientes HIV positivas e/ou imunossuprimidas com lesões genitais.
- Controle das lesões intraepiteliais durante a gravidez.
- Desejo da paciente em realizar o exame.

Podem-se acrescentar, ainda: ulcerações; pólipos (Fig. 12-2); grandes ectopias; uso de DIU (Fig. 12-3); casos em que a citologia não esclarece totalmente, como das lesões indeterminadas ou glandulares. Em adição à imagem colposcópica, podem ocorrer placas brancas e de limites precisos, que podem ser vistas a olho nu, na superfície do epitélio. Essa leucoplasia (hiperqueratose) é decorrente da espessa queratina de cobertura e pode tanto encobrir uma lesão, como impedir uma coleta adequada de amostras citológicas da área.

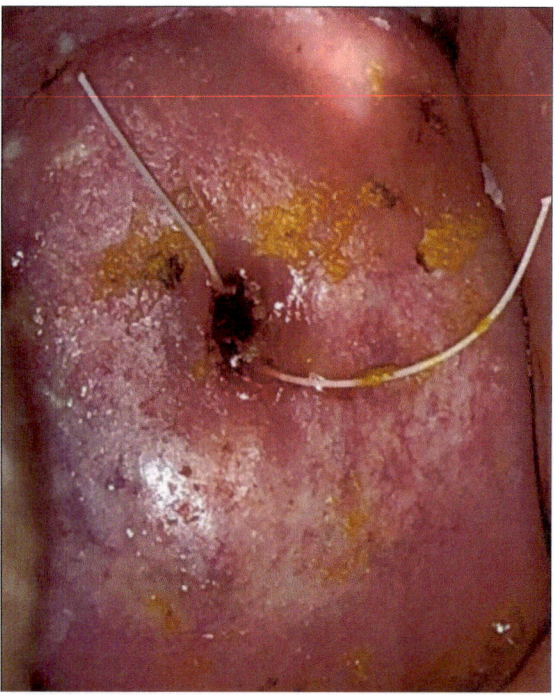

Fig. 12-3. Fio do DIU.

INSTRUMENTAIS E REAGENTES

Espéculo, luvas, espátulas de Ayres, escovas para colheita de material endocervical (*cytobrush*), pinça de Cheron, algodão, gaze, ácido acético diluído a 3 a 5%, solução de Shiller ou lugol, pinças para biópsia e pólipos, soro fisiológico a 0,9% e solução de formol a 10% (Fig. 12-4) são alguns dos materiais usados na colposcopia.

Ao iniciar o procedimento é recomendável uma anamnese dirigida e objetiva, levando em consideração os dados mais importantes relativos ao exame, como, idade da paciente, paridade, data da última menstruação, método contraceptivo, antecedentes de IST, motivo da realização do exame; resultados citológicos e histológicos recentes; coagulopatia ou alergia a iodo, tratamento em curso.

Antes de examinar o colo, devem-se inspecionar a vulva, região interglútea, ânus e paredes vaginais, uma vez que o HPV pode produzir alterações também nesses locais (Figs. 12-5 e 12-6).

A visualização da endocérvice pode ser otimizada, se o exame for realizado no meio do ciclo menstrual, em que as

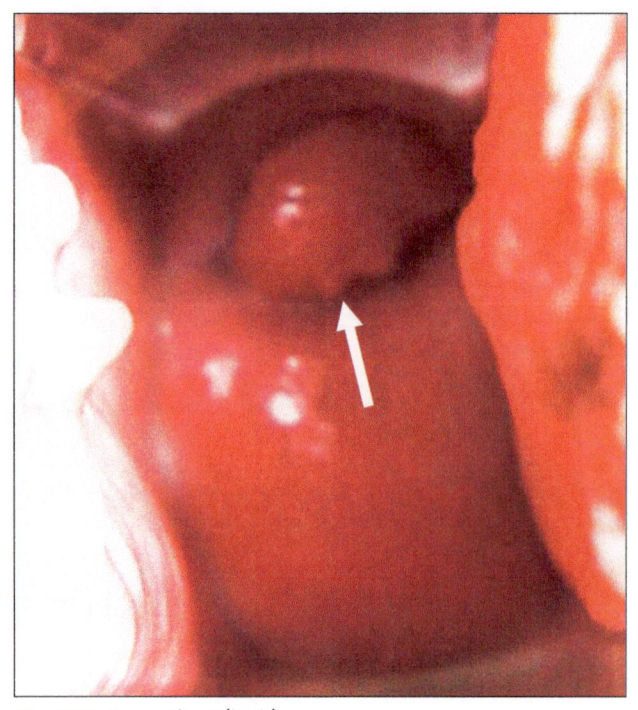

Fig. 12-2. Formação polipoide.

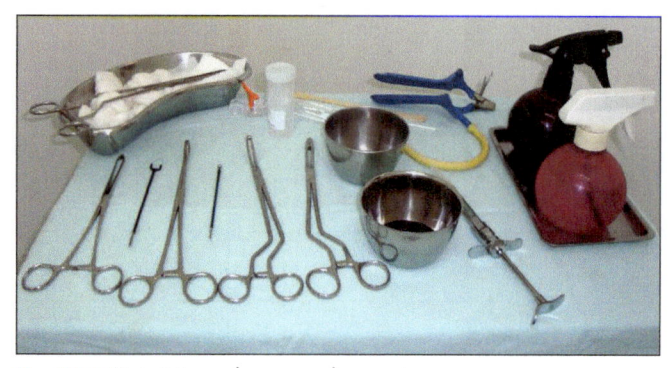

Fig. 12-4. Materiais usados para colposcopia.

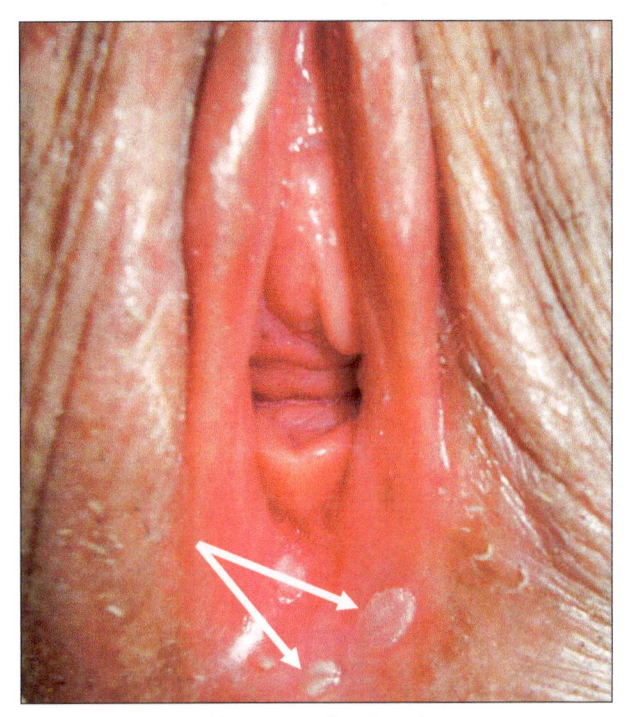

Fig. 12-5. Lesão condilomatosa vulvar (*setas*).

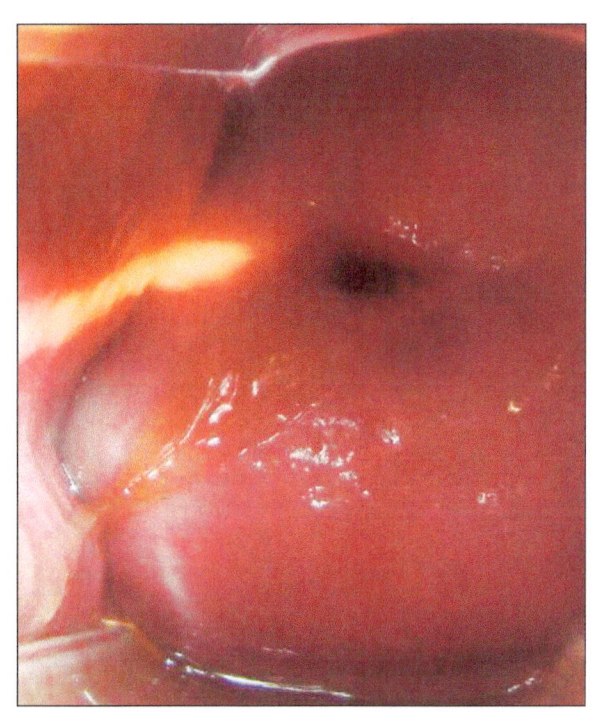

Fig. 12-7. Muco ovulatório.

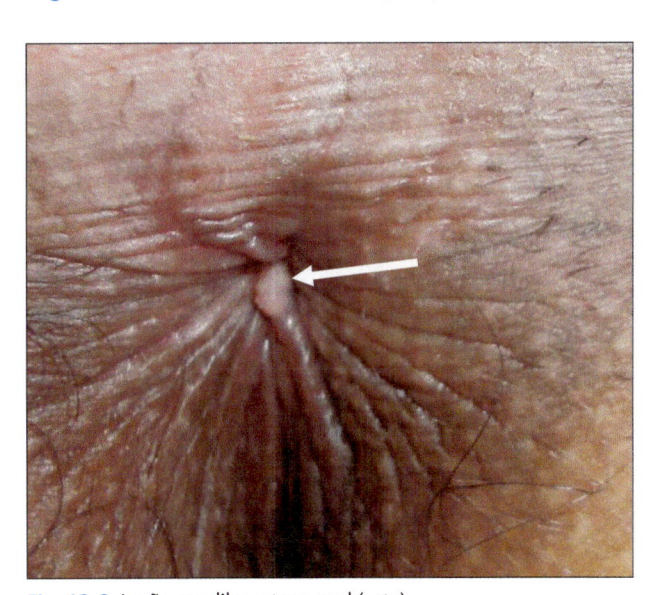

Fig. 12-6. Lesão condilomatosa anal (*seta*).

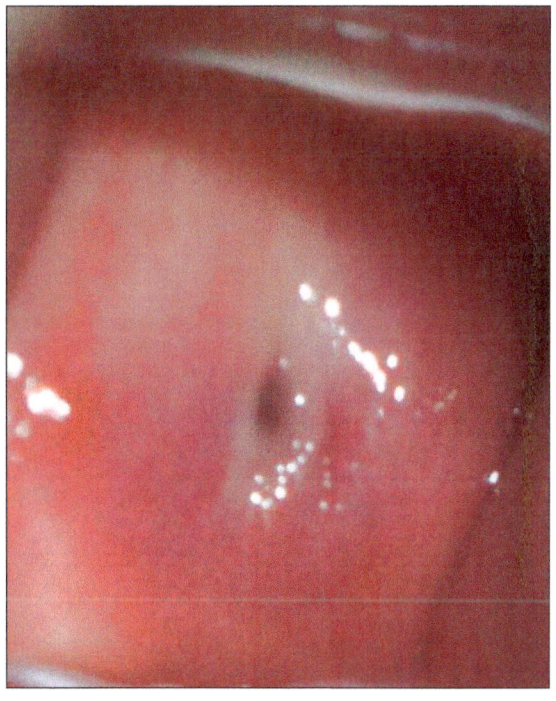

Fig. 12-8. Cérvice uterina em mulher menopausada após o uso de estrógeno.

condições naturais de integridade hormonal estão mais favoráveis ao exame e à coleta de materiais (Fig. 12-7). Na paciente menopausada e nas com junção escamocolunar (JEC) não totalmente visualizada, a colposcopia deve ser realizada após o uso de estrógeno oral ou tópico (Fig. 12-8), sendo que esse último deve ser suspenso 2 a 3 dias antes do exame. Mulheres com cervicite aguda e vaginite grave devem ser tratadas primeiro, antes de realizar a colposcopia (Figs. 12-9 e 12-10), pois a simples introdução de espéculo pode causar dor e resistência da paciente, frente ao incômodo inflamatório. Além disso, na colpite, o tecido conjuntivo é congesto, e a mucosa edemaciada, o que produz uma imagem em pontilhado e frequentemente invisível a olho nu, o que pode dificultar a visualização de áreas atípicas.

Muitas vezes, a oportunidade de coleta do material citopatológico e o exame colposcópico é única e não pode ser desperdiçada. Sendo assim, qualquer coleta, seja ela de material para estudo citopatológico ou para testes de biologia molecular, deve preceder a colposcopia e ser realizada de maneira extremamente gentil para não interferir no exame subsequente.

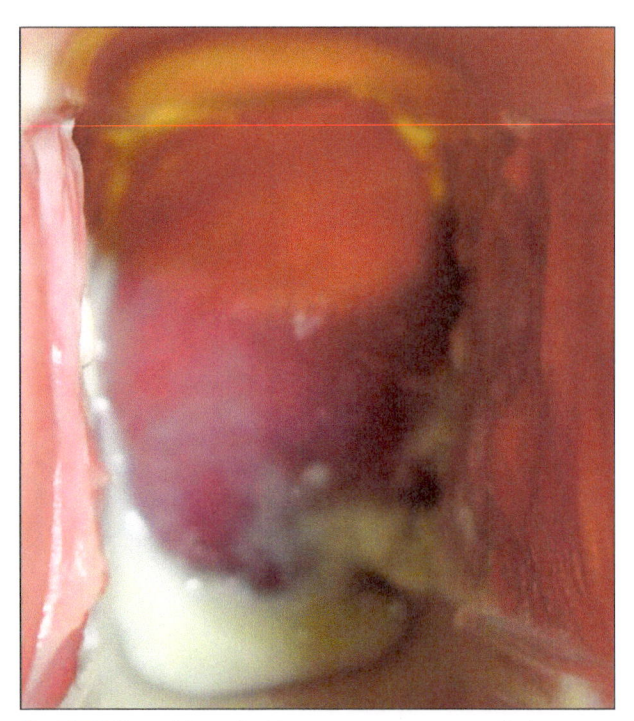

Fig. 12-9. Conteúdo vaginal branco grumoso, compatível com candidíase.

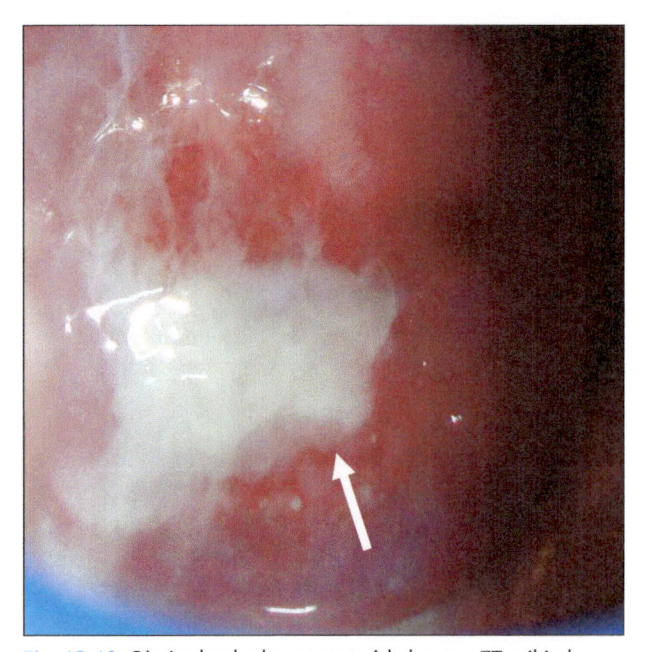

Fig. 12-10. Cérvice banhada por conteúdo branco. ZT exibindo vasos típicos (*seta*).

PROCEDIMENTO

Aplica-se delicadamente o espéculo, que não deve estar lubrificado, e que melhor se ajuste a cada caso, sem traumatizar o colo ou as paredes vaginais. É comum encontrar-se uma pequena quantidade de descarga vaginal, misturada com a cervical, cobrindo e escurecendo a área a ser examinada. Essa descarga poderá ser de diversas etiologias e assumir diversas características, como: branco grumoso, bolhoso, acinzentado, purulento, hemático, transparente etc. (Fig. 12-9). Utiliza-se soro fisiológico a 0,9% para umidificar o epitélio e remover esse conteúdo. O filtro verde é particularmente útil nesse momento, pois faz com que os vasos se tornem escuros, facilitando o estudo da vascularização (Fig. 12-10).

Segue-se do teste do ácido acético que é fundamental no diagnóstico colposcópico. Ele determinará um aumento considerável da visibilidade das áreas normais e anormais do epitélio cervical, facilitando a localização da zona de transformação e seus limites e a posição da junção escamocolunar (JEC) (Figs. 12-11 a 12-13).

Uma solução de ácido acético de 3 a 5% quando aplicada sob o colo determina um edema nas papilas do epitélio cilíndrico e provoca o seu empalidecimento, evidenciando, assim, o aspecto em "cacho de uva". Quase não tem ação no epitélio escamoso normal bem diferenciado (Fig. 12-14).

O ácido acético acarreta coagulação das proteínas intracelulares epiteliais, reduzindo a transparência dos epitélios metaplásicos, e com atipias, fator responsável pelo característico efeito de acetobranqueamento em diferentes graus, conforme a densidade nuclear. Essa aparência branca na zona de transformação é uma das bases da colposcopia.

As lesões que se estendem para o interior do canal endocervical merecem maior atenção do examinador, uma vez que estejam associadas a importantes lesões glandulares e/ou escamosas.

As soluções iodadas de Lugol ou Schiller são aplicadas como parte da técnica, exceto nas pacientes alérgicas ao iodo, e serão captadas pelas células da camada intermediária do epitélio escamoso normal, ricas em glicogênio e assumem uma cor marrom avermelhada escura (Figs. 12-15 e 12-16).

O epitélio distrófico, metaplásico, cilíndrico, pré-neoplásico e o neoplásico, por serem desprovidos de glicogênio, não se coram, ficando iodo-negativos. O teste será iodo-positivo

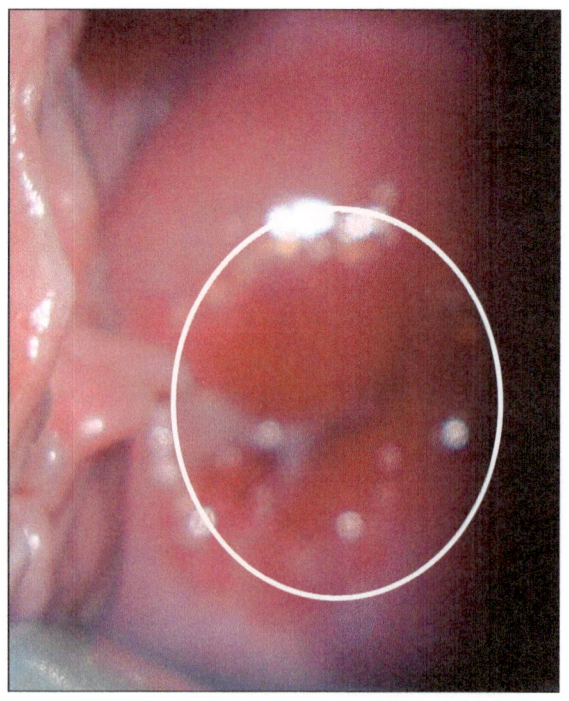

Fig. 12-11. Colo com ectopia antes da aplicação do ácido acético (*área mais vermelha dentro do círculo*).

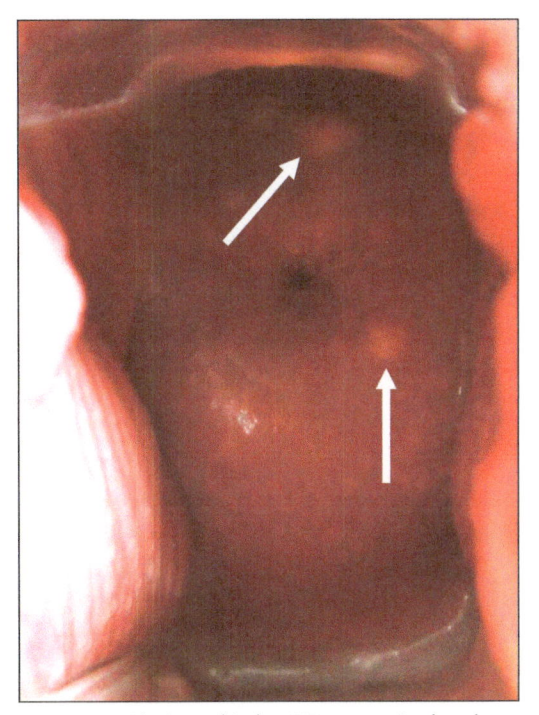

NOÇÕES BÁSICAS DE COLPOSCOPIA PARA O CITOLOGISTA

Fig. 12-12. Cérvice exibindo a ZT, caracterizada pelos cistos de Naboth (*setas*).

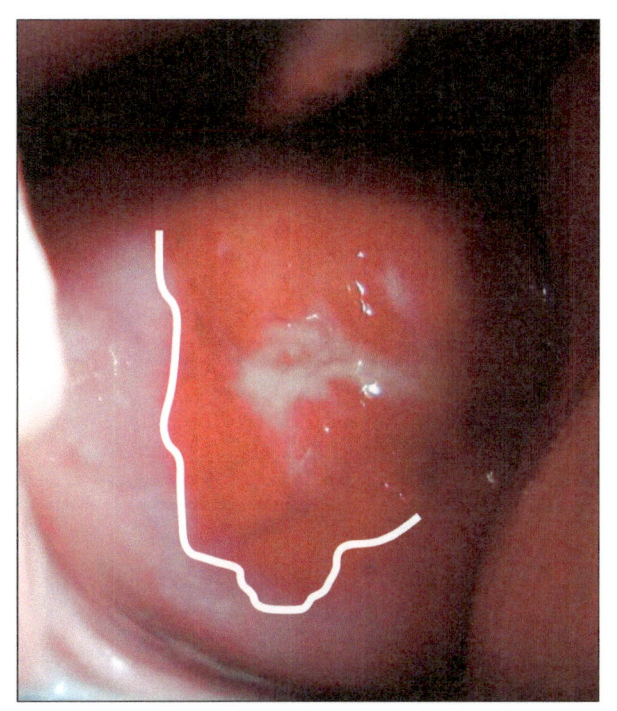

Fig. 12-14. Grande ectopia. Observe a JEC longe do orifício externo do colo. A linha branca contorna a JEC.

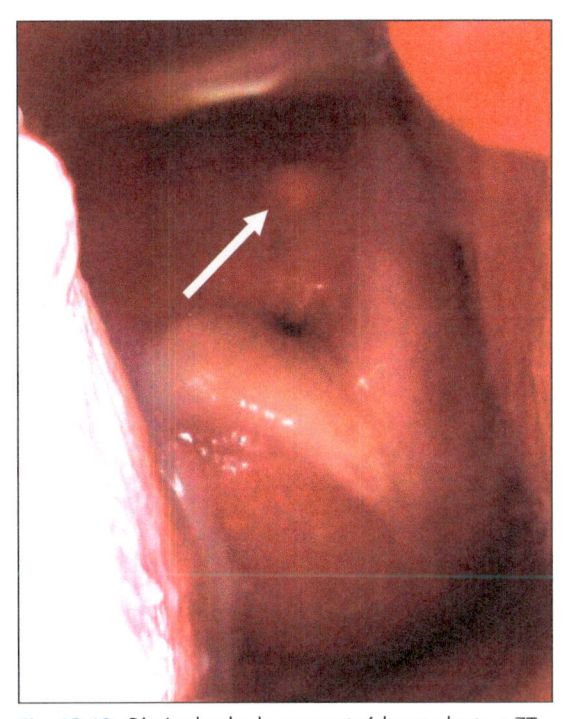

Fig. 12-13. Cérvice banhada por conteúdo purulento e ZT caracterizada pelo cisto de Naboth.

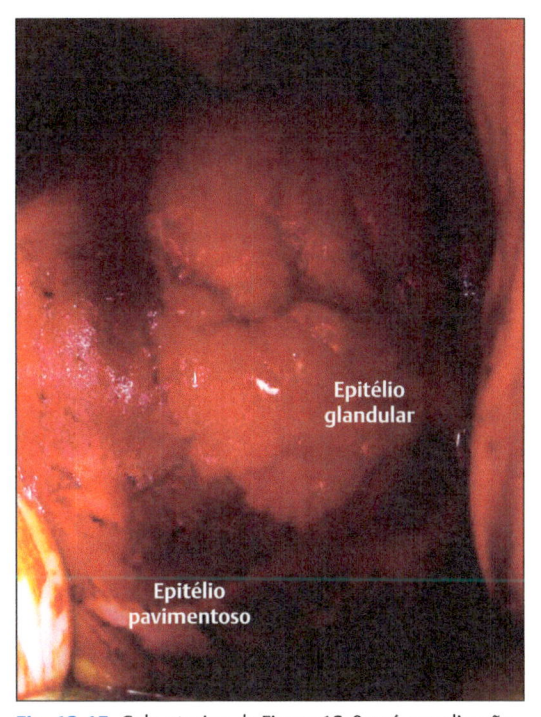

Fig. 12-15. Colo uterino da Figura 12-8 após a aplicação do lugol. Área iodo-negativa central.

quando o epitélio ficar completamente corado. É um bom teste para delimitar as margens das lesões cervicais.

A avaliação inclui a identificação do epitélio escamoso, epitélio colunar (Fig. 12-15), JEC, zona de transformação normal (ZTN) (Fig. 12-17) e zona de transformação anormal (ZTA); representada pelas lesões pré-neoplásicas, com estimativa da sua localização de extensão, coloração, vascularização, bordas, superfície, associação de imagens, bem como tempo de aparecimento e severidade. A colposcopia será dita satisfatória quando todos esses elementos forem visualizados, e insatisfatória, quando ocorrer trauma associado, inflamação ou atrofia que impeça uma avaliação colposcópica completa ou quando a cérvice não for visível.

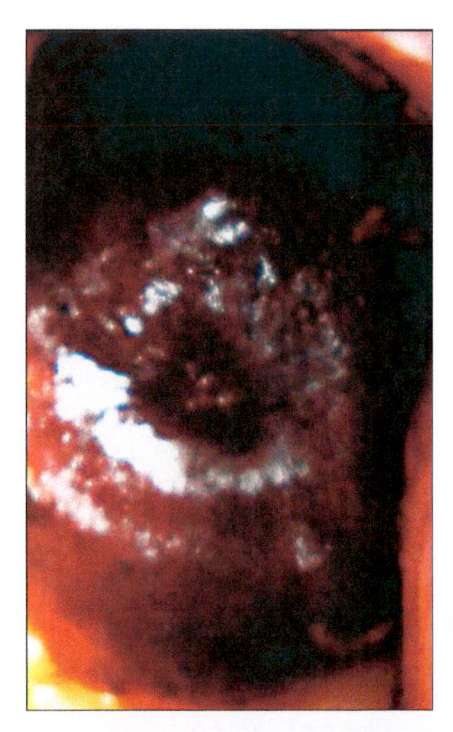

Fig. 12-16. Colo normal após a aplicação do Lugol (iodo-positivo).

Área iodo clara

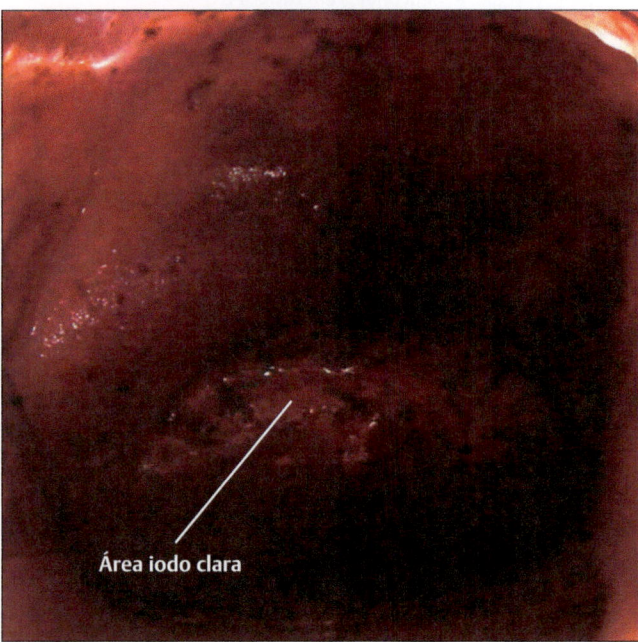

Fig. 12-17. Zona de transformação após a aplicação do Lugol – área iodo-clara.

A zona de transformação poderá ser identificada pela presença de orifícios glandulares abertos e/ou cistos de Naboth (Figs. 12-12 e 12-13). Quanto à localização, existem três tipos de ZT: tipo 1: a zona de transformação completamente visível e ectocervical; tipo 2: tem um componente endocervical, mas é completamente visível, não importando o tamanho do componente ectocervical, e tipo 3: apresenta um componente endocervical que não é completamente visível, e podendo ter um componente ectocervical que pode ser pequeno ou grande.

As biópsias dirigidas por colposcopia são realizadas por meio de pinças do tipo saca-bocados ou alças diatérmicas, onde são obtidos fragmentos do colo para estudo anatomopatológico das áreas de maior agressividade.

O exame colposcópico termina pela redação de um laudo e pela elaboração de um esquema. A elaboração do esquema repousa sobre um sistema convencional, e o laudo final se apoia sobre uma terminologia que precisa tornar-se universal para que seja compreendida.

A classificação colposcópica que vigora atualmente foi recomendada e atualizada, em julho de 2011, durante o XVI Congresso Mundial de Patologia Cervical e Colposcopia, realizado no Rio de Janeiro.

TERMINOLOGIA COLPOSCÓPICA

Avaliação Geral
- Exame adequado/inadequado (isto é, colo uterino obscurecido por inflamação, sangramento, cicatrizes etc.)
- Visibilidade da junção escamocolunar: completamente visível, parcialmente visível, não visível.
- Zona de Transformação Tipos 1, 2, 3

Achados Colposcópicos Normais:
- Epitélio escamoso original
  - Maduro.
  - Atrófico.
- Epitélio colunar:
  - Ectopia.
- Epitélio escamoso metaplásico
  - Cistos de Naboth.
  - Orifícios glandulares.
- Deciduose na gravidez.

Achados Colposcópicos Anormais
- Princípios gerais:
  - *Localização da lesão:* dentro ou fora da ZT, localização da lesão pela posição dos ponteiros do relógio.
  - *Tamanho da lesão:* número de quadrantes cervicais envolvidos pela lesão, tamanho da lesão em porcentagem do colo uterino.
- Grau 1 (menor):
  - Epitélio acetobranco tênue.
  - Mosaico tênue, regular.
  - Borda irregular, geográfica.
  - Pontilhado tênue, regular.
- Grau 2 (maior):
  - Epitélio acetobranco denso.
  - Aparecimento rápido do acetobranqueamento.
  - Orifícios glandulares espessados.
  - Mosaico grosseiro.
  - Pontilhado grosseiro.
  - Borda aguda, bem demarcada.
  - Sinal da borda interna (lesão dentro da lesão).
  - Sinal da crista (lesão sobrelevada).

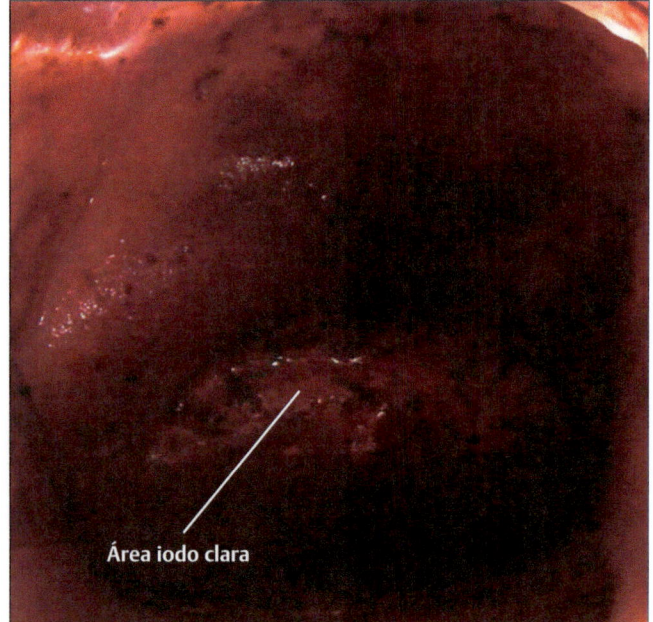

- Não específico:
  - Leucoplasia (queratose, hiperqueratose) erosão.
  - Coloração do Lugol (teste de Schiller): corado/não corado.
- Suspeita de invasão
  - Vasos atípicos
    - *Sinais adicionais:* vasos frágeis, superfície irregular, lesão exofítica, necrose, ulceração (necrótica), neoplasia/tumor aparente.
- Achados variados (miscelânea):
  - Zona de transformação congênita.
  - Condiloma.
  - Pólipo (ectocervical/endocervical).
  - Inflamação.
  - Estenose.
  - Anomalia congênita.
  - Sequelas pós-tratamento.
  - Endometriose.
- Alterações colposcópicas sugestivas de câncer invasivo.
- Colposcopia insatisfatória:
- Junção escamocolunar não visível.
- Inflamação grave, atrofia grave, trauma, cérvice não visível.
- Miscelânea: condiloma, queratose, erosão, inflamação, atrofia, deciduose e pólipo.
  *Alterações maiores

Características Colposcópicas Sugestivas de Alterações Metaplásicas

A) Superfície lisa com vasos finos, de calibre uniforme.
B) Alterações acetobrancas leves.
C) Iodo negativo ou parcialmente positivo com solução de Lugol.

Características Colposcópicas Sugestivas de Alterações de Baixo Grau (Alterações Menores)

A) Superfície lisa com borda externa irregular.
B) Alteração acetobranca leve, que aparece lentamente e desaparece rapidamente.
C) Iodo negativo, frequentemente com parcial captação de iodo positivo.
D) Pontilhado fino e mosaico fino regular.

Características Colposcópicas Sugestivas de Alterações de Alto Grau (Alterações Maiores)

A) Superfície lisa com borda externa bem marcada.
B) Alteração acetobranca densa, que aparece rapidamente e desaparece lentamente; podendo apresentar um branco nacarado que lembra o de ostra.
C) Iodo negativo (coloração amarelo-mostarda) em epitélio densamente acetobranco.
D) Pontilhado grosseiro e mosaico de campos largos e irregulares e de tamanhos diferentes.
E) Acetobranqueamento denso no epitélio colunar pode indicar doença glandular.

Características Colposcópicas Sugestivas de Câncer Invasivo

A) Superfície irregular, erosão ou ulceração.
B) Acetobranqueamento denso.
C) Pontilhados grosseiro e irregular e mosaico grosseiro de campos largos desiguais.
D) Vasos atípicos.

CONTROLE DE QUALIDADE EM CITOPATOLOGIA

CAPÍTULO 13

Daniela Etlinger Colonelli

Há quase um século, a qualidade de produtos e serviços é cada vez mais exigida em diversos setores. Vários órgãos seguem normas e regulamentações para certificar ou acreditar processos e serviços, dentre eles estão o INMETRO (Instituto Nacional de Metrologia, Qualidade e Tecnologia), PALC/SBPC (Programa de Acreditação de Laboratórios Clínicos), DICQ/SBAC (Departamento de Inspeção e Credenciamento de Qualidade), ONA (Organização Nacional de Acreditação), ANVISA (Agência Nacional de Vigilância Sanitária), LAP/CAP (Programa de Acreditação de Laboratório/Colégio Americano de Patologistas) e CLIA (Clinical Laboratory Improvement Amendments).

A **gestão da qualidade** facilita a organização do trabalho, garante confiabilidade aos resultados, possibilita a rastreabilidade dos dados e a documentação de um estudo. Para tal, é necessário um conjunto de atividades planejadas, sistemáticas e implementadas com o objetivo de cumprir requisitos específicos de qualidade, definido como **garantia de qualidade**. A melhoria contínua é premissa dos programas de qualidade, alcançada pela análise crítica das etapas do processo, identificação de possíveis causas de não conformidades e adoção de ações preventivas ou corretivas, nas fases pré-analítica, analítica e pós-analítica.

O sucesso na implantação do sistema de gestão da qualidade é totalmente dependente do comprometimento de todos os profissionais, desde a direção à área técnica. O laboratório deve elaborar o seu **manual da qualidade**, em que está declarado o compromisso da alta direção com as políticas e objetivos do sistema de gestão, seu comprometimento com as boas práticas profissionais e responsabilidades da gerência técnica, gerente da qualidade e profissionais envolvidos nos processos. A padronização e elaboração de procedimentos operacionais padrão (POP) detalhados que descrevam passo a passo as etapas de cada ensaio, bem como formulários, relatórios, manuais de equipamentos, portarias, resoluções e qualquer outro documento que acrescente referência técnica ao procedimento devem estar disponíveis aos profissionais envolvidos, para consulta e treinamentos constantes.

É importante saber que o sistema de qualidade é um processo dinâmico e constante. A análise crítica das etapas, identificação de não conformidade e adoção de ações corretivas, quando necessárias, são fundamentais para a manutenção do processo. As auditorias, tanto internas quanto externas, são ferramentas importantes para analisar os procedimentos e verificar se eles correspondem ao que é previsto no sistema de qualidade da manutenção da qualidade, fornecendo evidências objetivas das não conformidades.

EXAME CITOPATOLÓGICO

O rastreamento do câncer de colo uterino tem por princípio a detecção de lesões em seus estágios iniciais, sendo o exame citopatológico, ou exame de Papanicolaou, a ferramenta empregada em diversos países para tal finalidade. Para que os programas de rastreamento obtenham redução nas taxas de mortalidade, são necessários **cobertura populacional** adequada, oferta de *exame* **citopatológico com qualidade** e acesso ao **tratamento** adequado quando detectada qualquer alteração (Fig. 13-1).

O Programa Nacional de Combate ao Câncer de Colo do Útero no Brasil foi instituído, em 1998, pelo Ministério da Saúde, com o objetivo de padronizar e possibilitar a rastreabilidade dos exames citopatológicos. O programa preconiza a realização do exame de Papanicolaou como método de rastreio para mulheres na faixa etária alvo, ponderando que o exame é subjetivo, dependente da interpretação do observador e ressaltando a necessidade de adoção de métodos de monitoramento de qualidade dos exames citopatológicos.

Ao longo dos anos, novas portarias e resoluções foram publicadas, e melhorias foram incorporadas ao programa. Em 2013, a Portaria nº 3.388 (QualiCito) estabeleceu critérios e parâmetros para a garantia da qualidade específicas para os laboratórios que realizam o exame. Todos os laboratórios que prestam serviço ao Sistema Único de Saúde (SUS) devem seguir as recomendações de qualidade descritas na QualiCito.

A adoção de medidas para monitorar a qualidade do exame possibilita a redução de diagnósticos falso-positivos e falso-negativos, aumentando a sensibilidade e especificidade do exame citopatológico (Brasil, 2016). O exame citopatológico é subjetivo e, além das dificuldades relacionadas com a interpretação da amostra, outros fatores podem comprometer a qualidade do resultado, desde a coleta do material até a emissão dos resultados (Fig. 13-2).

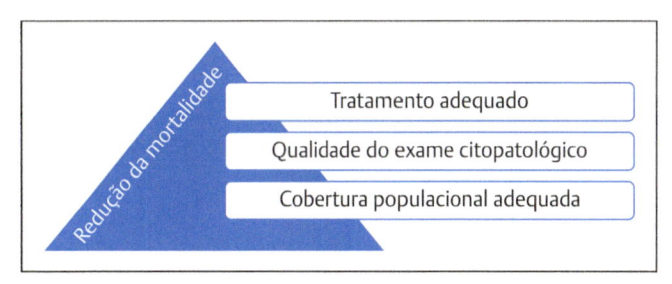

Fig. 13-1. Tríade para o sucesso do programa de rastreamento do câncer de colo uterino.

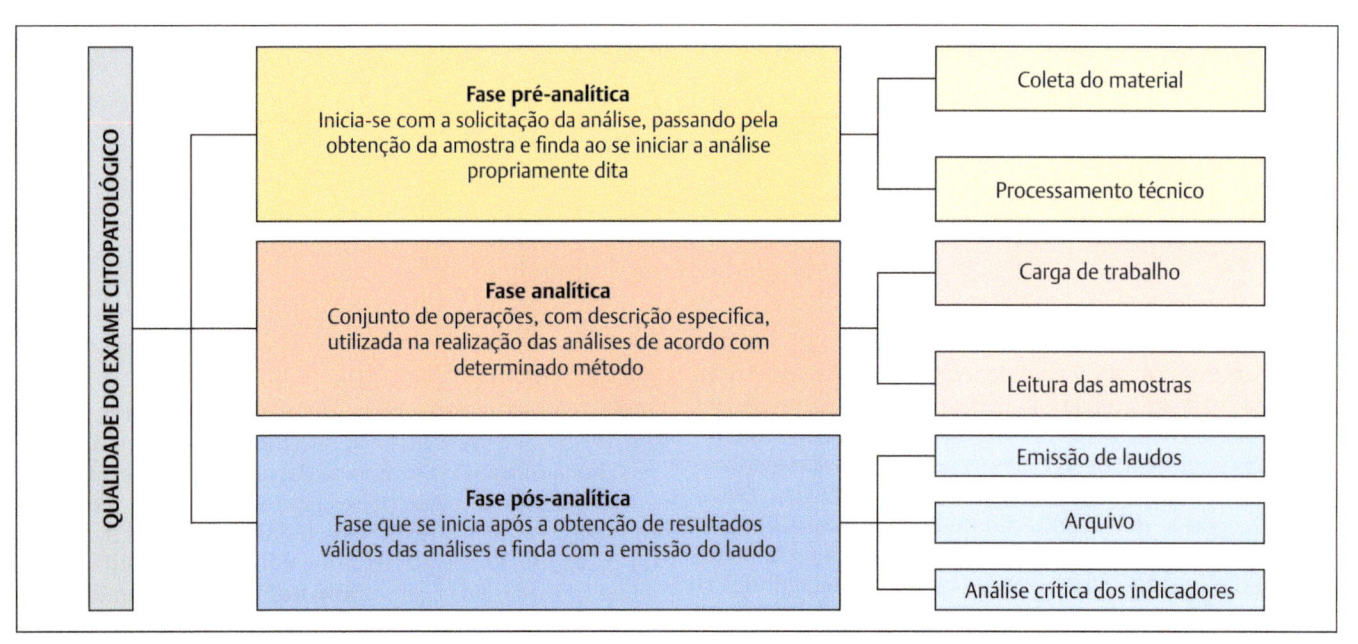

Fig. 13-2. Etapas do exame citopatológico, que envolvem desde a coleta do material, até a análise crítica dos resultados e indicadores de qualidade.

FASE PRÉ-ANALÍTICA
Coleta do Material

A coleta do material e confecção das amostras é a etapa com maior percentual de interferentes que podem resultar em falhas no diagnóstico. A literatura estima que cerca de 2/3 dos diagnósticos falso-negativos são causados por erros de amostragem. Os profissionais que realizam a coleta do material devem ser treinados e capacitados para realizar tal atividade, bem como para preencher adequadamente a requisição do exame, com os dados completos e legíveis.

A coleta da citologia convencional é realizada com espátula de Ayre (região ectocervical) e escova endocervical (canal endocervical). O material deve ser transferido para uma lâmina de vidro com extremidade fosca de modo a formar uma camada fina e uniforme, seguido de imediata fixação (álcool ou fixador de camada). A extremidade fosca da lâmina deve conter dados da paciente (iniciais e número de prontuário).

Na técnica de citologia em meio líquido o material é transferido para um frasco contendo uma solução preservativa. A confecção do esfregaço é realizada na área técnica do laboratório. A identificação da amostra da paciente é realizada no frasco coletor. A Figura 13-3 mostra o exemplo de lâminas confeccionadas pela técnica convencional e pela técnica de citologia em meio líquido.

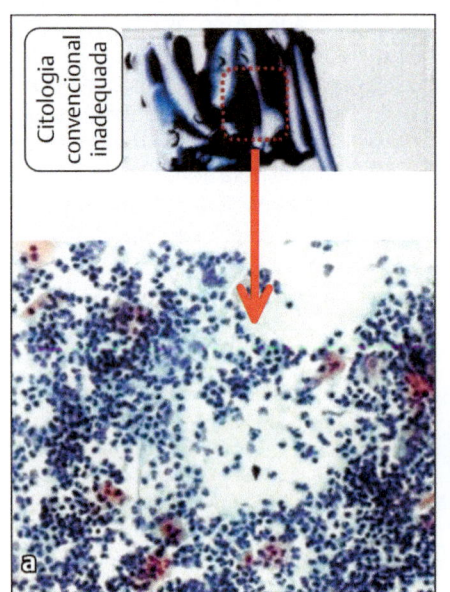

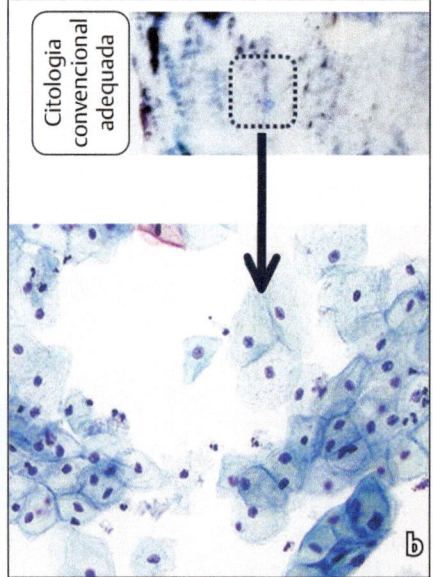

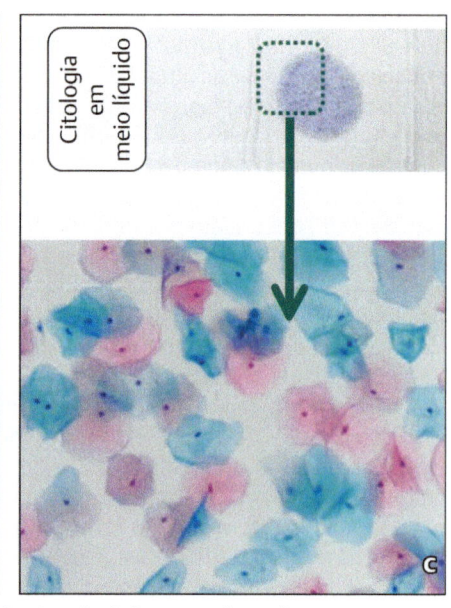

Fig. 13-3. Amostras de citologia cervicovaginal. (**a**) Lâmina colhida pela técnica convencional, confeccionado de forma inadequada. Notar que a sobreposição de piócitos impossibilita a visualização das células. (**b**) Lâmina colhida pela técnica convencional, confeccionada de maneira fina e uniforme. Notar as células bem distribuídas e bem fixadas. (**c**) Lâmina confeccionada pela técnica de citologia em meio líquido. As células ficam distribuídas em uma área circular no centro da lâmina. Notar a boa fixação e distribuição celular regular.

Todo exame deve ser encaminhado, acompanhado de uma requisição com os dados da paciente (nome, data de nascimento, endereço, nome da mãe) e dados clínicos relevantes (data da última menstruação, gestação, uso de anticoncepcionais ou DIU, informações sobre exames anteriores, realização de radioterapia, sangramentos atípicos).

Fixação

A fixação da amostra deve ser realizada imediatamente após a transferência do material para a lâmina de vidro. Um bom fixador deve ser capaz de penetrar rapidamente nas células, manter a integridade morfológica, possuir afinidade com os corantes, manter as células aderidas à lâmina e proporcionar a guarda do material, mantendo sua integridade.

As amostras podem ser fixadas em álcool absoluto, álcool a 96% por, no mínimo, 15 minutos; ou com aplicação de fixador de cobertura, que forma uma camada protetora. Há poucas informações precisas na literatura em relação ao tempo máximo que estas amostras podem permanecer fixadas antes da coloração, porém recomenda-se que amostras fixadas por fixador de cobertura não excedam o prazo de 15 dias para serem processadas. Se a técnica utilizada for a citologia em meio líquido, a transferência imediata das células para o frasco com o líquido preservativo.

A fixação adequada permite que o profissional avalie, com clareza, as características morfológicas citoplasmáticas e nucleares (Fig. 13-4). É recomendado que o laboratório monitore a frequência com que as amostras apresentam artefatos de dessecamento e, sempre que identificado, aumento da ocorrência de casos, acima do esperado, deve ser comunicado aos responsáveis pela coleta da amostra, para treinamento e correção do problema.

Processamento Técnico

Recepção e Triagem

Ao receber as amostras colhidas, enviadas pela Unidade de Saúde ou colhidas no próprio laboratório, inicia-se o processo de triagem do material, verificando a compatibilidade entre a amostra e a requisição do exame citopatológico. Para tal atividade, devem-se estabelecer critérios de rejeição de amostras.

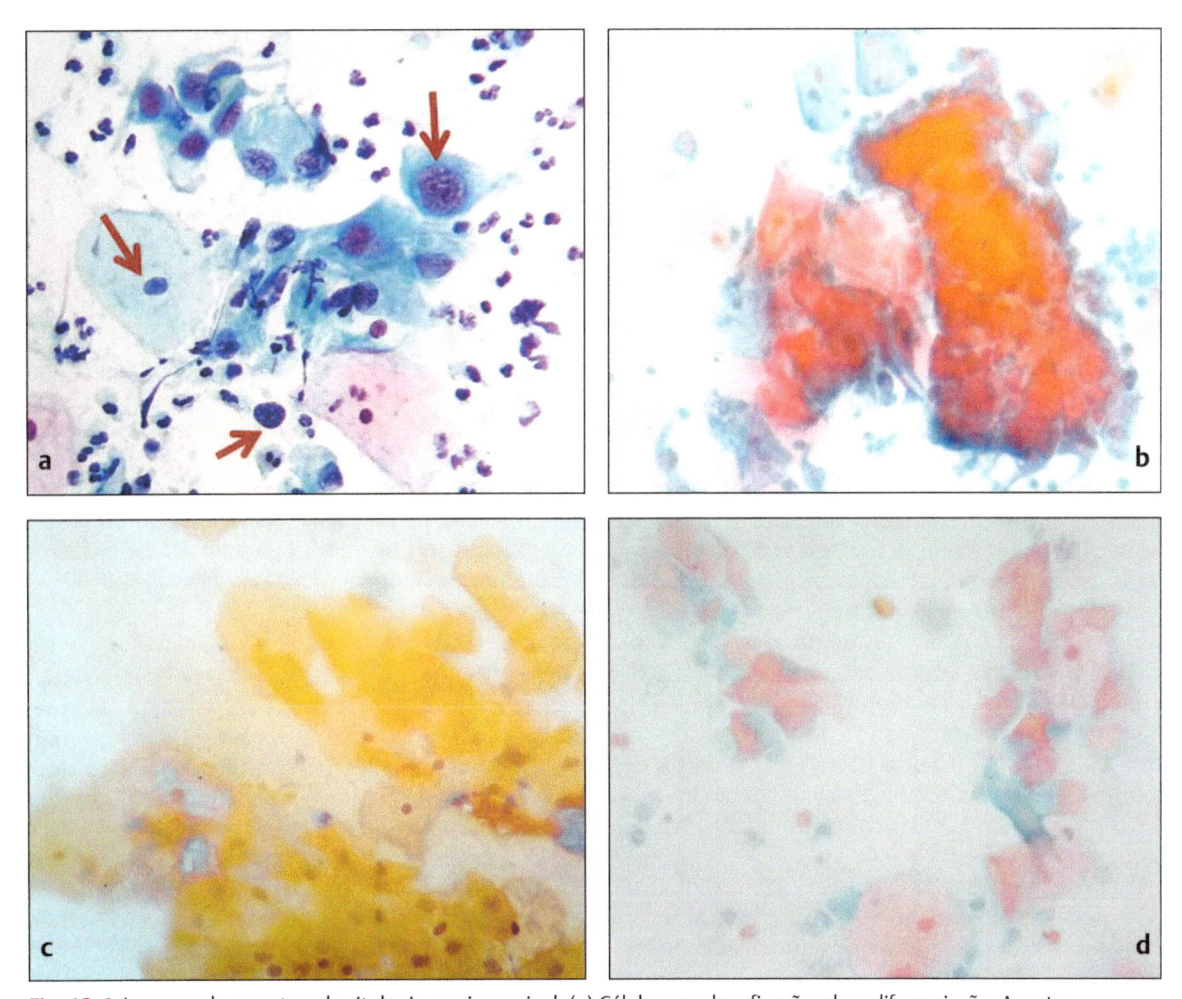

Fig. 13-4. Imagens de amostras de citologia cervicovaginal. (**a**) Células com boa fixação e boa diferenciação. As setas evidenciam diferentes texturas da cromatina. (**b**) Grupo de células com artefatos de fixação. É comum os grupamentos apresentarem aspecto avermelhado, com total apagamento dos núcleos, impossibilitando a avaliação. (**c**) Células escamosas com artefatos de fixação. Notar a coloração citoplasmática alaranjada e a dificuldade de observação dos detalhes nucleares. (**d**) Células com artefatos de dessecamento, com evidente apagamento nuclear, perda de detalhes da cromatina e alteração da afinidade tintorial citoplasmática.

O Ministério da Saúde recomenda que sejam rejeitados na triagem os exames que apresentem as não conformidades descritas a seguir:

- Dados ilegíveis.
- Falta ou divergências entre a identificação da lâmina/frasco ou requisição.
- Lâmina quebrada ou frasco com líquido insuficiente.
- Ausência de dados referentes à anamnese.
- Ausência de identificação do profissional responsável pela coleta.
- Ausência de identificação do serviço de saúde responsável pela coleta.

Toda amostra com uma/ou mais irregularidades descritas deve ser devolvida à Unidade de Saúde para realização de uma nova coleta. O laboratório deve elaborar um formulário para registro das devoluções, e devem ser realizados acompanhamento, análise crítica das causas e frequências das ocorrências, identificando se há a necessidade de novos treinamentos e reciclagem dos profissionais.

Os exames que estão adequados para o processamento devem receber uma numeração interna no laboratório, que deve ser unívoca e sequencial, para possibilitar a rastreabilidade do exame em todas as fases de análise no laboratório.

Coloração

A coloração de Papanicolaou é a preconizada para a realização do exame citopatológico. A bateria de coloração é constituída por um corante nuclear (hematoxilina) e dois citoplasmáticos (Orange G e EA 36). A combinação de corantes permite avaliar as características tanto nucleares (detalhes de cromatina, contorno nuclear) quanto citoplasmáticas (queratinização anormal).

As amostras fixadas com fixador em *spray* devem permanecer em álcool absoluto por, no mínimo, 30 minutos antes da coloração para eliminar a película de cobertura e melhorar a penetração dos corantes nas células.

A bateria de coloração deve ser avaliada diariamente, com avaliação da intensidade da coloração nuclear e definição da cromatina, bem como a diferenciação entre as células. O examinador deve registrar suas observações em planilha, validando ou não a coloração. No caso de irregularidades, medidas corretivas devem ser adotadas antes do processamento das amostras diárias. O registro de trocas ou substituições dos reagentes e soluções da bateria de coloração deve ser registrado e monitorado mensalmente.

A Figura 13-5 exemplifica uma bateria de coloração em um laboratório de citologia. As cubas de corante ficam protegidas da luz para manter a integridade e afinidade tintorial por mais tempo.

Os rótulos dos corantes e soluções devem estar identificados com as datas de vencimento e requisitos para armazenamento. Quando os corantes são preparados no laboratório, devem ser pesados em balanças de precisão. As soluções devem ser acondicionadas em recipientes escuros, protegidas da luz e do calor.

Para que as lâminas de um laboratório obtenham o padrão ideal de qualidade, os esfregaços devem ser montados com resina (Entellan, bálsamo do Canadá ou similar) entre a lâmina e a lamínula. O tamanho da lamínula deve ser de acordo com o tamanho do esfregaço. Esfregaços convencionais necessitam de lamínulas (24 × 60 mm) que cubram toda área da lâmina que contenha células, em esfregaços realizados pela técnica de meio líquido podem-se utilizar lamínulas menores (24 × 24 mm).

Fig. 13-5. Bateria de coloração de Papanicolaou. As cubas dos corantes ficam nas caixas protegidas da luz para manter a integridade do corante por mais tempo.

A finalidade de utilizar meio de montagem e lamínula é reduzir artefatos de obscurecimento celular, permitindo melhor visualização das células e aumentando o tempo de preservação das amostras. Para ser eficiente, a montagem das lâminas deve ser realizada com meio de montagem que preserve a coloração.

FASE ANALÍTICA

Minimizar a subjetividade da interpretação do diagnóstico do exame de citologia oncótica pode ser um dos caminhos para aumentar a qualidade do exame. Estratégias para reduzir interferente são fundamentais para que o objetivo do teste seja alcançado.

Os erros da fase analítica ocorrem quando as células neoplásicas estão representadas no esfregaço, mas, ou não são reconhecidas (erro de leitura), ou recebem uma classificação de grau menor ou maior do qual a lesão realmente representa (erro de interpretação). Outras causas de erro de escrutínio são: falta de atenção e compenetração do escrutinador, quantidade grande de esfregaços a ser analisado em tempo insuficiente e a inexperiência do citologista.

Carga de Trabalho

No Brasil, não existe padronização com relação ao total de lâminas que devem ser examinadas por dia. A carga de trabalho deve ser adequada à capacidade e experiência do profissional e ao tipo de amostra da rotina do laboratório (citologia convencional ou em meio líquido; atendimento de rotina ou serviços de referência).

Em razão da natureza repetitiva da atividade de leitura das amostras, o número de amostras triadas interfere na qualidade do exame. Nos Estados Unidos, a recomendação é de até 100 lâminas/dia, não devendo ser realizado em menos de 8 horas de trabalho, com avaliação periódica do desempenho individual de cada profissional. No Reino Unido, a carga de trabalho limite é de 60 lâminas/dia).

É importante ressaltar que o percentual de casos com alterações morfológicas presentes na rotina, tipo de amostra (convencional ou meio líquido), tipo de material (ginecológico ou não ginecológico), tempo de experiência do profissional e envolvimento em outras atividades durante a rotina de trabalho (qualidade, elaboração de relatórios, treinamentos) são fatores que podem refletir na diminuição da carga de trabalho.

Leitura das Amostras

A leitura da lâmina deve ser uma atividade sistemática, desenvolvida por um profissional habilitado, em ambiente adequado, ergonômico e favorável à concentração do profissional. A leitura é realizada com aumento de 100×, e nos campos em que surgirem dúvidas, aumento de 400×, percorrendo sempre toda a extensão do esfregaço (Fig. 13-6). Os campos suspeitos ou células atípicas devem ser marcados com caneta permanente, pois permite ao profissional localizar facilmente os campos de interesse, que confirmam seu diagnóstico.

O laboratório deve monitorar a frequência dos diagnósticos por relatórios mensais e anuais, com análise crítica dos resultados. O total de exames classificados como insatisfatórios não deve ultrapassar 5% do total de exames. Quando esta frequência estiver acima do recomendado, é necessário identificar as causas mais comuns de limitação e promover reciclagem dos profissionais envolvidos na coleta.

Fórmula para cálculo de amostras insatisfatórias:

$$\frac{\text{N° de exames alterados em determinado local e ano}}{\text{Total de exames satisfatórios}} \times 100$$

> **NOTA**
> De acordo com a Nomenclatura Brasileira para Laudos Citopatológicos, a amostra deve ser considerada insatisfatória para avaliação nos casos em que mais de 75% do esfregaço esteja obscurecido por excesso de hemácias, piócitos, artefatos de dessecamento, intensa sobreposição celular ou qualquer contaminante externo (fungos, cremes, pomadas); ou quando a amostra for hipocelular em menos de 10% do esfregaço.

> **IMPORTANTE**
> Uma amostra não deve ser classificada como insatisfatória quando houver suspeita de alteração celular, mesmo que o restante do esfregaço apresente limitação técnica.

FASE PÓS-ANALÍTICA

Emissão de Laudos

No Brasil, a recomendação do Ministério da Saúde é que o laboratório utilize a Nomenclatura Brasileira para laudos cervicais, proposta a partir de um consenso entre especialistas da área, com base na nomenclatura Bethesda. Além de padronizar a nomenclatura, as condutas clínicas também são recomendadas de acordo com o grau da lesão diagnosticada.

O laboratório deve manter controle do prazo de liberação dos exames, sendo recomendado período máximo de 30 dias entre a entrada da amostra no laboratório e a emissão do laudo.

Arquivo

O laboratório deve ter procedimentos para assegurar a proteção e confidencialidade das informações e direito de propriedade dos seus clientes, incluindo os procedimentos para proteção ao armazenamento e a transmissão eletrônica dos dados. Para facilitar o arquivo, os exames devem ser numerados sequencialmente e em ordem crescente. Deve ser mantido arquivo das requisições e lâminas.

A Sociedade Brasileira de Citopatologia (SBC), Sociedade Brasileira de Patologia (SBP), Sociedade Brasileira de Citologia Clínica (SBCC) e Sociedade Brasileira de Análises Clínicas (SBAC) recomendam guardar por, no mínimo, 20 anos as lâminas positivas e 5 anos as lâminas negativas ou insatisfatórias.

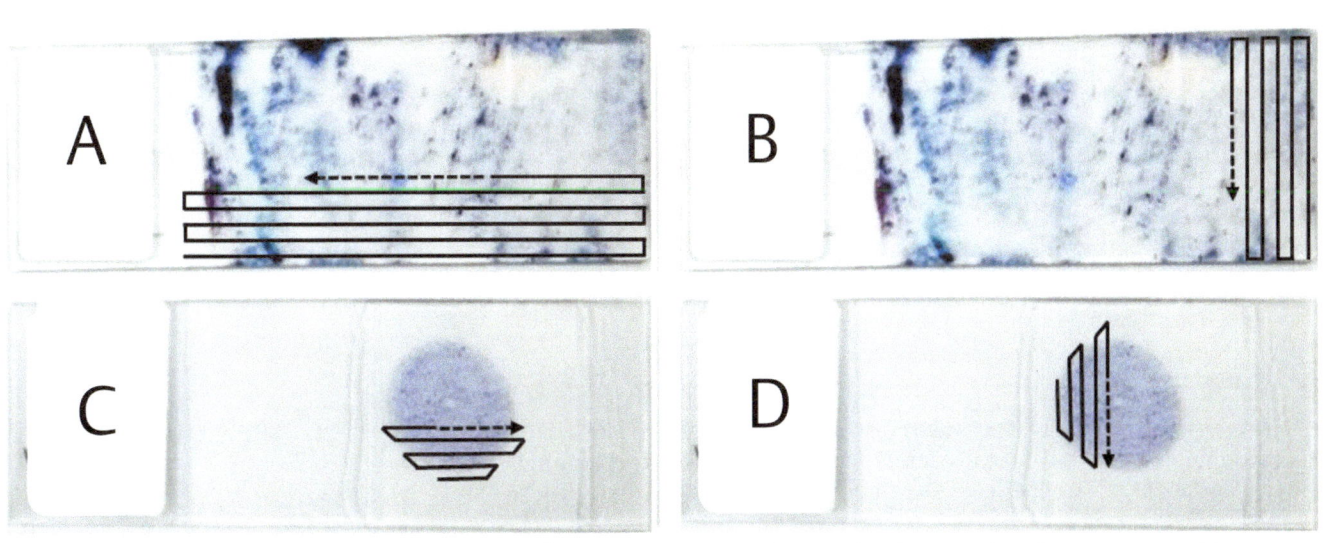

Fig. 13-6. Técnicas para a leitura das amostras de citologia. É necessário percorrer toda a área do esfregaço. (**a**) Citologia convencional, leitura no sentido horizontal. (**b**) Citologia convencional, leitura no sentido vertical. (**c**) Citologia em meio líquido, leitura no sentido horizontal. (**d**) Citologia em meio líquido, leitura no sentido vertical.

Análise Crítica dos Indicadores
Controle de Qualidade Interno

O controle de qualidade interno é um conjunto de ferramentas importantes para que o laboratório identifique não conformidades, desde a recepção do material no laboratório até a emissão do laudo. Um sistema de controle de qualidade efetivo melhora o desempenho dos profissionais e a qualidade diagnóstica, aumentando a eficácia do programa de rastreamento.

Atualmente, diversos métodos de controle interno de qualidade são indicados para monitorar a qualidade dos exames citopatológicos. O laboratório deve avaliar qual a metodologia mais adequada, avaliando a quantidade de lâminas processadas e o número de profissionais disponíveis. A seguir estão descritas algumas metodologias de controle de qualidade que podem ser adotadas pelos laboratórios de citopatologia. De acordo com a portaria Qualicito, é obrigatório que o laboratório adote ao menos um dos métodos de controle interno, dentre eles: revisão aleatória de 10% dos exames negativos; revisão rápida de 100% dos esfregaços negativos e insatisfatórios; pré-escrutínio rápido de 100% dos exames e/ou revisão de acordo com critérios de risco clínico e/ou morfológico.

É recomendado que o profissional responsável pela revisão dos casos selecionados para controle seja experiente. Deve ser estabelecido um fluxo de leitura e rodízio entre os revisores, para minimizar vícios da rotina.

Pré-Escrutínio Rápido de 100% dos Exames

Escrutínio rápido de todas as amostras antes da leitura de rotina, com tempo médio de 1 minuto/lâmina. Os casos selecionados pelo pré-escrutinador (apresentarem núcleos aumentados e/ou células suspeitas) são encaminhados para leitura detalhada.

- *Desvantagem:* eleva o percentual de diagnósticos falso-positivos e aumenta a carga de trabalho.
- *Vantagem:* fornece ferramenta para avaliação de desempenho individual e permite a comparação de sensibilidade relativa entre o pré-escrutínio e o escrutínio de rotina.

Revisão Aleatória de 10% dos Exames Negativos

Revisão de 10% das lâminas diagnosticadas como negativa. Recomenda-se que seja realizada por um profissional experiente. Mundialmente, é a metodologia de revisão mais utilizada.

- *Desvantagem:* revisão de apenas 10% dos casos.
- *Vantagem:* auxilia no monitoramento de qualidade do laboratório, quando associado a outros métodos.

Revisão Rápida de 100% dos Exames Negativos

Revisão rápida (entre 30 a 120 segundos/lâmina) de 100% dos exames classificados como negativo para malignidade.

- *Desvantagem:* apenas casos negativos são revisados.
- *Vantagem:* permite avaliação do desempenho individual por profissional, facilitando ações de educação continuada.

Correlação Cito-Histológica

Comparação entre o diagnóstico da citologia com a biópsia. Tem maior valor quando os exames são colhidos no mesmo momento. O intervalo de tempo pode ocasionar discordância não por erro diagnóstico e sim pelo comportamento da lesão.

- *Desvantagem:* é necessário que o laboratório receba ambas as amostras.
- *Vantagem:* lesões que não foram bem representadas em alguma das técnicas podem ser aprimoradas pela associação dos diagnósticos.

Revisão Retrospectiva dos Exames

Revisão dos exames anteriores de casos diagnosticados atualmente com lesão de alto grau ou carcinoma, a fim de identificar possíveis falhas pelas quais a lesão não foi diagnosticada no exame anterior.

- *Desvantagem:* identificação de casos falso-negativos, porém, após a emissão dos laudos.
- *Vantagem:* melhor ferramenta para identificar causas de diagnósticos falso-negativos (erros de coleta e/ou interpretação), fornecendo informações para o processo de educação continuada.

Revisão de Acordo com Critérios Clínicos e/ou Morfológicos

Revisão detalhada por mais de um observador dos casos que atendem os critérios de risco clínico (hemorragia genital pós-menopausa; sangramento ectocervical de contato; evidência de DST; alteração macroscópica; radio ou quimioterapia prévia; citologia anterior alterada) e/ou morfológico (presença de células endometriais pós-menopausa; amostras insatisfatórias; presença de células atípicas; esfregaço hemorrágico) (Fig. 13-7).

- *Desvantagem:* revisão apenas dos casos com critérios de risco.
- *Vantagem:* é mais sensível em alguns casos e pode ser associada a outras técnicas, aumentando a sensibilidade do exame.

Indicadores de Qualidade

A avaliação do desempenho do laboratório e dos profissionais envolvidos com o escrutínio por cálculos estatísticos elaborados a partir dos resultados obtidos na citologia é uma importante ferramenta de melhoria da qualidade. Devem-se calcular os índices individuais de cada profissional e os índices globais do laboratório. Quando o índice individual estiver acima ou abaixo da média do laboratório, estratégias de educação continuada devem ser adotadas.

Os indicadores são capazes de estimar uma determinada situação, permitindo compará-la a padrões e metas preestabelecidos. É importante que o indicador seja fácil de interpretar, reflita o que se deseja quantificar e seja elaborado a partir de dados atualizados e de fácil obtenção.

Índice de Positividade

Expressa a prevalência de alterações celulares nos exames e a sensibilidade do processo do rastreamento em detectar lesões na população examinada. Representa o percentual de exames alterados sobre o total de exames satisfatórios. Para análise crítica, recomenda-se uma categorização do percentual de

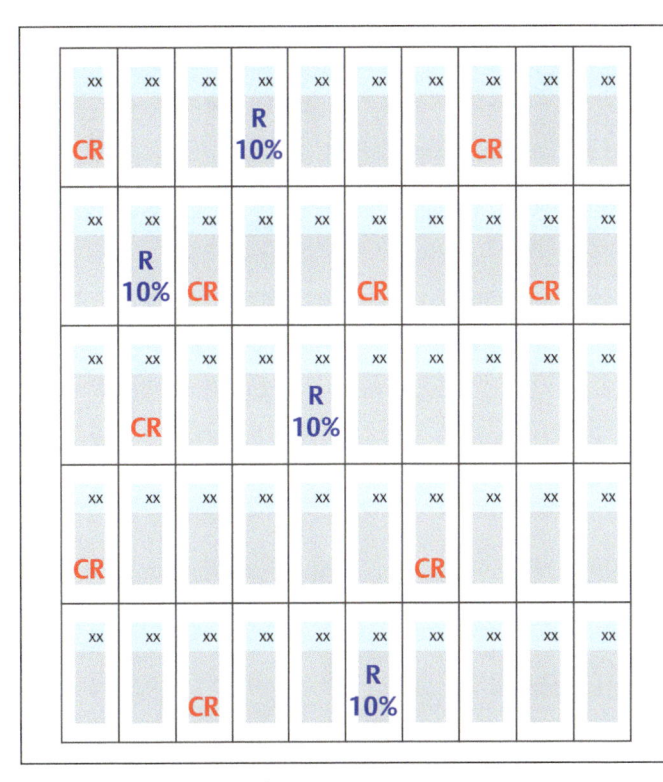

EXEMPLO PRÁTICO

Um laboratório com uma rotina diária de 50 lâminas adota como método de controle de qualidade a revisão:
– **critérios de risco clínico e/ou morfológico** (CR)
– **revisão de 10% dos negativos** (R10%)

O profissional responsável pela leitura das amostras selecionou 9 casos para revisão por apresentarem **CR**. Do restante da rotina (41 lâminas) este mesmo profissional seleciona aleatoriamente 4 lâminas que devem ser encaminhadas ao revisor (**R10%**).

Fig. 13-7. Revisão – exemplo prático.

positividade considerando os índices: muito baixo (< 2%), baixo (2 a 2,9%), esperado (3 a 10%) e acima do esperado (> 10%*). *Levar em consideração a origem dos exames. Serviços de referência secundária em patologia cervical podem apresentar índice de positividade acima do recomendado.

Percentual de Exames Compatíveis com ASC Entre os Exames Satisfatórios

Este índice representa o percentual de ASC-US e ASC-H liberados pelo laboratório dentre o total de exames satisfatórios. Como ASC é um resultado duvidoso em citologia, os resultados de ASC geralmente variam mais que os percentuais de LSIL.

Espera-se que, cerca de, no máximo, 4 a 5% de todos os exames sejam classificados como ASC. No caso de valores elevados deste indicador, o laboratório deve observar a ocorrência de problemas na coleta do material, que, quando mal realizada, pode resultar em baixa quantidade de células alteradas, aumento dos núcleos por má fixação e obscurecimento de células alteradas. A coloração não padronizada também pode resultar em núcleos hipercromáticos, além de problemas de interpretação das lesões.

Percentual de Exames Compatíveis com ASC Entre os Exames Alterados

Representa a porcentagem de casos diagnosticados como ASC-US e ASC-H dentre os exames alterados. Deve ser avaliado em conjunto com o índice de positividade, pois um índice aparentemente adequado pode conter elevado percentual de casos de ASC. A recomendação é que o percentual de ASC dentre os exames alterados não ultrapasse 60%.

Razão ASC/SIL

Corresponde à razão entre os casos de ASC (ASC-US e ASC-H), sobre o total de exames com diagnóstico de SIL (LSIL e HSIL). Quando a razão entre ASC/SIL está muito além do esperado, é necessário determinar a causa desta alta taxa e realizar reuniões para rever critérios citológicos. Revisão de casos limítrofes e estudos de acompanhamento podem fornecer subsídios para aprimorar o diagnóstico no laboratório. Recomenda-se uma relação ASC/SIL inferior a três.

Percentual de Exames Compatíveis com HSIL

Este indicador avalia a capacidade de detecção de lesões precursoras. Os casos de HSIL representam as lesões verdadeiramente precursoras do câncer. É obtido pelo percentual de casos de HSIL sobre o total de exames satisfatórios. O percentual de HSIL para todos os exames satisfatórios foi de 0,5% para os Estados Unidos, 0,6% para o Canadá, 1,1% no Reino Unido e 1,14% na Noruega, países em que o rastreamento foi bem-sucedido na diminuição das taxas de incidência e mortalidade por câncer do colo do útero.

A Figura 13-8 resume os indicadores de qualidade propostos para avaliação dos diagnósticos citopatológicos. Sempre que for observado um valor fora da referência, é necessário realizar a análise crítica, verificar se este valor, mesmo fora do padrão, é coerente com a rotina laboratorial. Caso este desvio não seja justificado em nenhuma circunstância, medidas de educação continuada e reciclagem devem ser oferecidas aos profissionais envolvidos.

Indicador	Fórmula	Valor de referência
Índice de positividade	(N° de exames alterados / Total de exames satisfatórios) X 100	Entre 3 a 10%
Percentual de ASC entre os exames satisfatórios	(N° de exames com ASC / Total de exames satisfatórios) X 100	Máximo 5%
Percentual de ASC entre os exames alterados	(N° de exames com ASC / Total de exames alterados) X 100	Máximo 60%
Razão de ASC por lesão intraepitelial escamosa	N° de ASC-US e ASC-H / Total de LSIL e HSIL	Inferior a 3
Percentual de exames compatíveis com HSIL	(N° de exames com HSIL / Total de exames satisfatórios) X 100	Igual ou superior a 0,4%
Percentual de exames insatisfatórios	(N° de exames insatisfatórios / Total de exames satisfatórios) X 100	Inferior a 5%

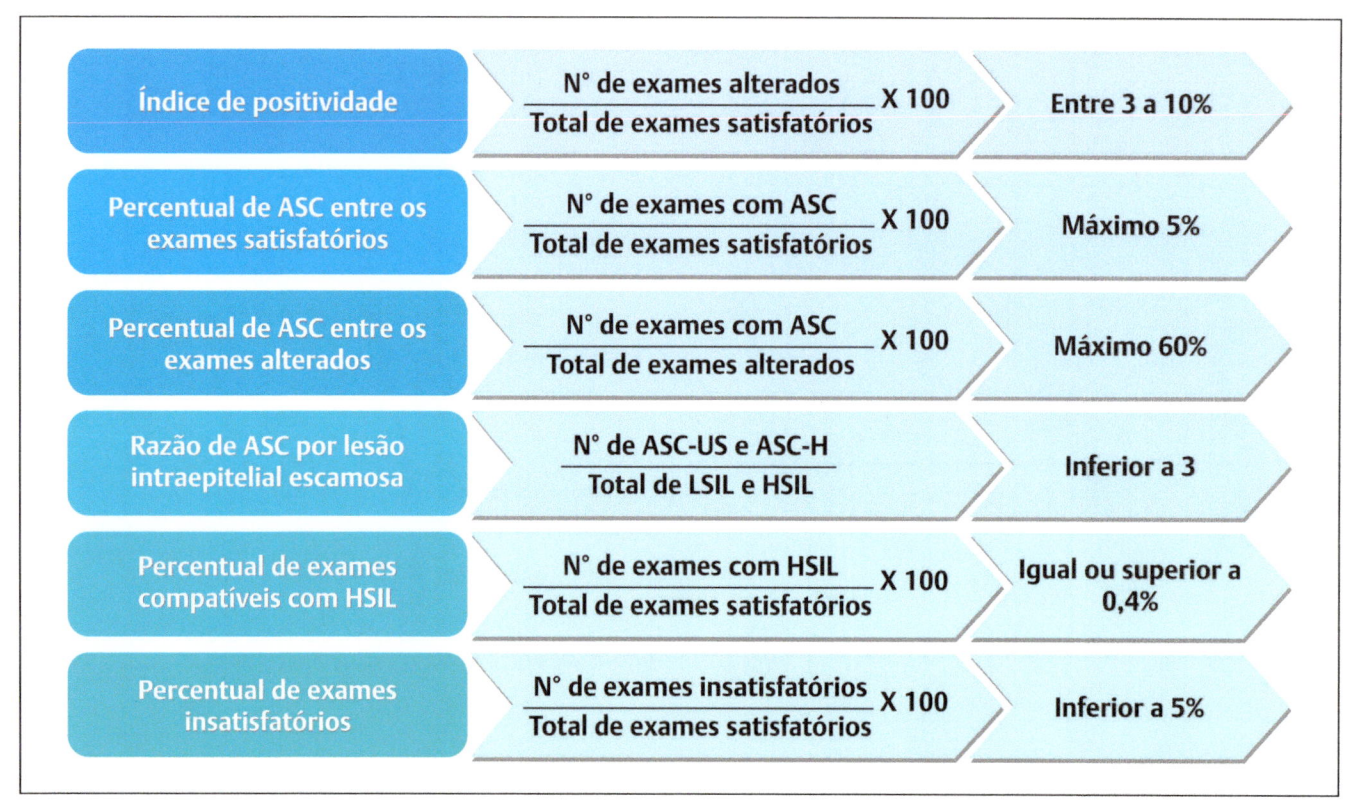

Fig. 13-8. Indicadores de qualidade propostos para monitoramento do laboratório de citologia, com o nome do indicador, fórmula para cálculo e valores de referência.

Programa de Controle de Qualidade Externo

O laboratório clínico deve monitorar a fase analítica pelos controles de qualidade interno e externo. É importante que o laboratório avalie seu desempenho pela comparação a resultados de outros laboratórios ou referências. Os laboratórios que atendem a rede pública de saúde no Brasil devem participar do programa de monitoramento externo de qualidade (MEQ); já os laboratórios da rede privada podem optar pela participação em programas de ensaio de proficiência.

É importante que o laboratório tenha uma ferramenta externa de avaliação de sua competência técnica. Ao final da participação em controles externos são emitidos relatório e certificação aos participantes, com a análise de desempenho ressaltando possíveis dificuldades e quais pontos precisam ser trabalhados no processo de educação continuada.

O estímulo à participação em programas de proficiência e educação continuada é função das chefias. O próprio laboratório pode promover reuniões de discussão de casos interessantes da rotina, estudo de material didático, ou qualquer outra atividade que promova o conhecimento e atualização.

Quadro 13-1.

Indicador de qualidade	Lab 1	Lab 2	Lab 3	Possível causa	Ação corretiva
Índice de positividade Recomendado: de 3 a 10%	11,9*			Atende população de risco? Atende serviços de referência?	Avaliar o conjunto dos indicadores
		7,4		Adequado	Adequado
			1,0*	Reflete falha na detecção de lesões. Erros de amostragem ou erros de leitura?	Identificar as possíveis causas de falha no rastreamento e promover educação continuada
ASC/exames satisfatórios Recomendado: entre 4 e 5%	7,5*			Dificuldades de interpretação das células? Atende população de risco?	Pode acompanhar o aumento da positividade Deve ser avaliado em conjunto com outros indicadores
		4,5		Adequado	Adequado
			0,6*		Identificar as possíveis causas de falha no rastreamento e promover educação continuada
ASC/exames alterados Recomendado: até 60%	63,5*			ASC/alterados acima do recomendado	Pode acompanhar o aumento da positividade Deve ser avaliado em conjunto com outros indicadores
		60,5	60,5	Adequado	Adequado
ASC/SIL Recomendado: abaixo de 3	1,9	1,7	1,8	Adequado	Adequado
Percentual de insatisfatórios Recomendado: abaixo de 5%		5,5*		Erros na coleta da amostra	Identificar as causas mais frequentes e promover capacitação aos profissionais envolvidos na coleta
	2,8		0,2	Adequado	Adequado
Percentual de HSIL Recomendado: igual ou acima de 0,4	0,5	0,4		Adequado	Adequado
			0,1*	Baixas taxas de detecção de HSIL	Identificar as possíveis causas de falha no rastreamento e promover educação continuada

VAMOS PRATICAR?

O Quadro 13-1 apresenta os indicadores de qualidade de três serviços de saúde. A análise crítica dos indicadores nos permite afirmar que:

- *Laboratório 1:* a elevação dos índices de positividade e ACS/satisfatórios e ASC/alterados ocorre de maneira proporcional, sem alterar a razão ASC/SIL; portanto, podemos concluir que o laboratório provavelmente atende população de risco aumentado para lesões.
- *Laboratório 2:* apresenta percentual de exames insatisfatórios acima do recomendado, sendo necessário treinamento dos profissionais envolvidos na coleta do material para melhoria da qualidade.
- *Laboratório 3:* índices muito inferiores de detecção de todas as categorias de lesões. É necessária a promoção de educação continuada e reciclagem dos profissionais.

DISCUSSÃO DE CASOS CLÍNICOS

Valdiery Silva de Araújo

Este capítulo tem como objetivo complementar e consolidar os critérios citomorfológicos discutidos nos capítulos anteriores, focando na conclusão e elaboração de laudos.

Por esse motivo, a maneira mais proveitosa de usá-lo é ler o enunciado com as informações relevantes, analisar as imagens, reunir os conceitos e só depois de elaborar o próprio laudo verificando a resposta.

Em alguns casos há uma imagem denominada "Diagnóstico Diferencial" que serve para comparar ao que seria um possível fator de confusão.

Obviamente, após conhecer bem as imagens, estas ficarão como uma referência de consulta para a rotina laboratorial, sempre que houver necessidade.

CASO CLÍNICO 1

Idade: 17 anos
Último preventivo: há 12 meses
Faz uso de anticoncepcional oral
DUM: há 10 dias

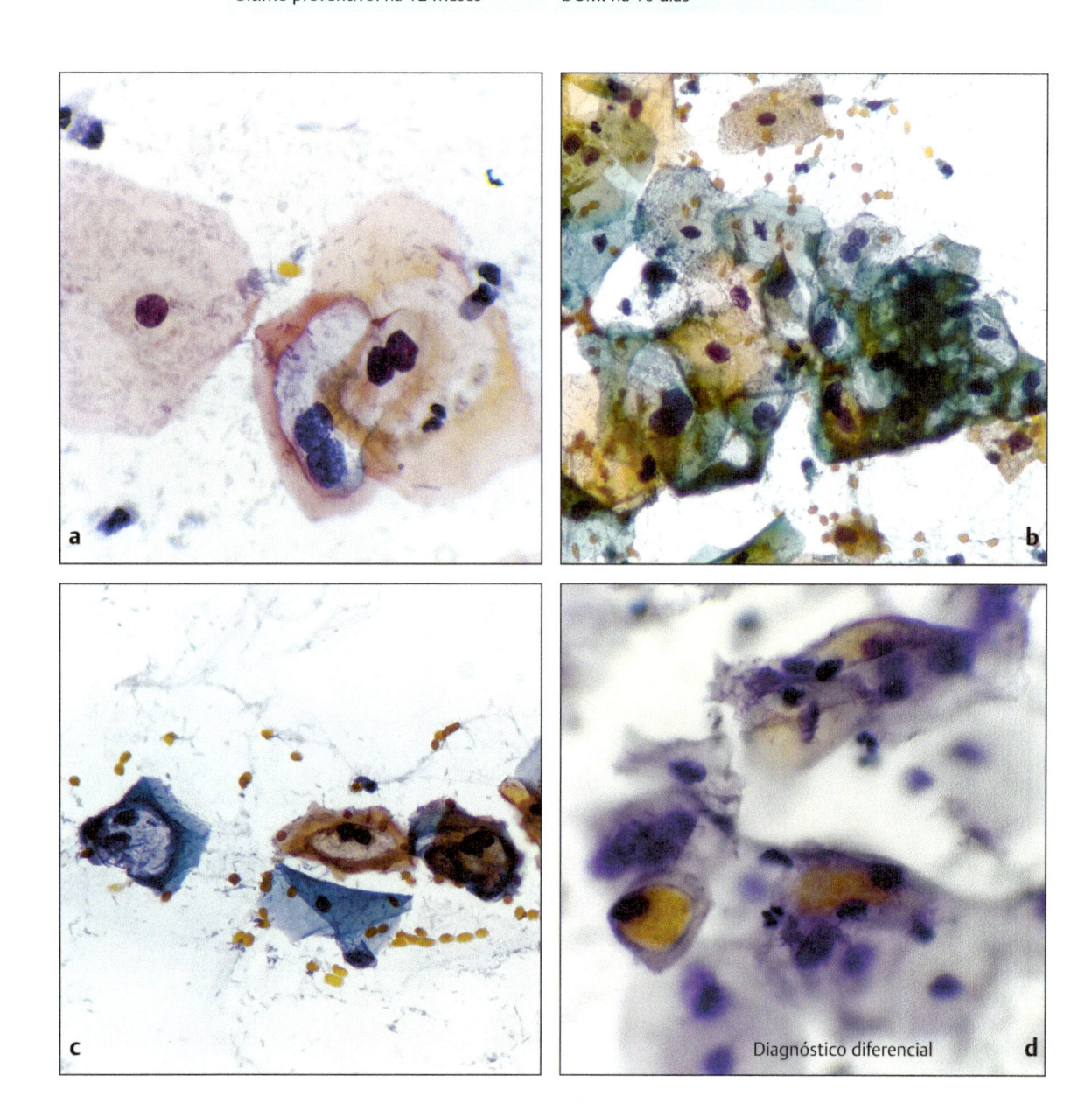

a

b

c

Diagnóstico diferencial d

DESCRIÇÃO DA AMOSTRA

Metodologia	Citologia convencional
Adequabilidade da amostra	Satisfatória para avaliação oncótica
Tipos celulares representados	Escamoso
Organismos	Bacilar
Interpretação/resultado	Anormalidades em células escamosas: ■ Lesão intraepitelial escamosa de baixo grau (compreendendo efeito citopático pelo HPV)

Justificativa:
- Na imagem **a**, observa-se discariose em células maduras (baixa R = N/C) com binucleação, hipercromasia e cavitação perinuclear irregular. Os coilócitos (efeito citopático viral patognomônico do HPV) se apresentam marcadamente tanto em grupo (imagem **b**) ou isolados (imagens **a**, **c**). Este achado sinaliza ***lesão intraepitelial de baixo grau – LSIL.***
- *Diagnóstico diferencial:* a imagem **d** traz consigo células naviculares que podem levar a falsos positivos. Observe a coloração amarelada do glicogênio intracitoplasmático, além da ausência de alterações nucleares associadas.

Ver Quadro 8-5: Principais características citomorfológicas das lesões de baixo grau (LSIL).

CASO CLÍNICO 2

Idade: 23 anos
Último preventivo: sem informação
Colo com sinais de ectopia
DUM: há 7 dias

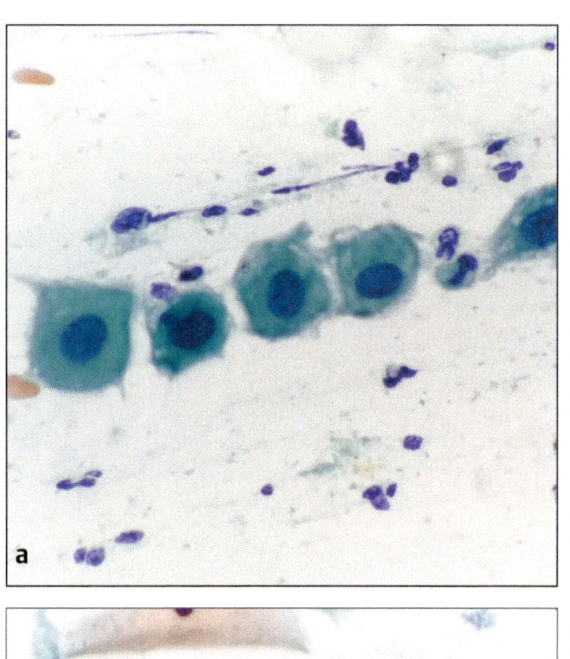

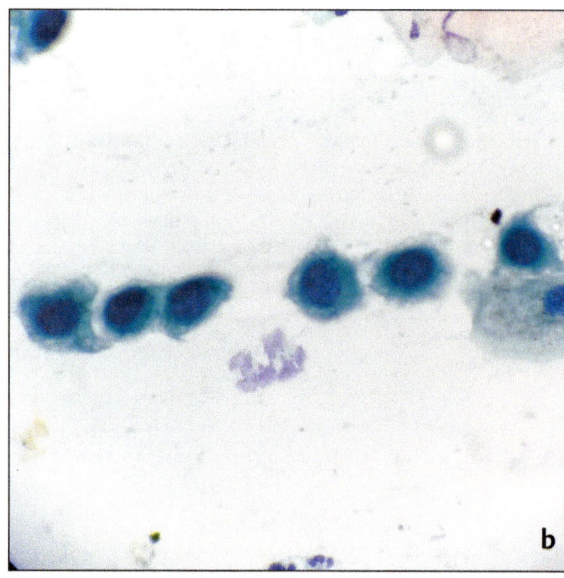

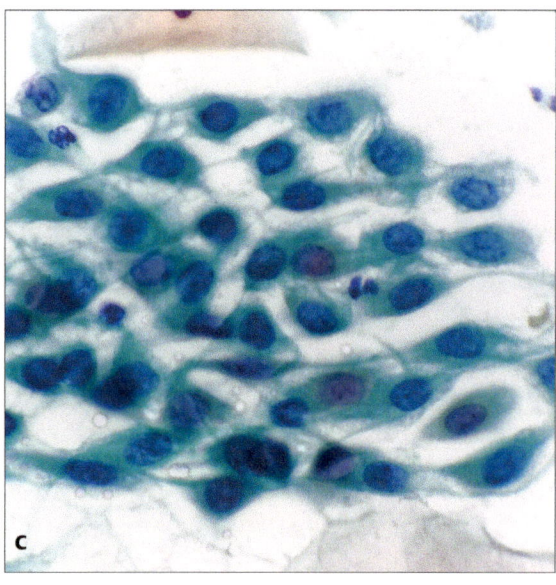

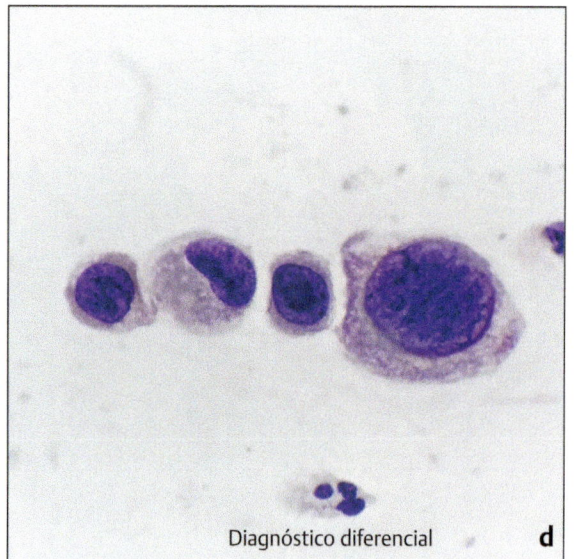

Diagnóstico diferencial

DISCUSSÃO DE CASOS CLÍNICOS

DESCRIÇÃO DA AMOSTRA

Metodologia	Citologia convencional
Adequabilidade da amostra	Satisfatória para avaliação oncótica
Tipos celulares representados	Escamoso + metaplasia escamosa
Organismos	Bacilar
Interpretação/resultado	Alterações celulares benignas reativas ou reparativas: ■ Metaplasia escamosa imatura

Justificativa:
- Nas imagens **a**, **b**, observam-se células metaplásicas imaturas com núcleo vesicular, citoplasma denso e projeções citoplasmáticas (comum comparação à aranha e/ou estrelas). Podemos inferir que **b** ainda é mais imaturo que **a** por causa da maior relação núcleo/citoplasma. Apesar de estarem enfileiradas não apresentam alterações nucleares associadas e logo não podem ser confundidas com a "fila indiana", um termo que em um passado recente sinalizava critério para enquadrar no carcinoma *in situ* (HSIL na nomenclatura de Bethesda). Na imagem **c**, as células se apresentam em um grupamento frouxo e plano.
- *Diagnóstico diferencial:* na imagem **d**, células tipo HSIL enfileiradas com alta relação núcleo/citoplasma (imaturidade), hipercromasia, anisonucleose e irregularidade de contorno nuclear.

CASO CLÍNICO 3

Idade: 20 anos
Último preventivo: há 2 anos

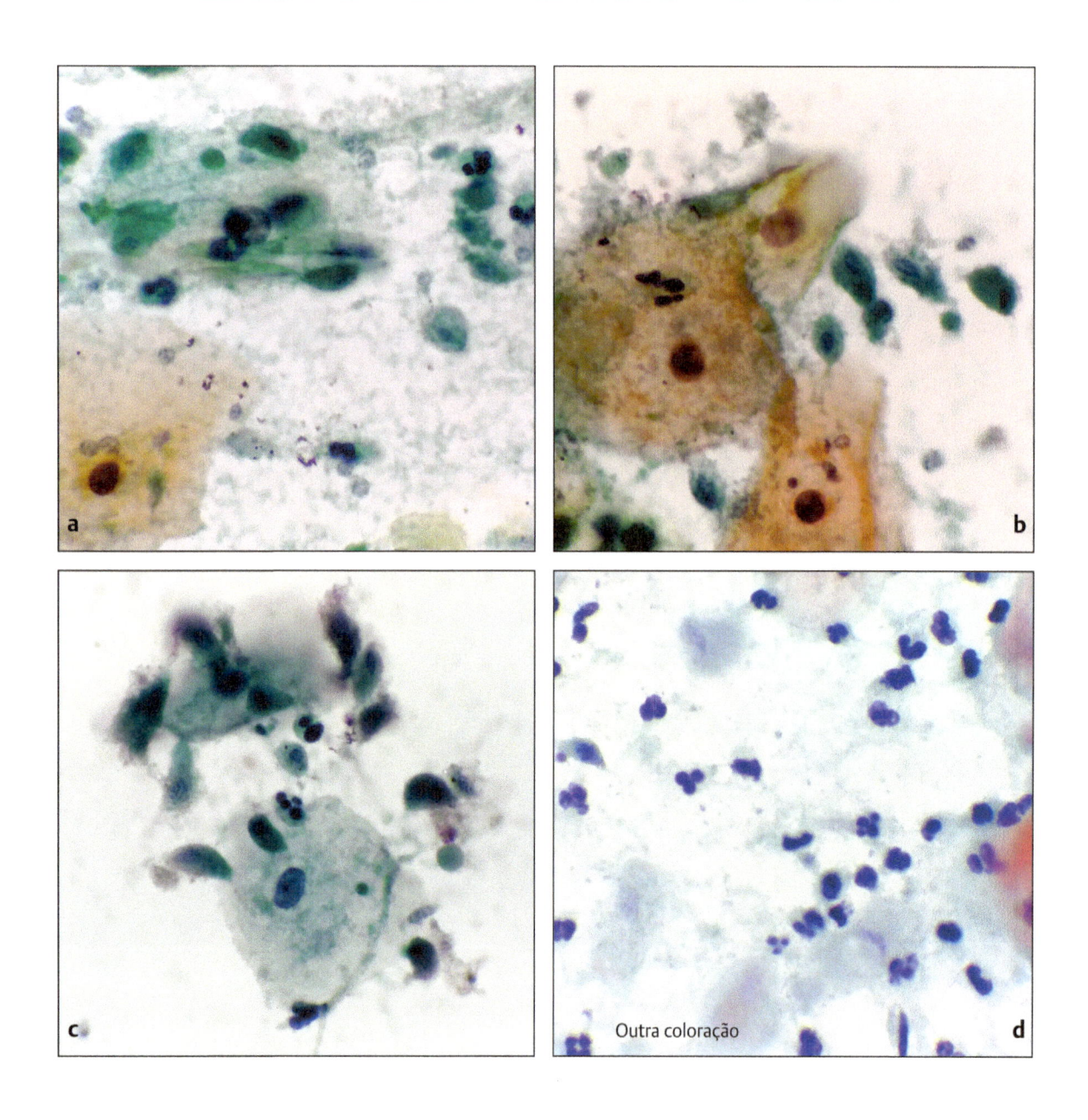

Queixa de prurido e corrimento abundante
DUM: há 10 dias

Outra coloração

DISCUSSÃO DE CASOS CLÍNICOS

DESCRIÇÃO DA AMOSTRA

Metodologia	Citologia convencional
Adequabilidade da amostra	Satisfatória para avaliação oncótica
Tipos celulares representados	Escamoso
Organismos	*Trichomonas vaginalis*
Interpretação/resultado	Alterações celulares benignas reativas ou reparativas: • Inflamação

Justificativa:
- As imagens **a**, **b** e **c** apresentam *Trichomonas vaginalis*, um protozoário que neste caso clínico se apresenta por vezes piriforme e por vezes arredondado. O critério citomorfológico mais relevante para identificação desses microrganismos unicelulares é o núcleo, facilmente observado nas imagens anteriores de forma vesicular e excêntrica.
- Na imagem **d**, uma outra lâmina com *Trichomonas vaginalis*, agora com uma coloração deficitária que dificulta a identificação dos protozoários.

CAPÍTULO 14

CASO CLÍNICO 4

Idade: 65 anos
Último preventivo: não se recorda

Queixa de sangramento
Pós-menopausa

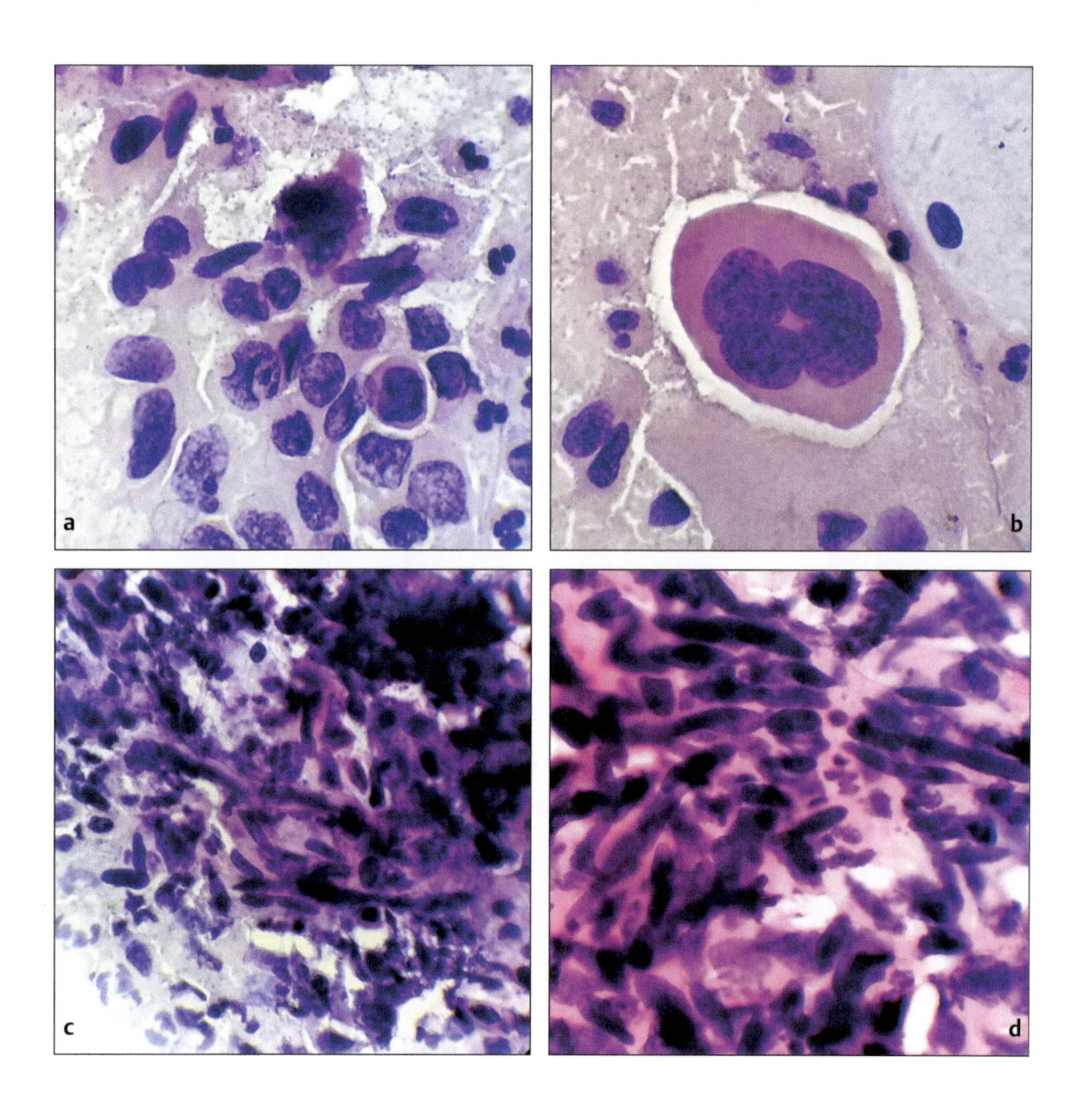

DISCUSSÃO DE CASOS CLÍNICOS

DESCRIÇÃO DA AMOSTRA

Metodologia	Citologia convencional
Adequabilidade da amostra	Satisfatória para avaliação oncótica
Tipos celulares representados	Escamoso
Organismos	Indeterminado
Interpretação/Resultado	Anormalidades em células escamosas: • Carcinoma de células escamosas

Justificativa:
- Na imagem **a**, pequenas células imaturas isoladas (alta R = N/C), hipercromasia, contorno nuclear irregular, pleomorfismo e distribuição irregular da cromatina, levando a espaços claros (clareamento da cromatina). Na imagem **b**, uma célula multinucleada em evidência que ressalta o fundo da lâmina apresentando material proteináceo bastante sugestivo de diátese tumoral. Nas imagens **c** e **d**, grupamentos caóticos sinciciais com pleomorfismo ainda mais acentuado, apresentando células em fuso e núcleos expressivamente hipercromáticos.

CASO CLÍNICO 5

Idade: 23 anos
Último preventivo: há um ano e seis meses
Queixa de corrimento branco grumoso
DUM: há 18 dias

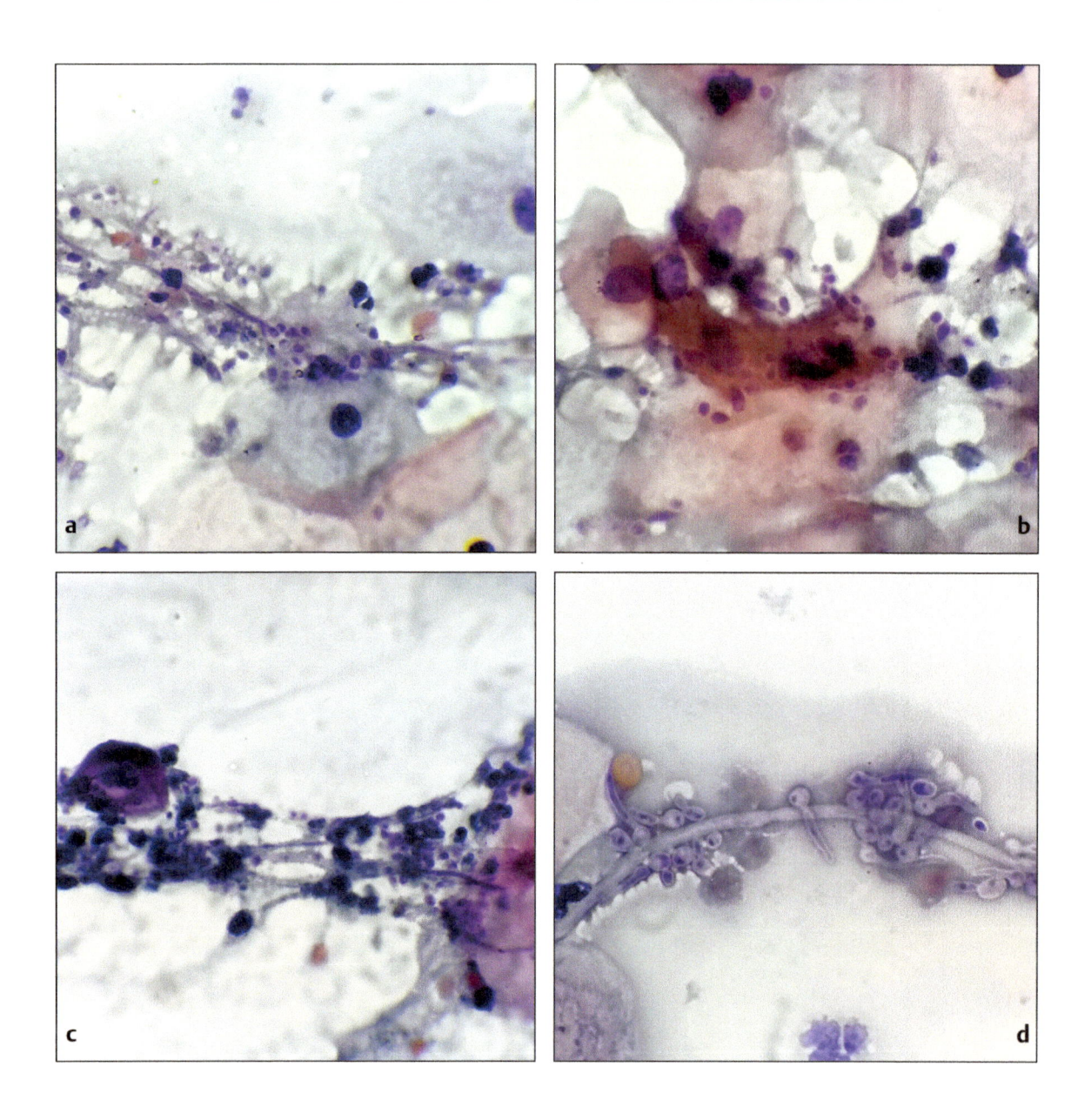

DESCRIÇÃO DA AMOSTRA

Metodologia	Citologia convencional
Adequabilidade da amostra	Satisfatória para avaliação oncótica
Tipos celulares representados	Escamoso
Organismos	Organismos fúngicos morfologicamente consistentes com *Candida* sp.
Interpretação/resultado	Alterações celulares benignas reativas ou reparativas: ■ Inflamação

Justificativa:
■ Nas imagens, podemos identificar facilmente blastoconídeos e pseudo-hifas fúngicas. Na imagem **b**, observa-se pseudoeosinofilia celular, em que células intermediárias que deveriam estar basofílicas estão com a tonalidade eosinofílica.

CASO CLÍNICO 6

Idade: 36 anos
Último preventivo: há 4 anos

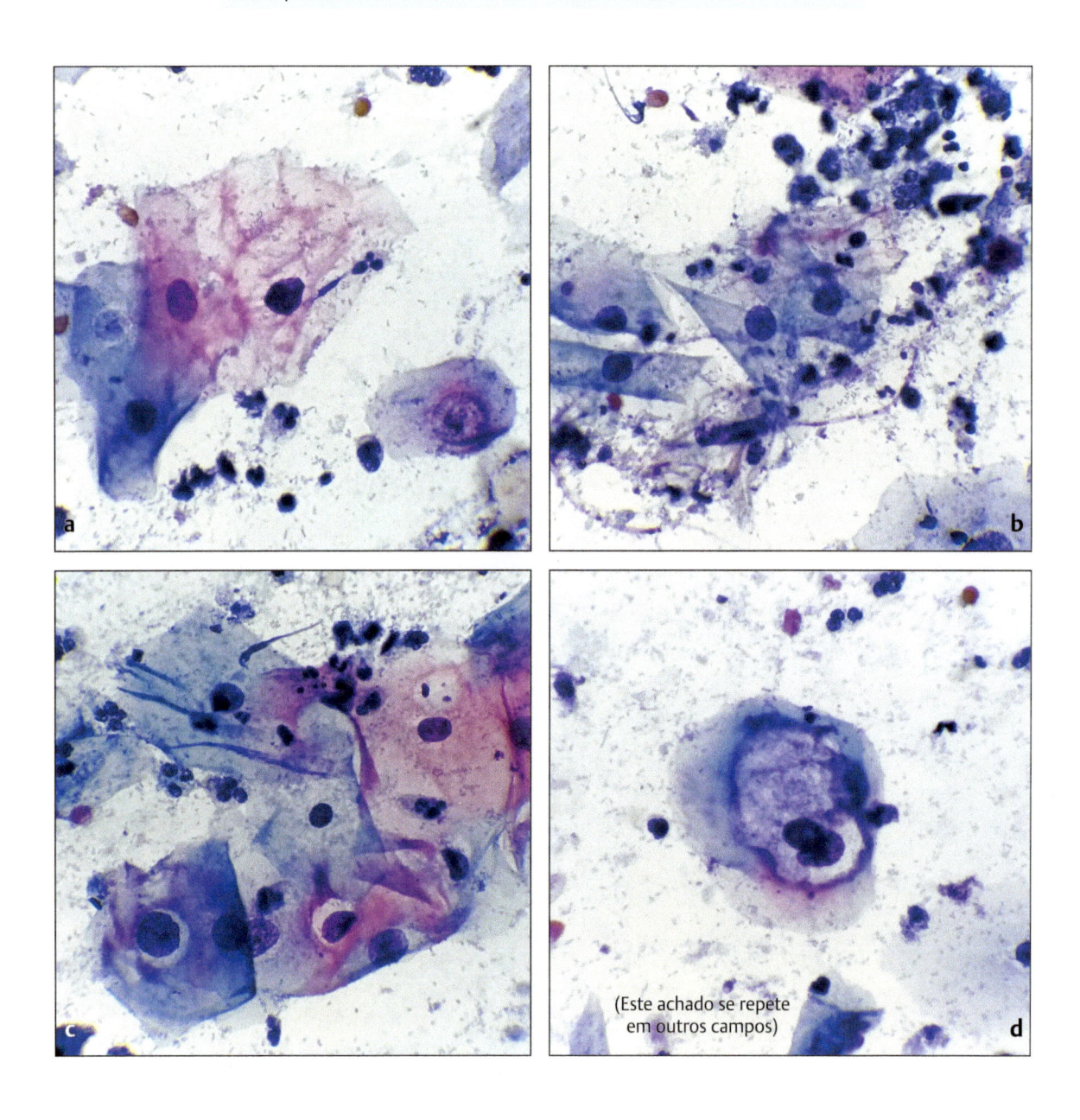

Queixa de corrimento branco grumoso
DUM: há 13 dias

(Este achado se repete em outros campos)

DESCRIÇÃO DA AMOSTRA

Metodologia	Citologia convencional
Adequabilidade da amostra	Satisfatória para avaliação oncótica
Tipos celulares representados	Escamoso
Organismos	Bacilos e organismos fúngicos morfologicamente consistentes com *Candida* sp.
Interpretação/Resultado	Anormalidades em células escamosas: • Lesão intraepitelial de baixo grau (compreendendo efeito citopático pelo HPV)

Justificativa:
- Semelhante ao Caso Clínico 5, também é possível identificar alterações celulares benignas reativas. Na imagem **a**, há tumefação turva (cariomegalia com hipocromasia nuclear), apagamento de borda celular, anfofilia e pseudoeosinofilia. Na imagem **b**, evidenciam-se as formas filamentosas fúngicas e leucócitos polimorfonucleares degenerados. Na imagem **c**, soma-se, aos critérios de reatividade comentados anteriormente, o halo perinuclear. Entretanto na mesma lâmina (imagem **d**), também se identificaram células com efeito citopático promovido pelo HPV. Assim sendo, a lâmina deixa de ser laudada como alteração benigna reativa e passa para lesão intraepitelial escamosa de baixo grau (LSIL).

CASO CLÍNICO 7

Idade: 30 anos
Último preventivo: há 6 meses

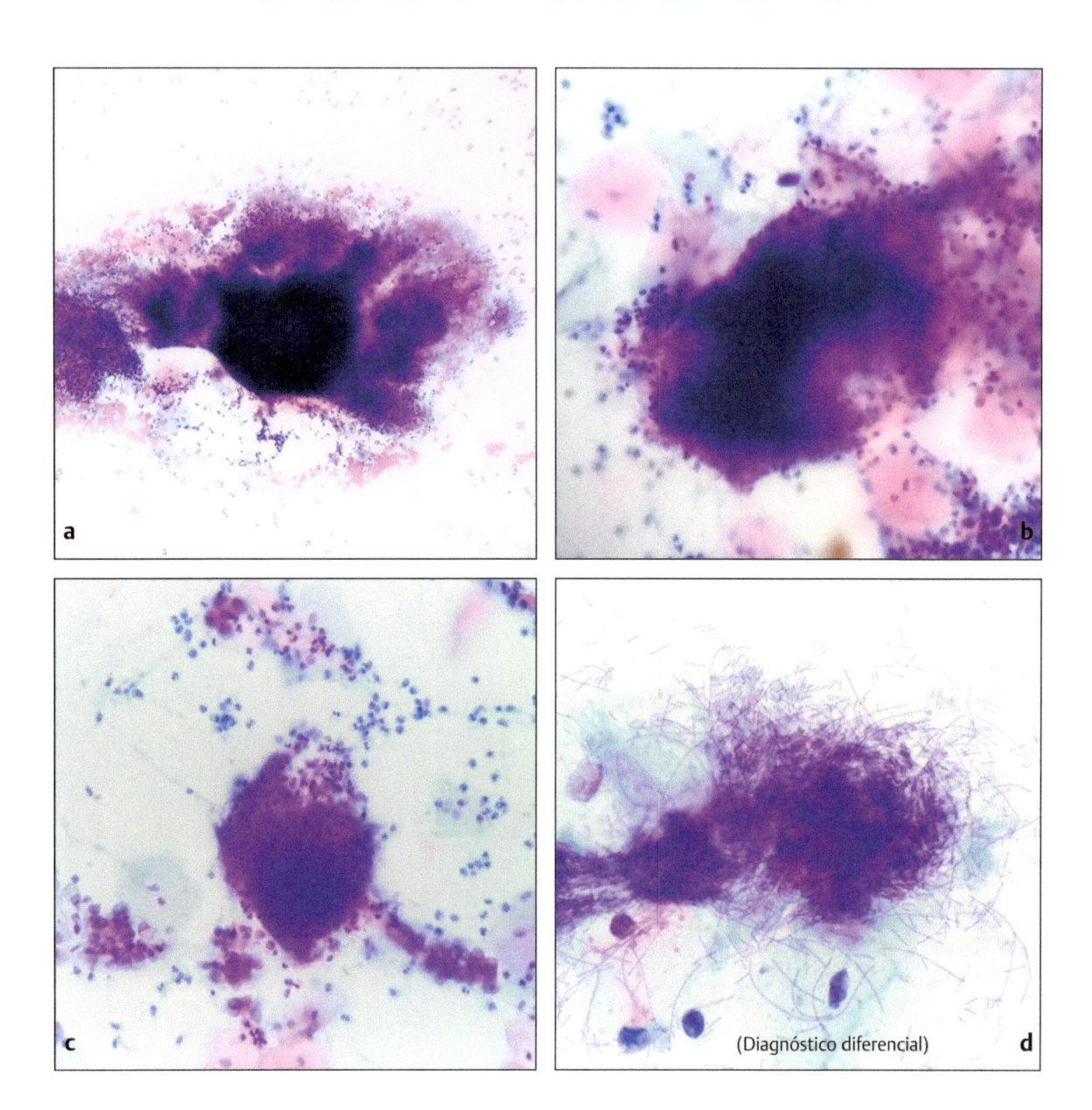

Faz uso de DIU
DUM: há 11 dias

a

b

c

d (Diagnóstico diferencial)

DESCRIÇÃO DA AMOSTRA

Metodologia	Citologia convencional
Adequabilidade da amostra	Satisfatória para avaliação oncótica
Tipos celulares representados	Escamoso
Organismos	Bactérias morfologicamente consistentes com *Actinomyces* sp.
Interpretação/resultado	Alterações celulares benignas reativas ou reparativas: ▪ Dispositivo intrauterino (DIU)

Justificativa:
▪ As imagens **a**, **b**, **c** mostram estruturas que são consistentes com o *Actinomyces* (comumente comparado a "bolas de algodão") e sua presença está mais intimamente associada ao uso de DIU. Comum exsudato inflamatório está associado a esse achado. A imagem **d** traz o diagnóstico diferencial com *Lactobacillus* sp. Estas bactérias podem formar aglomerados e serem confundidas com *Actinomyces*. Uma dica valiosa para evitar tal confusão é observar as bactérias isoladas no entorno do emaranhado bacteriano.

CASO CLÍNICO 8

Idade: 32 anos
Último preventivo: há 1 ano e meio

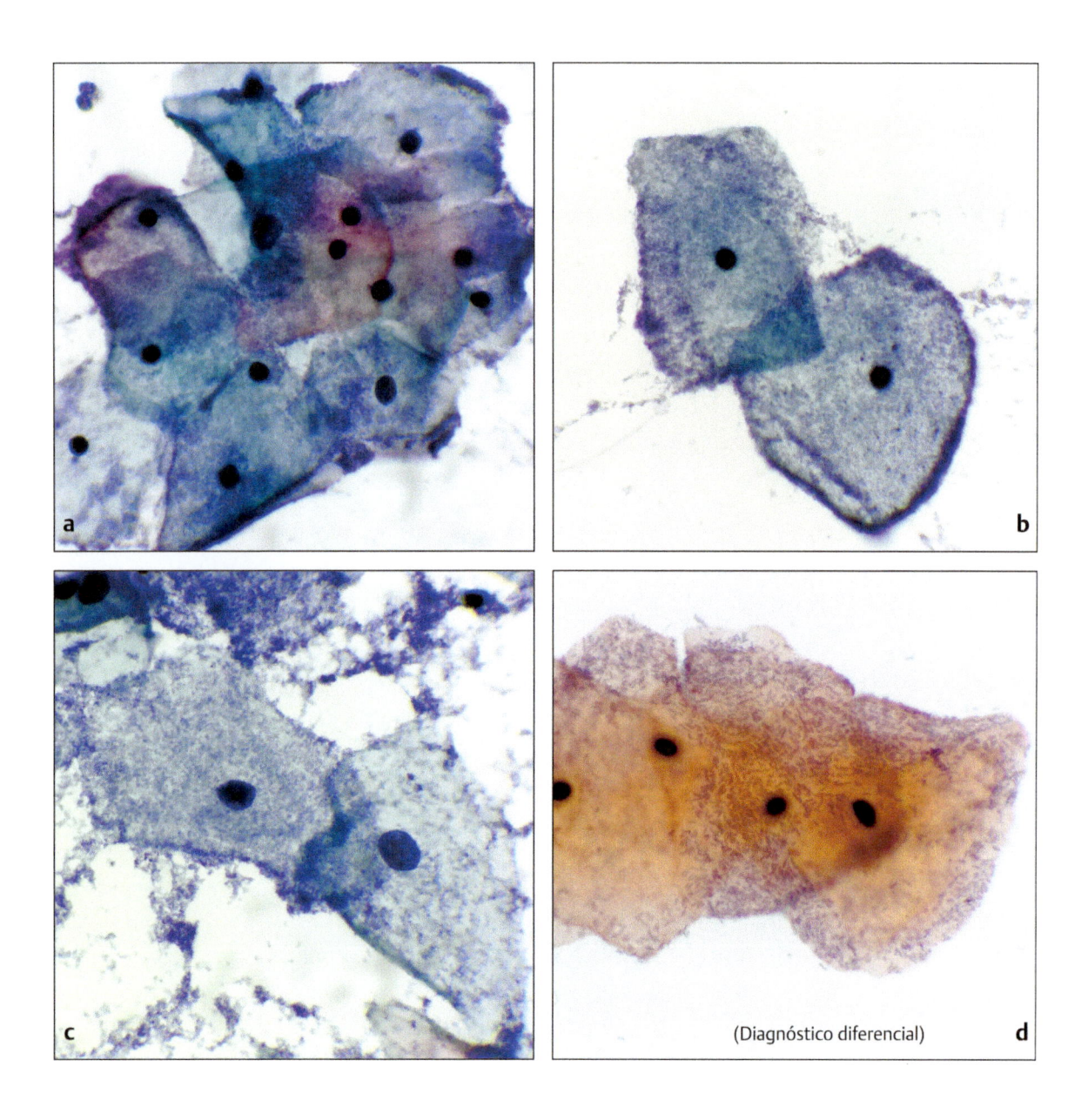

Corrimento com odor fétido
DUM: há 8 dias

(Diagnóstico diferencial)

DESCRIÇÃO DA AMOSTRA

Metodologia	Citologia convencional
Adequabilidade da amostra	Satisfatória para avaliação oncótica
Tipos celulares representados	Escamoso
Organismos	Desvio de flora sugestivo de vaginose bacteriana
Interpretação/resultado	Dentro dos limites da normalidade no material examinado

Justificativa:
- As imagens **a**, **b**, **c** trazem numerosas *clue cells* (em português traduzidas como: células-alvo; células-guia; células-chave) que são células escamosas revestidas por biofilme de bactérias (principalmente por cocobacilos). Observem que no fundo da lâmina há ausência de *Lactobacillus* sp. e células inflamatórias. Além disso, note ausência de alterações celulares reativas inflamatórias, como: halo perinuclear, anfofilia, pseudoeosinofilia, cariomegalia, apagamento de borda etc. Dito isso, este achado sugere vaginose e não vaginite. A presença concomitante de leucócitos polimorfonucleares pode estar relacionada com a segunda metade do ciclo menstrual ou infecção concomitante por outro microrganismo.
- Na imagem **d**, falsas *clue cells*. Bacilos sobre células escamosas sem formar biofilme.

CAPÍTULO 14

CASO CLÍNICO 9

Idade: 61 anos
Último preventivo: há 3 anos
Pós-menopausa
DUM: não aplicável

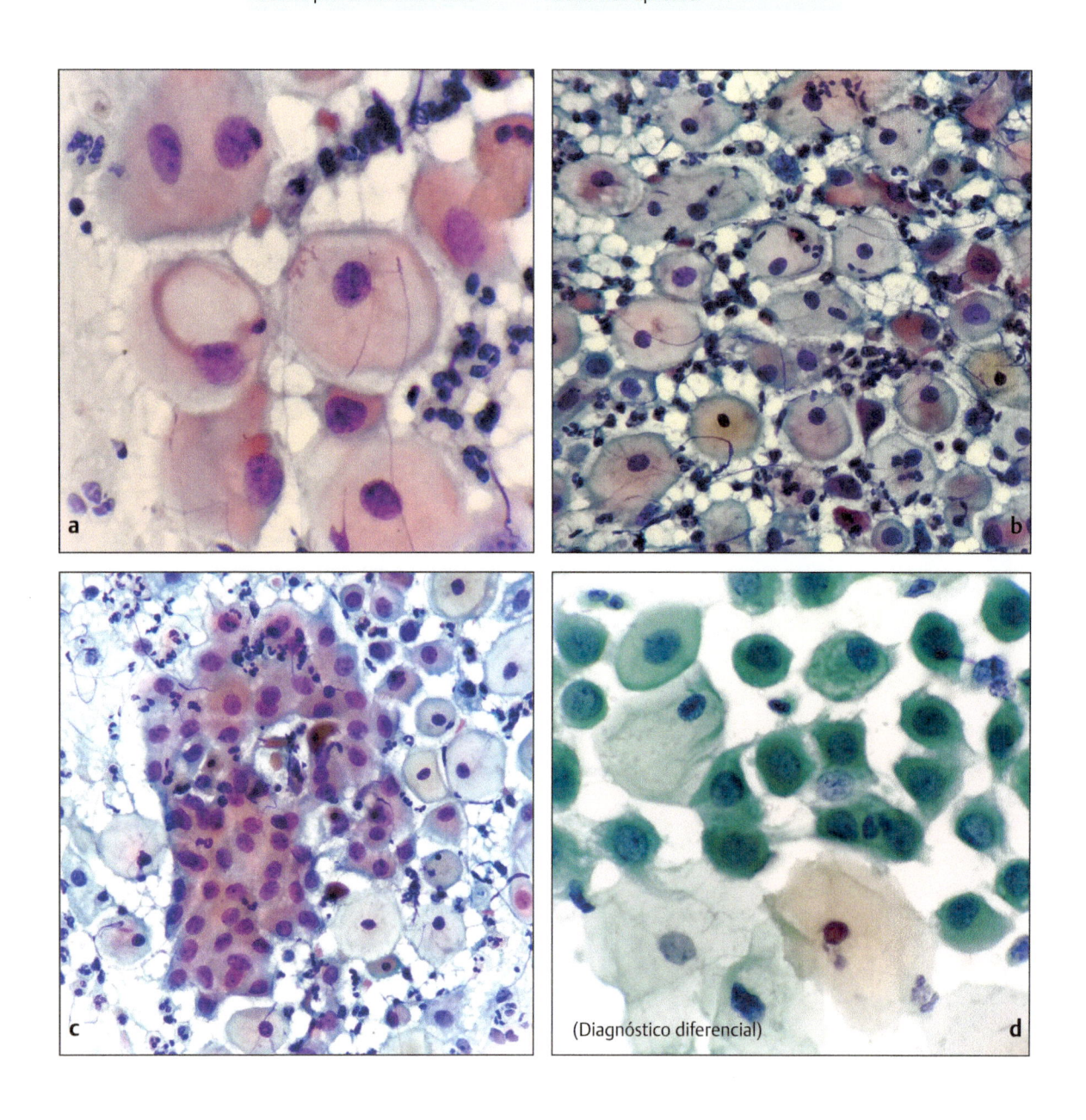

a

b

c

(Diagnóstico diferencial)   d

DESCRIÇÃO DA AMOSTRA

Metodologia	Citologia convencional
Adequabilidade da amostra	Satisfatória para avaliação oncótica
Tipos celulares representados	Escamoso
Organismos	Indeterminado
Interpretação/resultado	Alterações celulares benignas reativas ou reparativas: ■ Atrofia com inflamação

Justificativa:
- Nas imagens **a** e **b**, visualizam-se células imaturas (profundas) isoladas com alterações degenerativas (p. ex., pseudoeosinofilia, anfofilia, vacuolização citoplasmática, pseudoparaqueratose). Na imagem **c**, além das células dispersas, há um grupo imaturo em monocamada com polaridade conservada. Exsudato inflamatório marcante em todas as imagens do caso. Nas imagens **b** e **c**, algumas células intermediárias inferiores também estão presentes. Atenção para o fundo da lâmina com material granular basofílico que não pode ser confundido com diátese tumoral.
- Imagens **a**, **b**, **c** mostram o padrão típico de atrofia consistente com a depleção hormonal estrogênica. Na imagem **d**, numerosas células metaplásicas escamosas imaturas se assemelham a células parabasais ectocervicais. A metaplasia escamosa geralmente ocorre em locais específicos limitados da lâmina em pacientes sob efeito hormonal normal.

CAPÍTULO 14

CASO CLÍNICO 10

Idade: 44 anos
Último preventivo: há 4 anos
Colo hiperemiado
DUM: há 10 dias

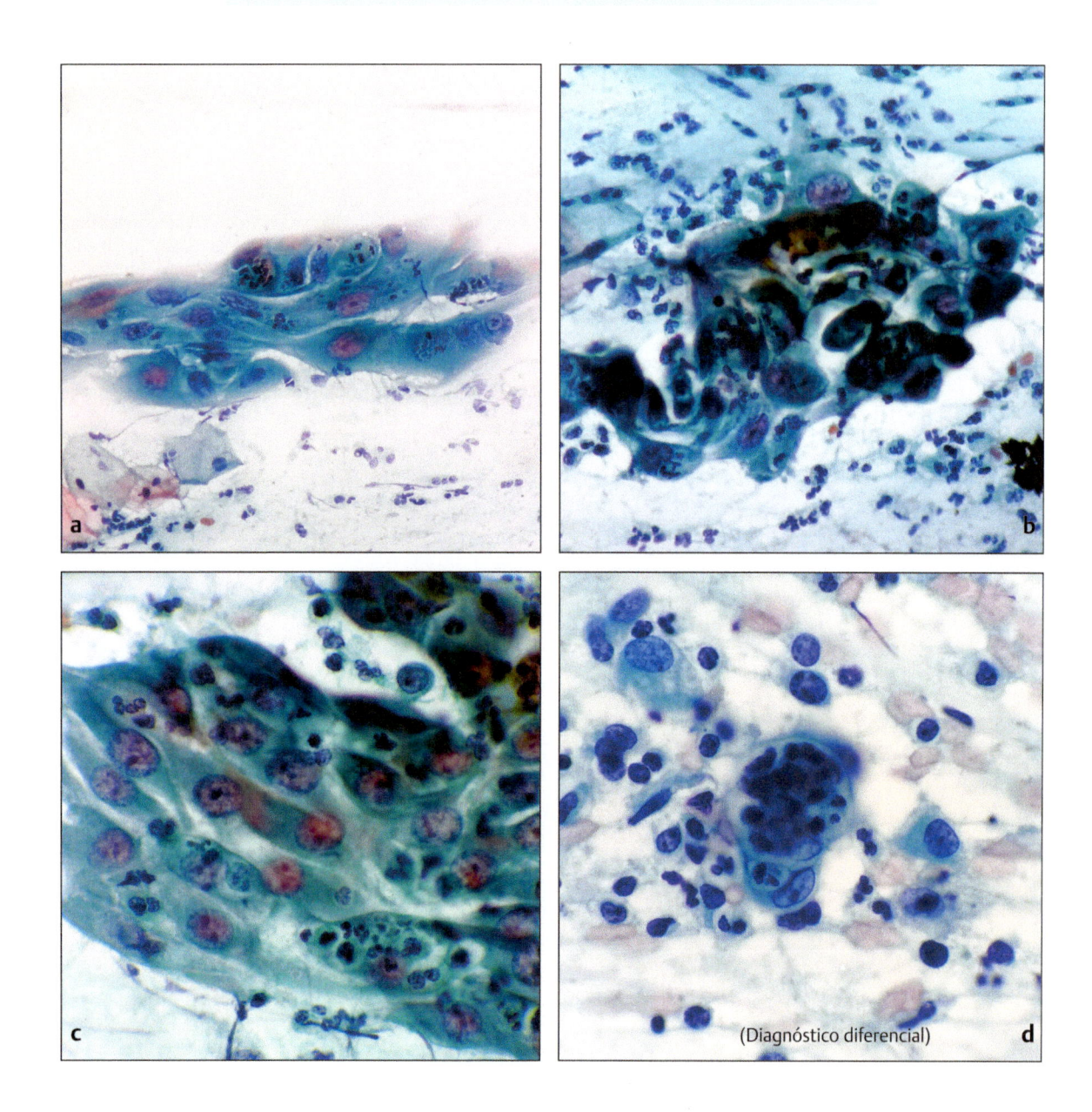

(Diagnóstico diferencial)

DESCRIÇÃO DA AMOSTRA

Metodologia	Citologia convencional
Adequabilidade da amostra	Satisfatória para avaliação oncótica
Tipos celulares representados	Escamoso
Organismos	Indeterminado
Interpretação/resultado	Alterações celulares benignas reativas ou reparativas: • Inflamação (reparo típico)

Note que a justificativa a seguir foi construída para negar possibilidade de lesões intraepiteliais escamosas e até cânceres invasivos.

Justificativa:
- As imagens **a**, **b**, **c** apresentam grupamento de reparo típico. Os grupos em monocamada (popularmente conhecidos como: "lençóis", "cardume de peixes") apresentam polaridade conservada e diversos leucócitos polimorfonucleares intracitoplasmáticos (emperipolese; leucofagocitose). Você até poderia questionar sobre a imagem **b**, em que o grupo aparece desorganizado, porém, tenha em mente que um agrupamento em monocamada pode dobrar-se durante a confecção da lâmina. Observe também ausência de células isoladas, fundo limpo (sem necrose). Quando atentamos para o núcleo, ele se apresenta aumentado e hipocromático com padrão de cromatina finamente granular. Os contornos nucleares são lisos (sem irregularidades). E, por fim, nucléolos únicos ou múltiplos estão em praticamente 100% das células em questão.
- Na imagem **d**, uma célula tumoral advinda de adenocarcinoma endometrial apresentando expressiva emperipolese. Alguns autores denominam essa célula de "bolsa de neutrófilos", que nada mais é que vacúolo contendo neutrófilos.

CASO CLÍNICO 11

Idade: 36 anos
Último preventivo: há 2 anos

Não faz uso de anticoncepcional oral
DUM: há 14 dias

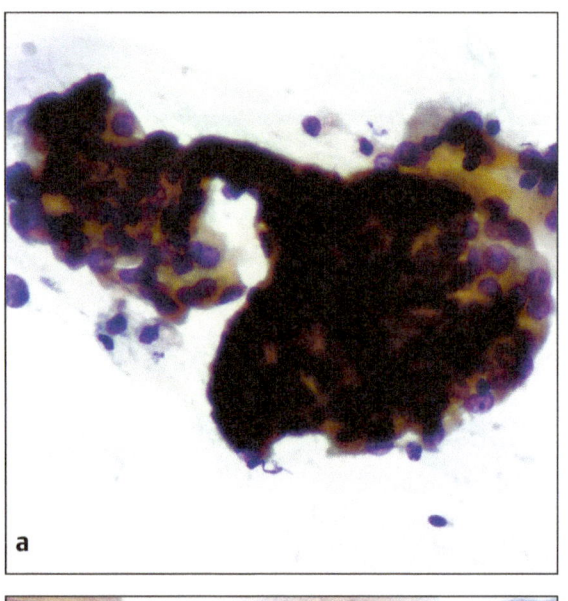

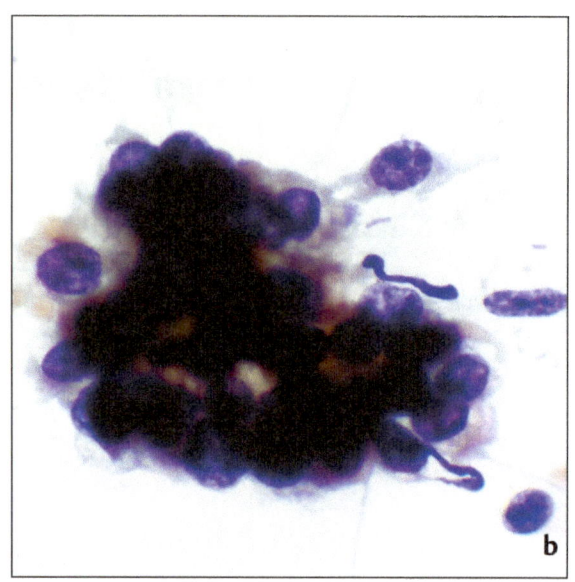

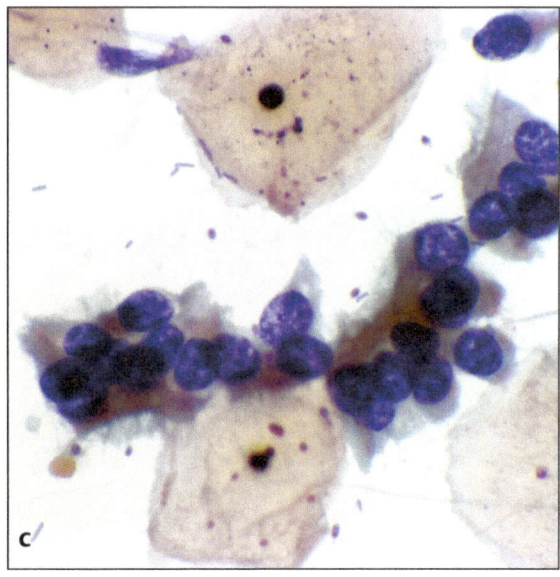

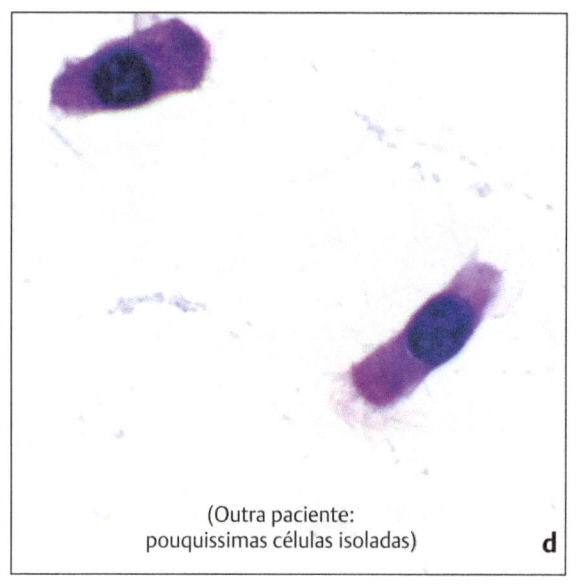

(Outra paciente: pouquíssimas células isoladas)

DISCUSSÃO DE CASOS CLÍNICOS

DESCRIÇÃO DA AMOSTRA

Metodologia	Citologia convencional
Adequabilidade da amostra	Satisfatória para avaliação oncótica
Tipos celulares representados	Escamoso e glandular endocervical
Organismos	Bacilos e Organismos fúngicos morfologicamente consistentes com *Candida sp*.
Interpretação/resultado	Alterações celulares benignas reativas ou reparativas: • Metaplasia tubária

Justificativa:
- A metaplasia tubária pode mostrar grupos sobrepostos (imagens **a**, **b**), grupos pseudoestratificados/paliçada (imagem **c**) ou ocorrer como células isoladas. As células endocervicais colunares ciliadas com citoplasma uniforme, densamente cianofílico são geralmente menores que as células endocervicais normais, contudo, podem ter núcleos maiores resultando em maior relação núcleo/citoplasma. Os núcleos são redondos ou ovais e exibem cromatina comumente hipercromática, fina e bem distribuída. Os nucléolos são inconspícuos (imperceptíveis) ou inexistentes. O fundo geralmente é limpo.
- O ponto-chave em sua identificação é a presença de cílios e a barra terminal, porém esse achado isolado (imagem **d**) não é suficiente para asseverar que estamos diante da metaplasia tubária.

CASO CLÍNICO 12

Idade: 39 anos
Último preventivo: há 1 ano
Não faz uso de anticoncepcional oral
DUM: há 10 dias

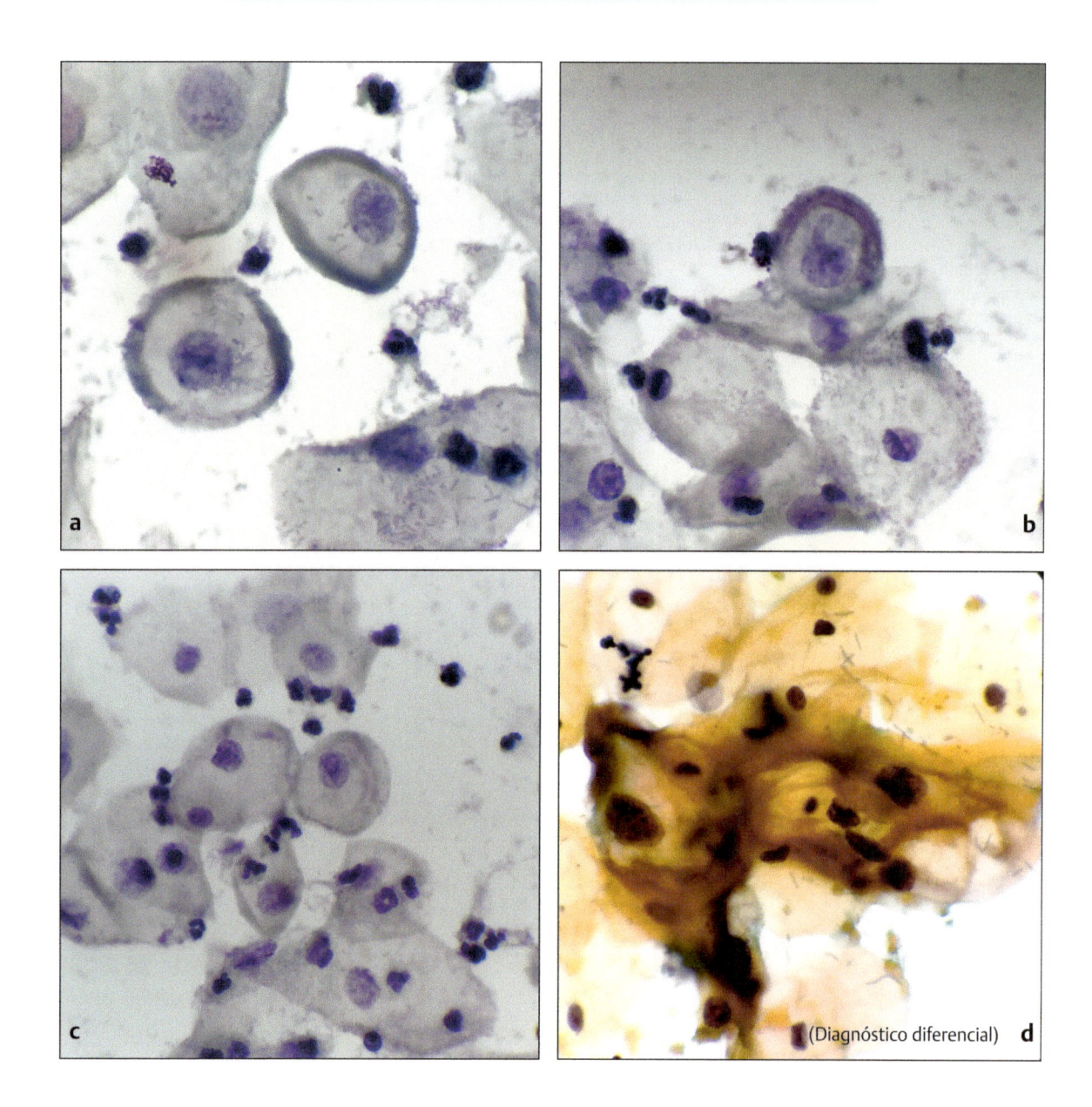

a

b

c

d (Diagnóstico diferencial)

DISCUSSÃO DE CASOS CLÍNICOS

DESCRIÇÃO DA AMOSTRA

Metodologia	Citologia convencional
Adequabilidade da amostra	Satisfatória para avaliação oncótica
Tipos celulares representados	Escamoso
Organismos	Bacilos
Interpretação/resultado	Dentro dos limites da normalidade no material examinado

Justificativa:
- Para analisar esse Caso Clínico faremos o caminho oposto do que foi relatado até aqui, justificando os casos anteriores, começaremos pela imagem **d** (coilócito). Como demonstrado no Caso Clínico 1, os coilócitos representam o efeito citopático viral patognomônico do HPV e por muitas vezes é confundido com mímicos na citologia ginecológica. As imagens **a**, **b**, **c** representam exatamente esses mímicos, os pseudocoilócitos. Dica! Desconfie de halos com seu tamanho pequeno, borda indistinta e simetria do halo em torno do núcleo, além da ausência de anormalidades nucleares.
- Pode-se inferir que os halos encontrados em **a**, **b**, **c** são decorrentes da perda de glicogênio intracitoplasmático dessas células que culminam com o dobramento da borda celular.

CASO CLÍNICO 13

Idade: 43 anos
Último preventivo: há 5 anos

Não faz uso de anticoncepcional oral
DUM: há 10 dias

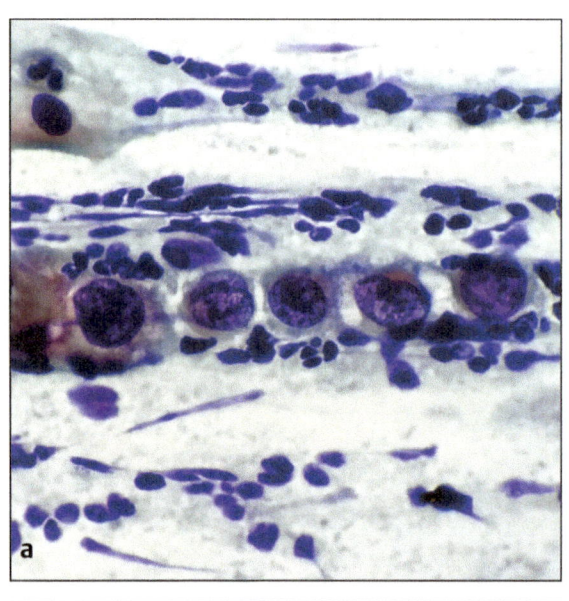

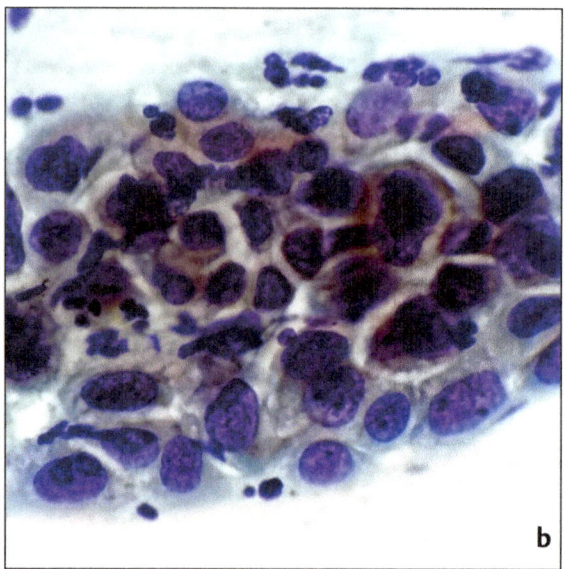

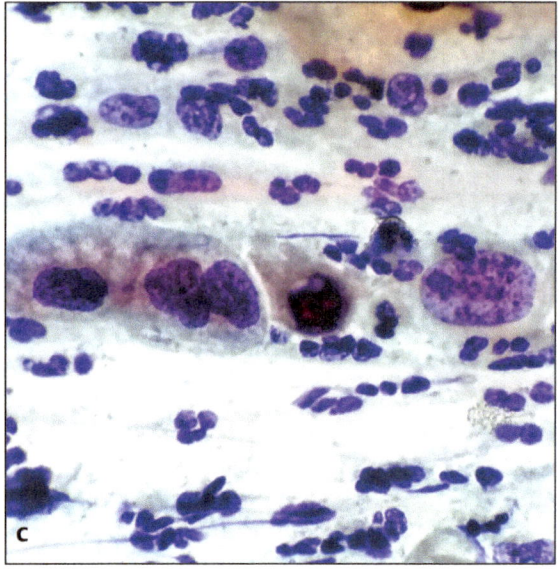

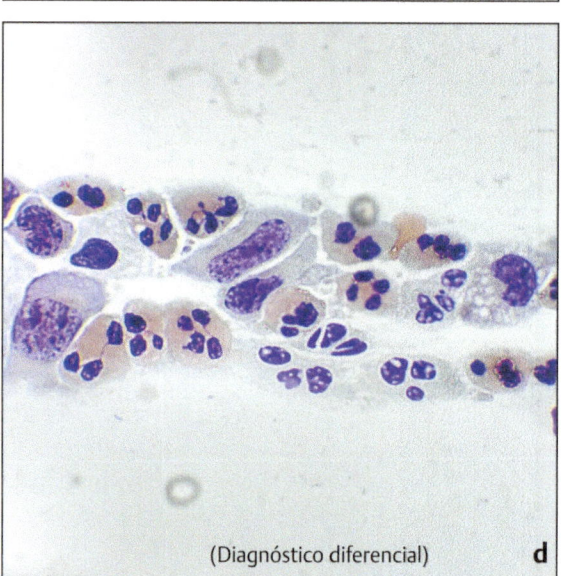

(Diagnóstico diferencial)

DESCRIÇÃO DA AMOSTRA

Metodologia	Citologia convencional
Adequabilidade da amostra	Satisfatória para avaliação oncótica
Tipos celulares representados	Escamoso
Organismos	Bacilos
Interpretação/resultado	Anormalidades em células escamosas: • Lesão intraepitelial escamosa de alto grau (HSIL)

Justificativa:
- As imagens **a**, **b**, **c** mostram uma HSIL em um plano de fundo inflamatório contendo leucócitos polimorfonucleares e histiócitos. As células tipo HSIL estão dispostas em filas (imagens **a**, **c**) ou em grupo plano (imagem **b**) ambos com núcleos hipercromáticos, aumentados, geralmente ocupando acima da metade da área total da célula. A razão nuclear-citoplasmática está aumentada, tanto pelo aumento nuclear, quanto pela redução do volume citoplasmático, sinalizando imaturidade dessas células. Anisonucleose e binucleação são facilmente percebidas na imagem **c**. No geral, contornos nucleares estão irregulares, e algumas células mostram nucléolos (imagem **b**).
- Na imagem **d**, outra lâmina com células não epiteliais polimorfonucleares e histiocitárias. Essa última responde como diagnóstico diferencial e em olhares menos experientes podem ser confundidas com anormalidade epitelial. Dica! Os histiócitos possuem citoplasma fino, comumente vacuolizado ("rendilhado") e volume citoplasmático de tamanho moderado. Os núcleos volumosos possuem formas variadas: redondo, oval, reniforme, "forma de feijão" e podem apresentar um sulco central. Comumente, os núcleos se posicionam excentricamente "tocando" a membrana citoplasmática, sem distendê-la. A cromatina varia de fina a grosseiramente granular com cromocentros.

CASO CLÍNICO 14

Idade: 22 anos
Último preventivo: há 1 ano e meio
Faz uso de anticoncepcional oral
DUM: há 11 dias

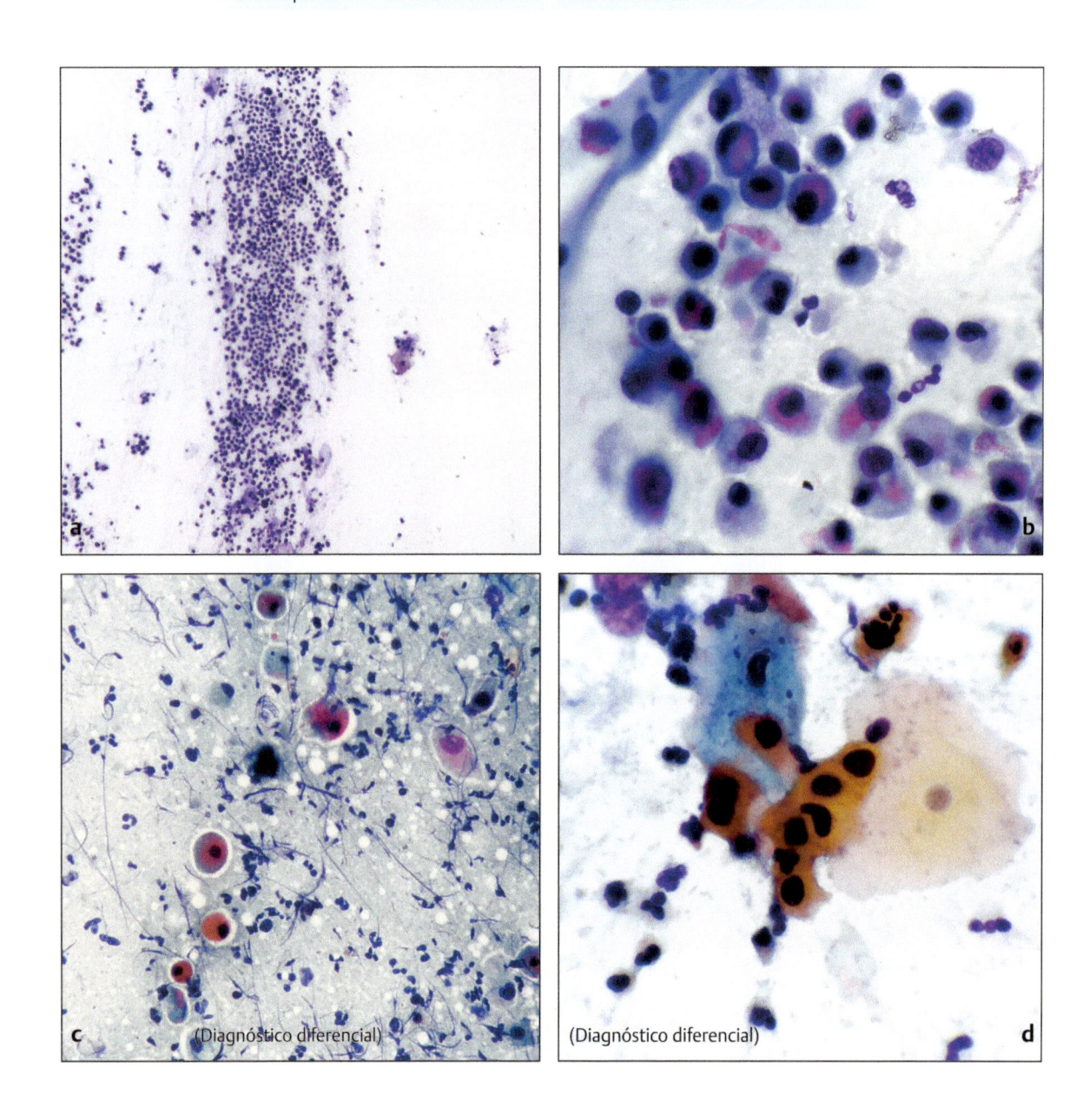

a

b

c (Diagnóstico diferencial)

d (Diagnóstico diferencial)

DESCRIÇÃO DA AMOSTRA

Metodologia	Citologia convencional
Adequabilidade da amostra	*Satisfatória para avaliação oncótica
Tipos celulares representados	*Escamoso
Organismos	Indeterminado
Interpretação/resultado	Alterações celulares benignas reativas ou reparativas: • Hiperplasia microglandular

Justificativa:
*Apesar de não serem visualizadas células escamosas nas imagens a, b, considere que havia no restante da lâmina, tornando-a satisfatória para avaliação oncótica. O foco desse caso é diferenciar a paraqueratose típica da pseudoparaqueratose.

A hiperplasia microglandular (imagens a e b) é uma alteração benigna da mucosa endocervical que está frequentemente associada à gravidez ou ao uso exógeno de progesterona (pílulas anticoncepcionais ou terapia de reposição hormonal), consistindo em um fluxo de células endocervicais degeneradas (núcleos picnóticos e citoplasma laranja, por causa da necrose coagulativa) em regiões de muco endocervical. Podem frequentemente corar em tons de rosa à laranja e se assemelham ligeiramente a células paraqueratóticas escamosas (imagem d) e, por isso, têm sido denominadas de pseudoparaqueratose. Para resumir, há pseudoparaqueratose em células glandulares (hiperplasia microglandular), pseudoparaqueratose em células escamosas em lâmina de atrofia (imagem c) e a verdadeira paraqueratose (imagem d).

BIBLIOGRAFIA

ABPTGIC. Associação Brasileira de Patologia do Trato Genital Inferior e Colposcopia. [Acesso em: 27 fev 2011]. Disponível em: http://www.colposcopy.org.br/laudo.php.

Agência Nacional de Vigilância Sanitária (Brasil). Resolução nº 302, de 13 de outubro de 2005. Dispõe sobre o regulamento técnico para funcionamento de laboratórios clínicos. Diário Oficial da União 14 out 2005.

Alarcón-Herreira A, Cervantes-Sánchez A, Mneneses-Miranda T, Castillejos-López M, Astudillo de la veja H, Tena-Suck ML. Association between penoscopy data and urethral cytology among men with partners who had cervical lesions associated with human papilloma virus. Gac Med Mex. 2010;146(4):274-80.

Albuquerque KM, Frias PG, Andrade CLT, Aquino EML, Menezes G, Szwarcwald CL. Cobertura do teste de Papanicolaou e fatores associados à não-realização: um olhar sobre o Programa de Prevenção do Câncer do Colo do Útero em Pernambuco, Brasil. Cad Saúde Pública. 2009;25(2):S301-9.

Almonte M, Murillo R; Sánchez GI, Jerônimo J, Salmerôn J, Ferreccio C, et al. New paradigms and challenges in cervical cancer prevention and control in Latin America. Salud Publica Mex. 2010:52(6):544-559.

Altekruse SF, Lacey JV, Brinton LA, Gravitt PE, Siverberg SG, Barnes WA, et al. Comparison of HPV genotypes, sexual, and reproductive risk factors of cervical adenocarcinomas and squamous cell carcinoma. Northeastern United States. Am J Obstet Gynecol. 2003;188:657-63.

Alvarenga GC, Passos MRL, Pinheiro MS. Papilomavírus humano e carcinogênese no colo do útero. J Bras Doenças Sex Transm. 2000;12:28-38.

Alves VAB, Castelo-Filho A, Vianna MR, Taromaru E, Namiyama G, et al. Performance of the DNA-Citoloq liquid-based system compared with convencional smears. Cytopathol (São Paulo). 2006;16:86-93.

Alves VAB, Castelo-Filho A, Vianna MR, Taromaru E, Namiyama G, Lorincz A, Das Dores GB. Performance of the DNA-Citoloq liquid-based system compared with convencional smears. Cytopathology. São Paulo; 2006. Vol.16, p. 86-93.

Amaral RG, Ribeiro AA, Miranda FA, Tavares SBN, Souza NLA, Manrique EJC, et al. Fatores que podem comprometer a qualidade dos exames citopatológicos no rastreamento do câncer do colo do útero. RBAC. 2006;38(1):3-6.

Amaral RG, Zeferino LC, Hardy E, Westin MCA, Martinez EZ, Montenor EBL. Quality assurance in cervical smears: 100% rapid rescreening versus 10% random rescreening. Acta Cytol. 2005;49:244-248.

Andrade JM, Marana HRC. Lesões pré-neoplásicas do colo do útero. In: Oliveira HC, Lemgruber I, Costa OT. Tratado de ginecologia – Febrasgo. Rio de Janeiro: Revinter; 2000. p. 1257-68.

Anttila A, Kotaniemi-Talonen L, Leinonen M, Hakama M, Laurila P, Tarkkanen J, Malila N. Nieminen P. Rate of cervical cancer, severe intraepithelial neoplasia, and adenocarcinoma in situ in primary HPV DNA screening with cytology triage: randomised study within organized screening programme. BMJ. 2010;27:340.

Antunes AA, Lyra R, Calado AA, Antunes MA, Falcão E. Prevalência de Coilocitose em Biópsias Penianas de Parceiros de Mulheres com Lesões Genitais Induzidas pelo HPV. Rev Bras Ginecol Obstet. 2004;26:557-62.

Arbyn M, Anttila A, Jordan J, Ronco G, Schenck U, Segnan N et al. European Guidelines for Quality Assurance in Cervical Cancer Screening. Second edition--summary document. Ann Oncol. 2010;21(3):448-58.

Associação Brasileira de Normas Técnicas. NBR ISSO/IEC 17035: requisitos gerais para a competência de laboratórios de ensaio e calibração. Rio de Janeiro: 2017. p. 32.

Ayre JE. The vaginal smear: "precancer" cell studies usine. A modified technique. Am J Obstet Gynecol. 1949;58:1205-19.

Ázara CZS, Manrique EJC, Tavares SBN, Souza NLA, Amaral RG. Internal quality control indicators of cervical cytopathology exams performed in laboratories monitored by the External Quality Control Laboratory. Rev Bras Ginecol Obstet. 2014;36(9):398-403.

Babes A. Diagnostic du cancer du col utérin par lês frettis. Presse Méd. 1928;29:451-4.

Babes A. Sur Le câncer superficiel Du col utérin. Gynécol Obstét. 1931;23:417-33.

Babes V, Tasca L, Östör AG. History of Gynecologic Pathology XII. Aurel Babes. Int J Gynecol Pathol. 2002;21(2):198-202.

Bagarelli LB, Oliani AH. Tipagem e estado físico de papilomavírus humano por hibridização in situ em lesões intraepiteliais do colo uterino. Rev Bras Ginecol Obstetr. 2004;26:59-64.

Balsitis S, Dick F, Lee D, Farrell L, Hyde RK, Griep AE, Dyson N and Lambert PF. Examination of the pRb-Dependent and pRb-Independent Functions of E7 In Vivo. J Virol. 2005;79:11392-11402.

Barrasso R. Latent and subclinical HPV external anogenital infection. Clin Dermatol. 1997;15(3):349-53.

Baseman JG, Kulasingam SL, Harris TG, Hughes JP, Kiviat NB, Mao C, et al. Evaluation of primary cervical cancer screening with an oncogenic human papillomavirus DNA test and cervical cytologic findings among women who attended family planning clinics in the United States. Am J Obstet Gynecol. 2008;199(1):26.

Benevolo M, Mottolese M, Marandino F, Vocaturo G, Sindico R, Piperno G, et al. Immunohistochemical expression of p16(INK4a) is predictive of HR-HPV infection in cervical low-grade lesions. Mod Pathol. 2006;19(3):384-91.

Bergeron C, Ordi J, Schmidt D, Trunk MJ, Keller T, Ridder R & European CINtec Histology Study Group. Conjunctive p16INK4a testing significantly increases accuracy in diagnosing high-grade cervical intraepithelial neoplasia. Am J Clin Pathol. 2010;133(3):395-406.

Bibbo M, Wilburn D.(a); Comprehensive Cytopathology. 3.ed. Philadelphia: Saunders Elsevier; 2008. cap. 3, p. 53.

Bibbo M, Wilburn DA. Comprehensive Cytopathology. 3.ed. Philadelphia: Saunders Elsevier; 2008.

Bigras G, Reider M, Lambercy J, Kunz B, Chatelain J, et al. Keeping collection device in liquid medium is mandatory to ensure liquid-based cervical cytology sampling. J Lower Genit Tract Dis. 2003;7(3):168-174.

Bigras G, Reider M, Lambercy J, Kunz B, Chatelain J, Reymond O, Cornaz D. Keeping collection device in liquid medium is mandatory to ensure liquid-based cervical cytology sampling. J Lower Genital Tract Dis. 2003;7(3):168-174.

Bleeker MC, Berkhof J, Hogewoning CJ, Voorhorst FJ, Van Den Brule AJ, Starink TM, et al. HPV type concordance in sexual couples determines the effect of condoms on regression of flat penile lesions. Br J Cancer. 2005;25(92-8):1388-92.

Bleeker MC, Heideman DA, Snijders PJ, Horenblas S, Dillner J, Meijer CJ. Penile cancer: epidemiology, pathogenesis and prevention. World J Urol. 2009 April;27(2):141-50.

Bleeker MC, Hogewoning CJ, Van den Brule AJ, Voorhorst FJ, Van Andel RE, Risse EK, et al. Penile lesions and human papillomavirus in male sexual partners of women with cervical intraepithelial neoplasia. J Am Acad Dermatol. 2002;47(3):351-7.

Bleeker MC, Snijders PF, Voorhorst FJ, Meijer CJ. Flat penile lesions: the infectious "invisible" link in the transmission of human papillomavirus. Int J Cancer. 2006 Dec;119(11):2505-12.

Bolanca IK, Vranes J. Diagnostic methods and techniques in preventing cervical carcinoma. Part I: Conventional cytology and new cytological methods. Med Glas Ljek komore Zenicko-doboj kantona. 2010;7(1):12-7.

Bonato VL. Gestão da qualidade em saúde: melhorando assistência ao cliente. O mundo da saúde (São Paulo) 2011;35(5):319-331.

Bongiglio TA. History of gynecologist Pathology: XIII. Dr. James W. Regan. Int J Gynecol Pathol. 2003;22(1):95-100.

Bosch FX, Castellsagué X, de Sanjosé S. HPV and cervical cancer: screening or vaccination? Br J Cancer. 2008;15;98(1):15-21.

Bosch FX, de Sanjose S. Chapter 1: Human papillomavirus and cervical cancer--burden and assessment of causality. J Natl Cancer Inst Monogr. 2003;(31):3-13. Review.

Bosch FX, Lorincz A, Munoz N, et al. The causal relation between human papilomavirus and cervical câncer. J Clin Pathol. 2002;55:244-265.

Bosch FX, Manos MM, Munoz N, Sherman M, Jansen AM, Peto J, et al. Prevalence of human papilomavírus in cervical cancer: a worldwide perspective. International biological study on cervical cancer (IBSCC). J Natl Cancer Inst. 1995;87:796-802.

Brasil. Instituto Nacional de Câncer José Alencar Gomes da Silva. Ministério da Saúde. Manual de Gestão da Qualidade para Laboratório de Citopatologia. 2. ed. Rio de Janeiro, 2016. 160 p.

Brasil. Instituto Nacional de Câncer José Alencar Gomes da Silva. Ministério da Saúde. Nomenclatura Brasileira para Laudos Citopatológicos Cervicais. 3. ed. Rio de Janeiro, 2012. 23 p.

Brasil. Instituto Nacional de Câncer José Alencar Gomes da Silva. Ministério da Saúde. Plano de Ação para Redução da Incidência e Mortalidade por Câncer do Colo do Útero. Rio de Janeiro, 2010. 40 p. [Acesso em 24 nov 2017]. Disponível em: <http://bvsms.saude.gov.br/bvs/publicacoes/plano_acao_reducao_cancer_colo.pdf>.

Brasil. Ministério da Saúde – Secretaria de Políticas de Saúde e Secretaria de Assistência à Saúde – Portaria conjunta nº 92 de 16 de outubro de 2001. Dispõe sobre o controle da qualidade do exame citopatológico. Disponível em: <http://sna.saude.gov.br/legisla/legisla/tab_sia/SPS_SAS_PC92_01tab_sia.doc>

Brasil. Ministério da Saúde. Secretaria de Atenção à Saúde. Instituto Nacional de Câncer. Coordenação de Prevenção e Vigilância. Nomenclatura Brasileira para Laudos Cervicais e Condutas Preconizadas – Recomendações para profissionais de saúde. Rev Bras Cancerol. 2006;52(3):213-236.

Brasil. Ministério da Saúde-Instituto Nacional do Câncer e Secretaria de Estado da Saúde. Coleta do Papanicolaou e ensino do autoexame da mama. Manual de procedimentos técnicos e administrativos. 2. ed. São Paulo: MS; 2004.

Bray F, Ferlay J, Soerjomataram I, Siegel RL, Torre LA and Jemal A. Global cancer statistics 2018: GLOBOCAN estimates of incidence and mortality worldwide for 36 cancers in 185 countries. CA Cancer J Clin 2018;68:394-424.

Breitenecker G. Cervical cancer screening: past--present—future. Pathologe. 2009;30(2):128-35.

Broders, AC. Carcinoma in situ constrasted with benign penetrating epithelium. JAMA. 1932;99:1670-74.

Brown DR, Fife KH. Human papillomavirus infections of the genital tract. Med Clin North Am. 1990;74:1455-85.

Bundrick JB, Cook DA, Gostout BB. Screenig for Cervical Cancer and Initial treatment of Patients With Abnormal Results From Papanicoalou Testing. Mayo Clin Proc Rochester. 2005;80(8):1063-1068.

Caetano R, Vianna CMM, Thuler LCS, Girianelli VR. Custo-efetividade no diagnóstico precoce do câncer de colo uterino no Brasil. Rev Saúde Coletiva. 2006:16(1);99-118.

Camara GNL, Cerqueira DM, Oliveira APG, Silva EO, Carvalho LGS, Martins CRF. Prevalence of human papillomavirus types in women with pre-neoplastic and neoplastic cervical lesions in the Federal District of Brazil. Mem Inst Oswaldo Cruz. 2003;98(7):879-83.

Camargo M, Soto-de Leon SC, Sanchez R, Perez-Prados A, Patarroyo ME, Patarroyo MA. Frequency of human papillomavirus infection, coinfection, and association with different risk factors in Colombia. Ann Epidemiol. 2011 Mar;21(3):204-13.

Cantor BS, et al. Natural history of cervical intraepithelial neoplasia: a meta-analysis. Acta Cytologica. 2005;49(4):405-415.

Cardial MFT, Campaner AB, Santos ALF, et al Manual de diagnóstico e condutas em patologias do trato genital inferior. Rio de Janeiro: Atheneu, 2018.

Carvalho NS. Patologia do Trato Genital Inferior e Colposcopia: manual prático com casos clínicos e questões comentadas. São Paulo; Atheneu: 2010.

Castellsagué X, Diaz M, de Sanjosé S, Muñoz N, Herrero R, Franceschi S, et al. Worldwide Human Papillomavirus Etiology of Cervical Adenocarcinoma and Its Cofactors: Implications for Screening and Prevention. J Nat Cancer Inst. 2006;98(5):303-15.

Castle PE, Schiffman M, Wheeler CM, Salomon D. Evidence for frequent regression of cervical intraepithelial neoplasia – grade 2. Obstetrics & Gynecology. 2009;13(1):18-25.

Castle PE, Schiffman M, Wheeler CM, Salomon D. Evidence for frequent regression of cervical intraepithelial neoplasia – grade 2. Obstetrics & Gynecology. 2009;13(1):18-25.

CDC, Sexually transmitted diseases treatment guidelines 2002. MMWR, 2005;51(N. RR-6).

Cervix cancer screening/IARC Working Group on the Evaluation of Cancer Preventive Strategies. Lyon, France; 2004. p. 75.

Chang AR, Keng LW. Human papilomavírus (HPV) infection is sexually transmitted disease (STD). I Hsueh Tsa Chih. 1999;22:409-15.

Clifford G, Franceschi S, Diaz M, Muñoz N, Villa LL. Chapter 3: HPV type-distribution in women with and without cervical neoplastic diseases. Vaccine. 2006;24(3):26-34.

Coelho FRG, Soares FA, Focchi J, Fregnani JHTG, Zeferino JC, Villa LL, et al. Câncer do Colo do Útero. São Paulo: Tecmedd; 2008. Cap 4, p. 129-134.

Coelho FRG, Soares FA, Focchi J, Fregnani JHTG, Zeferino JC, Villa LL, et al. Câncer do Colo do Útero. São Paulo: Tecmedd; 2008. Cap 4, p. 129-134.

Cox JT, Solomon D, Schiffman M. Prospective follow-up suggests similar risk of biopsy. Am J Obstet Gynecol. 2003;188:1406-1412.

Crum CR, Cibas ES, Lee KR. Pathology of Early Cervical Neoplasia. (Contemporay issues in surgical pathology, vol 22). New York: Churchill Livingstone Inc.;1997.

Crusius K, Auvinen E, Alonso A. Enhancement of EGF- and PMA- mediated MAP kinase activation in cells expressing the human papillomavirus type 16 E5 protein. Oncogene. 1997;15:1437-44.

Cullen AP, Reid R, Campion M, Lorincz AT. Analysis of the physical state of different human papillomavirus DNAs in intraepithelial and invasive cervical Neoplasm. J Virol. 1991;65(2):606-12.

Cuzick J, Clavel C, Petry KU, Meijer CJ, Hoyer H, Ratnam S, et al. Overview of the European and North American Studies on HPV testing in primary cervical câncer screening. Int J Cancer. 2006;119(5):1095-101.

De Francesco MA, Gargiulo F, Schreiber C, Ciravolo G, Salinaro F, Manca N. Detection and genotyping of human papillomavirus in cervical samples from Italian patients. J Med Virol. 2005;75:588-92.

de Palo G, Chanen W, Dexeus S. Patologia e Tratamento do Trato Genital Inferior (Incluindo Colposcopia). São Paulo: Editora Medsi; 2002.

de Palo G, Chanen W, Dexus S. Neoplasia intraepitelial cervical. In: Patologia e tratamento do trato genital inferior. Rio de Janeiro: Medsi; 2002. p. 63-144.

De Sanjose S, Diaz M, Castellsagué X, Clifford G, Bruni L, Muñoz N, et al. Worldwide prevalence and genotype distribution of cervical human papillomavirus DNA in women with normal cytology: a meta-analysis. Lancet Infect Dis. 2007;7(7):453-9.

De Vuyst H, Clifford G, Li N, Franceschi S. HPV infection in Europe. Eur J Cancer. 2009 Oct;45(15):2632-9.

Denton KJ, Bergeron C, Klement P, Trunk MJ, Keller T, Ridder R & European CINtec Cytology Study Group. The sensitivity and specificity of p16(INK4a) cytology vs HPV testing for detecting high-grade cervical disease in the triage of ASC-US and LSIL pap cytology results. Am J Clin Pathol. 2010;134(1):12-21.

Di Loreto C, Maeda MYS, Utagawa ML, Longatto-Filho A, Alves VAF. Garantia da Qualidade em Citopatologia: aspectos da correlação cito-histológica. Revista da Associação Médica Brasileira (São Paulo). 1997;43(3):195-198.

Di Loreto C, Maeda MYS, Utagawa ML, Longatto-Filho A, Alves VAF. Garantia da Qualidade em Citopatologia: aspectos da correlação cito-histológica. Rev Associação Méd Bras. 1997;43(3):195-198.

Diretrizes brasileiras para o rastreamento do câncer do colo do útero / Instituto Nacional de Câncer José Alencar Gomes da Silva. Coordenação de Prevenção e Vigilância. Divisão de Detecção Precoce e Apoio à Organização de Rede. - 2. ed. rev. atual. - Rio de Janeiro: INCA; 2016.

do Carmo EFS, Fiorini A. principais técnicas moleculares para detecção do papilomavírus humano. SaBios-Rev Saúde e Biol. 2007;2(1):29-31.

Doorbar J, Ely S, Sterling J, Mclean C, Crawford L. Specific interaction between HPV-16 E1-E4 and cytokeratins results in collapse of the epithelial cell intermediate filament network. Nature. 1991;352:824-27.

Doorbar J. The papillomavirus life cycle. J Clin Virol. 2005;32:7-15.

Dray M, Russell P, Dalrymple C, Wallman N, Angus G, Leong A, Carter J, Cheerala B. p16(INK4a) as a complementary marker of high-grade intraepithelial lesions of the uterine cervix. I: Experience with squamous lesions in 189 consecutive cervical biopsies. Pathology. 2005;37(2):112-24.

Dunlop EMC, Garner A, Darougar S, et al. Colposcopy, biopsy, and cytology results in women with chlamydial cervicitis. Genitourin Med. 1989;65:22-31.

Eleutério Junior J, Geraldo PC, Cavalcante DI, Gonçalves AK, Eleutério RM. Association between high risk HPV viral load, p16ink4a expression and intra-epithelial cervical lesions. Rev Assoc Med Bras. 2007;53(6):530-4.

Elsheikh TM, Kirkpatrick JL, Wu HH. The significance of Low-Grade Squamous Intraepithelial Lesion, cannot exclude High-Grade Squamous Intraepithelial Lesion as a distinct Squamous abnormality category in Papanicolaou Test. Cancer Cytophatology. 2007;108(5):277-281.

Elsheikh TM, Kirkpatrik JL, WU HH. The significance of Low-Grade Squamous Intraepithelial Lesion, canot excluide High- Grade Squamous Intraepithelial Lesion as a distinct Squamous abnormality category in Papanicolaou Test. Cancer Cytophatology. 2007;108(5):277-281.

Entiauspe LG, Teixeira LO, Mendoza-Sassi RA, Gonçalves CV, Gonçalves P, Martinez AMB. Papilomavírus humano: prevalência e genótipos encontrados em mulheres HIV positivas e negativas, em um centro de referência no extremo Sul do Brasil. Rev Soc Bras Med Trop. 2010 May-Jun;43(3):260-3.

Escobar A. Genitoscopia, Patologia do Trato Genital Inferior. Rio de Janeiro: Elsevier; 2007.

Etlinger DLR, Ducatti C, Gomes LP, Pereira SMM, Teixeira MS, Silva VL, Yamamoto LSU. Importância do controle de qualidade para a redução das amostras insatisfatórias cérvico-vaginais. RBAC. 2009;41(1):61-63.

Ferlay J, Parkin DM, Pisani P. GLOBOCAN 2002: cancer incidence, mortality and prevalence worldwide. IARC Cancer Base no. 5, version 2.0. Lyon, France: IARC Press; 2004.

Fernandes TAAM, Meissner RV, Bezerra LF, Azevedo PRM, Fernandes JV. Human Papillomavirus infection in women attendes at cervical câncer screening service in natal, Brazil. Braz J Microbiol. 2008;39:573-8.

Ferraz MGMC, et al. 100% Rapid Rescreening for Quality Assurance in a Quality Control Program in a Public Health Cytologic Laboratory. Acta Cytologica. 2005;49:639-643.

Fink DI. Change in American cancer society checkup guidelines for detection of cervical cancer. CA Cancer J Clin. 1988;38:127-8.

Fonseca LAM, Ramacciotti AS, Eluf Neto J. Tendência da mortalidade por câncer do útero no Município de São Paulo entre 1980 e 1999. Cad Saúde Públ. 2004;20:136-42.

Franco R, Amaral RG, Montemor EBL, Montis DM, Morais SS, Zeferino LC. Fatores associados a resultados falso-negativos de exames citopatológicos do colo uterino. Rev Bras Ginecol Obstet. 2006;28(8):479-85.

Fremont-Smith M, Marino J, Spencer L, Block D. Comparison of the SurePathTM Liquid-Based Papanicolaou Smear with the Convencional Papanicolaou Smear in a Multisite Direct-to-Vial Study. Cancer Cytipathology (Burlington). 2004;102(5):269- 279.

Fremont-Smith M, Marino J, Spencer L, Block D. Comparison of the SurePath™ Liquid-Based Papanicolaou Smear with the Convencional Papanicolaou Smear in a Multisite Direct-to-Vial Study. Cancer Cytipathology. Burlington. 2004;102(5):269-279.

Gadner HL, Dukes CD. Haemophilus vaginalis vaginitis; newly defined specific infection previously classified as nonspecific vaginitis. Am J Obstet Gynecol. 1995;69:962.

Gill GW. Blinded review of Papanicolaou smears. Cancer Cytopathol. 2005;105(2):53-6.

Giraldo PC, Eleutério JJR, Cavalcante DI, Gonçalves AK, Romão JA, Eleutério RM. The role of high-risk HPV-DNA testing in the male sexual partners of women with HPV-induced lesions. Eur J Obstet Gynecol Reprod Biol. 2008;137(1):88-91.

Giuliano AR, Lazcano E, Villa LL, Salmeron J, Flores R, Abrahamsen M, Papenfuss M. Natural history oh HPV infection in men: The HIM study. [Acesso em 11 fev 2010]. Disponível em: http://aacrmeetingabstracts.org/cgi/content/abstract/2006/3/B215.

GLOBOCAN, 2018: Bray F, Ferlay J, Soerjomataram I, Siegel RL, Torre LA and Jemal A. Global cancer statistics 2018: GLOBOCAN estimates of incidence and mortality worldwide for 36 cancers in 185 countries. CA Cancer J Clin 2018;68:394-424.

Graham SV. The human papillomavirus replication cycle, and its links to cancer progression: a comprehensive review. Clin Sci. 2017;131:2201-2221.

Gray M, McKee GT(b). Diagnostic Cytopathology. Churchill & Livingstone. 2.ed., Philadelphia: Churchill Livingstone; 2003. Cap. 28, p. 644-645.

Gray M, McKee GT. Diagnostic Cytipathology. Churchill & Livingstone. 2nd ed, Philadelphia: Churchill Livingstone; 2003. Cap. 28, p. 644-645.

Gross G, Von Krogh G. (Eds.). Human papilomavírus infections in derma.

Guindalini C; Tufik S. Uso de microarrays na busca de perfis de expressão gênica: aplicação no estudo de fenótipos complexos. Rev Bras Psiquiatr. 2007; 29(4):370-374. [Acesso em 22 abril 2011]. Disponível em: <http://www.scielo.br/pdf/rbp/v29n4/a14v29n4.pdf>.

Halford JA, Batty T, Boost T, Duhig J, Hall J, Lee C, Walker K. Comparison of the sensitivity of conventional cytology and the Thin Prep Imaging System for 1,083 biopsy confirmed high-grade squamous lesions. Diagn Cytopathol. 2010;38(5):318-26.

Hamashima C, Aoki D, Miyagi E, Saito E, Nakayama T, Sagawa M, Saito H, Sobue T & Japanese Research Group for Development of Cervical Cancer Screening Guidelines. The Japanese guideline for cervical cancer screening. Jpn J Clin Oncol. 2010;40(6):485-502.

Hammer A, Rositch A, Qeadan F, Gravitt PE, Blaakaer J. Age-specific prevalence of HPV16/18 genotypes in cervical cancer: A systematic review and meta-analysis. Int J Cancer. 2016;138:2795-2803.

Harper DM, Franco EL, Wheeler CM, Moscicki AB, Romanowski B, Roteli-Martins CM, et al. HPV Vaccine Study group. Sustained efficacy up to 4.5 years of a bivalent L1 virus-like particle vaccine against human papillomavirus types 16 and 18: follow-up from a randomised control trial. Lancet. 2006;367(9518):1247-55.

Heley S. Pap test update. Australian Family Physicians (Melbourne). 2007;36(3):112-115.

Heley S. Pap test update. Australian Family Physicians. Melbourne. 2007;36(3):112-115.

Herfs M, Yamamoto Y, Laury A, Wang X, Nucci MR, McLaughlin-Drubin ME, et al. A discrete population of squamocolumnar junction cells implicated in the pathogenesis of cervical cancer. Proc Natl Acad Sci (USA) 2012;109:10516-10521.

Hippeläinen M, Yliskoski M, Saarikoski S, Syrjänen S, Syrjänen K. Genital human papillomavirus lesions of the male sexual partners: the diagnostic accuracy of peniscopy. Genitourin Med. 1991 Aug;67(4):291-6.

Ho GY, Bierman R, Beardsley L, Chang CJ, Burk RD. Natural history of cervicovaginal papillomavirus infection in young women. N Eng J Med. 1998;338(7):423-8.

Ho GYF, Buró RD, Klein S, Cádiz, Chang CJ, Palan P, et al. Persistent genital human papilomavírus infection as a risk factor for persistent cervical dysplasia. J Natl Cancer Inst. 1995;87:1365-71.

Hoda SR, Hoda SA. Fundamentals of Pap Test Cytology. Totowa, New Jersey: Humana Press; 2007.

Holmes EJ, Lyle WH. How early in pregnancy does the Arias-Stella reaction occur? Arch Pathol. 1973;95:302.

Howley PM. Papillomavirinae: the viruses and their replication. Fields Virology. 3rd ed. Philadelphia: Lippincott-Raven; 1996.

https://www.kolplast.com.br/portfolio_category/citologia-liquida/

IARC Monographs on the evaluation of carcinogenic risks to humans. Human papilomavírus. Vol. 64. WHO, Lyon, 1995.

INCA-Instituto Nacional do Câncer/Ministério da Saúde/Brasil. [Acesso em 28 set 2019]. Disponível em: https://www.inca.gov.br/controle-do-cancer-do-colo-do-utero/acoes-de-controle/prevencao.

International Agency of research on cancer IARC. [homepage on the internet]. Sistema de Bethesda 2001. [cited 2010 Aug]. Available from: http://screening.iarc.fr/atlascytobeth.php?cat=A0&lang=4

Jemal A, Thun MJ, Ries LA, Howe HL, Weir HK, Center MM, et al. Annual report to the nation on the status of cancer, 1975-2005, featuring trends in lung cancer, tobacco use, and tobacco control. J Natl Cancer Inst. 2008;100(23):1672-94.

Joste N. Overview of the Cytology Laboratory: Specimen Processing Through Diagnosis. Obstet Gynecol Clin N Am (Albuquerquer). 2008;35:549-563.

Joste, N. Overview of the Cytology Laboratory: Specimen Processing Through Diagnosis. Obstet Gynecol Clin N Am (Abuquerquer). 2008;35:549-563.

Knoepp SM, Kuebler DL, Wilbur DC. Correlation between hybrid capture II high-risk human papillomavirus DNA test chemiluminescence intensity from cervical samples with follow-up histologic results: a cytologic/histologic review of 367 cases. Cancer Cytopathol. 2010;6(24).

Kocjan BJ, Bzhalava D, Forslund O, Dillner J, Poljak M. Molecular methods for identification and characterization of novel papillomaviruses. Clin Microbiol Infect. 2015;21:808-816.

Koss LG, Gompel C. Introdução à citologia ginecológica com correlações histológicas e clínicas. In: Técnicas de Colheita, de Fixação e de Coloração. São Paulo: Roca; 2006. p. 32-37.

Koss LG, Gompel C. Introduction to Gynecologic Cytopathology with Histologic and Clinical correlation. 1a ed. Baltimore: Lippincott Willians & Wilkins; 1999. cap. 5, p. 37.

Koss LG, Gompel C. Introdution to Gynecologic Cytopathology with Histologic and Clinical correlation. Baltimore: Lippincott Willians & Wilkins; 1999. Cap. 5, p. 37.

Koss LG. A quarter of a century of cytology. Acta Cytol. 1977;21:639-42.

Koss LG. Papanicolaou's 100th birthday. Acta Cytol. 1983;27(3):217-9.

Koss LG. The Papanicolaou test for cervical cancer detection: A triumph and a tragedy. JAMA. 1989;261(5):737-44.

Kotecha MT, Afghan RK, Vasilikopoulou E, Wilson E, Marsh P, Kast WM, et al. Enhanced tumour growth after DNA vaccination against human papilloma virus E7 oncoprotein: evidence for tumour-induced immune deviation vaccine. 2003;21:2506-15.

Kurshumliu F, Thorns C, Gashi-luci L. p16INK4A in routine practice as a marker of cervical epithelial neoplasia. Gynecol Oncol. 2009;115:127-131.

Lazcano-Ponce E, Lörincz AT, Salmerón J, Fernández I, Cruz A, Hernández P, et al. A pilot study of HPV DNA and cytology testing in 50,159 women in the routine Mexican Social Security Program. Cancer Causes Control. 2010;9.

Li N, Franceschi S, Howell-Jones R, Snijders PJ, Clifford GM. Human papillomavirus type distribution in 30,848 invasive cervical cancers worldwide: Variation by geographical region, histological type and year of publication. Int J Cancer. 2010 Apr 19.

Li N, Franceschi S, Howell-Jones R, Snijders PJ, Clifford GM. Human papillomavirus type distribution in 30,848 invasive cervical cancers worldwide: Variation by geographical region, histological type and year of publication. Int J Cancer. 2010;19.

Longatto Filho A, Utagawa ML, Shirata NK, Pereira SM, Namiyama GM, Kanamura CT, et al. Immunocytochemical expression of p16INK4A and Ki-67 in cytologically negative and equivocal pap smears positive for oncogenic human papillomavirus. Int J Gynecol Pathol. 2005 Apr;24(2):118-24.

Longatto-Filho (b) A, Namiyama G, Castelo-Filho A, Viann MR, Das Dores GB, Taromaru E. Sistema DNA-Citoliq (DCS): Um novo sistema para citologia em Base Líquida – Aspectos Técnicos. J Bras Doenças Sex Transm (São Paulo). 2005;17(1):56-61.

Longatto-Filho A, Namiyama G, Castelo-Filho A, Viann MR, Das Dores GB, Taromaru E. Sistema DNA-Citoliq (DCS): Um novo sistema para citologia em Base Líquida – Aspectos Técnicos. Jornal Brasileiro de Doenças Sexualmente Transmissíveis (São Paulo) 2005;17(1):56-61.

Lonky NM, Mahdavi A, Wolde-Tsadik G, Bajamundi K, Felix JC. Evaluation of the clinical performance of high-risk human papillomavirus testing for primary screening: a retrospective review of the Southern California Permanente Medical Group experience. J Low Genit Tract Dis. 2010;14(3):200-5.

Lorenzato F, Ho L, Terry G, Singer A, Santos LC, De Lucena Batista R, et al. The use of human papillomavirus typing in detection of cervical neoplasia in Recife (Brazil). Int J Gynecol Cancer. 2000 Mar;10(2):143-150.

Lörincz AT, Richart RM. Human papillomavirus DNA testing as an adjunct to cytology in cervical screening programs. Arch Pathol Lab Med. 2003;127(8):959-68. Review.

MacSweeney DJ, Mckay DG. Uterine cancer; its early detection by simple screening method. N Engl J Med. 1948;238:867-70.

Manrique EJC, Amaral RG, Souza NLA, Tavares SBN, Albuquerque ZBP, Zeferino LC. A revisão rápida de 100% é eficiente na detecção de resultados falso-negativos dos exames citopatológicos cervicais e varia com a adequabilidade da amostra: uma experiência no Brasil. Rev Bras Ginecol Obstet. 2007;29:402-7.

Manrique EJC, Amaral RG, Souza NLA, Tavares SBN, Albuquerque ZBP, Zeferino LC. Evaluation of 100% rapid rescreening of negative cervical smears as a quality assurance measure. Cytopathol. 2006;17:116-120.

Manrique EJC, Tavares SBN, Albuquerque ZBP, Ázara CZS, Martins MR, Amaral RG. Fatores que comprometem a adequabilidade da amostra citológica cervical. Femina. 2009;37(5):283-7.

Manual de Processamento de Amostras Ginecológicas - GynoPrep® - Empresa Star Medical – Balneário de Camboriú – SC – Brasil, 2016

Manual do Operador - Surepath™ - BD Diagnostics. 7, Hoveton Circle Sparks, MD, EAM, 2018.

Marchetta J, Descamps P. Colposcopia: Técnica, Indicações, Diagnóstico e Tratamento Rio de Janeiro: Revinter; 2007.

Marino J, Fermont-Smith M. Direct-to-Vial Experience with AutoCyte Prep in a Smal New England Regional Cytology Pratice. J Reprod Med (New Hampshire). 2001;46(4):353-358.

Marino J, Fermont-Smith M. Direct-to-Vial Experience with AutoCyte Prep in a Smal New England Regional Cytology Pratice. The Journal of Reproductive Medicine. New Hampshire. 2001;46(4):353-358.

Martínez-Ramírez I, Carrillo-García A, Contreras-Paredes A, Ortiz-Sánchez E, Cruz-Gregorio A and Lizano M. Regulation of cellular metabolism by high-risk human papillomaviruses. Int J Mol Sci. 2018.

Martin-Hirsch P, Jarvis G, Kitchener H, Lilford R. Dispositivos de recolección de muestras citológicas cervicales (Revisión Cochrane traducida). In: La Biblioteca Cochrane Plus. 2008. Número 2. Oxford: Update Software Ltd. Disponível em: http://www.update-software.com.

Martin-Hirsch P, Liford R, Jarvis G. Efficacy of cervical-smear collection devices: a systematic review and meta-analysis. Lancet. 1999;354(9192):1763-70.

Martins LFL, Thuler LCS, Valente JG. Cobertura do exame de Papanicolaou no Brasil e seus fatores determinantes: uma revisão sistemática da literatura. Rev Bras Ginecol Obstet. 2005;27(8):485-492.

Martins NV, Ribalta JCL. Patologia do Trato Genital Inferior. São Paulo: Rocca; 2005.

Matias-Guiu X1, Lerma E, Prat J. Clear cell tumors of the female genital tract. Semin Diagn Pathol. 1997 Nov;14(4):233-9.

Mayrand MH, Duarte-Franco E, Rodrigues I, Walter SD, Hanley J, Ferenczy A, et al. Canadian Cervical Cancer Screening Trial Study Group. Human papillomavirus DNA versus Papanicolaou screening tests for cervical cancer. N Engl J Med. 2007;357(16):1579-88.

Meisels A, Fortin R. Condylomatous lesions of the cervix and vaginal I. Cytologic patterns. Acta Cytol. 1976;20:505-509.

Meisels A, Fortin R. Condylomatous lesions of the cervix and vagina. I. Cytologic patterns. Acta Cytol. 1976;20:505-509.

Meisels A, Morin C. Cytopathology of the Uterus-ASCP theory and practice of cytopathology. 2a. ed. ASCP Press. Chicago-EUA, 1997.

Meisels A, Morin C. Human Papilloma Virus and Cancer of the Uterine Cervix. Gynecol Oncol. 1981;12:S111-S23.

Meisels A, Roy M, Fortier M, et al. Human Papilloma Virus Infection of the Cervix: The Atypical Condyloma. Acta Cytol. 1981;25:7-16.

Meisels A. The story of a cell: The George N. Papanicolaou Award Lecture. Acta Cytol. 1983;26:584-98.

Menezes GA, Walkely PE Jr, Stripe DM, Nuovo GJ. Increased incidence of atypical Papanicolaou tests from Thinpreps of Postmenopausal women receiving hormone replacement therapy. Cancer Cytopathology (Atlanta). 2001;93(6):357-363.

Menezes GA, Walkely PE Jr, Stripe DM, Nuovo GJ. Increased incidence of atypical Papanicolaou tests from Thin preps of Postmenopausal women receiving hormone replacement therapy. Cancer Cytopathology (Atlanta) 2001;93(6):357-363.

Miller AB, Nazeer S, Fonn S, BrandupLukanow A, Rehman R, Cronje H, et al. Report on consensus conference on cervical cancer screening and management. Int J Cancer. 2000;86:440-447.

Ministério da Saúde (Brasil). Portaria n.º 2.439, de 8 de dezembro de 2005. Institui a Política Nacional de Atenção Oncológica: Promoção, Prevenção, Diagnóstico, Tratamento, Reabilitação e Cuidados Paliativos, a ser implantada em todas as unidades federadas, respeitadas as competências das três esferas de gestão. Diário Oficial [da] União, Brasília, DF, 9 dez. 2005. Seção 1, p. 80-81.

Ministério da Saúde (Brasil). Portaria n.º 399, de 22 de fevereiro de 2006. Divulga o Pacto pela Saúde 2006 – Consolidação do SUS e aprova as Diretrizes Operacionais do Referido Pacto. Diário Oficial [da] União, Brasília, DF, 23 fev. 2006. Seção 1, p. 43-51.

Ministério da Saúde (Brasil). Portaria nº 3.040, de 21 de julho de 1998. Instituição do Programa Nacional de Combate Ao Câncer de Colo Uterino. Brasília, DF: Diário Oficial [da] União, 23 jun. 1998. Seção 1, p. 102-102.

Ministério da Saúde (Brasil). Portaria nº 3.388, de 30 de dezembro de 2013. Redefine A Qualificação Nacional em Citopatologia na Prevenção do Câncer do Colo do útero (QualiCito), no âmbito da Rede de Atenção à Saúde das Pessoas Com Doenças Crônicas. Brasília, DF: Diário Oficial [da] União.

Ministério da Saúde. Programa Nacional de Controle do Câncer de Colo do Útero e de Mama-Viva Mulher. Rio de Janeiro: INCA; 2005.

Mintzer M, Curtis P, Resnick JC, Morrell D. The effect of the quality of Papanicolaou smears on the detection of cytologic abnormalities. Cancer Cytopath. 1999;87(3):113-17.

Miralles-Guri C, Bruni L, Cubilla AL, Castellsagué X, Bosch FX, De Sanjose S. Human papillomavirus prevalence and type distribution in penile carcinomas. J Clin Pathol. 2009;62(10):870-8.

Missaoui N, Trabelsi A, Hmissa S, Fontanière B, Yacoubi MT, Mokni M, et al. p16(INK4A) overexpression in precancerous and cancerous lesions of the uterine cervix in Tunisian women. Pathol Res Pract. 2010;16.

Mody DR, Davey DD, Branca M, Raab SS, Schenck UG, Stanley MW, et al. Quality Assurance and Risk Reduction Guidelines. Acta Cytol. 2000;44:496-507.

Montemor EBL, Roteli-Martins CM, Zeferino LC, Amaral RG, Fonsechi-Carvasan GA, Shirata NK, et al. Whole, Turret and step methods of rapid rescreening: Is there any difference in performance. Diag Cytopathol. 2007;35(1):57-60.

Motta V T, Corrêa JC, Motta LR. Gestão de qualidade no laboratório clínico. 2ª Ed. Caxias do Sul: Editora Médica Missau; 2001. p. 256.

Muñoz N, Bosch FX, Castellsagué X, Díaz M, de Sanjose S, Hammouda D, et al. Against which human papillomavirus types shall we vaccinate and screen? The international perspective. Int J Cancer. 2004;111(2):278-85.

Munõz N, Bosch FX, Sanjosé S, Herrero R, Castellsagué X, Shah KV, et al. The international Agency For Research on Cancer Multicenter Cervical Cancer Study Group. Epidemiologic Classification of Human Papilomavirus Types Associed With Cervical Cancer. N Engl J Med. 2003;348:518-27.

Munõz N, et al. Chapter 1: HPV in the etiology of human cancer. Vaccine. 2006;24(3):3-10.

Nai GA, Ferro L, Galle LC, Quatrochi PJ, Giroto LA. Procedimentos de coloração dos preparados Cito e Histológicos – Uma nova proposta. LAES & HAES Ano 25/147, p. 123-7.

Nance KV. Evolution of Pap Testing at a Community Hospital – A Ten Year Experience. Diagnostic Cytophatology (Raleigh). 2007;35(3);148-153.

Nance KV. Evolution of Pap Testing at a Community Hospital – A Ten Year Experience. Diagnostic Cytophatology. Raleigh. 2007;35(3):148-153.

Nayar R, Wilbur DC. The Bethesda System for Reporting Cervical Cytology: Definitions, Criteria, and Explanatory Notes. 3rd ed. [s.i.]: Springer International Publishing, 2015. 321 p.

Nayar R, Willar DC. The Bethesda System for Reporting Cervical Cytology. Definitions, Criteria, and Explanatory Notes. 3rd ed. Springer; 2015.

NCI-National Cancer Institute Workshop: the 1998 Bethesda system for reporting cervical-vaginal cytologic diagnosis. JAMA. 1989;262:931-4.

Nwabineli NJ, Monaghan JM. Vaginal epithelial abnormalities in patients with CIN: clinical and pathological features and management. Br J Obstet Gynaecol. 1991;98(1):25-9.

Obalek S, Jablonska S, Beaudenon S, Walczak L, Orth G. Bowenoid papulosis of the male and female genitalia: risk of cervical neoplasia. J Am Acad Dermatol 1986 Mar;14(3):433-44.

Oliveira HC, Lemgruber I. FEBRASGO: Tratado de Ginecologia. Rio de Janeiro: Revinter; 2001.

Oliveira LHS, Ferreira MDPL, Augusto EF, Melgaço FG, Santos LS, Cavalcanti SMB, et al. Human papillomavirus genotypes in asymptomatic young women from public schools in Rio de Janeiro, Brazil. Rev Soc Bras Med Trop. 2010 Jan-Fev;43(1):4-8.

OMS (WHO-World Health Organization) – Organização Mundial de Saúde. [Acesso em 2011]. Disponível em: http://www.who.int/en/.

Paavonen J, Naud P, Salmerón J, Wheeler CM, Chow SN, Apter D, Kitchener H, Castellsague X, Teixeira JC, Skinner SR et al. Efficacy of human papillomavirus (HPV)-16/18 AS04-adjuvanted vaccine against cervical infection and precancer caused by oncogenic HPV types (PATRICIA): final analysis of a double-blind, randomised study in young women. Lancet. 2009;374:301-314.

Pajtler M, Audy-Jurkovic L, Skopljanac-Macina L, Antulov J, Barisic A, Milicic-Juhas V. Rapid cervicovaginal smear screening: method of quality control and assessing individual cytotechnologist performance. Cytopathol. 2006;17:121-126.

Palefsky JM. HPV infection in men. Dis Markers 2007 Jun;23(4):261-72.

Palmer T, Wallace L, Pollock KG, Cuschieri K, Robertson C, Kavanagh K, Cruickshank M8. Prevalence of cervical disease at age 20 after immunisation with bivalent HPV vaccine at age 12-13 in Scotland: retrospective population study. BMJ. 2019 Apr 3;365:l1161.

Papanicolaou GN, Traut HF, Marchetti AA. The epithelia of women's reproductive organs: a correlative study of cyclic changes. New York: Commonwhealth Fund;1948.

Papanicolaou GN, Traut HF. Diagnosis of uterine cancer by the vaginal smear. New York: Commonwealth Fund; 1943.

Papanicolaou GN. The sexual cycle in the human female as revealed by vaginal smears. Ame J Anat. 1933;52:519-611.

PAPILLOCHECK®. Test Kit for the genotyping of 24 types of genital HPV: Manual. Version BQ-013-04, 2008. Acesso em 21 abril 2011. Disponível em: <http://www.greinerbioone.com/en/row/articles/literatures/manuals/>.

Parada R, Morales R, Giuliano AR, Cruz A, Castellsague X, Lazcano-Ponce E. Prevalence, concordance and determinants of human papillomavirus infection among heterosexual partners in a rural region in central Mexico. BMC Infect Dis. 2011 Jan;11(1):25.

Park H, Lee SW, Lee IH, et al. Rate of vertical transmission of human papillomavirus from mothers to infants: Relationship between infection rate and mode of delivery. Virol J. 2012;9:80.

Park SN, Yoon HS, Choi YK, Choe IS, Chung RP, Chee YH, et al. Antibodies prevalence against HPV- 6b and -16 recombinant fusion proteins in Korean patients with cervical neoplasia. J Obstet Gynecol. 1995;21:609-17.

Parkin DM. The evolution of the population-based cancer registry. Nat Rev Cancer. 2006 Aug;6(8):603-12.

Passos MRL, Almeida G, Giraldo PC, Cavalcanti SMB, Côrtes Junior JC, Bravo RS, et al. Papiloma virose humana em genital, parte I. DST – J Bras Doenças Sex Transm. 2008;20(2):108-24.

Pett MR, Alazawi WO, Roberts I, Dowen S, Smith DI, Stanley MA, et al. Acquisition of high-level chromosomal instability is associated with integration of human papillomavirus type 16 in cervical keratinocytes. Cancer Res. 2004;64:1359-68.

Phelps WC, Yee CL, Munger K, Howley PM. The human papillomavirus type 16 E7 gene encodes transactivation and transformation functions similar to those of adenovirus E1A. Cell. 1988;53:539-47.

Pimple SA, Amin G, Goswami S, Shastri SS. Evaluation of colposcopy vs cytology as secondary test to triage women found positive on visual inspection test. Indian J Cancer. 2010;47:308-13.

Pirog EC, Kleter B, Olgac S, Bobkiewicz P, Lindeman J, Quint WGV, et al. Prevalence of HPVDNA in different histologic subtypes of cervical adenocarcinoma. Am J Pathol. 2000;157:1055-62.

Pirog EC, Quint KD, Yantiss RK. Enhance the detection of anal intraepithelial neoplasia and condyloma and correlate with human papillomavírus detection by polymerase chain reaction. Am J Surg Pathol. 2010;34(10):1449-55.

Porter WM, Francis N, Hawkins D, Dinneen M, Bunker CB. Penile intraepithelial neoplasia: clinical spectrum and treatment of 35 cases. Br J Dermatol. 2002 Dec;147(6):1159-65.

Pouchet FA. Théorie positive de l'ovulation spontaneé et de la fécundation dês mammiféres et de l'especé humaine basée sur l'observation de toute la animate. Paris: Bailliére; 1847.

Pyeon D, Pearce SM, Lank SM, Ahlquist P, Lambert PF. Establishment of Human Papillomavirus Infection Requires Cell Cycle Progression. PLoS Pathog 2009;5:e1000318.

Rajcáni J, Adamkov M, Hybenová J, Moráveková E, Lauko L, Felcanová D, Bencat M. Detection of regulatory protein p16/INK4A in the dysplastic cervical squamous cell epithelium is a diagnostic tool for carcinoma prevention. Laboratórium patologickej anatómie, Alpha Medical a.s., Martin. Cesk Patol. 2009;45(4):101-7.

Rama CH, Roteli-Martins CM, Derchain SF, Longatto-Filho A, Gontijo RC, Sarian LO , et al. Prevalência do HPV em mulheres rastreadas para o câncer cervical. Rev Saúde Pública. 2008;42(1):123-30.

Ratnam S, Franco EL, Ferenczy A. Human papillomavirus testing for primary screening of cervical cancer precursors. Cancer Epidemiol Biomarkers Prev. 2000;9(9):945-51.

Reagan. The Cellular morphology of carcinoma in situ, dysplasia and atypical hyperplasia of the uterine cervix. Cancer, Philad 6th; 1953. p. 224.

Reid R. Genital wart and cervical cancer. Cancer. 1984;53:943-54.

Renshanw AA, Mody DR, Wang E, Haja J, Colgan TJ. Hyperchromatic crowded groups in cervical cytology – Differing Appearances and Interpretations in conventional and Thin Prep preparations. Arch. Pathol Lab Med (Houston) 2006;130:332-336.

Renshaw AA, Mody DR, Wang E, Haja J, Colgan TJ. Hyperchromatic crowded groups in cervical cytology – Differing Appearances and Interpretations in conventional and ThinPrep preparations. Arch Pathol Lab Med (Houston). 2006;130:332-336.

Richart RM. Cervical Intraepithelial Neoplasia: a rewiew. In: Sommers SL (Ed.). Pathology Annual. Appleton – Century – Crofts, East Morwalk; 1973. p. 301-28.

Romero N. Reseña histórica de la citopatología y los Orígenes del Papanicolaou. Anales de La Faculdade de Medicina - Universidad Nacional Mayor de San Marcos. 2001;62(4):342-346.

Rosenblatt C, Wroclawski ER, Lucon AM, Pereyra EAG. HPV na Prática Clínica. Editora Atheneu, São Paulo-SP-Brasil, 2005.

Rous P, Beard, JW. The progression to carcinoma of virus-induceted dabbit papillomas (Shope). J Exp Med. 1935;62:523-548.

Sadovsky ADI, Poton WL, Reis-Santos B, Barcelos MRBB, Silva ICM. Índice de desenvolvimento humano e prevenção secundária de câncer de mama e útero: um estudo ecológico. Cad. Saúde Pública. 2015;31(7):1539-1550.

Sanders CM and Stenlund A. Transcription Factor-dependent Loading of the E1 Initiator Reveals Modular Assembly of the Papillomavirus Origin Melting Complex. J Biol Chem. 2000;275:3522-3534.

Sankaranrayanan R, Nene BM, Shastri SS, Jayant K, Muwonge R, Budukh AM, et al. HPV screening for cervical cancer in rural India. N Engl J Med. 2009 Apr;360(14):1385-94.

Sass MA. Use of a Liquid-Based, thin-Layer Pap Test in a Community Hospital. Acta Citologica. Decatur. 2004;48(1):17-22.

Sass MA. Use of a Liquid-Based, thin-Layer Pap Test in a Community Hospital. Acta Cytologica Decatur. 2004;48(1):17-22.

Scarinci IC, Garcia FA, Kobetz E, Partridge EE, Brandt HM, Bell MC, et al. Cervical cancer prevention: new tools and old barriers. Cancer. 2010;116(11):2531-42.

Scheurer ME, Tortolero-Luna G, Adler-Storthz K. Human papillomavirus infection: biology, epidemiology, and prevention. Int J Gynecol Cancer. 2005;15:727–746.

Schiffman M, Castle PE, Jeronimo J, Rodriguez AC, Wacholder S. Human papillovirus and cervical câncer. Lancet. 2007;370:890-907.

Schiffman M, Herrero R, Hildesheim A, Sherman ME, Bratti M, Wacholder S, Alfaro M, Hutchinson M, Morales J, Greenberg MD et al. HPV DNA Testing in Cervical Cancer Screening. JAMA 2000;283:87.

Schoell WM, Janicek MF, Mirhashemi R. Epidemiology and biology of cervical cancer. Semin Surg Oncol 1999;16:203-11.

Schottlander J, Kermauner F. Zur Kenntnis das uterus-Karzinomas; monographische Studie uber Morphologie. Karger, Berlin, 1912.

Sellors JW, Sankaranarayanan R. Colposcopia e Tratamento da Lesão Intraepitelial Cervical. Lyon: 2003/04.

Shew ML, Fortenberry JD. HPV infection in adolescents: natural history, complications, and indications for viral typing. Sein Pediatr Infect Dis. 2005;16:168-74.

Shidham VB, Kumar N, Narayan R, Brotzman GL. Should LSIL with ASC-H (LSIL-H) in cervical smears be an independent category? A study on SurePathTM specimens with review of literature. CytoJournal (Wisconsin). 2007;4(7):213-224.

Shildham VB, Kumar N, Narayan R, Brotzman GL. Should LSIL with ASC-H (LSIL-H) in cervical smears be an independent category? A study on SurePath™ specimens with review of literature. CytoJournal (Wisconsin) 2007;4(7):213-224.

Siebers AG, Klinkhamer PJ, Grefte JM, Massuger LF, Vedder JE, Beijers-Broos A, et al. Comparison of liquid-based cytology with conventional cytology for detection of cervical cancer precursors: a randomized controlled trial. JAMA. 2009;28;302(16):1757-64.

Silfverdal L, Kemetli L, Amdrea B, Sparén P, Ryd W, Dilner J, Strander B, Tornberg S. Risk of invasive cervical cancer in relation to management of abnormal Pap smear results. Am J Obstet Gynecol (Sweden). 2009;201:11-17.

Silfverdal L, Kemetli L, Andrea B, Sparén P, Ryd W, Dilner J, et al. Risk of invasive cervical cancer in relation to management of abnormal Pap smear results. Am J Obstet Gynecol (Sweden). 2009;201:11-17.

Silva ER, Macêdo FLS, Soares LRC, et al. Diagnóstico molecular do papilomavírus humano por captura híbrida e reação em cadeia da polimerase. FEMINA. 2015;43:4.

Silva HA, et al. A influência da fase pré-analítica no controle da qualidade do diagnóstico colpocitológico. Revista Brasileira de Análises Clínicas (Rio de Janeiro) 2002;34(3):131-135.

Singer A, Monaghan JM. Colposcopia, Patologia e Tratamento do Trato Genital Inferior. 2. ed. Rio de Janeiro: Revinter; 2002.

Sjoeborg KD, Tropé A, Lie AK, Jonassen CM, Steinbakk M, Hansen M, et al. HPV genotype distribution according to severity of cervical neoplasia. Gynecol Oncol. 2010 Jul;118(1):29-34.

Slater DN, Stewart R, Melling SE, Hewer EM, Smith JHF. Proposed Sheffield quantitative criteria in cervical cytology to assist the diagnosis and grading of squamous intra-epithelial lesion, as some Bethesda system definitions require amendment. Cytopathology (UK). 2005;16:168-178.

Slater DN, Stewart R, Melling SE, Hewer EM, Smith JHF. Proposed Sheffield quantitative criteria in cervical cytology to assist the diagnosis and grading of squamous intra-epithelial lesion, as some Bethesda system definitions require amendment. Cytopathology (UK) 2005;16:168-178.

Smith JS, Lindsay L, Hoots B, Keys J, Franceschi S, Winer R, et al. Human papillomavirus type distribution in invasive cervical cancer and high-grade cervical lesions: a meta-analysis update. Int J Cancer. 2007;121(3):621-32.

Solomon D, Davey D, Kurman R, et al. The 2001 Bethesda System: Terminology for reporting results of cervical cytology. JAMA. 2002;287:2114-9.

Solomon D, Nayar R. Sistema Bethesda para citopatologia cervicovaginal. 2. ed. Rio de Janeiro: Revinter; 2005.

Songock WK, Kim S, Bodily JM, State L. The human papillomavirus E7 oncoprotein as a regulator of transcription. Virus Res. 2017:56-75

Spicer WJ. Bacteriologia, Micologia e Parasitologia Clínicas – Um texto ilustrado em cores. Rio de Janeiro-RJ; Guanabara Koogan: 2002.

Spiegel C. Bacterial Vaginosis. Clinical Microbiology Reviews, 1991.

Sweeney BJ, Haq Z, Happel JF, Weinstein B, Scheneider D. Comparison of the effectiveness of tow liquid-based Papanicolaou system in the handling of adverse limiting factors, such as excessive blood. Cancer Cytopathology. 2006;108(1):27-31.

Sweeney BJ, Haq Z, Happel JF, Weinstein B, Scheneider D. Comparison of the effectiveness of tow liquid-based Papanicolaou system in the handling of adverse limiting factors, such as excessive blood. Cancer Cytipathology. 2006;108(1):27-31.

Syrjänen K. Papillomavirus Infeccions in Human Pathology. New York: J Wiley & Sons; 2000. p. 142-66.

Tatti SA et al. Colposcopia e patologias do trato genital inferior- Vacinação contra o HPV. São Paulo-SP; Editora Artmed: 2010.

Tavares SBN, Amaral RG, Manrique EJC, Sousa NLA, Albuquerque ZBP, Zeferino LC. Controle de Qualidade em Citopatologia Cervical: Revisão de Literatura. Rev Bras Cancer. 2007;53(3):355-64.

Tavares SBN, Souza NLA, Manrique EJC, Albuquerque ZBP, Zeferino LC, Amaral RG. Comparation of the rapid prescreening, 10% random review, and clinical risk criteria as methods of internal quality control in cervical cytopathology. Cancer (Cancer Cytopathol). 2008;114(3):165-70.

Tay SK, Hsu T-Y, Pavelyev A, Walia A, Kulkarni AS. Clinical and economic impact of school-based nonavalent human papillomavirus vaccine on women in Singapore: a transmission dynamic mathematical model analysis. BJOG. 2018;125:478-486.

Tench W. Preliminary Assessment of the AutoCyte Prep direct-to-vial Performance. J Reprod Med. 2000;45(11):912-916.

Tench W. Preliminary Assessment of the AutoCyte Prep direct-to-vial Performance. The Journal of Reproductive Medicine. 2000;45(11):912-916.

Tenti P, Romagnoli S, Silin IE, Zappatore R, Spinillo A, Giunta P, et al. Human papilomavírus types 16 and 18 infection in infiltrating adenocarcinoma of the cervix: PCR analysis of 138 cases and correlation with histologic type and grade. Am J Clin Pathol. 1996;106:52-6.

The ALTS Group. Results of a randomized trial on the management of cytology interpretations of atypical squamous cells of undetermined significance. Am J Obstet Gynecol. 2003;183:1383-1392.

The FUTURE II Study Group. Effect of a prophylactic human papillomavirus L1 virus-like-particle vaccine on risk of cervical intraepithelial neoplasia grade 2, grade 3 and adenocarcinoma in situ: A combined analysis of four randomized clinical trials. Lancet. 2007;369:1861-8.

Toh ZQ, Kosasih J, Russel FM, et al. Recombinant human papillomavirus nonavalent vaccine in the prevention of cancers caused by human papillomavirus. Infect Drug Resist. 2019;12:1951–1967.

Toun BM, Panich MA, Pinto A. Avaliação da sensibilidade e especificidade dos exames citopatológico e colposcópico em relação ao exame histopatológico na identificação das lesões intraepiteliais cervicais. Res Assoc Med Bras (São Paulo) 2002 Apr/June;48(2). São Paulo Apr./June, 2002.

Trottier H, Franco EL. The epidemiology of genital human papillomavirus infection. Vaccine. 2006 Mar;24 Supply 1:15.

Trussell RE. Trichomonas vaginalis and trichomoniasis. Charles C. Thomas, Springfield, Illions; 1947.

Tsoumpou I, Arbyn M, Kyrgiou M, Wentzensen N, Koliopoulos G, Martin-Hirsch P, Malamou-Mitsi V, Paraskevaidis E. p16(INK4a) immunostaining in cytological and histological specimens from the uterine cervix: a systematic review and meta-analysis. Cancer Treat Rev. 2009;35(3):210-20.

Van Doorslaer K, Li Z, Xirasagar S, Maes P, Kaminsky D, Liou D, et al. (2012) (accessed in 2019). Papillomavirus episteme: a comprehensive Papillomaviridae database and analysis resource. https://pave.niaid.nih.gov/#home.

Villa LL, Denny L. Methods for detection of HPV infection and its clinical utility. Int J Gynecol Obstet. 2006;94(1):571-80.

Villa LL, et al. Prophylactic quadrivalent human papillomavirus (types 6,11,16, and 18) L1 virus-like particle vaccine in young women: a randomised double-blind placebo-controlled multicentre phase II efficacy trial. L Oncology. 2005;6(5):271-8.

Walboomers JM, de Roda Husman AM, Snijders PJ, Stel HV, Risse EK, Helmerhorst TJ, et al. Human papillomavirus in false negative archival cervical smears: implications for screening for cervical cancer. J Clin Pathol. 1995;48(8):728-32.

Walboomers JM, Jacobs M V., Manos MM, Bosch FX and Kummer JA. Human papillomavirus is a necessary cause of invasive cervical cancer worldwide. J Pathol 1999;189:12-19.

Wied GL, Bibbo M, Keebler CM, Koss LG, et al. Compendium on Diagnostic Cytology, 8th Ed. Chicago: Tutorials of Cytology; 1997:81-85.

Wiener HG, Klinkhamer P, Schenck U, Arbyn M, Bulten J, Bergeron C, Herbert A. European guidelines for quality assurance in cervical cancer screening: recommendations for cytology laboratories. Cytopathol. 2007;18:67-78.

Wilbur DC, Black-Schaffer WS, Luff RD, Abraham KP, Kemper C, Molina JT, Tench WD. The Becton Dickinson Focal Point GS Imaging System: clinical trials demonstrate significantly improved sensitivity for the detection of important cervical lesions. Am J Clin Pathol. 2009;132(5):767-75.

Woodhouse SL, Stastny JF, Styer PE, et al. Interobserver variability in subclassification of squamous intraepithelial lesions: Results of the College of American Pathologists Interlaboratory Comparison Program in Cervicovaginal Cytology. Arch Pathol Lab Med 1999;123:1079-1084.

Workshop NCI. The revised Bethesda system for reporting cervical-vaginal cytologic diagnosis. Report of the 1991 Bethesda workshop. JAMA. 1991;267:1892.

Wrigth VC. Colposcopia, Clínicas Obstétricas e Ginecológicas da América do Norte. New York. Interlivros, Vol. 1, 1993.

Yang, A.;Jeang, J.;Cheng, K. Current State in the Development of Candidate Therapeutic HPV Vaccines. Expert Rev Vaccines. 2016;15(8):989-1007.

Yarandi F, Mood NI, Mirashrafi F, Eftekhar Z. Colposcopic and histologic findings in women with a cytologic diagnosis of atypical squamous cells of undetermined significance. Aust Z J Obstet Gyneacol (Australia). 2004;44:514-516.

Yarandi F, Mood NI, Mirashrafi F, Eftekhar Z. Colposcopic and histologic findings in women with a cytologic diagnosis of atypical squamous cells of undetermined significance. Obstet Gyneacol (Australia). 2004;44:514-516.

Zehbe I and Wilander E (1997) Human papillomavirus infection and invasive cervical neoplasia: a study of prevalence and morphology. J Pathol 181:270-275.

Zhang FF, Banks HW, Langford SM, Davey DD. Accuracy of ThinPrep System in detecting Low-Grade Squamous Intraepithelial Lesions. Arch Pathol Lab Med (Houston). 2007;131:773-776.

Zhang FF, Banks HW, Langford SM, Davey DD. Accuracy of ThinPrep System in detecting Low-Grade Squamous Intraepithelial Lesions. Arch Pathol Lab Med (Houston) 2007;131:773-776.

Zielinko GD, Snijders PJF, Rozendaal FJ, Voorhorst FJ, van der Linden HC, Runsink AP, et al. HPV presence precedes abnormal cytology in women developing cervical cancer and signal false negative smears. British Journal of Cancer (Zeeland) 2001;3(85):398-404.

Zielinsko GD, Snijders PJF, Rozendaal FJ, Voorhorst FJ, van der Linden HC, Runsink AP. et al. HPV presence precedes abnormal cytology in women developing cervical cancer and signal false negative smears. Brit J Cancer (Zeeland). 2001;3(85):398-404.

Zinnemann K, Turner CG. The taxonomic position of Haemophilus vaginalis (Corynebacterium vaginale). J Pathol Bacteriol. 1963;85:213.

Zur Hausen H. Cervical carcinoma and human papilomavirus: on the road to preventing a major human cancer. J Natl Cancer Inst. 2001;93:252-3

Zur Hausen H. Papillomaviruses in the causation of human cancers – a brief historical account. Virology. 2009;20;384(2):260-5.

Zur Hausen H.Condylomata acuminata and human genital cancer. Cancer Res 1976;36:1-2.

Zur Hausen, H. Papillomavirus Infections – a major course does human cancers. Biochemical et Biophysical Acta. 1977;1288:55-78.

Zur Hausen, H. Papillomaviruses and cancer: from basic studies to clinical application. Nat Rev Cancer. 2002;2(5):342-50.

ÍNDICE REMISSIVO

Entradas acompanhadas por um *f* ou *q* em itálico indicam figuras e quadros, respectivamente.

A

Ácido fólico
  deficiência de, 35
Actinomyces sp., 46, 47*f*
  composição, 46
  definição, 46
Adenocarcinoma
  endocervical
    in situ, 84, 84*f*
    invasivo, 93
  endometrial
    invasivo, 96
      características, 97*q*
    extrauterino, 98
Adenose vaginal, 55
Anfofilia, 38*f*
Artefatos, 18
Atrofia, 33
Ayres
  espátula de, 21, 112

B

Bartholin
  glândulas de, 7
Bethesda
  sistema, 25, 46, 67, 107
Bismark
  pardo de, 24
Bowen
  doença de, 61

C

Câncer cervical
  e papilomavírus humano (HPV), 57
Carcinoma
  de células escamosas
    não queratinizantes, 92
    queratinizantes, 88, 91*f*
      características, 89*q*
Casos clínicos
  discussão de, 129
    caso clínico 1, 130
      descrição da amostra, 131
    caso clínico 2, 132
      descrição da amostra, 133
    caso clínico 3, 134
      descrição da amostra, 135
    caso clínico 4, 136
      descrição da amostra, 137
    caso clínico 5, 138
      descrição da amostra, 139
    caso clínico 6, 140
      descrição da amostra, 141
    caso clínico 7, 142
      descrição da amostra, 143
    caso clínico 8, 144
      descrição da amostra, 145
    caso clínico 9, 146
      descrição da amostra, 147
    caso clínico 10, 148
      descrição da amostra, 149
    caso clínico 11, 150
      descrição da amostra, 151
    caso clínico 12, 152
      descrição da amostra, 153
    caso clínico 13, 154
      descrição da amostra, 155
    caso clínico 14, 156
      descrição da amostra, 157
Células
  deciduais, 15
  de reserva, 15
  escamosas
    atípicas
      de significado indeterminado, 68
      não excluindo lesão escamosa de alto grau, 70
    da camada profunda, 12
    glandulares
      endocervicais, 12, 54
        alterações reativas em, 54
        atipia em, 82
      endometriais, 12
        atipia em, 83
      do segmento uterino inferior, 14
    intermediárias, 11
    superficiais, 11
    trofoblásticas, 15
Cervicite
  folicular, 52
  definição, 52
  quadro citológico, 52
Chlamydia trachomatis, 46, 47*f*
  classificação, 46
  diagnóstico, 46
  no trato genital, 46
Ciclo menstrual
  fases do, 32*q*, 33*q*
Citologia
  cervical, 22*f*

interpretação da, 108
relato de
sistema Bethesda para, 107
cervicovaginal
metodologias para preparo de amostras para análise de, 99
coleta em meio líquido, 99
critérios celulares valorizados
nas análises automatizadas, 104
leitura automatizada, 103
plataforma CellPreserv®, 101
plataforma Cito Spin, 101
plataforma SurePath™, 102
plataforma ThinPrep™, 103
preparo de amostras
por técnica manual, 100
princípio, 101
procedimento de coleta, 100
representação celular, 100
fisiológica, 29-35
atrofia, 33
deficiência de ácido fólico, 35
gravidez, 35
indicações de avaliação hormonal pela, 35
lactação, 35
pós-parto, 35
Citomegalovírus, 51
características, 51
Citopatologia
controle de qualidade em, 119
exame citopatológico, 119
fase analítica, 122
carga de trabalho, 122
leitura de amostras, 123
fase pós-analítica, 123
análise crítica dos indicadores, 124
controle de qualidade interno, 124
indicadores de qualidade, 124
programa de controle de qualidade externo, 126
arquivo, 123
emissão de laudos, 123
fase pré-analítica, 120
coleta de material, 120
fixação, 121
processamento técnico, 121
coloração, 122
recepção e triagem, 121
Clitóris, 7
formação do, 7
Coleta, fixação e coloração, 21-27
indicações para o exame de papanicolaou, 25
materiais necessários para coleta, 23
programas de rastreio e procedimentos para detecção, 26
qualidade e adequabilidade da coleta, 24
questionário de coleta, 22
Colposcopia
para citologista
noções básicas de, 111
equipamento, 111
indicações, 111
instrumentais e reagentes, 112
procedimento, 114
terminologia colposcópica, 116
Colposcópio, 111

D
Dispositivo intrauterino (DIU), 52
características citológicas, 52
Doença
de Bowen, 61

E
Enteroblus vermicularis
ovos de, 19
Escova endocervical
coleta com, 21
Estrógeno, 30
aumento dos níveis de, 29
Exames negativos
revisão rápida dos, 124
Exsudato
inflamatório, 38

F
Fibroblasto, 17
definição, 17
Flora vaginal
agressões, 42
normal, 42
composição da, 42
Fungos, 48
características
citológicas, 48
diagnóstico laboratorial, 48
espécies, 48
fatores predisponentes, 48
infecções por, 48
sinais e sintomas, 48

G
Gardnerella vaginalis, 44
definição, 44
detecção, 44
infecção por, 44
Gill
hematoxilina de, 23
Glândulas de Bartholin, 7
Glândulas endocervicais
alterações reativas em células, 54
Gravidez
citologia fisiológica na, 35

H
Halo
perinuclear, 39f
Hematoxilina, 23
de Harris
composição da, 23
Hímen, 7
formação, 7
Hiperplasia
microglandular
endocervical, 55
características, 55
Hiperqueratose, 42
características, 42
Histiócito(s), 17
definição, 17
gigante
multinucleado, 17
HPV
métodos de detecção do, 62
biologia molecular, 62
citologia oncótica, 63
colposcopia, 62
histologia, 62

I

Índice de positividade, 124
Infecção e inflamação, 37-56
   Actomyces sp., 46
   adenose vaginal, 55
   alterações iatrogênicas ou reativas associadas à radiação, 53
   alterações reativas
      em células glandulares endocervicais, 54
   citologia, 37
   exsudato inflamatório, 38
   flora vaginal normal
      agentes infecciosos e inflamatórios, 42
   hiperqueratose, 42
   metaplasia tubária, 55
   paraqueratose, 42
   reparo típico ou regeneração, 38
   sinais citológicos, 37
      reatividade, 37

L

Laudos
   montagem de, 107
      exemplos, 109
      sistema Bethesda
         para relato de citologia cervical, 107
      sugestão, 108
Leptothrix, 48
   definição, 48
   tamanho, 48
   tratamento, 48
Lesão
   condilomatosa
      anal, 113f
      vulvar, 113f
Lesões cervicovaginais
   HPV e, 60
Lesões intraepiteliais
   escamosas (LIE), 67
      atípicas, 68
      considerações gerais, 67
      de alto grau, 75
      de baixo grau, 72
      glandulares
         não invasivas, 79
Lesões invasivas, 87
   escamosas, 87
   glandulares, 93
   microinvasão
      histopatologia, 87

M

Menarca, 29
Metaplasia
   escamosa
      imatura, 52
         nos esfregaços, 53
      tubária, 55
         características citológicas, 55
         definição, 55
Mobilluncus, 44
   definição, 44
   tratamento, 44
Montagem
   de laudos, 107
Muco
   ovulatório, 113f

Mycoplasma, 44
   diagnóstico, 44
   identificação, 44

N

Neoplasia
   atipia em células endocervicais
      favorecendo, 83

O

Oncogenes virais
   mecanismo de expressão dos, 60
Ovários, 10
   hormônios produzidos pelos, 10
   medidas dos, 10

P

Papanicolaou
   coloração do, 122
   exame de
      indicações para, 25
   método de
      adaptado, 24q
Papilomavírus humano (HPV)
   e câncer cervical, 57
      esquema da infecção, 59
      estrutura viral, 58
      fatores de risco, 61
      HPV e lesões cervicovaginais, 60
      impacto das vacinas profiláticas, 63
      importância da infecção, 61
      mecanismo de expressão
         dos oncogenes virais, 60
      métodos de detecção, 62
      vacinas terapêuticas, 65
Paraqueratose, 42
   características, 42
   causas, 42
Plataforma
   CellPreserv®, 101
      método, 101
   Cito Spin, 101, 103f
      método, 101
      técnica, 102
   SurePath™, 102
      vantagens, 102
   ThinPrep™, 103
Progesterona, 30
   níveis de, 29
Programa Nacional de Combate ao Câncer de Colo de Útero no Brasil, 119

R

Radiação
   alterações iatrogênicas ou reativas associadas à, 53
      características citomorfológicas, 53
Relatórios
   citológicos
      cervicovaginais, 108
         adequabilidade da amostra, 108
         descrição microscópica, 108
         identificação da paciente, 108

S

Shiller
  solução de, 112
Sistema
  Bethesda, 25, 46, 67
    para relato de citologia cervical, 107
      adequação do espécime, 107
      anormalidades de células epiteliais, 107
      categorização geral, 107
      interpretação/resultado, 107
      observações educacionais, 108
      outras neoplasias malignas, 108
      sugestão para formatação de laudos, 108
      tipo de amostra, 107
    princípios do, 67
Sociedade Brasileira de Citopatologia, 123

T

Terminologia colposcópica, 116
  achados anormais, 116
  achados normais, 116
  avaliação geral, 116
  características sugestivas, 117
    de alterações de alto grau, 117
    de alterações de baixo grau, 117
    de alterações metaplásicas, 117
    de câncer invasivo, 117
Trato genital feminino
  características básicas anatômicas e citológicas do, 7-20
    aparelho reprodutor feminino, 7f
    células encontradas na citologia cervicovaginal, 10
    ovários, 10
    tubas uterinas, 10
    útero, 10
    vagina, 7
    vulva, 20, 20f
Trichomonas vaginalis, 48, 50f
  características, 51
  definição, 48
  morfologia, 50

Tubas uterinas, 10
  definição, 10
  medidas, 10
  paredes das, 10
Tuberculose, 52
  causas, 52
  diagnóstico, 52
  na citologia, 52

U

Ureaplasma, 44
  definição, 44
  diagnóstico, 44
Útero, 10
  colo do, 10
  dimensões, 10
  e o ciclo menstrual, 10
  formação, 10
  região do, 10

V

Vacinas
  profiláticas
    na prevenção
      contra o câncer cervical, 63
  terapêuticas, 65
Vagina, 7
  composição, 7
  localização, 7
Vaginite
  atrófica, 52
    características, 52
    nas amostras, 52
Vaginose
  bacteriana, 44
Vírus herpes
  simples, 51
    exame clínico, 51
Vulva, 7
  epitélio escamoso da, 8
  formação da, 7
  pH, 7, 8